世界核电防火标准及中国大陆应用

王　威　刘大虎　常　猛
北京寰核技术有限公司
著

山东大学出版社
·济南·

图书在版编目(CIP)数据

世界核电防火标准及中国大陆应用/王威,刘大虎,常猛著;北京寰核技术有限公司著.—济南:山东大学出版社,2020.10

ISBN 978-7-5607-6733-8

Ⅰ.①世… Ⅱ.①王… ②刘… ③常… ④北… Ⅲ.①核电站-防火-研究 Ⅳ.①TM623.8

中国版本图书馆 CIP 数据核字(2020)第 186267 号

策划编辑 李港
责任编辑 李港
封面设计 王艳

出版发行 山东大学出版社
社 址 山东省济南市山大南路 20 号
邮政编码 250100
发行热线 (0531)88363008
经 销 新华书店
印 刷 山东新华印务有限公司
规 格 787 毫米×1092 毫米 1/16
31.75 印张 726 千字
版 次 2020 年 10 月第 1 版
印 次 2020 年 10 月第 1 次印刷
定 价 128.00 元

前言

自主设计建造的秦山核电厂和引进的大亚湾核电厂开启了我国大陆利用核能发电的历史，之后我国又先后从加拿大、俄罗斯、美国、法国引进了秦山第三核电厂、田湾核电厂、三门核电厂、海阳核电厂、台山核电厂。目前，具有自主知识产权的高温气冷堆项目和引进俄罗斯技术的示范钠冷快堆项目的相关工作正在工程实施中。根据国际形势发展并结合第Ⅳ代核能系统国际论坛(Generation Ⅳ Internatioal Forum，GIF)倡议，国内目前正在开展一系列小堆的研发工作。这其中就涉及执行什么标准的问题。

随着多种先进核电技术在我国的应用积累，2010 年以后，我国三大核电集团集中力量，消化吸收再创新，先后开发出了不同型号的第三代核电技术。令人们欣喜的是，作为“华龙一号”的福清核电厂 5 号机组目前已经完成热试阶段工作，距离首次装料已经不远了。

我们从各种渠道总能得到国内外核电厂经常发生火灾的一些消息，这就是核电厂面临的直接威胁。触目惊心而损失惨重的情景，不时警醒着我们要时刻关注防火工作。

每个核电厂，都分为核岛、常规岛和 BOP 三部分。由于常规岛和 BOP 可以沿用国内标准，其火灾危险集中在汽轮发电机组、变压器、断路器等的油料及氢冷发电机组的氢气、液氨等方面。于是，柴油储罐区、制氢站、液氨储罐区就成为核电厂的重大火灾爆炸危险源。

基于我国引自美国、法国、加拿大、俄罗斯等不同国家核电厂核岛防火技术的差异性，针对我国大陆核电厂采用国外标准的现实情况，予以溯源就显得很有必要性了。

本书旨在以核电厂核岛区域为关注对象，通过对其防火技术遵循标准的分析，结合反映的内容、对照，查缺补漏，梳理出一些防火弱项内容。

本书采用的方法为两步法：第一步是对照 HAD 102/11，逐项对其安全分析报告的内容进行扫描，找出存在的问题和需要继续补充的内容；第二步是结合我国于 2015 年 5 月 1 日实施的《建筑设计防火规范》(GB 50016—2014 的新要求)［由于目前使用的 GB 50016—2014(2018 版)仅仅补充了对老年人照料设施和生活用房及公共活动用房的内容，所以不影响对工业厂房内容的规定］，对照核电厂相关厂房的防火分区图纸，找出弱项内容。已建工程的成熟经验作法也可同时参考借鉴。所有这些的目的只有一个，那就是提高我国核电厂的防火安全水平。

王威负责本书第2章、第4章、第5章、第8章、第9章、附录，刘大虎负责第6章、第7章，常猛负责第1章、第3章。

希望本书的出版能够引起各方的关注，持续改进和提高核电厂的防火安全水平，为国家建设贡献核能力量。

作者
2020年10月

目 录

绪　论

新冠肺炎疫情期间，我国大陆地区2020年第一季度全国发电量统计如图0-1所示，它是根据2020年4月29日中国核能行业协会网站公布的内容绘制的。相关信息显示，截至2020年3月月底，全国累计发电量为15822.10亿千瓦时，运行核电机组累计发电量为780.03亿千瓦时，约占全国累计发电量的4.93%。2020年1～3月，与燃煤发电相比，核能发电相当于减少燃烧标准煤2392.13万吨，减少排放二氧化碳6267.39万吨，减少排放二氧化硫20.33万吨，减少排放氮氧化物17.70万吨。

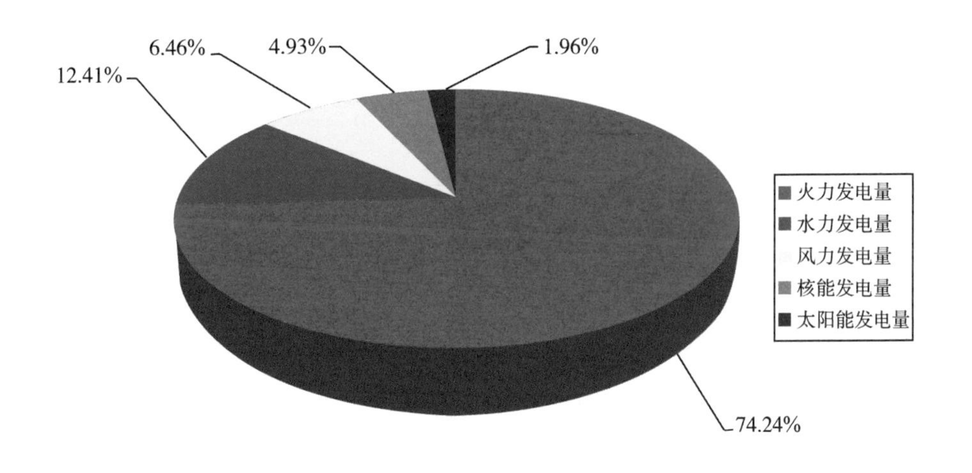

图0-1　2020年1～3月全国发电量分布统计

而图0-2显示的是，2020年1～6月，全国累计发电量为33644.80亿千瓦时，运行核电机组累计发电量为1714.95亿千瓦时，占全国累计发电量的5.10%。与燃煤发电相比，核能发电相当于减少燃烧标准煤5263.18万吨，减少排放二氧化碳13789.54万吨，减少排放二氧化硫44.74万吨，减少排放氮氧化物38.95万吨。其中，4～6月全国累计发电量为17822.70亿千瓦时，运行核电机组4～6月累计发电量为934.92亿千瓦时，占全国4～6月累计发电量的5.25%。

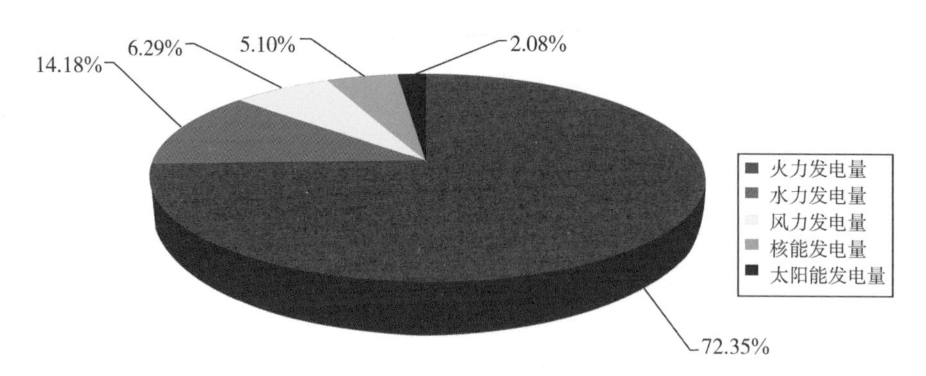

图 0-2　2020 年 1～6 月全国发电量分布统计

我国运行核电机组共 47 台(不含台湾地区),装机容量为 48759.16 MWe(额定装机容量)。2020 年 1～6 月,47 台运行核电机组累计发电量为 1714.95 亿千瓦时,比 2019 年同期上升 7.17%;累计上网电量为 1604.06 亿千瓦时,比 2019 年同期上升 7.10%;核电设备利用小时数为 3517.19 h,平均能力因子为 92.26%。具体情况如表 0-1 和表 0-2 所示。

表 0-1　2020 年 1～3 月我国大陆 47 台运行核电机组电力生产情况统计表

核电厂	机组	装机容量(MWe)	发电量(亿千瓦时)	上网电量(亿千瓦时)	核电设备利用小时数(h)	能力因子(%)
秦山核电厂	1 号机组	330.00	6.60	6.13	2000.00	99.93
大亚湾核电厂	1 号机组	984.00	21.87	20.94	2222.56	99.99
	2 号机组	984.00	21.87	20.94	2222.56	99.99
秦山第二核电厂	1 号机组	650.00	12.28	11.54	1889.23	100.00
	2 号机组	650.00	13.38	12.48	2058.46	99.87
	3 号机组	660.00	12.62	11.82	1912.12	100.00
	4 号机组	660.00	13.32	12.45	2018.18	99.90
岭澳核电厂	1 号机组	990.00	13.61	13.01	1374.75	100.00
	2 号机组	990.00	17.85	17.05	1803.03	100.00
	3 号机组	1086.00	13.18	12.36	1213.63	64.71
	4 号机组	1086.00	20.39	19.14	1877.53	99.99
秦山第三核电厂	1 号机组	728.00	14.79	13.70	2031.59	99.99
	2 号机组	728.00	14.77	13.65	2028.85	99.99
田湾核电厂	1 号机组	1060.00	22.16	20.22	2090.57	100.00
	2 号机组	1060.00	17.28	16.11	1630.19	99.97
	3 号机组	1126.00	16.11	14.93	1430.73	87.17
	4 号机组	1126.00	17.04	15.77	1513.32	99.20

续表

核电厂	机组	装机容量（MWe）	发电量（亿千瓦时）	上网电量（亿千瓦时）	核电设备利用小时数(h)	能力因子（%）
红沿河核电厂	1 号机组	1118.79	21.62	20.11	1932.44	100.00
	2 号机组	1118.79	22.05	20.59	1970.88	99.94
	3 号机组	1118.79	5.52	5.19	493.39	99.51
	4 号机组	1118.79	22.22	20.74	1986.07	99.99
宁德核电厂	1 号机组	1089.00	16.90	15.59	1551.88	100.00
	2 号机组	1089.00	17.66	16.34	1621.67	100.00
	3 号机组	1089.00	18.05	16.61	1657.48	100.00
	4 号机组	1089.00	14.85	13.75	1363.64	97.02
福清核电厂	1 号机组	1089.00	21.31	19.60	1956.84	100.00
	2 号机组	1089.00	20.55	18.88	1887.05	100.00
	3 号机组	1089.00	12.36	11.44	1134.99	59.32
	4 号机组	1089.00	8.65	7.98	794.31	100.00
阳江核电厂	1 号机组	1086.00	19.24	18.01	1771.64	99.99
	2 号机组	1086.00	11.48	10.79	1057.09	89.85
	3 号机组	1086.00	10.95	10.26	1008.29	57.33
	4 号机组	1086.00	19.97	18.68	1838.86	100.00
	5 号机组	1086.00	16.68	15.58	1535.91	94.39
	6 号机组	1086.00	14.68	3.76	1351.75	97.66
方家山核电厂	1 号机组	1089.00	15.49	14.55	1422.41	100.00
	2 号机组	1089.00	20.56	19.05	1887.97	99.97
三门核电厂	1 号机组	1251.00	20.04	18.20	1601.92	76.92
	2 号机组	1251.00	16.28	15.07	1301.36	99.96
海阳核电厂	1 号机组	1253.00	12.58	11.74	1003.99	47.44
	2 号机组	1253.00	19.08	17.78	1522.75	72.16
台山核电厂	1 号机组	1750.00	26.42	24.53	1509.71	93.41
	2 号机组	1750.00	29.27	27.18	1672.57	96.88
昌江核电厂	1 号机组	650.00	7.90	7.10	1215.38	90.83
	2 号机组	650.00	6.85	6.25	1053.85	93.05
防城港核电厂	1 号机组	1086.00	20.47	9.21	1884.90	90.91
	2 号机组	1086.00	20.65	19.42	1901.47	99.99
合计值/整体值/平均值		48759.16	779.45	726.26	1598.57	93.77

表 0-2　2020 年 1～6 月我国大陆 47 台运行核电机组电力生产情况统计表

核电厂	机组	装机容量（MWe）	发电量（亿千瓦时）	上网电量（亿千瓦时）	核电设备利用小时数(h)	能力因子（%）
秦山核电厂	1 号机组	330.00	14.07	13.10	4263.54	99.97
大亚湾核电厂	1 号机组	984.00	43.74	41.87	445.12	99.99
	2 号机组	984.00	43.68	41.81	4439.02	99.99
秦山第二核电厂	1 号机组	650.00	26.67	25.09	4103.08	100.00
	2 号机组	650.00	27.72	25.91	4264.62	90.93
	3 号机组	60.00	21.64	20.26	3278.79	80.75
	4 号机组	660.00	27.71	25.89	4198.48	99.94
岭澳核电厂	1 号机组	9.00	35.25	33.76	3560.61	100.00
	2 号机组	9.00	39.20	37.50	3959.60	100.00
	3 号机组	1086.00	35.80	33.62	3296.50	8235.00
	4 号机组	1086.00	36.91	34.69	3398.10	85.46
秦山第三核电厂	1 号机组	728.00	29.52	27.29	4054.95	99.99
	2 号机组	728.00	24.61	22.71	330.49	81.99
田湾核电厂	1 号机组	1060.00	35.47	32.65	3346.23	79.04
	2 号机组	1060.00	39.98	37.14	3771.70	99.98
	3 号机组	126.00	34.70	32.14	3081.71	82.49
	4 号机组	16.00	40.23	37.17	3572.82	9.57
红沿河核电厂	1 号机组	11.89	45.23	42.49	4042.76	99.99
	2 号机组	118.98	36.90	34.81	3298.21	81.60
	3 号机组	11.89	28.22	26.69	2522.37	99.75
	4 号机组	118.79	41.45	38.80	3704.90	90.05
宁德核电厂	1 号机组	1089.00	32.40	30.08	2975.21	83.26
	2 号机组	1089.00	38.83	36.15	3565.66	99.99
	3 号机组	1089.00	39.32	36.50	3610.65	100.00
	4 号机组	1089.00	37.86	35.34	3476.58	98.51
福清核电厂	1 号机组	1089.00	421.95	39.83	3943.99	99.99
	2 号机组	1089.00	36.26	33.59	3329.66	83.96
	3 号机组	1089.00	31.87	29.71	2926.54	79.26
	4 号机组	1089.00	31.34	29.27	2877.87	100.00

续表

核电厂	机组	装机容量（MWe）	发电量（亿千瓦时）	上网电量（亿千瓦时）	核电设备利用小时数(h)	能力因子（%）
阳江核电厂	1号机组	1086.00	41.75	39.13	3844.38	97.00
	2号机组	1086.00	32.48	30.55	2990.79	89.72
	3号机组	1086.00	31.34	29.42	2885.82	72.56
	4号机组	1086.00	40.18	37.59	3699.82	94.17
	5号机组	1086.00	36.03	33.70	3317.68	9158.00
	6号机组	1086.00	37.54	35.30	3456.72	93.73
方家山核电厂	1号机组	1089.00	39.08	36.80	3588.61	100.00
	2号机组	1089.00	43.97	41.14	4037.65	99.99
三门核电厂	1号机组	1251.00	40.32	37.11	3223.02	76.23
	2号机组	1251.00	43.18	40.00	3451.64	99.98
海阳核电厂	1号机组	1253.00	39.28	36.71	3134.88	73.33
	2号机组	1253.00	42.92	40.09	3425.38	80.73
台山核电厂	1号机组	1750.00	62.45	58.32	3568.57	95.66
	2号机组	1750.00	62.89	58.56	3593.71	97.03
昌江核电厂	1号机组	650.00	21.17	19.43	3256.92	90.83
	2号机组	650.00	19.06	17.54	2932.31	93.05
防城港核电厂	1号机组	1086.00	37.65	35.35	3466.85	82.57
	2号机组	1086.00	44.13	4145.00	4063.54	99.98
合计值/整体值/平均值		48759.16	1714.95	1604.06	3517.19	92.26

核电安全生产情况如下：2020年1～6月，各运行核电厂严格控制机组的运行风险，运行核电机组的三道安全屏障均保持完整状态，燃料元件包壳完整性、一回路压力边界完整性、安全壳完整性均满足技术规范要求。发生一起国际核事件分级（INES）1级运行事件，未发生2级及以上的运行事件。各运行核电厂未发生一般及以上辐射事故，未发生较大及以上生产安全事故，未发生一般及以上环境事件，未发生职业病危害事故及职业性超剂量照射事件。

放射性流出物排放和环境监测如下：按照国家环境保护法规和环境辐射监测标准，依据国家核安全局批准的排放限值，各运行核电厂对放射性流出物的排放进行了严格控制，对核电厂周围辐射环境进行了有效监测。2020年1～6月的放射性流出物排放统计结果表明，各运行核电厂放射性流出物的排放量均低于国家核安全局批准限值。辐射环境监测数据表明，运行核电基地外围监督性监测自动站测出的环境空气吸收剂量率在当地本底辐射水平正常范围内，未监测到因核电基地运行引起的异常。

以上信息均摘自中国核能行业协会(China Nuclear Energy Association)官网。这些信息进一步增强了我们对核电安全的信心!

目前,我国大陆核电厂主要分布在广东、浙江、福建、江苏等省份(见图0-3)。

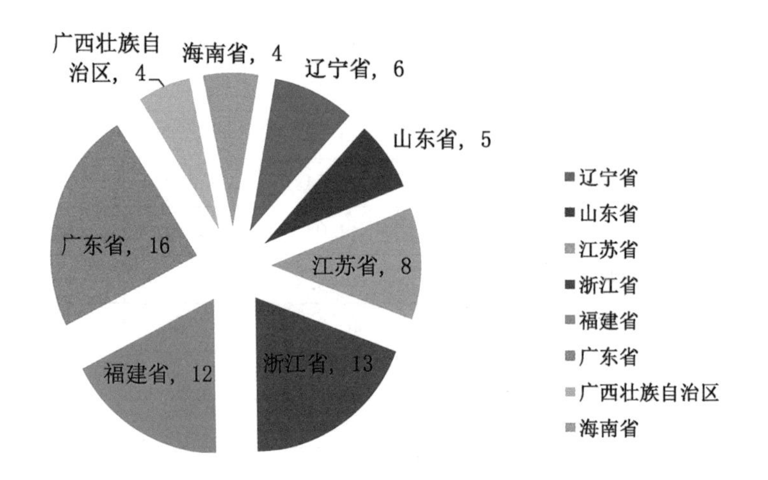

图0-3　我国大陆核电厂分布概况(在建和运行机组数量)

在核电建设过程中,需要使用多种机器设备,其中常见的塔吊如图0-4和图0-5所示。

图0-4　核电建设使用的塔吊(1)

图 0-5　核电建设使用的塔吊(2)

大好河山下的小康生活，需要坚实而有力的电力支撑。所以，作为目前可以大规模利用的核能，我们需要其保持长期、安全、稳定运行，而这就要求其不能发生安全事故。而包括防火安全水平在内的整体安全水平，还存在较大的空间潜力可以挖掘。图 0-6 为位于张家口的“大好河山”。

图 0-6　张家口的“大好河山”

第1章　防火标准

核电厂由于其自身的特殊性，要面对正常运行工况、事故运行工况以及内外部的各种恶劣环境。防火系统是核电厂不可或缺的重要组成部分，防火是核电厂中一项关键而不容忽视的工作，它关系到核电机组运行、管理、维修、操作等各项环节，也关系到从值长到操纵员、从高层领导到普通员工的每一个人。每一个人都应从机组开始建设直至退役各阶段即全寿命期限内重视此项任务，因为它影响到核电机组的运行，如若不重视，会出现严重后果，甚至导致停堆，影响核电机组的寿命。

1.1　国际上关于核电厂的防火标准

基于各国法律体系不同，堆型差异较大，有关防火的标准也有不同的表现形式。按照不同国际组织及国家发布的情况，据不完全统计，就有以下内容：

IAEA文件：

Safety of Nuclear Power Plants：Design Guide，IAEA Safety Standards Series No. NS-R-1；

Protection against Internal Fires and Explosions in the Design of Nuclear Power Plants Safety Guide，IAEA Safety Standards Series No. NS-G-1.7；

Experience gained from fires in nuclear power plants：Lessons learned IAEA-TECDOC-1421；

Use of Operational Experience in Fire Safety Assessment of Nuclear Power Plants，IAEA TECDOC Series No. 1134；

Treatment of Internal Fires in Probabilistic Safety Assessment for Nuclear Power Plants，IAEA Safety Reports Series No. 10；

Preparation of Fire Hazard Analyses for Nuclear Power Plants，IAEA Safety Reports Series No. 8；

Upgrading of Fire Safety in Nuclear Power Plants，IAEA TECDOC Series No. 1014；

Assessment of the Overall Fire Safety Arrangements at Nuclear Power Plants：A Safety Practice，IAEA Safety Series No. 50-P-11。

美国核能研究所文件：

Nuclear Energy Institute Documents, www. nei. org;

NEI 00-01 Guidance for Post-Fire Safe Shutdown Analysis;

NEI 04-06 Guidance for Self Assessment of Circuit Failure Issues。

美国国家消防协会标准：

National Fire Protection Association Standards, www. nfpa. org;

NFPA 804, Standard for Fire Protection for Advanced Light Water Reactor Electric Generating Plants;

NFPA 805, Performance-Based Standard for Fire Protection for Light Water Reactor Electric Generating Plants。

除了以上限定适用于轻水反应堆核电厂的 NFPA 804 和 NFPA 805 外，还有以下相关标准：

NFPA 1, Uniform Fire Code, 2006 edition;

NFPA 10, Standard for Portable Fire Extinguishers, 2007 edition;

NFPA 11, Standard for Low-, Medium-, and High-Expansion Foam, 2005 edition;

NFPA 12, Standard on Carbon Dioxide Extinguishing Systems, 2008 edition;

NFPA 12A, Standard on Halon 1301 Fire Extinguishing Systems, 2004 edition;

NFPA 13, Standard for the Installation of Sprinkler Systems, 2007 edition;

NFPA 14, Standard for the Installation of Standpipe and Hose Systems, 2007 edition;

NFPA 15, Standard for Water Spray Fixed Systems for Fire Protection, 2007 edition;

NFPA 16, Standard for the Installation of Foam-Water Sprinkler and Foam-Water Spray Systems, 2007 edition;

NFPA 17, Standard for Dry Chemical Extinguishing Systems, 2002 edition;

NFPA 24, Standard for the Installation of Private Fire Service Mains and Their Appurtenances, 2007 edition;

NFPA 25, Standard for the Inspection, Testing, and Maintenance of Water-Based Fire Protection Systems, 2008 edition;

NFPA 30A, Code for Motor Fuel Dispensing Facilities and Repair Garages, 2008 edition;

NFPA 30B, Code for the Manufacture and Storage of Aerosol Products, 2007 edition;

NFPA 31, Standard for the Installation of Oil-Burning Equipment, 2006 edition;

NFPA 32, Standard for Drycleaning Plants, 2007 edition;

NFPA 33，Standard for Spray Application Using Flammable or Combustible Materials，2007 edition；

NFPA 34，Standard for Dipping and Coating Processes Using Flammable or Combustible Liquids，2007 edition；

NFPA 35，Standard for the Manufacture of Organic Coatings，2005 edition；

NFPA 36，Standard for Solvent Extraction Plants，2004 edition；

NFPA 37，Standard for the Installation and Use of Stationary Combustion Engines and Gas Turbines，2006 edition；

NFPA 45，Standard on Fire Protection for Laboratories Using Chemicals，2004 edition；

NFPA 58，Liquefied Petroleum Gas Code，2008 edition；

NFPA 59A，Standard for the Production，Storage，and Handling of Liquefied Natural Gas (LNG)，2006。

美国电力科学研究院文件：

Electric Power Research Institute Document，www. epri. com；

Turbine-Generator Fire Protection by Sprinkler System；

Electric Power Research Institute Report，EPRI NP-4144，July 1985。

美国核管会文件：

U. S. Nuclear Regulatory Commission Documents，www. nrc. gov；

Regulatory Guide 1. 189 Fire Protection for Operating Nuclear Power Plants；

NRC Information Notice 2002-27：Recent Fires at Commercial Nuclear Power Plants in the United States；

NRC：Fire Dynamics Tools (FDTs) Quantitative Fire Hazard Analysis Methods for the U. S. Nuclear Regulatory Commission Fire Protection Inspection Program (NUREG-1805，Final Report)。

1.2 引进的火电厂防火标准

随着国力的增强，我国已有多年从国外引进能源尤其是火电厂项目的经历。作为业主，我国也形成了一些可以借鉴的经验内容。下面以某项目为例，介绍一下我国对某火电厂机岛的消防设计内容的要求。

根据招标文件要求，投标方的供应范围是：

——燃气轮机机组的防火理念(包含发电机隔音罩壳灭火)；

——燃气轮机罩壳，辅机模块和燃气轮机发电机轴承的火焰检测系统；

——火灾报警区域盘；

——燃气轮机罩壳的灭火系统(高压二氧化碳)。

1.2.1 工作范围

本规范书是电厂机岛内燃气轮机、蒸汽轮机、发电机本体及燃气轮机区域的火灾探测报警控制系统和灭火系统的技术及相关要求。

机岛内消防系统的设计和供货由投标方负责，其范围为：燃气轮机及其发电机、蒸汽轮机及其发电机、燃气轮发电机配套的投标方设计供货范围内的辅机和油系统、蒸汽轮机发电机组配套的投标方设计供货范围内辅机和油系统的灭火系统。

投标方提供机岛内燃气轮机、蒸汽轮机、发电机本体及燃气轮机区域的火灾探测报警控制系统的整体设计。机岛内燃气轮机、蒸汽轮机、发电机本体及燃气轮机区域的火灾探测报警控制系统设备为投标方的供货范围。

投标方应全力配合招标方确保全厂消防验收能够获得通过。

机岛投标方应提供机岛内燃气轮机、蒸汽轮机、发电机本体及燃气轮机区域的火灾探测报警控制系统和灭火系统必要的设备和技术资料，包括但不限于以下条款：

——水喷雾灭火系统。

——气体灭火系统(CO_2、烟烙尽、FM200、燃机罩壳内高压 CO_2 灭火)。

——火灾探测报警系统：仪表、报警盘、控制盘、探测器(包括可燃气体探测器、火焰探测器)、信号装置、接线和附件。投标方提供完整的探测报警系统。投标方须提供承诺的火灾报警系统品牌。

——机岛内设备本体、燃机区域内消防保护及探测报警系统调试。

——火灾探测报警控制系统和灭火系统中，各系统的运行、定期试验、检查和维护的说明书。投标方提供所需的备品备件(备品备件量不少于10%)及维护(维修)所需的专用工具。

——燃机区域移动式灭火器配置设计，供货由业主负责。

——投标方提供机岛火灾危险性的评价和分析报告。

——投标方提供火灾探测报警控制系统和灭火系统设备 KKS 编码。

——自动喷水灭火系统。

1.2.2 规范和标准

火灾探测报警控制系统和灭火系统的设计和供货应符合以下标准的要求：

《中华人民共和国消防法》；

《建筑设计防火规范》(GB 50016—2006)；

《高层民用建筑设计防火规范》(GB 50045—1995)(2005版)；

《火力发电厂与变电站设计防火规范》(GB 50229—2006)；

《原油和天然气工程设计防火规范》(GB 50183—1996)；

《火灾自动报警系统设计规范》(GBJ 116—1998)；

《自动喷水灭火系统设计规范》(GB 50084—2001)(2005版)；

《建筑灭火器配置设计规范》(GB 50140—2005)；

《石油库设计规范》(GB 50074—2002)；

《水喷雾灭火系统设计规范》(GB 50219—1995)；

《低倍数泡沫灭火系统设计规范》(GB 50151—1992)；

《电力设备典型消防规程》(DL 5027—2009)；

《火力发电厂设计技术规程》(DL 5000—2000)；

《燃气—蒸汽联合循环电厂设计规定》(DL/T 5174—2003)；

《气体灭火系统设计规范》(GB 50370—2005)；

《爆炸和危险环境电力装置设计规范》(GB 50058—1992)；

《爆炸性气体环境用电气设备　第1部分：通用要求》(GB 3836.1—2000)；

《爆炸性气体环境用电气设备　第2部分：隔爆型“d”》(GB 3836.2—2000)；

《二氧化碳灭火系统设计规范》(GB 50193—1993)；

《自动喷水灭火系统施工及验收规范》(GB 50261—2005)；

《火灾自动报警系统施工及验收规范》(GBG 50166—2007)；

《气体灭火系统施工及验收规范》(GB 50263—2007)。

在以上防火规范和技术规定适用范围之外，尚应按以下最新版本的NFPA标准执行。

NFPA：美国消防协会；

850——燃煤发电厂和燃气轮机发电厂的消防保护；

10——移动式灭火器；

12——二氧化碳灭火系统；

13——喷淋头系统的安装；

15——固定式水喷雾消防保护系统；

37——固定式内燃涡轮机和燃气轮机的使用和安装；

70——美国电气规程；

72——美国消防报警规程；

72A——就地保护信号系统；

72D——专用信号系统；

2001——洁净剂消防灭火系统。

当这些规范与本规范书之间有抵触时，投标方应书面提交业主解决。

1.2.3　技术要求

灭火系统应为发电厂机岛内的燃气轮机、蒸汽轮机及发电机本体提供全面消防保护，火灾探测报警控制系统应为发电厂机岛内的燃气轮机、蒸汽轮机、发电机本体及蒸汽轮机区域提供探测火情的手段，在需要地点设置就地和远程的声光报警和可靠的灭火系统。

机岛内设置火灾报警集中区域盘，能够集中显示区域内火灾报警部位信号和控制信号，也可进行联动控制。投标方应将燃气轮机罩壳内成套的1号和2号火灾控制盘接入该集中区域盘，全厂火灾报警主盘只与该集中区域盘接口。该区域集中报警盘可通过人机对话描述各就地控制盘的报警内容且自动记录并追忆事件，具有较好的兼容性，能通过标准通信接口接入全厂火灾报警集中控制盘。如果岛内集中区域报警盘不具备兼容性，应将岛内集中区域报警盘布置在集控室，以便于运行人员快速了解报警内容和事件追忆。

机岛内火灾报警集中区域盘应有如下基本功能：

可接收火警、预警或状态信号，并能显示各探测分区报警信息、被控设备运行状态、设备故障报警信号、智能探测器响应阈值，可自动记录并追忆事件。

具有手动/自动功能，即应能根据各联动设备的联动要求由火警信号自动或消防手动控制板的按键、操作员操作键盘手动控制相应区域的联动设备。

应有自检功能和手动检查功能。执行自检功能时，应切断受其控制的外接设备。自检期间，如非自检回路有火灾报警信号输入，火灾报警控制器应能发出火灾报警声、光信号。

应有火警优先功能。报警控制器接受火灾报警信号时，能自动切除原先可能存在的其他故障报警信号，只进行火灾报警。当火情排除后，人工复位。

应能定时自动测试各回路编址单元的报警功能，能对回路上任何设备进行开路/短路监察。

应带有掉电保护的实时时钟，其日计时误差不超过 30 s。

可允许根据现场条件变化重新对智能探测器及编址模块等智能设备进行软件设置，修改联动控制逻辑。

火警发生时，应能发出高于背景噪声 15 dB 的警报，一路火灾报警音响与两路同时报警音响应有明显区别，并可手动消音。

应具有模拟火警功能。

应设有主电源和直流备用电源(24 V 直流蓄电池)。当主电源断电时，能自动转换到备用电源(24 h)；当主电源恢复时，能自动转换到主电源。主、备电源的工作状态应有指示，主电源应有过流保护措施。

区域盘外壳防护等级为 IP54。火灾警报区域盘应安装在动力控制中心(PCC)，其防护等级应为 IP20。

对于有消防联动装置、自动灭火系统的区域，应装设不同类型的火灾探测器，只有不同类型的火灾探测器均发出报警信号，才允许联动灭火系统。

燃气轮机岛区域内的火灾探测器都应选择防爆型设备。火灾探测器应具有自检功能，并能将故障信号送出。

投标方应提供具有独立地址编码的输入/输出信号模块，其中输出信号模块用于控制警报器、放气指示灯、联动控制设备等；输入信号模块用于连接非总线型探测器、非总线型手动报警按钮、非总线型消火栓报警按钮和联动控制设备状态信号等。

灭火系统由火灾探测报警控制系统自动控制，可以自动控制、手动控制和应急操作。

机岛内消防系统和火灾报警控制系统所需的交流 380/220 V 电源均由岛内 MCC 或岛内 UPS 分电屏配电。

投标方应按照中国消防规范、NFPA 标准、地方消防部门和该项目技术规范书明确指出的规定提供必要的消防保护和探测报警系统。

所有系统应按照相关标准及规范要求进行设计、制造和试验，使用的设备和材料应有UL或相当的认证标志，投标方应负责将材料送至中国国家消防保护和探测产品质量检测中心进行检测。消防保护和探测报警系统的材料应等同或优于所适用的规范中的要求。

为了配合招标方完成消防审核工作，投标方应提供供货范围内设备的消防相关文件。

投标方应提供供货范围内设备的相关消防文件，以支持机岛火灾危险性的评价和分析。分析报告应包括以下内容：

(1)机岛内可燃物特性，火灾和爆炸危险性分析评价；

(2)燃气轮机内部火灾预防；

(3)燃气轮机组对厂房的防火要求(包括建筑材料耐火极限、通风、设备布置等)；

(4)燃气轮机厂房与附近的建(构)筑物的防火间距要求；

(5)厂房内电气设备的防火防爆要求；

(6)燃气轮机组的消防保护和探测报警系统的设置。

机岛内的消防水源由主厂房内的消防母管供给，每个自动喷水灭火系统都应分别从母管引出，其设计和供货接口位于自动喷水灭火系统与消防母管的交界处(招标方提供定线图)。投标方应提出接口处的消防水量、水压、水质、管道规范和材质等参数；设备本体的气体消防系统由投标方整体供货。

机岛内的全部消防系统和火灾探测报警控制系统均由投标方设计和成套供货。

1.2.4 验收

所有自动喷水、气体灭火系统、消防探测报警系统的验收应满足本规范书及相应规范的要求，包括：

《自动喷水灭火系统施工及验收规范》(GB 50261—2005)；

《火灾自动报警系统施工及验收规范》(BG 50166—2007)；

《气体灭火系统施工及验收规范》(GB 50263—2007)。

即使许多规范标准已经不适用了。但我们“窥一斑而知全貌”，可以将此与核电厂机岛，即对核岛的下面标准进行对比，这样对于全面深入地理解防火技术而言是很有意义的。

1.3 我国大陆核电厂防火标准

由于引进不同国家的核电技术，所以就形成了具有中国特色的核电防火标准。以占主导地位的压水堆为例，可分为以下三种情况：以法国作为技术来源国的RCC-I系列标准、ETC-F标准；以美国作为技术来源国的NFPA系列标准及美国核管会NRC发布的关于防火内容的要求；以俄罗斯作为技术来源国的俄国核电厂防火系列标准。

其中需要说明的是，作为国家名片的“华龙一号”(见图 1-1)，由于有两家央企集团参与，所以各自根据发展战略目标，选取了不同的防火标准。其中，中核集团福清核电厂5 号和 6 号机组采用的规范标准为《核电厂防火设计规范》(GB/T 22158—2008)，脱胎于 RCC-I 1997 版，而广核集团则采用了 ETC-F 2010 版。

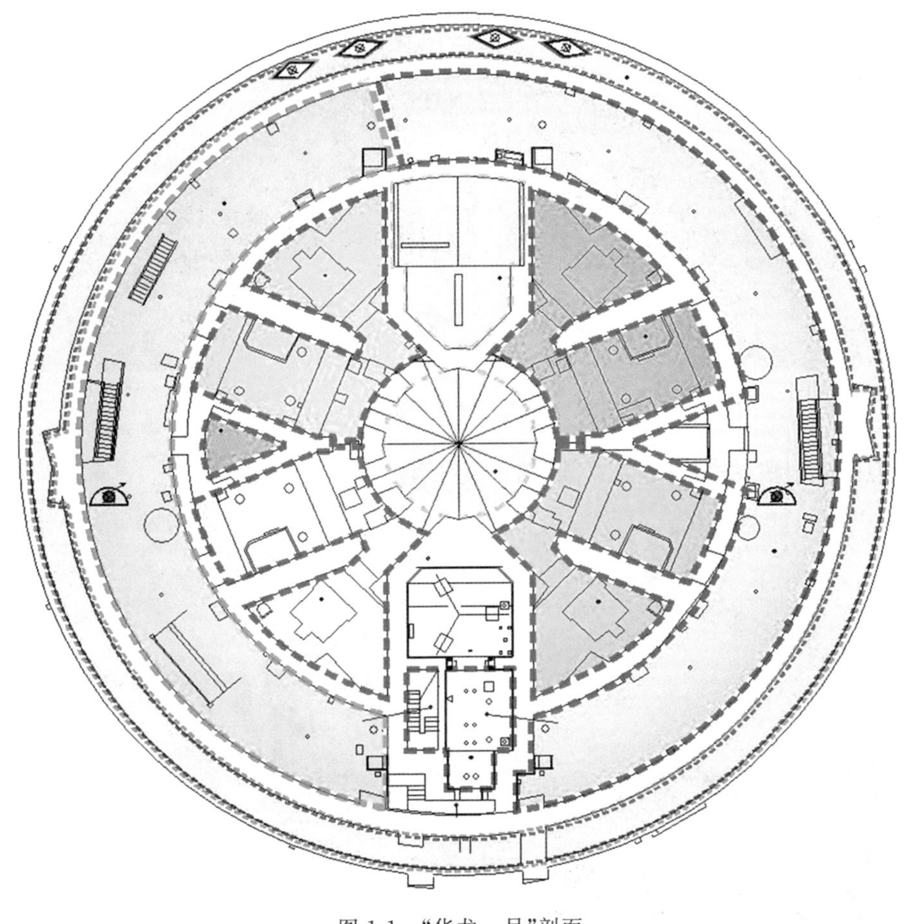

图 1-1　“华龙一号”剖面

高温气冷堆是我国拥有自主知识产权的第四代先进核能技术，具有固有安全性、设备国产化率高、模块化设计、适应中小电网和用途广泛等优势。在任何事故情况下不会发生堆芯熔化事故，可以满足国家针对核安全的法律法规的相应要求，实现核能的高效和多用途利用。

2020 年 4 月 28 日，作为国家科技重大专项的高温气冷堆示范工程 1 号堆蒸汽发生器壳体、热气导管壳体与反应堆压力容器壳体顺利实现三壳组对，即将进入主氦风机安装阶段，这意味着该国家科技重大专项朝着本年度实现双堆冷试目标又迈出了实质性的一步。

由于高温气冷堆示范工程防火工作是按照 RCC-I 1997 版的要求开展的，而我国快堆技术正在实现示范化，大家如果对此感兴趣，可以参阅王威编著的《我国第四代核电工程防火技术纵览》(原子能出版社,2013 年 12 月),就这两项第四代核电工程的防火技术标准予以了解。高温气冷堆示范工程现场如图 1-2 所示。

图 1-2　高温气冷堆示范工程现场

高温气冷堆核岛内部结构剖面如图 1-3 所示。

图 1-3　高温气冷堆核岛内部结构剖面

高温气冷堆常规岛内部结构剖面如图 1-4 所示。

图 1-4　高温气冷堆常规岛内部结构剖面

概括地说，目前在建核电工程在消防设计上采用的规范标准集中在法律法规及导则、核岛厂房方面。

法律法规及导则如下：

《中华人民共和国消防法》(2019 年)；

《核电厂消防安全监督管理暂行规定》(国能核电[2015]415 号)；

《核电厂设计安全规定》(HAF 102—2016)；

《核电厂防火》(HAD 102/11—1996)；

《核动力厂运行防火安全》(HAD 103/10—2004)。

核岛厂房如下：

《核动力厂设计安全规定》(HAF 102—2016)；

《核电厂防火》(HAD 102/11—1996)；

《核电厂防火设计规范》(GB/T 22158—2008)；

《消防安全标志设置要求》(GB 15630—1995)；

《建筑物防雷设计规范》(GB 50057—2010)；

《电力工程电缆设计规范》(GB 50217—2007)；

《爆炸危险环境电力装置设计规范》(GB 50058—2014)。

我国大陆核电厂核岛防火涉及的主要设计标准实际应用如下：

(1)秦山一厂1号机组[NUREG0800,RG1.129,BTP9.5.1]。

图1-5为秦山核电站。

图1-5　秦山核电站

图1-6为至今仍在秦山核电站使用的设备铭牌。

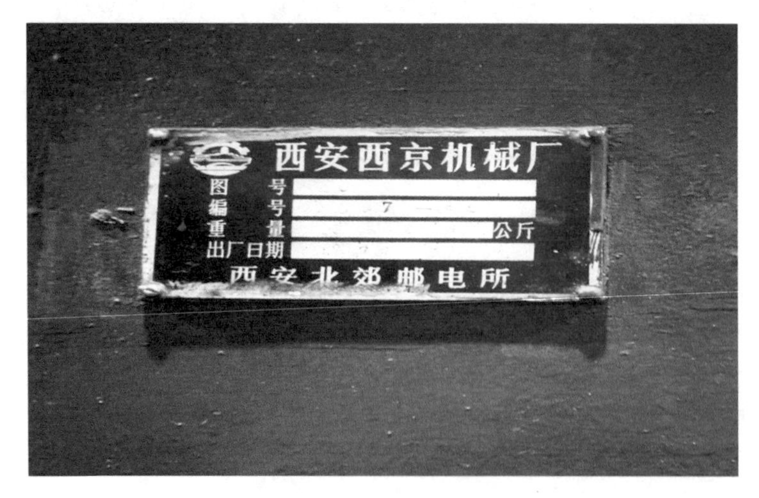

图1-6　至今仍在秦山核电站使用的设备铭牌

图 1-7 为至今仍在秦山核电站使用的 EDG 设备。

图 1-7　至今仍在秦山核电站使用的 EDG 设备

图 1-8 为在秦山核电站使用的室外消火栓。

图 1-8　在秦山核电站使用的室外消火栓

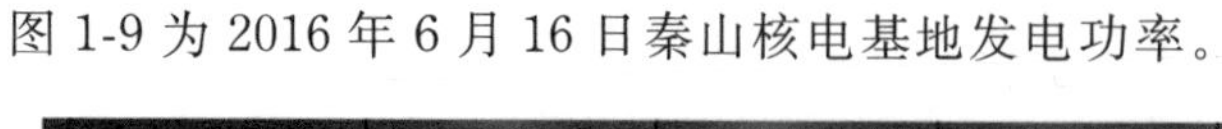

图 1-9 为 2016 年 6 月 16 日秦山核电基地发电功率。

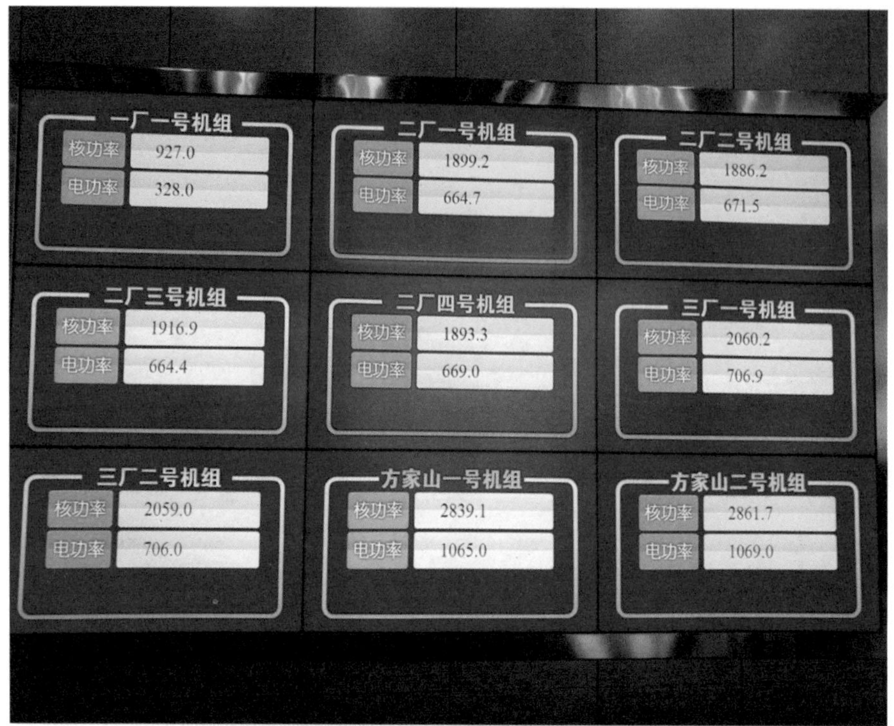

图 1-9　秦山核电基地发电功率(2016. 6. 16)

(2)大亚湾 1-2 号、岭澳 1-4 号、秦山二厂 1-4 号[RCC-I 1983、1987 应用版]。图 1-10 为某核电厂主控室。

图 1-10　某核电厂主控室

图 1-11 为某核电厂闭路电视系统监视屏。

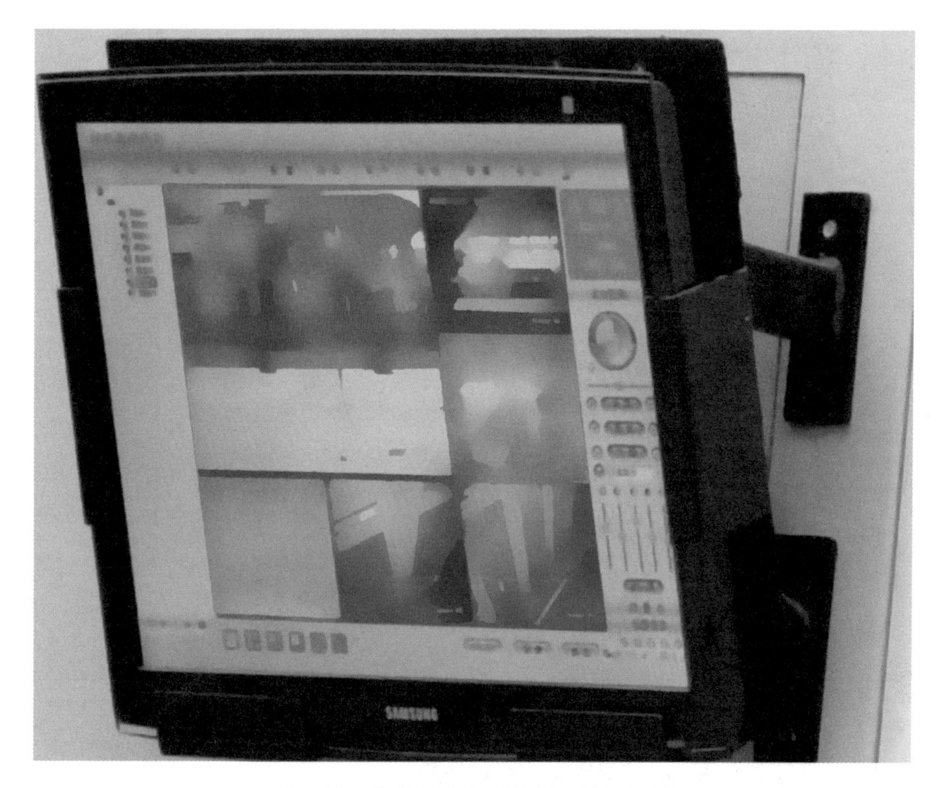

图 1-11　某核电厂闭路电视系统监视屏

图 1-12 为某核电厂平视图。

图 1-12　某核电厂平视图

图 1-13 为某核电厂曾使用过的 1301 卤代烷灭火系统气瓶间。

图 1-13　某核电厂曾使用过的 1301 卤代烷灭火系统气瓶间

图 1-14 为某核电厂汽机厂房 1301 气体灭火气瓶间。

图 1-14　某核电厂汽机厂房 1301 气体灭火气瓶间

图 1-15 为某核电厂主控制室下层 1301 气体灭火管道。

图 1-15　某核电厂主控制室下层 1301 气体灭火管道

图 1-16 为某核电厂汽机厂房威景公司雨淋阀组。

图 1-16　某核电厂汽机厂房威景公司雨淋阀组

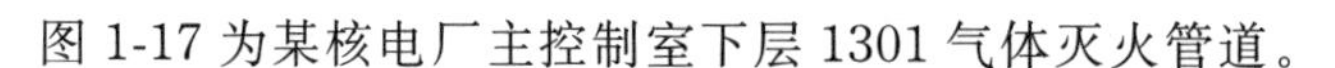
图 1-17 为某核电厂主控制室下层 1301 气体灭火管道。

图 1-17　某核电厂主控制室下层 1301 气体灭火管道

(3)岭澳 3-4 号、宁德 1-4 号、方家山 1-2 号、福清 1-4 号、昌江 1-2 号、防城港 1-2 号、红沿河 1-6 号、阳江 1-6 号、田湾 5-6 号、漳州 1-2 号[RCC-I 1997 版]。

图 1-18 为全国核电厂分布图。

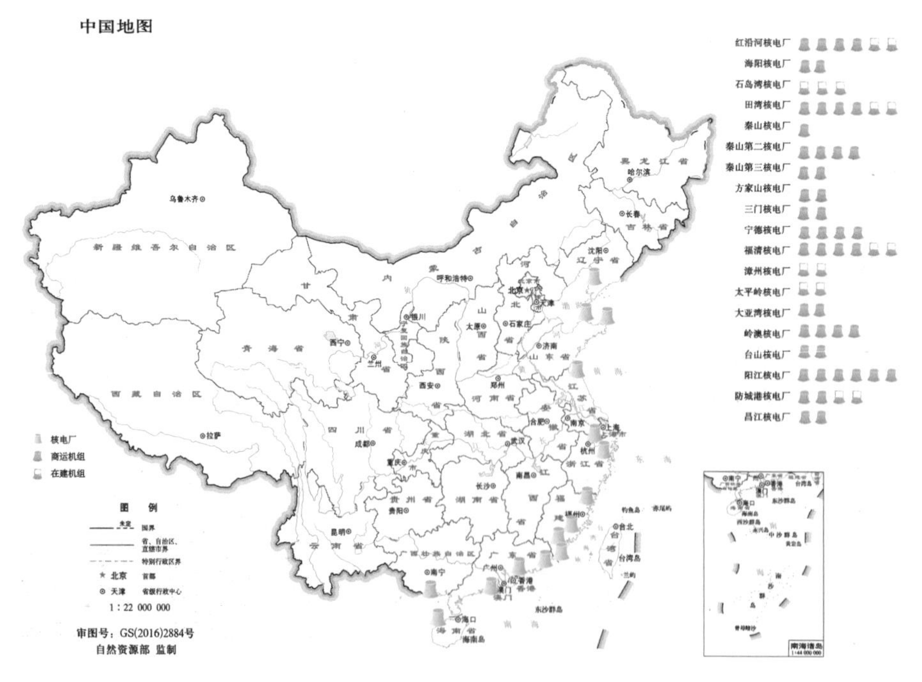

图 1-18　全国核电厂分布图

图 1-19 为北方某核电厂防火隔离带分布图。

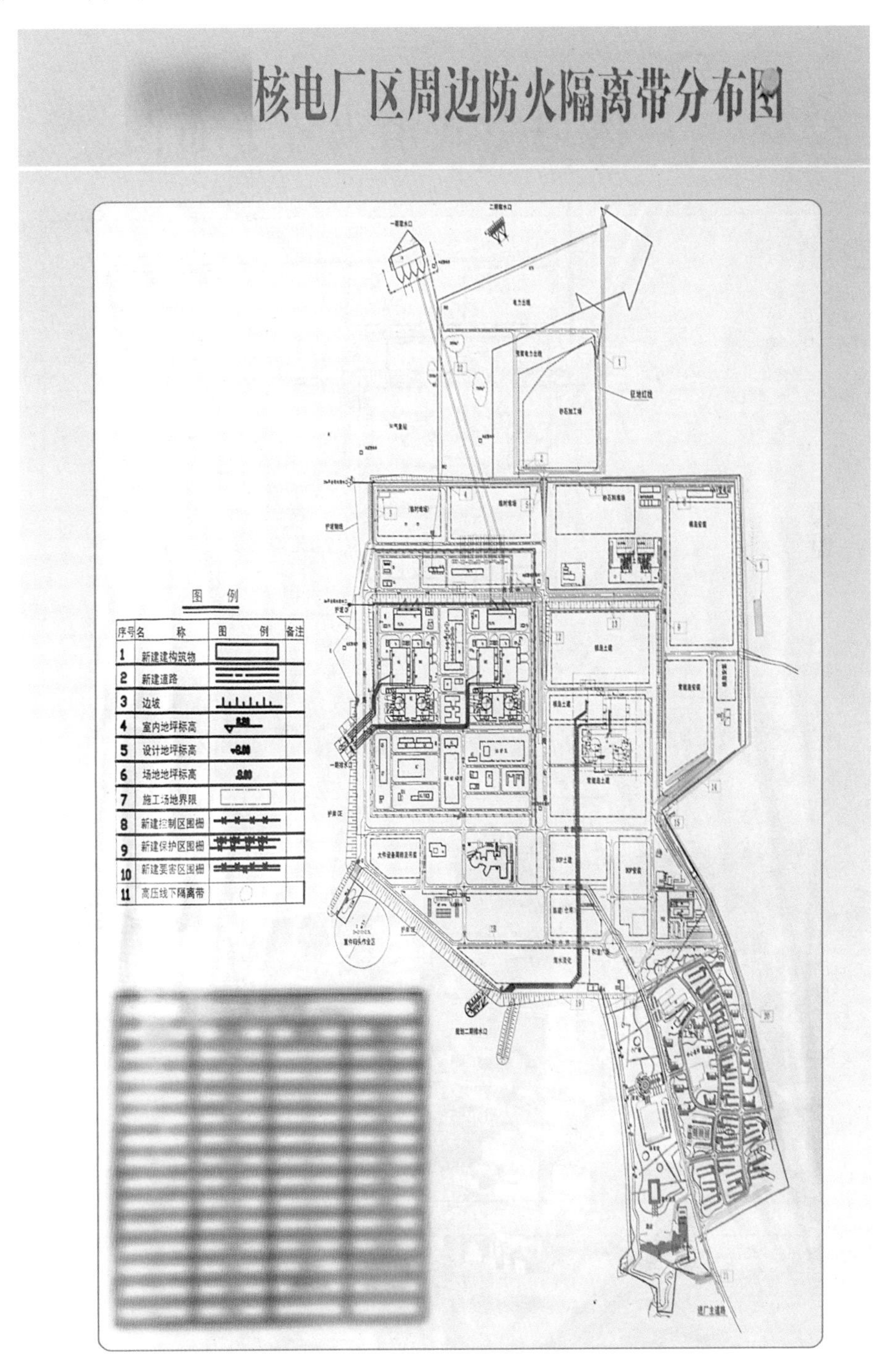

图 1-19　北方某核电厂防火隔离带分布图

图 1-20 为北方某核电厂地下式消火栓分布图。

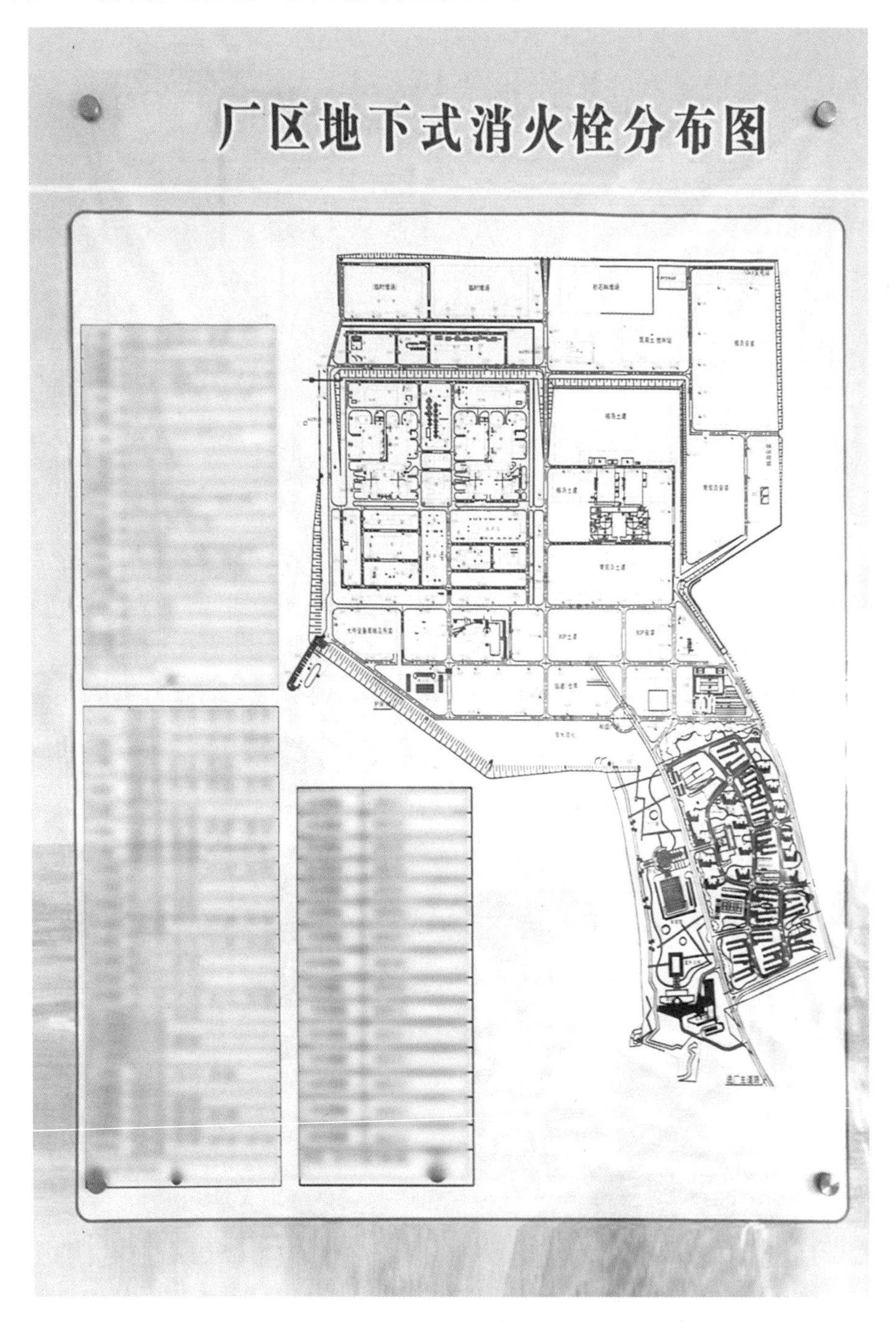

图 1-20　北方某核电厂地下式消火栓分布图

图 1-21 为北方某核电厂消防监督日报。

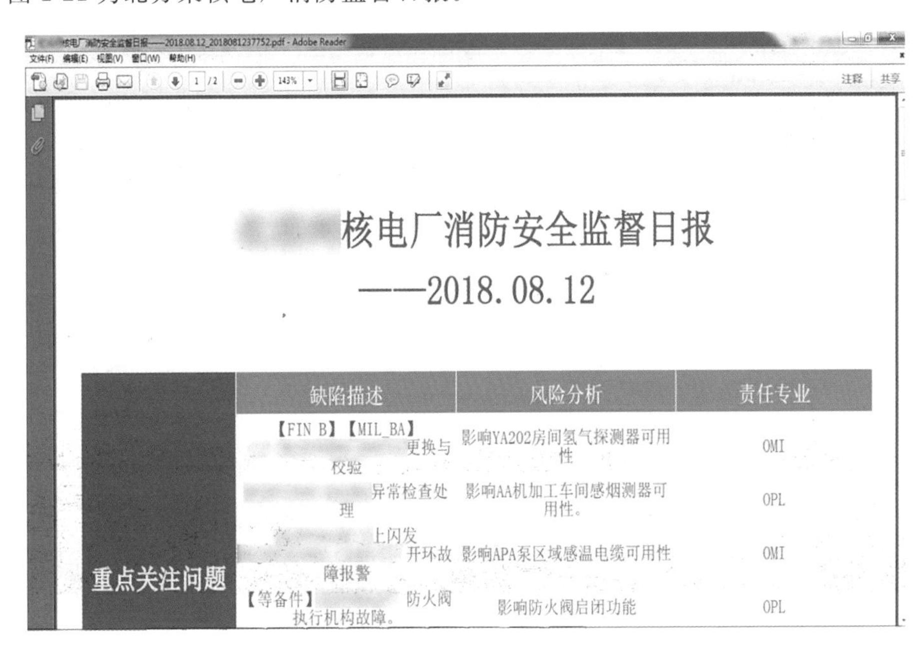

核电厂消防安全监督日报

——2018.08.12

	缺陷描述	风险分析	责任专业
重点关注问题	【FIN B】【MIL_BA】 更换与校验	影响YA202房间氢气探测器可用性	OMI
	异常检查处理	影响AA机加工车间感烟测器可用性。	OPL
	上闪发 开环故障报警	影响APA泵区域感温电缆可用性	OMI
	【等备件】 防火阀执行机构故障。	影响防火阀启闭功能	OPL

图 1-21 北方某核电厂消防监督日报

图 1-22 为某核电厂观礼台。

图 1-22 某核电厂观礼台

图 1-23 和图 1-24 为某核电厂厂区宿舍外景。

图 1-23　某核电厂厂区宿舍外景(1)

图 1-24　某核电厂厂区宿舍外景(2)

图 1-25 为某核电厂火灾探测报警分布图。

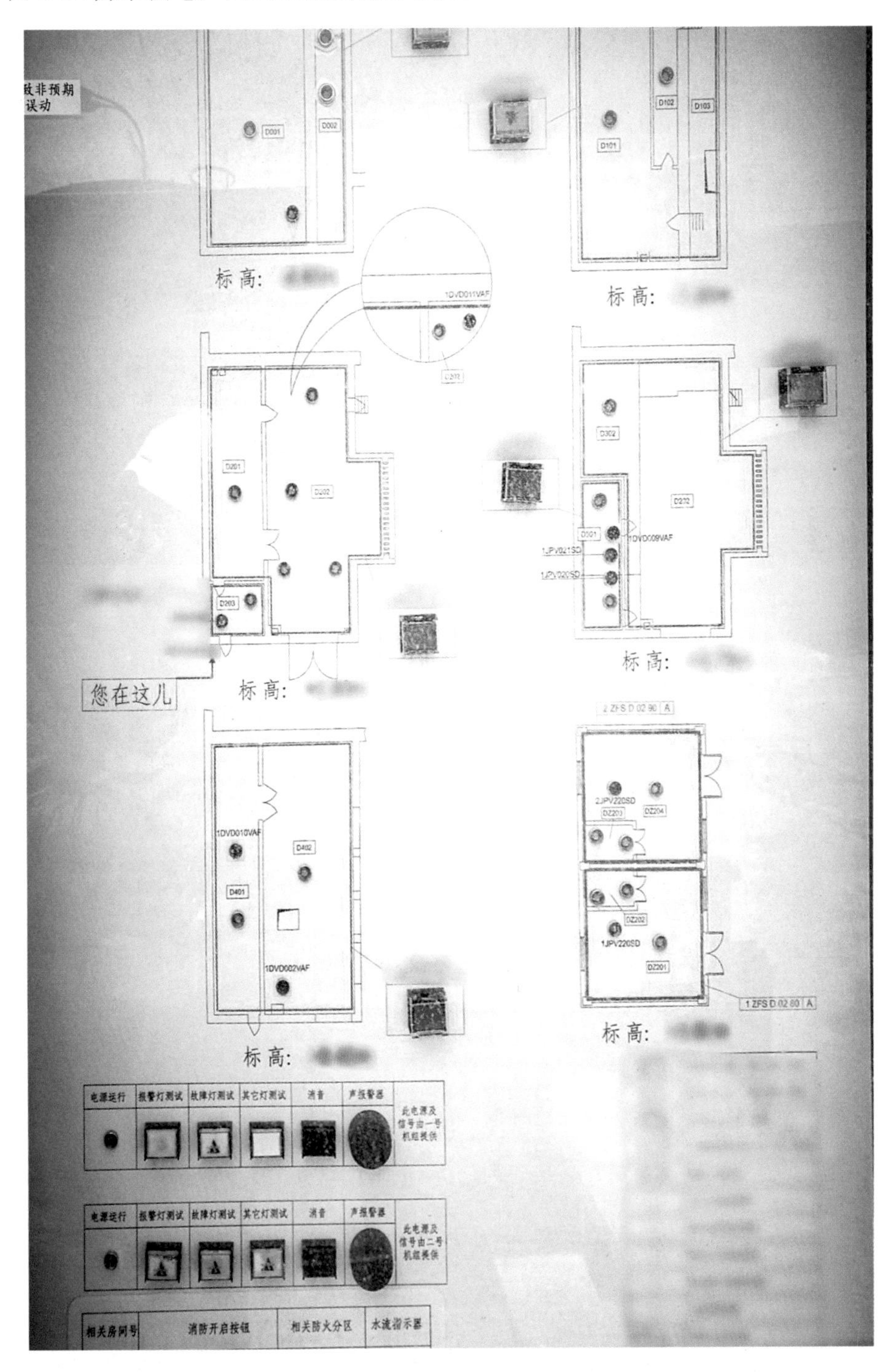

图 1-25　某核电厂火灾探测报警分布图

图 1-26 为某核电厂电气厂房消防系统。

图 1-26　某核电厂电气厂房消防系统

图 1-27 为某核电厂 DCL 防火挡板位置。

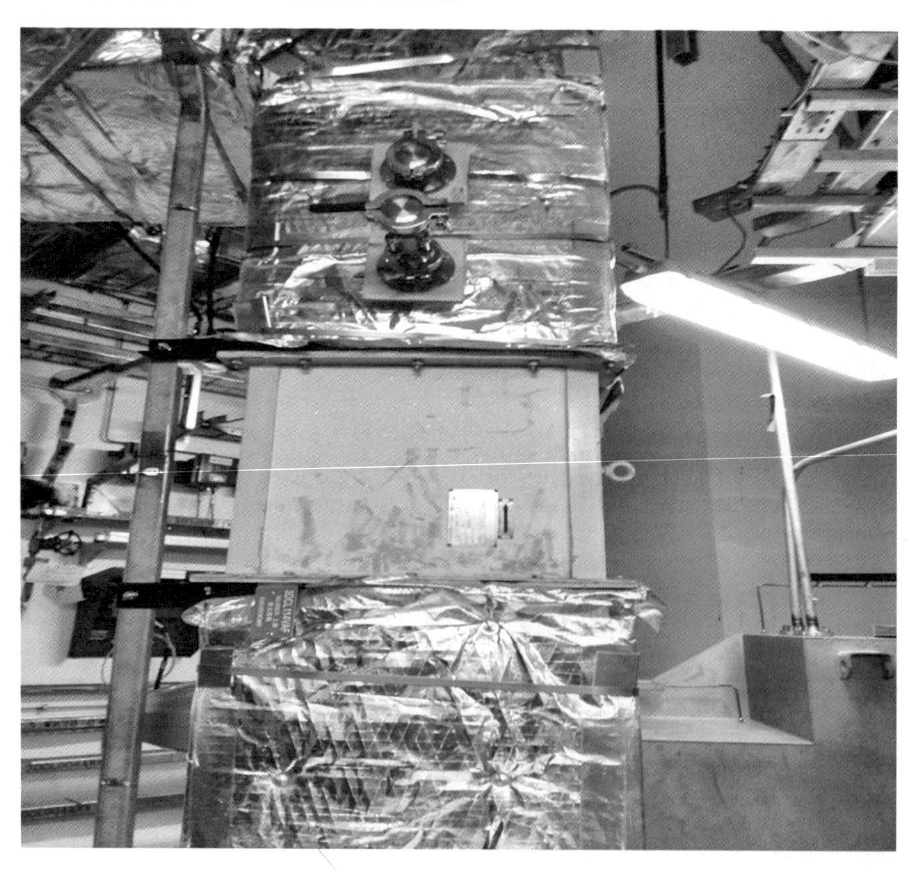

图 1-27　某核电厂 DCL 防火挡板位置

图 1-28 为某核电厂消防控制盘面。

图 1-28　某核电厂消防控制盘面

图 1-29 为某核电厂 3 号机组主控室。

图 1-29　某核电厂 3 号机组主控室

图 1-30 和图 1-31 为某核电厂消防车。

图 1-30　某核电厂消防车(1)

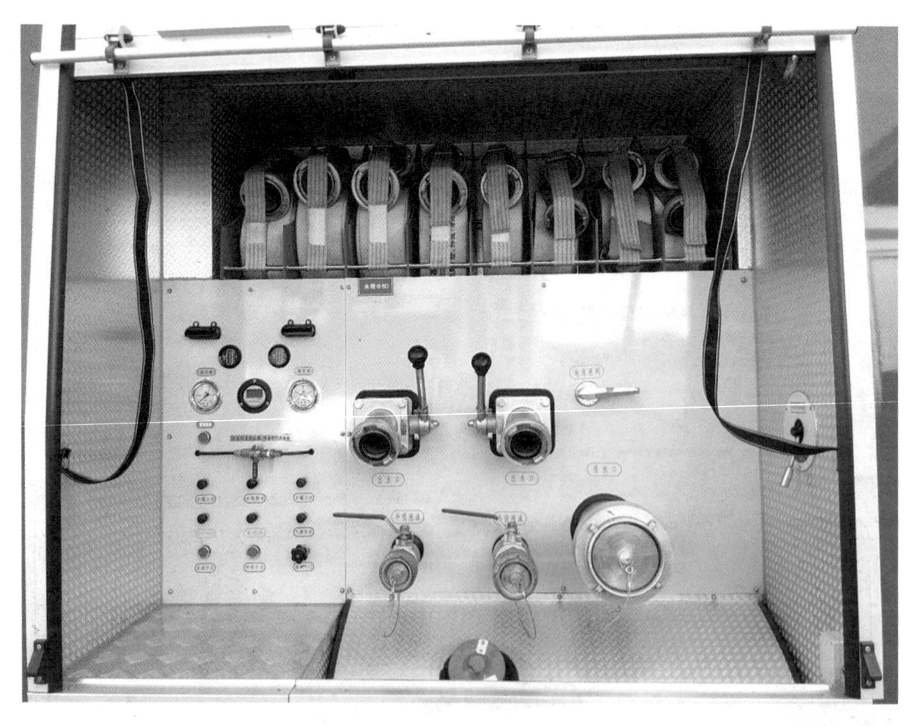

图 1-31　某核电厂消防车(2)

图 1-32 为某核电厂宿舍区一瞥。

图 1-32　某核电厂宿舍区一瞥

图 1-33 为某核电厂系统管线。

图 1-33　某核电厂系统管线

(4)田湾1-4号[VVER1000相关防火技术]。

(5)三门1-2号、海阳1-2号、国和一号(CAP1400)1-2号[AP1000相关防火技术]。

(6)台山1-2号[ETC-F G版]。

(7)防城港3-4号、太平岭1-2号[ETC-F 2010版]。

(8)秦山三厂1-2号[CANDU技术]。

(9)石岛湾高温气冷堆示范工程[RCC-I 1997版]。

(10)田湾7-8号[VVER1200相关防火技术]。

另外,在这里不得不说一说脱胎于RCC-Ⅰ1997版的《核电厂防火设计规范》,即GB/T 22158—2008。2002年6月,核工业第二研究设计院将1997年10月第四版RCC-I的法文版翻译为《压水堆核电站防火设计和建造规则》(中文版),极大地促进了设计院技术人员对法国技术的理解与熟悉。在技术积累与应用达到一定程度的六年后,完成了这一推荐性国家标准的制定工作。

该标准根据国情实际,作了以下的主要修改:按《标准化工作指南　第2部分:采用国际标准的规则》(GB/T 20000.2—2001)规定,对参照版本的格式进行了编辑性修改;结合国内核电建设经验,对参照版本的部分技术性条款作了修正或补充,在相应条文说明中给出了这些技术性差异及其原因;将参照版本附录A引用的法国标准转换成国内相应的现行消防专业标准和规范;根据我国核安全法规要求,增加了火灾危害性分析章节。

该标准附录A、附录B和附录C为规范性附录,附录D、附录E和附录F为资料性附录。

下面,介绍一下《核电厂防火设计规范》(GB/T 22158—2008)。

首先,应用范围为陆上固定式热中子反应堆(如轻水、重水)核电厂。

其次,界定为针对核岛厂房的消防设计,常规岛和BOP的消防设计需要参见国内相关设计标准。不过在该标准中,对于汽轮机、变压器等容易发生火灾的重点部位也提出了一些原则性要求。具体说到常规岛和BOP部分时,就需要参照对应的、有效适用的国家标准了。

我们知道,与之对应的关于常规岛部分的还有广东电力设计研究院、华东电力设计院及中国电力企业作为联合主编单位完成的《核电厂常规岛设计规范》(GB/T 50958—2013)和东北电力设计院作为主编单位完成的《核电厂常规岛设计防火规范》(GB 50745—2012)。

根据当时的有效版本,引用了以下文件:

《门和卷帘的耐火试验方法》(GB/T 7633—1987);

《核电厂安全有关通信系统》(EJ/T 637—1992)。

和以下文件的最新版:

《电缆在火焰条件下的燃烧试验　第1部分:单根绝缘电线或电缆的垂直燃烧试验方法》(GB/T 18380.1);

《电缆在火焰条件下的燃烧试验　第3部分:成束电线或电缆的垂直燃烧试验方法》(GB/T 18380.3);

《自动喷水灭火系统设计规范》(GB 50084);

《低倍数泡沫灭火系统设计规范》(GB 50151)；

《二氧化碳灭火系统设计规范》(GB 50193)；

《水喷雾灭火系统设计规范》(GB 50219)；

《气体灭火系统设计规范》(GB 50370)；

《核动力厂火灾危害性分析指南》(EJ/T 1217)；

《核电厂质量保证安全规定》(HAF 003)；

《核动力厂设计安全规定》(HAF 102)；

《核电厂质量保证组织》(HAD 003/02)；

《核电厂质量保证大纲的制定》(HAD 003/03)；

《核电厂质量保证记录制度》(HAD 003/04)；

《核电厂设计中的质量保证》(HAD 003/06)；

《核电厂建造期间的质量保证》(HAD 003/07)；

《核电厂调试和运行期间的质量保证》(HAD 003/09)；

《核电厂防火》(HAD 102/11)。

同时结合原文，给出了一些重要术语和定义：

1.爆炸 Explosion

一种急剧的氧化或分解反应；它会导致温度或压力升高，或两者同时升高。

2.防火区 Fire Area

由一个或多个房间构成，并由耐火极限至少等于设计基准火灾持续时间的防火屏障包围。防火区应确保该空间内部发生的火灾不会蔓延到外部，或该空间外部发生的火灾不会蔓延到内部。

防火区屏障有一个强制性规定的耐火极限。

3.安全防火区 Safety Fire Area

为保护安全系列，防止共模失效，确保实现安全功能而建立的防火区。

4.限制不可用性防火区 Unavailability Limitation Fire Area

当一个空间的火灾荷载密度大于400 MJ/m^2 时，为限制火灾蔓延可能导致机组长期不可用以及为方便消防队灭火而建立的防火区。它可以包括在安全防火区内，或独立于所有的安全防火区。

5.防火及放射性包容区 Fire and Radioactivity Confinement

在正常运行工况下，防火区内火灾可能会引起放射性物质释放。在该区内，除确保火灾不向外蔓延外，还应控制放射性物质的释放。

6.防火小区 Fire Zone

由一组相互连通的房间组成，其边界屏障的耐火极限是根据设计基准火灾、可靠的消防手段和设施确定的，以确保该空间内部发生的火灾不会蔓延到外部，或空间外部发生的火灾不会蔓延到内部。

7.安全防火小区 Safety Fire Zone

为防止共模失效、确保实现安全功能而建立的防火小区。

8.限制不可用性防火小区 Unavailability Limitation Fire Zone

为限制机组的不可用以及为方便消防队灭火建立的防火小区。

9.防火阀 Fire Damper

在规定条件下,为防止火灾通过风管蔓延所设计的自动操作装置。

10.防火屏障 Fire Barrier

用于限制火灾后果的屏障。它包括墙壁、地板、天花板,或者封堵像门洞、闸门、贯穿件和通风系统等通道的装置。防火屏障用额定耐火极限来表征。

11.防火隔断 Fire Stop

用于将腔室内的火灾限制在厂房结构单元内部或结构单元之间的实体屏障。

12.非可燃物料 Non-combustible Material

在使用形态和预计条件下,当经火烧或受热时不会被点燃、助燃、燃烧或释放易燃气体的材料。

13.火灾荷载 Fire Load

空间内所有可燃物料(包括墙壁、隔墙、地板和天花板的面层)全部燃烧可能释放的热能的总和,表示为兆焦(MJ)。

14.火灾荷载密度 Fire Load Density

设定空间内按地面的单位面积计算出的火灾荷载。以每平方米兆焦(MJ/m^2)表示。

15.火灾共模失效 Fire-related Common Mode Failure

由于火灾这一特定的假设始发事件而导致核电厂系统或设备的共模失效。

16.耐火极限 Fire Resistance

建筑结构构件、部件或构筑物在规定的时间范围内、在标准燃烧试验条件下承受所要求火灾荷载、保持完整性和(或)隔热性和(或)所规定的其他预计功能的能力。

17.设计基准火灾 Design Basis Fire

在装有可燃物的任何一个空间内可能发生的、导致所有可燃物全部烧毁的最严重损害的火灾。用于火灾预防和危害性分析。

在编制过程中,形成过多个版本,本书以某一过程稿为例,回顾编制过程中的一些要求。我们也可以从中体会出该标准的出台的确来之不易!

以下内容摘自《核电厂防火设计规范》(GB/T 22158—2008),以供读者品鉴交流。

防火设计总要求

* 防火的目的

在符合其他核安全要求的情况下，核电厂的构筑物、系统和部件的设计和布置，应尽可能降低由于外部或内部事件而引起火灾的可能性，并将火灾的影响降至最低。它表现在如下三个方面：

(1)确保工作人员人身安全；

(2)保证安全功能的完成；

(3)限制那些使设备长期不可用的损坏事故。

为达到上述目的，核电厂的防火设计应贯彻纵深防御的概念，实现下述三个主要目标：

(1)防止火灾发生；

(2)快速探测与报警并扑灭确已发生的火灾，限制火灾的损害；

(3)防止尚未扑灭的火灾蔓延，将火灾对核电厂的影响降至最低。

防火设计基准

* 防火设计准则

防火设计应建立在以下假设的基础上：

(1)火灾可能在机组正常工况或事故工况下发生，包括由火灾引起的瞬态工况；

(2)火灾发生在有固定或临时可燃物的地方；

(3)不考虑同一或不同机组厂房内同时发生两个以上的独立火灾事件。

下面是与安全有关的设计基准。

* 一般设计基准

核岛、安全厂用水泵房和装有安全级设备的廊道等的设计，应保证即使在核电厂内部出现设计基准火灾时，仍能满足核电厂设计的安全基本目标。

* 防止共模失效

通过非能动的火灾封锁法，把为安全重要系统冗余设备设置的系列分别布置在不同的防火区内，避免可能发生的火灾蔓延导致执行同一安全功能的冗余设备同时被损毁。

* 潜在共模失效鉴定——防火薄弱环节分析

为了验证在核电厂初步设计中所采用的防火措施的有效性，在施工设计阶段后期，运用鉴别潜在共模失效准则对防火分区进行核查，列出潜在共模失效清单。通过功能分析，找出影响安全的防火薄弱环节，采取诸如空间分隔、防火涂层隔离和隔热挡墙等相应的补充措施，进一步提高电厂防火安全的水平。

* 消防设备分级

消防设备属于安全重要非安全级。因此，这些消防设备应定期进行试验。消防设备应符合“抗震”分析准则，即不应由于消防设备的毁坏或塌落妨碍安全功能的完成。此外，属安全重要非安全级的设备还应符合附录B中的抗震要求，按设计运行工况划分的设备应符合它所属系统的要求。

* 火灾探测

根据火灾探测区域发生火灾的特点合理选择火灾探测器，使操作人员和消防人员快速、准确地探知早期火灾，确定火灾的具体位置，启动报警装置，并可手动和自动控制灭火装置。整个核岛火灾探测系统属于安全重要非安全级。

* 灭火

当某一区域内的火灾荷载可能产生影响执行同一安全功能冗余设备的火灾时，应根据火灾要保护的设备及其特性，在该区域内设置固定或移动式灭火装置。

* 关于人员安全和设备不可用性的设计基准

发生火灾的房间不应使：

——火灾的烟雾蔓延到人员疏散通道，阻碍灭火；

——火灾向其他房间蔓延及增加机组不可用的时间。

为此，应将所有火灾荷载密度大于 400 MJ/m^2 的房间划分为限制不可用防火区，或设置一个可以快速灭火的固定灭火系统，以避免火灾蔓延及减少烟雾的生成。

火灾预防

* 避免火灾潜在的危险

采用下列措施避免火灾潜在的危险：

(1)宜选用不燃烧体的设备和流体。

(2)设备不应布置在输送易燃液体的管道和外壁温度高于100 ℃的热管附近。严禁在距这些管道或管壁小于1 m范围内布置电缆，与设备成一体化的电源和控制电缆除外。

(3) 材料选用原则如下：

——保证厂房稳定性的建筑物构件应具有耐火稳定性，采用不燃材料；

——塑料应经燃烧性能测试后使用，并核实实际使用材料与测试材料的一致性。

限制火灾蔓延

* 总体布置

实体隔离：为防止共模失效，将厂房划分为防火区或防火小区以限制火灾蔓延。建立安全防火区是为了将冗余设置的安全系列(或设备)分隔布置。这类防火区的隔墙耐火极限不应低于1.5 h。

电气系统采用经耐火鉴定试验的隔热防火套来满足隔离准则的要求。防火套的耐火等级不应低于防火区的耐火极限。

* 空间分隔

空间分隔可采用距离分隔或隔热屏障。

(1)距离分隔。距离分隔可将受保护设备分开布置在有一定距离的两个防火小区内，防止火灾蔓延。分隔的距离取决于可燃物的热辐射效应。

(2)隔热屏障。将受保护设备分开布置在两个防火小区内，其间采用隔热屏障使受保护设备避免因直接受到热辐射而丧失功能。

＊主疏散通道的防火措施

有火灾危险的厂房内设主疏散通道，通过墙体形成防火边界，使之在防火区外自行构成一些通道直至疏散楼梯，构成一个防火小区。主疏散通道的耐火极限应与邻近的防火墙相当。

＊限制不可用性的措施

限制火灾蔓延导致设备长期不可使用，应按前节规定将火灾荷载密度超过 400 MJ/m^2 的场所划分为限制不可用防火区。

特殊措施

＊电气连接和反应堆保护系统布置规定

在核岛内电缆应符合《电缆在火焰条件下的燃烧试验　第 1 部分：单根绝缘电线或电缆的垂直燃烧试验方法》(GB/T 18380.1—2001)和《电缆在火焰条件下的燃烧试验　第 3 部分：成束电线或电缆的垂直燃烧试验方法》(GB/T 18380.3—2001)以及相关的技术要求，这些电缆属于 1E 安全级电缆。

＊电缆敷设

电缆敷设主要根据以下原则进行：

冗余安全电气通道应布置在不同的防火区或防火小区内，以避免共模失效。

在各通道电缆特别集中的情况下(如控制室)，应进行最低限度的隔离，把冗余安全设备布置在不同的机柜内或控制盘上。当因为运行或操作要求这些设备安装在同一个机柜内或同一个控制盘上时，其中一条冗余连接的电缆应采用耐火材料进行包敷保护。在某些场合，不能完全遵守冗余系列安全级电缆的实体隔离准则，这些场合称为“公共点”。控制室是一个特殊的公共点。如果由于运行或维修的要求，冗余电气设备的部件放在同一机柜或同一仪表板、同一控制台上，则它们间的距离最小为 0.2 m，其中一个系列的电缆要有金属保护套管，金属软管禁止涂敷任何可燃有毒的涂料。

除满足一般原则外，电缆敷设还应满足以下准则：

——反应堆安全壳电缆贯穿件的位置应远离管道贯穿件区。

——电缆平台宜采用金属托架。

——电缆桥架布置应远离装有热的或易燃流体的管道。

——电缆桥架采用竖向与水平交替的敷设方式(台阶式)，避免敷设很高的竖向线路，在竖向段前、段后 0.50 m 处放置耐火隔板。

——为限制电缆可能发生的火灾蔓延，在距顶板小于 1 m 处或不是由固定自动灭火系统保护的有数层电缆的桥架上，至少每隔 25 m 安装有足够宽度与厚度的石膏板或难燃材料作为挡火隔墙，其宽度应足以中断由导电芯线和条状支架形成的“热桥”。

——当不能避免布置很高的竖向线路时，每隔 5 m 要有由符合要求的材料做成的水平向的耐火隔板。

——如果电缆沟可能侵入易燃液体，则与安全相关系统的控制电缆不应敷设在该沟内(如辅助锅炉房、柴油发电机和给水泵房)。当不能避免时，可以在电缆沟覆盖防护盖板前填砂子或仔细衬上矿物吸收材料。

为了恢复防火墙要求的耐火极限，防火墙的贯穿孔应采取下述措施：

——封堵防火区边界墙和地板上的贯穿孔；

——封堵根据调整防火小区而增加的墙和地板的贯穿孔；

——在现场施工阶段，临时封堵地板及内墙的贯穿孔，在最后一批电缆安装完毕后，立即对所有贯穿孔作最终防火封堵处理。

防火贯穿孔口封堵的水密性试验应符合附件 C 中的规定。这些封堵的防火分级只有在通过相关的标准鉴定试验后才可被认可。

为了确保电缆功能的长期完整性，应对设置有效保护的必要性进行分析。电缆的保护应属于总的保护体系且应延长到防火区或房间的电缆出口处。

为了避免遗漏任何公共点，应对不同系列电缆或保护组通道在一起的所有房间进行分析，首先依据一个系列电缆和保护通道电缆的就地布置图，其次依据电缆管理文件给出公共点清单。

对安全级设备，不同系列的电缆敷设或保护组的电缆敷设是否提供额外保护，以阻止火灾在房间里蔓延，应按下列准则确定：是否存在永久性可导致火灾的物质(电力电缆、含油的减速装置、输送易燃物的管道)，或可能由于技术方面的原因而存在的易燃品(用于给减速装置、润滑油回路注油的油箱等)。

与余热排出系统、反应堆换料水池和乏燃料水池冷却和处理系统相关的电缆，虽然不是严格的安全级，但应遵守同安全级一样的准则。

如存在不同系列之间的去耦电缆，应将其分别敷设在独立的路径上。

关于保护组，作出以下要求：

参与核仪表、反应堆保护和主回路系统的测量和控制的电缆应分为四组(两组属于 A 通道，分别为 G1 保护组Ⅰ和 G3 保护组Ⅲ；另两组属于 B 通道，分别为 G2 保护组Ⅱ和 G4 保护组Ⅳ)，保护组电缆应敷设在独立的电缆托盘内。

如有必要，每个保护组相关的电缆敷设应采用与其他安全电缆相同的原则防止共模失效，每个保护组电缆都应单独保护。

电缆敷设在封闭的桥架中，一直到安全壳贯穿件处。每个保护组有一个贯穿件。

两条事故后监测系统通道的路径是相互隔离的，且应完全保护(依照 A、B 系列同样的原则)。

管道布置原则规定如下：

输送热流体、易燃流体的管道以及电缆的布置应符合前节的规定。当受具体条件限制不能遵守该规定时，应采取相应的保护措施，以保证不同部件的分隔。

不允许使用能吸附易燃液体的保温材料。当必须使用时，在保温材料外应加密封保护层，以防止保温材料吸附易燃液体。禁止任何沥青类材料作为密封保护层使用。

当靠近挥发性可燃流体的热点，可能因其流体发生泄漏而引起火灾时，应对这些热点采取适当的保护措施，如蒸汽排放阀热点应采用密封套进行保温处理。

为了限制易燃流体回路上的泄漏，管道连接应采取焊接方式。当别无选择，只能使用法兰连接时，应采用承插焊式法兰，所有螺母应锁紧。应尽量减少管道的接头数量，少用软管连接且应选择耐火性能最好的软管。

对防火墙的管道贯穿孔应根据贯穿孔的具体情况（如一根或多根管道贯穿、管道直径或截面积、管道温度、是否有保温层、墙的壁厚及特性、环形间隙大小等）按下列原则执行：

——防火墙上的所有贯穿孔应予防火封堵，贯穿防火封堵组件的耐火极限应经防火测试，且不应低于所在防火区规定的耐火极限。必要时，贯穿防火封堵组件允许贯穿管道存在位移，但不应降低其耐火极限。

——当设计要求垂直管道贯穿数层楼板，而其贯穿孔由于特殊需要不能封堵时，应在楼板之间安装防火套管，其耐火极限应不低于所在防火区规定的耐火极限。必要时，应在防火套管上安装至少相同耐火极限的检查窗，以便进行管道检查。

——贯穿相邻两个建筑物墙的通风管，应作柔性耐火接头，以便承受建筑物的不均匀沉降引起的位移。

——有水密封要求的贯穿防火封堵组件应进行水密封试验。对一般性水密封要求，其试验按附录 C 进行。

——对于通风及排烟管道，防火墙上的贯穿防火封堵组件和安装的防火阀应经国家权威机构的防火评估认定。

下面是通风系统的内容。

首先是总体布置，对于通风系统的总体布置要求如下：通风管道不宜穿越防火区房间。进、出防火区房间通风系统的支风管上应安装防火阀，以便发生火灾时中断着火房间的通风。

对于特殊情况，当通风系统布置引起通风干管穿越防火区房间时，宜采用下列措施：

在系统设计时，使得风管以及防火阀等防火边界与贯穿墙具有相同的耐火极限，风管支吊架也应具有相同的耐火稳定性。

在防火墙的贯穿孔处安装防火阀。风管采用铁皮或不燃材料制作，贯穿孔采用非燃材料封堵，以免火灾蔓延。在设计中还应考虑由于防火阀关闭后导致中断部分或全部未着火房间通风的影响。

防火阀易熔片或其他感温、感烟探测器等控制设备一经作用，防火阀应能顺气流方向自行严密关闭，并应设有单独支吊架等防止风管变形而影响关闭的措施。易熔片及其他感温元件应装在容易感温的部位，其动作温度一般采用70 ℃。

防火阀应设有电动或手动远距离操作装置，防火阀的远程操作应接受火灾探测系统信号控制，且在消防控制室可遥控操作，防火阀的开启或关闭状态应在消防控制室显示。每一个防火阀应至少设置一个“关闭”行程终端开关，在正常运行情况下处于“开启”位置。远距离操作系统及行程终端开关应考虑设有防止热气体影响的保护措施，否则应在紧靠近操作机构的防火阀体外增设一个易熔装置。防火阀复位是手动或电动的。操作机构应易于靠近并操作方便。

安装在排风系统上的防火阀关闭时，应在短期内关上对应的送风系统上的阀门，以免送风引起超压，使烟雾向邻近房间扩散。

在房间和疏散通道采用转送风或回风形式时，应避免来自一定火灾荷载房间的热(烟)气的侵入，并在各房间和疏散通道内设置必要的探测设备，以便记录火灾首发点及火灾烟雾侵入的房间。

通风系统中可能堆积灰尘的位置，应设置清扫孔。

通风系统取风口的设置应避开有烟雾或毒气进入的地方。对于一直有人员停留的房间(如控制室)的通风系统取风口的设计应采取一定措施，如通过关闭风阀、设置滤毒系统或过滤系统来隔绝外界可能产生的烟雾或毒气。

采用气体灭火系统的房间，应设置有排除废气功能的排风装置；与该房间连通的风管上设置电动阀门，火灾发生时阀门应自动关闭。在气体灭火结束后，手动开启按设计要求进行换气。

风管和设备的保温材料应采用不燃材料；消声、过滤材料及黏接剂应采用不燃材料或难燃材料。

当系统中设置电加热器时，通风机应与电加热器联锁；电加热器前、后800 mm范围内，不应设置消声器、过滤器等设备。

对于核电厂特有的受污染区，通风系统又有特殊的要求。

对于受污染区通风系统的总体布置要求如下：

受污染区通风系统的设计应保证房间的气流是自外向内流动，由污染低的房间流向污染高的房间，然后排向烟囱。

对于在火灾情况下要求持续运行的通风系统，处于灭火装置下游的净化设备，如过滤器或碘吸附器、净化小室以及其他通风部件均应选用全耐火结构。

预过滤器和高效过滤器的过滤介质及外壳材料为不可燃材料或难燃材料。

预过滤器和高效过滤单元装在密封的金属箱壳内，箱壁的耐火极限应二倍于过滤器引起火灾的估算时间。

碘吸附器活性炭的自燃温度不应低于350 ℃。

碘吸附器密封箱体、隔火阀和连接件的耐火极限至少二倍于估算的火灾延续时间。

布置空气净化处理设备的房间的耐火极限应不少于 2 h。

碘吸附器箱体应密封，箱体两端气流进、出口位置应设隔离阀，在碘吸附器发生火灾时关闭，以免烟雾扩散。隔离阀带有一个手动控制装置，在碘吸附器发生火灾时，消防人员能够接近并操作该手动装置。

根据火灾荷载（活性炭总量），在每一个碘吸附器周围核定出一个无火灾载荷的中性区，并标识出该区域的边界。

在装有预、高效过滤器和（或）碘吸附器的通风系统中设置温度探测器。在过滤气体的温度超出整定值时，应在控制室发出报警信号。

通风系统内设有隔离阀的地方，宜设置喷水器（或喷雾器等措施）以减少火灾产生的热量进入通风系统。

在设有喷水灭火设备的通风系统组件中，如净化小室、管道、箱体等，应设排水措施，并确保该排水措施不削弱通风系统组件的密封性。排水如有潜在放射性，应连接至放射性废水监测和排放系统。

* 建筑物构件的燃烧性能和耐火极限

防火墙的耐火极限不应低于 1.5 h。墙体、柱、梁、楼板、屋顶承重构件、疏散楼梯、变形缝等均为不燃烧体，其耐火极限不应低于 1.5 h。

* 架空地板

不宜使用架空地板。若使用时，应保证楼板和架空地板形成的空间正确分区，并满足防火和防水要求。

* 管沟

不宜使用管沟。若使用时，应在沟槽内装完电缆或冷管道后，在沟里填砂子和矿物纤维，然后盖上有牢固起吊装置的防护盖板，避免可燃液体意外流出，发生火灾危险。

同时应考虑这种做法对电缆冷却不利，需要给电缆留有空间余量。

用于收集废水或“污染”水的管沟也存在着火灾危险。因此，应使用可以让水流通过但不让火通过的挡墙按一定间距将管沟断开。

* 吊顶

吊顶（包括吊顶格栅）与天花板涂料应为不燃烧体。其耐火极限不应低于 2 h。

天花板与吊顶形成的空间内应最远每隔 25 m 用不燃烧体隔开。如设有自动灭火系统设施时，可不受本条规定限制。当空间高度超出 0.2 m 时，应能检查此空间的各个部分。

* 防火门

防火门应有显著标志，易于识别并易于接近。

防火门的耐火极限应满足其所在防火区所要求的耐火极限，且不少于 1 h。如防火门的耐火极限超过 1.5 h，应在门的两端设门斗，门与门斗共同保证达到所要求的耐火极限。

由于旋转门因搬运容易受损(尤其在施工期间),因此,防火门不宜采用旋转门的形式,宜采用平开门、滑动门和卷帘门。

防火门应配有自动闭门器。对于有火灾自动关闭要求的常开门,须配置自动熔断保险装置。

试验要求

根据有关规定要求,为核实门的机械性能,防火门应进行如下关闭试验。

* 标准门

标准门试件首先应通过消防部门认可的实验室所做的标准化试验,再参照附录E规定做附加机械性能试验,最后做耐火极限试验。

耐火极限试验应包括整个门的装配件,如门、门框、开启装置、防火锁、五金件及可能有的气窗等。

对于各种型号的门,在制作期间应任选一种门进行附加耐火试验,以证实自试验报告提交后,制造商没有做过任何影响耐火性能的变更。

* 其他门

对于尺寸超过试验规定的大型门,不能安装在加热炉上进行耐火试验时,则试件应取加热炉所能容纳的最大尺寸,其合适的尺寸应满足GB 7633的规定,即不小于宽2 m、高2.5 m的规定。其类比试验方案及试验原则应经国家消防部门鉴定及认可。可参照有关的规定进行补充试验。

应由负责发放合格证的实验室给出技术建议报告,并应按照该技术建议进行供货。

由于技术或特殊原因不能对特种门(仅一个样品门)进行试验时,应根据有关规定确定耐火极限。

在试验过程中,当门框的温升大于180 ℃时,距离门框周围100 mm内不应安装可燃性材料或零件。

* 疏散通道及防火楼梯的门

通过以下方法保证烟雾不进入疏散通道及防火楼梯内:

最低承受压差不应低于80 Pa的门;

通过通风设计使疏散通道及疏散楼梯间处于微正压;

设置排烟系统。

* 门的耐火性能

按照规定,安装于防火分区厂房防火墙上的门应满足表1中规定的最低耐火极限要求。

表 1　门的耐火极限

项目	防火及放射性包容区	安全防火区	安全防火小区	限制不可用防火区	限制不可用防火小区	疏散通道	外部	汽机大厅
防火及放射性包容区	CF2h PF2h	CF2h PF2h	CF1. 5h PF2h	CF1. 5h PF2h	CF1. 5h PF2h	CF1. 5h PF2h	CF1. 5h PF2h	CF1. 5h PF2h
安全防火区	CF1. 5h PF2h	CF1. 5h	CF1. 5h	在核岛内不规定限值	在核岛内不规定限值	PF1h	一般	CF1. 5h
安全防火小区	CF1. 5h PF2h	CF1. 5h	(1)	在核岛内不规定限值	在核岛内不规定限值	(2)	一般	CF1. 5h
限制不可用防火区	CF1. 5h PF2h	在核岛内不规定限值	在核岛内不规定限值	(2)	(3)	在核岛内不规定限值	在核岛内不规定限值	
限制不可用防火小区	CF1. 5h PF2h	在核岛内不规定限值	在核岛内不规定限值	(3)	(3)	在核岛内不规定限值	在核岛内不规定限值	
疏散通道	CF1. 5h PF2h	PF1. 5h	(2)	在核岛内不规定限值	在核岛内不规定限值	一般	一般	PF1h
外部	CF1. 5h PF2h	一般	一般	在核岛内不规定限值	在核岛内不规定限值	一般		一般
汽机大厅		CF1. 5h	CF1. 5h			PF1h	一般	

对于特殊需要说明的情况，以备注形式予以解释。

当火灾持续时间大于 1.5 h 时，防火区或防火小区应设置自动喷淋系统，以确保防火门能承受 1.5 h 的耐火极限。

(1)为设计基准火灾确定的耐火极限或根据论证无共模失效的其他证明。

(2)为设计基准火灾确定的耐火极限或 1 h 的隔火性能。

(3)为设计基准火灾确定的耐火极限或根据论证采取的措施。

CF 为防火门。

PF 为带有密封要求(防放射性污染物释放或防烟)的防火门。

对于防火包覆，要求做到：

所有测量和控制电缆应布置在封闭的防火包覆内。

以不连续方式运行的和为阀门供电的所有动力电缆宜布置在封闭的防火包覆内。

对于中压动力电缆(MV)，不应采用防火包覆进行保护。

对于低压动力电缆(LV)，应采用防火包覆，并进行下述检查：

——检查安装于要防火保护的桥架上的每根电缆，当环境温度为50 ℃，其实际电流强度 I 可低于允许的载流量 I_{50}；对于截面大于等于95 mm^2 的电缆，其载流量的降低系数近似取0.72，对于截面小于95 mm^2 的电缆则近似取0.8。

——检查防火包覆的电缆桥架单位长度内由所有电缆散发的总耗散功率不应超出下述公式中给出的限值：

$$P(\mathrm{W/m})=\frac{\Delta t\cdot p}{0.133+\frac{e}{\lambda}\cdot\left(1.06+1.275\frac{e}{I+h}\right)}$$

式中：

Δt——房间环境温度与防火包覆内温度之间的温差(两者通常分别是30 ℃和50 ℃)；

λ——在通电保护部位传导的热量，包括传导热和表面换热[W/(m^2·℃)]；

I——防火包覆内空间的宽度(m)；

h——防火包覆内空间的高度(m)；

e——防火包覆层的壁厚(m)；

p——防火包覆层的周长(m)。

当房间的日平均温度可能超过30 ℃时，通过验算方式确认电缆的电流强度仍能低于防火包覆内温度下电缆的允许载流量(借助上述公式进行计算)，以防电缆芯线发热、超温，导致电缆受到损坏(对于PVC材料的，芯线温度一般是70 ℃)。

在反应堆厂房内不应用防火包覆保护低压动力电缆，供阀门使用的动力电缆除外。

防火包覆的选型应根据防火包覆所在的防火小区或防火区的设计基准火灾持续时间确定。为了使产品规格标准化，防火包覆系列产品应满足以下的耐火极限：0.25 h、0.5 h、0.75 h、1 h和1.5 h。

也可以使用已鉴定的封闭的防火装置系统，但在防火装置内，电缆槽上方应确保最小厚度5 cm的连续气流层。在这种情况下，耗散功率限值 P 应通过试验或计算方法进行确认。

金属结构屋面

* 一般要求

屋面要确保密封和隔热。屋面采用密封和隔热的一般要求如下：

金属结构的耐火极限不应少于0.5 h。如果下层厂房的防火要求提高，则应采取补充防火措施达到防火要求。

屋面的施工材料：不燃烧体；架在非燃连续支架上的屋面为不燃烧体或难燃烧体。

* 特殊情况

当几个机组同在一个厂房大厅里（例如汽轮机厂房）时，如果使用可燃材料，应设 0.50 m 高的防火墙确保屋面的分隔。

* 排风措施

屋面下屋架顶结构处用隔墙板划分为最大面积 1600 m^2 的防火分区，其耐火极限为 0.5 h。

为了保护厂房结构，应采用如下排风（自然排风或机械排风）措施：

烟雾的自然控制排放：

——排烟口通过远距离手动控制，或通过火灾探测器控制，或通过易熔片打开；

——每一个分区至少有 4 个排烟口，其总面积应等于各防火区面积的 2%。

烟雾的机械控制排放：

——凡 350 m^2 的防火分区至少有一个机械排放装置，每个排风装置的风量至少为 3.5 m^3/s；

——在所有情况下，进风口应设在正面墙上，以提供机械排风装置需要的风量。

火灾自动报警系统

* 一般规定

火灾探测和报警系统属于安全重要非安全级，其设计阶段需满足质保等级 Q3 的要求并且系统在运行阶段要接受定期试验检查。另外，所有设备应经过抗震试验鉴定并能承受极限安全地震（SL-2）荷载，且保证其可运行性（见附录 B）。

火灾探测和报警系统是核电厂重要的安全保障系统。

每个机组的火灾探测和报警系统应为独立系统，并应实现全厂系统环路联网。

火灾探测和报警系统应具有以下功能：

快速的探知早期火灾；

确定火灾发生的位置；

监测火势发展；

启动报警装置，在通往火灾发生的区域及控制室发出声光报警信号；

控制相应的固定灭火装置、防火阀和排烟系统排烟阀；

启动应急事故广播系统，发出安全疏散指令。

火灾探测和报警系统应设有自动和手动两种触发装置。

火灾报警控制器容量和每一总线回路所连接的火灾探测器和控制模块或信号模块的地址编码总数，宜留有一定余量。

系统设计要求

* 报警区域的划分

报警区域应根据防火区或楼层划分。一个报警区域宜由一个或相邻几个防火区组成。

* 探测区域的划分

探测区域应根据防火区域划分,一个探测区域宜是一个防火区或防火小区。

探测区域的设计应与消防行动卡(FAI-OP)使用相一致。

在消防排烟区域和设有手动或自动控制的雨淋灭火设施的区域由火灾探测系统控制时,探测区的划分要与防火区或防火小区相配合。

* 探测线路的设计

探测线路的设计应遵循下列原则:

火灾探测回路采用带地址码的二总线环路形式;

一条探测线路不宜监测属于不同系列的防火区或防火小区;

当采用信号模块接入不带地址码探测器时,探测器应在同一系列的防火区或防火小区及排烟分区内;

当一个探测线路监测几个防火区或防火小区,探测系统不但要指示起火的首发区,而且要指出烟雾蔓延的区(火灾跟踪),这种设计可以使消防队快速地采取行动;

探测线路不宜监视位于几个楼层的房间,除非可以在火灾就地模拟盘上显示发生火灾房间的位置;

一个探测器的动作报警不应影响回路上的其他探测器的运行;

回路里监测电流的变化应能确定这些回路的故障(线路中断、短路等);

如果火灾探测系统自动控制保护安全相关设备的灭火设施时,在设有安全重要物项的防火区应采用感烟探测器、感温探测器、火焰探测器(同类型或不同类型)的组合对火灾进行确认,以避免误动作或拒动;

探测线路的往复应通过不同防火区或防火小区的不同路径敷设。

系统布置原则

* 火灾探测器类型的确定

根据火灾的危害性分析,选择火灾探测器类型:

对火灾初期有阴燃阶段,产生大量的烟和少量的热,很少或没有火焰辐射的场所,应选择感烟探测器;

对火灾发展迅速,可产生大量热、烟和火焰辐射的场所,可选择感温探测器、感烟探测器、火焰探测器或其组合;

对火灾发展迅速,有强烈的火焰辐射和少量的烟、热的场所,应选择火焰探测器;

因放射性而不易进入的强辐照场所等,宜选择高灵敏度空气采样火灾探测系统;

无遮挡大空间或有特殊要求的场所，宜选择红外光束感烟探测器；

电缆通道、电缆竖井、电缆夹层、电缆桥架等场所或部位，宜选择缆式线型感温探测器；

在易燃易爆区域，应采用本安型火灾探测器；

对火灾形成特征不可预料的场所，可根据模拟试验的结果选择探测器；

对使用、生产或聚集可燃气体或可燃液体蒸气的场所，应选择可燃气体探测器。

* 手动火灾报警按钮的设置

手动火灾报警按钮应设置在明显的和便于操作的部位。

* 火灾就地模拟盘的设置

火灾就地模拟盘设置于主要厂房和建筑物入口或各楼层主要楼梯口明显部位。这种带有模拟平面图和指示灯的装置可以快速地把消防人员引向着火的房间。为此，探测线路的“早期火灾”指示信息应予以储存并显示。

火灾就地模拟盘上设置现场操作员用于控制的按钮，并显示固定灭火设备的动作指示灯的信息。

火灾就地模拟盘应包含以下内容：

土建专业相关信息，建筑平面图、房间的编号等；

防火区的表示；

防火门、防火阀和排烟阀的位置和状态显示，开启和关闭；

固定灭火设备的状态显示，运行和停止；

每个防火区的防火阀和排烟阀的集中控制按钮；

现场测试按钮；

电源状态显示，运行、故障和停止。

* 声光报警器的设置

当进入某个区域的指定房间比较方便时，火灾就地模拟盘可由安装于房间入口的声光警报器替代。

* 火灾集中报警控制器的设置

火灾集中报警控制器的设置原则如下：

火灾集中报警控制器安装在主控室；

火灾集中报警控制器应显示火灾探测和报警系统及其各个部件状态的主要信息，这些信息保证整个系统的良好运行；

火灾集中报警控制器应能提供总的声光火灾报警信号。

* 电源要求

各机组的火灾集中报警控制器由相互独立的机组电源供电。

主电源，由机组应急电源系统供电，并且应保证机组大修期间火灾报警控制器的供电。

备用电源，宜采用蓄电池组或 UPS 装置，在主电源中断时自动投入，可维持系统大于 8 h 的正常工作。

辅助电源，是主、备两种电源均中断时的报警信号电源，只用于失电报警。

火灾探测和报警系统采用集中供电的方式，工作电压宜采用直流 24 V。

对于多点抽样感烟探测系统，探测部分应符合上述要求，用于反应堆冷却剂泵隔间的空气采样火灾探测系统，其取样部分宜为双重设置，每个抽风机由不同的电源系列供电。

* 布线要求

火灾探测和报警系统的信号传输电缆采用低烟无卤阻燃电缆，防火阀控制电缆采用耐火电缆，符合国标 GB/T 18380 的要求。

* 运行原理

对于房间的火灾探测应是连续的。某一房间探测火灾通过下列信号显示：

火灾集中报警控制器上的总声、光火灾报警信号；

主控室音响和可视报警信号；

火灾就地模拟盘上的音响和灯光报警信号；

安装在每个探测器上的指示灯可以鉴别探测器是否报警；

安装在某些房间门口的声光警报器。

* 特殊场所火灾探测系统

某些受固定灭火系统保护的重要设备，应独立设置火灾报警系统。

有关的重要设备是指：

变压器，主变、辅变、厂用电降压变压器；

润滑油箱，或者是主汽轮机、汽动给水泵、主冷却剂泵、上充泵等主要转动机械的调节油箱。

该探测系统与受保护设备的供电由同一电源线路供电。相应的信号送到控制室，该信号与其他信号在一起(如油压丧失、轴承温度过高等信号)。

* 探测装置运行管理

火灾探测装置的日常管理和维护措施要求如下：

对探测器定期进行就地运行性能试验；

对探测器定期进行专业清洁；

探测器更换。

* 灭火目的

设计和布置灭火系统的目的如下：

保证人员疏散和消防队灭火；

为消防队提供有效的灭火手段；

在一定情况下使灭火设施自动启动。

* 一般原则

人员疏散与消防队灭火应遵循下述设计原则：

为人员撤出和消防队员进入设置疏散通道，有火灾危险的单个房间或成组工艺房间应设置两个独立的出口，且两个出口应尽量分开布置；

应通过通风及排烟系统保持主疏散通道无烟；

把烟雾控制在着火的区域内；

发出声、光火警信号。

灭火设施由移动式灭火器和固定式灭火装置组成。应根据火灾危害性分析选择最合适的灭火方式。同时，灭火系统应防冻。

灭火设施

*灭火剂

灭火剂的化学、物理性能不致加速火情和危害核电厂及人员安全。

在放射性物质可能泄漏的防火区或防火小区内，灭火剂应可以回收及过滤，以防污染扩散，并便于随后所需的各种去污工作。

水是最常用的灭火剂。当不能使用水作灭火剂时，可使用其他灭火剂，如二氧化碳、七氟丙烷、IG-541及泡沫灭火剂等。

禁止使用卤化物。

固定灭火设施

*设置场所

当某些设备或区域内的火荷载密度大于400 MJ/m^2，并且由于内部通道布置或存在放射性使消防队员难以进入时，应安装固定灭火设施。

*固定二氧化碳灭火装置

二氧化碳灭火装置适用于密封或近乎密封的房间。由于二氧化碳的冷却作用使房间温度下降，所以应保护某些对低温敏感的设备。同时，应有足够长的时间保持二氧化碳气体浓度，以中止内部燃烧过程并使设备冷却。

禁止用二氧化碳扑救金属火灾。二氧化碳对于A类深位火灾（木材、卷宗纸张）需采取较高的设计浓度。

应对各种情况进行研究，以便根据可燃物的类型、房间的体积、灭火所需时间内气体的泄漏量来确定气体的储备量。

固定二氧化碳灭火装置包括：

储存二氧化碳的钢瓶或储罐；

内、外防腐蚀的管道；

喷嘴；

设有能使人员撤离房间的延时缓动装置的手动或自动控制系统；

根据称重或其他各种配有标志手段的气体储量的监测系统。

接受导入二氧化碳气体的隔间上部应有一个泄压口，且泄压口上应配有一个活门。在供气导致超压时，活门自动开启。

采用自控设备时，应备有：

适当的探测逻辑线路，避免误启动；

为避免缺氧，在气体喷射前，用声、光报警，让现场工作人员撤离；

必要时用钥匙将自动操作系统锁住，以免发生有人员停留在该房间时喷射气体。

应对保护安全有关设备房间的气体储罐进行抗震验算，以便在极限安全地震(SL-2)的应力作用下，确保其完整性。

为防止温度升高引起的爆炸危险，气体储罐应备有限压装置，并放在防火区外。

固定二氧化碳灭火系统的设计应遵循GB 50193的规定。

* 其他气体灭火系统

除固定二氧化碳灭火装置外，还可采用七氟丙烷或IG-541等固定气体灭火系统。

* 固定泡沫灭火装置

在发生液态碳氢化合物的火灾时，宜使用泡沫灭火剂。在首次使用合适的新产品之前，要进行试验，且这种试验应尽可能接近安装场所的条件。

禁止使用泡沫灭火装置扑救PVC火灾(尤其是电缆火灾)。

使用泡沫灭火系统的房间内应设置一个孔口(排气口)，以便在泡沫注入期间进行排气；在任何情况下，发生器(或喷嘴)上都应设置足够大的空气接入口，以确保泡沫的形成。

根据泡沫的膨胀力说明泡沫特性，用发泡倍数表示泡沫的体积与产生这些泡沫的泡沫混合液的体积之比。泡沫可分成三种，即：

低倍数泡沫(＜20)；

中倍数泡沫(21～200)；

高倍数泡沫(201～1000)。

对于这种具有乳化特征的消防手段，宜使用配有AFFF添加剂(水成膜泡沫灭火剂)的水喷雾灭火系统。

喷水及水喷雾灭火设备

* 固定喷水灭火系统

固定喷水灭火系统考虑的类型有湿式灭火系统、预作用喷水灭火系统、雨淋喷水灭火系统、固定式水喷雾灭火系统。

* 湿式灭火系统

湿式灭火系统就是指消防水系统的管道内始终充满压力水的系统。

该系统包括：

湿式报警阀(也可根据情况不设)；

手动隔离阀(正常情况下处于开启位置)；

水流指示器；

末端试水装置；

管网及闭式喷头。

一旦喷头的热敏元件受热，脱离喷头，固定灭火系统即投入运行。通过手动关闭相应回路的隔离阀停止喷淋。隔离阀在正常运行情况下处于开启位置。

湿式报警阀及手动隔离阀应安装在防火区或防火小区以外。

装在湿式报警阀及隔离阀下游的水流指示器可以定位使用中的喷水回路。

* 预作用喷水灭火系统

预作用喷水灭火系统是指其管道平时充以压缩空气的系统。该系统正常情况下使管网气体略微保持超压，以免管道腐蚀及探测喷头误开。该系统分两个阶段操作。第一阶段使管道注入消防系统水，注水由双重探测信号控制。第二阶段的运行方式与湿式灭火系统相同。

该系统包括：

预作用报警阀组(或采用气动、电动阀门)；

手动隔离阀(正常情况下处于开启位置)；

水流指示器；

末端试水装置；

管网及闭式喷头；

供压缩空气的接管；

用于检测压缩空气系统的测压孔。

* 雨淋喷水灭火系统

雨淋喷水灭火系统由火灾探测和报警系统或传动管控制，自动开启雨淋报警阀，是向开式洒水喷头供水的自动喷水灭火系统。为防止误喷，可由双重探测系统或手动控制。

正常运行时，雨淋阀处于关闭位置。

* 固定式水喷雾灭火系统

该种系统与雨淋系统相似，唯一不同的部分是用水雾喷头取代开式喷头，水雾喷头使水雾直接喷到可燃物体上。

* 特殊消防

特殊消防基于上述固定灭火装置的其中一种形式，另外也考虑到其在充水控制方面的某些特殊要求。

在消防水采用除盐水时，除盐水罐水位上部空间注压缩气体以获得所要求的压力。为了保证在除盐水系统出故障时能延长扑灭火灾所需的时间，应使它与消防水系统连接作备用。

系统可按如下方式启动：

自动；

遥控；

手动，控制阀设在人员可接近处。

如果是自动或遥控启动，应加设一个手动控制阀。

为了避免由温度升高引起的损坏，除盐水气压罐应按规定设有超压保护装置。

喷水及喷雾灭火设备设计要求及布置原则

* 设计要求

根据火灾危害性分析，针对电缆火灾、碳氢化合物火灾和变压器火灾，在设计固定喷水及喷雾灭火系统时应遵循现行的国家标准 GB 50219、GB 50084 和 GB 50151 所规定的关于喷水强度、喷淋时间及保护面积的要求。

* 布置原则

喷水及喷雾灭火设备的一般布置原则如下：

A 和 B 通道的喷淋、回收及排空系统应全部按实体隔离准则布置。为此，一个固定喷水或喷雾灭火系统不应服务于两个不同通道。

隔离阀下游管道的设计流量如下：

对于湿式或预作用灭火系统，应考虑喷水强度和使用面积；

对于雨淋或水喷雾灭火系统，应考虑喷水强度及设备或房间的面积。

控制阀上游管道的设计应考虑上述流量，并依据 GB 50084 和 GB 50219 进行计算。如果喷洒区不是一个防火区，则应再增加相当于两个消火栓的流量。如果是水喷雾灭火系统，管道计算应取喷淋区的全部流量。

喷头布置应做到：

喷头不应相互喷淋；

喷头不应喷淋通风防火阀和排烟阀；

障碍物（风道、管道、照明等）不应妨碍雾化；

应采取各种措施（设备接地、托架及喷淋管等）确保喷淋后的清理工作。

消防水系统

* 基本要求

本条是针对 4 个机组核电站的消防供水与配水系统的基本要求。图 1 为高压消防水分配总管网。

* 高压供水

无论有几台机组，核电厂都是由两个泵站提供高压消防水的：

（1）第一个泵站与第一台机组相连；

（2）第二个泵站与第二台机组相连。

两个泵站之间又相互连接。每个泵站设有两台电动泵，由相关机组的应急电源（柴油发电机）A 通道和 B 通道供电。图 2 为河边厂址每台机组的消防供水系统原理图，图 3 为滨海厂址每台机组的消防供水系统原理图。

为了安全，对于两个相同的机组，至少设置两个独立的可靠淡水水源。如果使用水池，应设置两个 100% 系统容量的水池。应根据火灾最小延续时间（2 h）和在所需压力下的最大预计流量来设计消防供水系统。该流量由火灾危害性分析得出，它以防火区喷水系统运行时的最大需水量再加上人工消防的适当水量为基础。消防水池的连接方式应使水泵能从任意一个水池或两个同时吸水。补水能力应保证任意一水池在 8 h 内再充满。

最终消防应急水由热力驱动的消防水泵供给，并用软管接至总配水管网上。接口位置在靠近水源的消防泵的出口总管上（泵站或蓄水池），也可以使用室外消火栓。

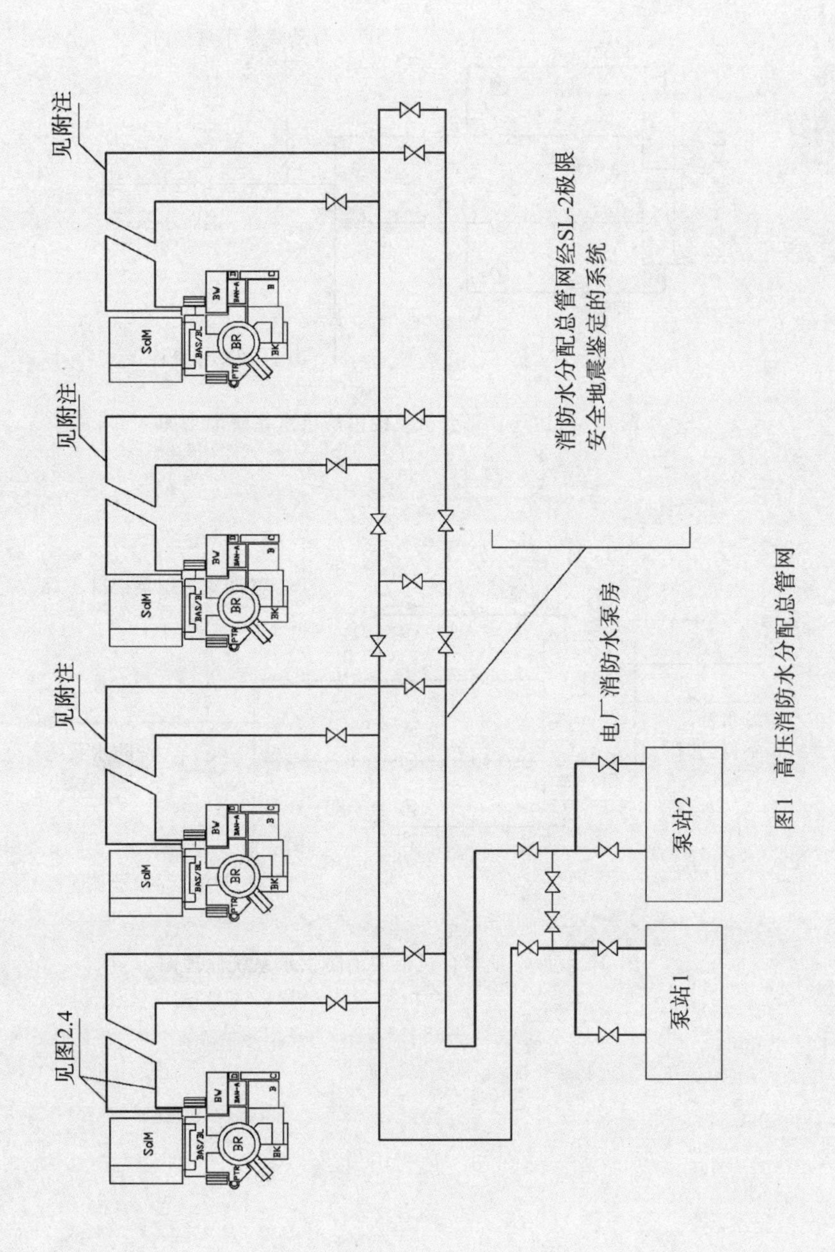

图1　高压消防水分配总管网

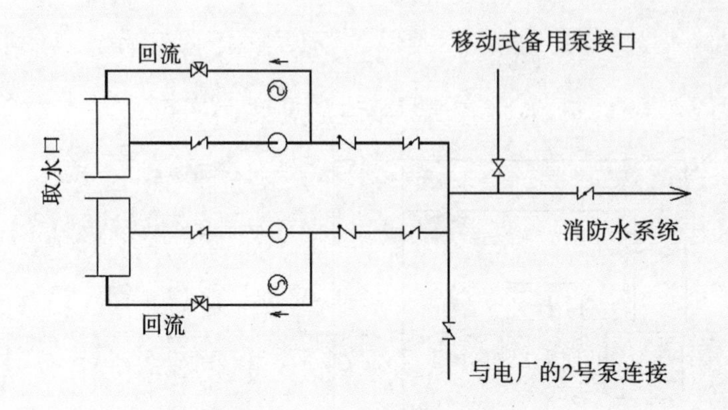

图 2　河边厂址每台机组的消防供水系统原理图

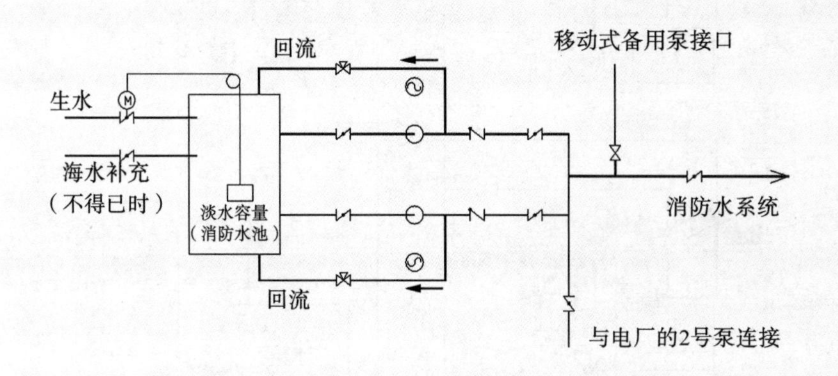

图 3　滨海厂址每台机组的消防供水系统原理图

在正常运行情况下，总的消防配水管网应始终保持高压状态，以便扑灭所发生的火灾，而不需等待消防泵启动。为此，在 1 号机组(或现场)最高厂房的顶部，设有两个相互连接、水量各为 50 m^3 的淡水箱。

两个淡水箱的总存水量为 100 m^3，在管网有压状态下可各自隔离检查，另外也可用其冲洗管网及向管网充水。

根据电厂布置情况，上述高位水箱的功能也可以其他稳压方式实现，但至少应与上述措施具有同样的优点。

高位水箱与 1 号机组的高压消防水分配的环路连接。

* 高压消防水分配总管网

高压水分配系统应设计成闭合环路。

每一个机组通过可隔离的接管至少在两个点上与环路相接。

系统应设计成可以对机组进行维修而不中断运行。

* 机组高压消防水分配管网

机组高压水分配管网应设计成闭合环路，如图 4 所示。它由两个环路构成：

第一环路提供核岛和电气厂房消防水；

第二环路提供其他厂房消防水。

可利用正常情况下开启的电动阀门与环路隔离，这是为了必要时能快速关闭，确保优先为第一环路供水。电动隔离阀应始终是可以接近的。

主要楼层上的消火栓由立管供水，立管或直接与主环路相接，或通过由支管形成的环路供水。该环路是通过装有阀门的两个接管与主环路在两点上相连接。当系统设计成闭合环路时，隔离阀、放气阀和疏水阀的布置应能分段隔离维修而不会中断具有最大火灾危险区的消防供水。

* 管网设计

管网应设计成在消防泵投运后可以保证向管网上最不利点提供其需要的压力和流量。此外，管网应能承受零流量时泵的压力。

室外消火栓的间距不应超过 120 m。

总消防水分配管网以及向两个机组供水的管路从泵站开始应使用钢管。为厂房外面 BOP 设施供水用的埋在地下的支管可用球墨铸铁管材，但支管与主环路应用钢制阀门隔离。阀门最好安装在汽轮机厂房内，以便维修和防腐蚀及防冻。组成环路的材料应能耐内、外腐蚀。消火栓用球墨铸铁制造。

较大的环路管网需采取相应的防水锤措施。

吸水管线以及输送消防水至核岛的配水管线，包括环路隔离阀都应设计成在极限安全地震(SL-2)时能维持其运行能力。当一个厂址的两个泵站间的连接管很长时，在其两端应各设一个阀门使其隔离。在 SL-2 地震情况下，若隔离阀仍能保持其可运行性，连接管可不遵守上述抗震设计要求。当连接管不长时，可以只安装一个隔离阀，但需保证整个管段按抗 SL-2 地震设计。

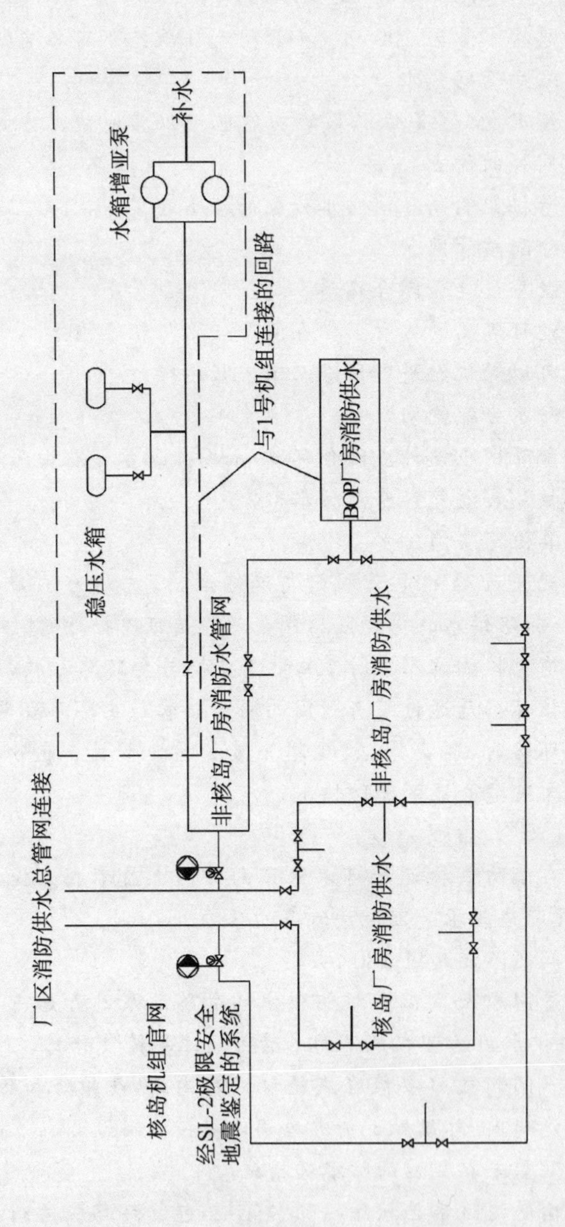

图4 机组高压水分配管网

* 泵

泵站设施是专为消防所用的。若作其他用途时，应进行专门的分析。

泵的扬程应满足最不利点消防时所需的最小压力，泵容量按照最大消防水量确定。最大消防水量为防火区固定灭火系统运行时的最大需水量，再加上室内、室外人工消防的用水量。在实际工程设计中，泵的容量根据下列四项消防用水量中的一项计算：

主变的单相变压器的消防用水；

保护面积为 260 m^2 的消防用水；

汽轮发电机油箱区的消防用水；

汽机大厅屋顶的消防用水。

这种用水量的计算应建立在假设有一路电源或一台泵失效的基础上。

在不同系统阻力损失的情况下，离心泵应都能单台或并联运行。泵的启动可以由控制室、配电盘或就地控制。所有消防泵的吸水管线按淹没式布置，以能安全启动，其管径的确定要考虑在低压运行时流量增大的情况。

当电站建于河边，不管设或不设冷却塔，消防泵可与安全厂用水系统共用一个进水室。

当安装在原水系统的滤网网眼尺寸大于 1 mm 时，消防泵出水管上应设置自清过滤器。

消防泵在 SL-2 地震时应仍能保持运行。

* 特殊情况

对于特殊情况，应进行如下处理：

当厂址地形条件允许可建造高位消防水池时，可按重力流方式向消防水管网供水，因而可不需配置消防泵。在这种情况下，管网压力需与固定灭火系统运行所需的最低压力相一致。消防水池至少设置两个，也可单个并联运行。在 SL-2 地震时仍能保持其完整性。

对滨海厂址而言，消防泵取自淡水池，一旦淡水用完，必要时也可考虑用海水。

对设有安全厂用水冷却塔的厂址而言，每台消防泵可从与其为同一列的冷却塔集水池取水。水池容量应能足以供给火灾延续 2 h 的消防用水量，并有适当裕量。

主疏散通道和疏散楼梯（楼梯、水平通道、门等）

* 主疏散通道和疏散楼梯

针对人员疏散及消防队使用，应设置主疏散通道和疏散楼梯。有明显火灾危险的厂房应设置若干主疏散通道，并根据厂房布置进行合理安排。疏散楼梯间应为防烟楼梯间。

主疏散通道和疏散楼梯用它们各自的墙分隔成为一个独立的防火小区，其功能如下：

保证工作人员安全撤离；

保证消防队员和消防设备进入并完成灭火任务；

保证操纵员从主控制室撤向应急停堆盘控制室。

通过主疏散通道和疏散楼梯间进行排烟的方式如下：

通过通风系统设计使疏散通道保持正压，确保门的密封性。

排烟系统启动，着火房间形成负压（电气厂房）。

出现烟雾时，事故照明装置启动，使所有人员从主疏散通道撤离。

门应向疏散方向开启。应确保门由于通风排烟系统运行而形成最大压差时仍能打开。此外，应考虑门两侧由于通风也能打开。

主疏散通道的尺寸是根据通行人数及可能使用的救援设备（灭火器材、担架等）来确定的。该尺寸是扣除门扇开启时占据的面积后得出的。

设定0.60 m为一个通道宽度单元。当通道只有一个疏散宽度单元或两个疏散宽度单元时，其宽度应从0.60 m加大到0.90 m，或者从1.20 m加大到1.40 m。

有关厂房中一个房间或几个房间所需的主疏散通道总宽度不应低于表2所列数值。

表2　主疏散通道总宽度

使用人数（人）	主疏散通道累计总宽度（按通道宽度单元计）
1～20	1
21～100	2

使用人数按高峰期的工作人数确定。当各层人数不相等时，其楼梯总宽度应分层计算，下层楼梯总宽度按其上层人数最多的一层人数计算，但楼梯最小宽度不宜小于1.10 m。

底层外门的总宽度应按该层或该层以上人数最多的一层人数计算，但疏散门的最小宽度不宜小于0.90 m；疏散走道的宽度不宜小于1.40 m。

疏散通道（如平台、楼梯下的通道、管道和电缆桥架下面的通道）的通行高度不小于2.20 m。

在无法满足特殊用途（设备运输、工具通行等）所需的尺寸时，应按需要增加尺寸。

* 电梯与工作梯

电梯与工作梯不应设在防火区内，火灾发生时不作为疏散安全出口使用。

消防电梯可与电梯或工作梯兼用，但应符合消防电梯的要求，并应保证在任何情况下都能运行。

* 供救援和消防器械用通道

厂区道路和厂房各入口应设置消防车道，使来自厂外的救援和消防器械能进入到离厂房最近的地点。

消防排烟系统

*一般要求

自然排烟的要求为：

采用自然排烟，排烟口的总面积应大于该防烟分区面积的2%。自然排烟口底部距室内地面不应小于2 m，应常开或发生火灾时自动打开。

机械排烟的要求为：

排烟系统可以是专设排烟系统、屋顶排烟口或者移动式排烟设备等形式；

移动式排烟设备应采用标准接口，需要时通过标准接口与专设的消防通风系统相接，进行排烟；

在无放射性危险且未设固定自动灭火设施的房间，正常通风不能满足排烟要求时，应设机械排烟设施；

对于火灾风险较大的房间，如汽轮机房、仓库等，在厂房顶部应设机械排烟装置；

在放置大、中型转动机械用的冷却与润滑油回路和油箱的房间，或火灾时极难进入的房间应设置机械排烟系统。

*排烟系统分区布置原则

不同防火分区内的排烟分区应设置独立排烟系统。排烟风机的配电系统可以不受此限制。

*固定机械排烟设计

固定机械排烟设计的基本原则为：

对未设固定自动灭火设施的房间，容积宜为350 m^3，最大容积不应超过500 m^3。如果组成防火分区的房间容积超过该限值时应进行防烟分隔，以确保排烟系统效能。

对防火分区进行防烟分隔的门、挡烟垂壁、隔墙、突出底板不小于500 mm的梁等应具有耐火稳定性和阻烟作用。

每个防烟分区内均应设置排烟风口，排烟风口应安装在房间的顶部或墙的上部1/3高度处。

排烟风口布置宜远离疏散出口，与疏散出口水平距离应大于2 m，排烟风口的有效作用水平距离不应大于30 m。

排烟风口的风速不宜大于10 m/s。

排烟风口与排风口合并设置时，风口所在支风管接入排风(烟)系统时应设排烟阀。该排烟阀在排风(烟)系统转入排烟运行时，除着火防烟分区内的排烟阀处于开启状态外，其他排烟阀应处于关闭状态。每个排烟阀应设不受火灾影响的电动闭合位置开关。需要时，排烟阀的位置控制器应能给出该阀门处于开启终了位置时的位置指示信号。位置切换装置由耐火极限高的系统组成，以确保在火灾的初始阶段即投入工作。

排烟系统中的专设排烟风口(或排烟阀)在正常情况下处于关闭状态。

排烟风口(或排烟阀)的控制装置应位于防火区之外,以免操作装置受热气的影响。排烟风口(或排烟阀)应与火灾报警系统联动。其状态信号应统一送至消防值班室,并进行显示。同时,要求与通风系统控制盘、火灾信号显示盘、喷淋系统控制盘集中在一起布置。

除本规范特别规定外,排烟风机的风量计算应符合以下要求:

担负一个或两个防烟分区排烟时,应按该部分总面积的每平方米不小于60 m^3/h计算,但排烟风机最小风量不应小于7200 m^3/h。

担负三个及以上防烟分区排烟时,应按其中最大防烟分区面积的每平方米不小于120 m^3/h计算。

在排烟系统正常运行时,排烟区负压应不大于80 Pa,应设置负压限制系统。在自然补风不能满足要求时,应设置机械补风系统,补风量不应小于排烟风量的50%。

管道支撑件及风管的耐火等级应具有与所贯穿的房间相一致的耐火性能。钢制排烟风管的钢板厚度不应小于1.0 mm。

当房间布置要求处于负压的排烟风管要跨越不同防火分区时,排烟风管的耐火极限应为1.5 h。

排烟风机据设计要求确定为核级或非核级风机,可以选用离心式风机或轴流风机;排烟风机应在烟气温度280 ℃时能连续工作30 min;排烟风机应采用不燃材料制作。

排烟风机应与排烟风口或排烟阀联动,当任一排烟风口或排烟阀开启时,系统应转为排烟工作状态,排烟风机自动切换至排烟工况;当烟气温度大于280 ℃时,排烟风机应随设置在风机入口处的280 ℃排烟防火阀的关闭而自动关闭。

*电气厂房排烟

电气厂房排烟的基本要求如下:

当装有电气设备及含有PVC绝缘材料电缆的房间发生火灾时,火灾探测信号能够自动切断房间的正常通风系统,并启动房间的排烟系统进行排烟。

当未设自动灭火装置的房间的排烟系统正常运行时,该房间相对于邻近房间应维持的最小负压为20 Pa。

设置自动灭火装置的房间的排烟换气次数应按每小时不小于10次进行设计。在发生火灾时能在3～5 min内排除室内烟气。

*金属结构空间排烟

为了保护厂房(例如汽轮机厂房)的金属结构,在发生火灾时,采用自然排烟或机械排烟等措施,确保热气及烟雾排出,并应满足对应金属结构屋面章节的相关规定。

*主疏散通道和疏散楼梯间的防烟

为确保火灾时烟雾不进入疏散通道及疏散楼梯间,应采用排烟系统或正压送风系统保证疏散通道及楼梯间与相对邻近的房间处于微弱正压。采用正压送风系统时,应满足GB 50045的相关要求。

火灾警报系统

* 声警报系统

EJ/T 637 中 3.2 节有关警报编码的规定适用于核电厂实施撤离行动。

对于听不见报警的、经常有人员停留的房间应设置光报警装置。

* 信标系统

人员按照信标系统指示撤离。该信标系统由闪烁发光板构成，在一些特殊的地方增设闪光加音响信号。在事件或事故情况下，围灯亮时禁止靠近主厂房。

鉴于随时可能发生能见度差的现象，因此所使用的信标板应用反光材料制成，并符合安全颜色和信号的相关标准。在这些板上可外加反光漆带。

反应堆厂房的信标系统应把人员导向气闸，以便将撤离行动所需要的时间降到最低。

* 火灾应急广播系统

火灾应急广播系统应为厂区广播系统功能的一部分，可通过控制台发布火灾情况下的指挥、调度和人员疏散的指令。

消防通信系统

* 消防专用电话

设置消防专用电话的原则是：

消防专用电话网络应为独立的消防通信系统；

主控室应设置消防专用电话总机，且宜选择共电式电话总机或对讲通信电话设备。

电话分机或电话塞孔的设置，应按下列部位要求设置消防专用电话分机：

——消防水泵房、备用发电机房、配变电室、主要通风和空调机房、排烟机房、消防电梯机房及其他与消防联动控制有关的且经常有人值班的机房；

——灭火控制系统操作装置处或控制室；

——消防站、消防值班室。

消防电话系统的通信电缆宜采用耐火电缆，线路配件为 M2 级难燃材料。

* 与厂内消防队员的联系方式

夜班运行人员只需一次操作就可通过电话通知在家的电厂义务消防队员。

通过厂区的无线寻呼、运行电话、无线集群电话等通信系统能够保证在最短的时间内与一名不在岗位上的、预先指定的或灭火时所需的人通话。

* 与厂外消防队的联系方式

与厂外消防队的联系应有三种方法，即：

从电厂每个机组的控制室用直通电话直接联系；

从与公共电话通信网联系的每个机组的各个岗位上的话机通过两条不同线路至电厂的自动交换台对外联系；

电厂保安楼、消防站与消防车之间用无线电联系。

厂房与设备的消防措施

＊概述

规定了一些厂房和设备的特殊规则。

＊安全壳环形空间

双层安全壳之间环形空间的消防由直接与消防水分配系统相接的两个回路保证。

第一回路始终充满水，以便通过消火栓确保安全壳环形空间的消防用水。消火栓的安装应覆盖所有的受保护区域。

第二回路由为环型空间动力电缆区所设的固定式喷淋灭火系统构成。每一个通道采用自动喷水灭火设备，其隔离阀应位于火灾探测盘附近。该探测盘可以确定安全壳环形空间发生火灾的部位。

＊安全壳（反应堆厂房）

安全壳内的消防由复合材料或不锈钢制作的消防水分配系统保证。在正常运行状态下，系统为空管，并配有消火栓。由于反应堆厂房相邻厂房的管线始终充满水，必要时安全壳消火栓系统可与其相接。位于安全壳内的止回阀及安装在反应堆厂房外的阀门应确保安全壳的隔离准则要求。

该回路同时也为反应堆冷却剂泵提供防火保护。

＊反应堆冷却剂泵

每一台电动泵配备一个感烟探测器环路和一个感光探测器环路，或配备一个感光探测器环路及多点抽气式感烟探测系统。

为避免由于蒸汽泄漏引起误报警，需要用感光式火灾探测器对报警进行确认。

每台泵的探测系统由电视摄像机进行监督。

每台反应堆冷却剂泵由固定式喷水灭火系统进行保护，通过设置在与泵不同房间的除盐水箱给喷水灭火系统供水。水箱利用加压系统形成氮封，在 0.8 MPa 压力下对受保护的面积提供自动喷水 15 L/(min・m^2)的流量，历时约 3 min。

从控制室通过阀门的远距离控制启动喷水。

在紧急情况下，喷水环管可以从控制室遥控或就地与反应堆厂房外的消防水系统接通。此时，反应堆厂房消防水系统由电厂的消防水生产系统加压。

碘吸附器

＊安装区域防火分区要求

安装有带密封不锈钢箱体的碘吸附器装置的房间可不划分为防火区。

＊降低火灾危害的措施

为降低碘吸附器箱体内发生火灾的危害，应采取如下措施：

在通风小室内，除过滤系统专用电缆外，不应安装其他任何电缆。

在紧靠过滤箱体上游入口位置安装的电加热器上设置过热保护器。在温度超限时，切断电加热器的供电电源，并向控制室发出第一阶段报警信号。

电加热器的电源受风机运行工况控制，任何运行偏差都会在主控室发出报警信号。

在电加热器与碘过滤器之间设置温度探头，超过设定温度时，由温控器发出信号，切断电加热器的电源，并在控制室发出第二阶段报警信号。该信号在中央火灾探测盘上显示。

在碘吸附器密封箱体的进、出端口处各设置一个手动操作防火阀。在发生火灾时手动关闭，将碘吸附器箱体与管道系统隔离。

火灾探测系统包含上述温度探头，还包含向控制室中央火灾报警盘发出报警信号的温控装置。

* 碘吸附器水消防设计要求

在碘吸附器活性炭的总装量大于 100 kg 时，碘吸附器的上部应设置喷淋头。为了避免误动喷淋，该喷淋头不应与核岛消防水系统直接连通。在需要时，由消防人员使用软管接至专设的消火栓上。消火栓距碘吸附器应小于 10 m。

* 上充泵房

上充泵安装在一个构成防火区的房间内。在失去安全电源时为主冷却剂泵供应密封水的试验泵也安装在该房间内。每台泵之间设置的屏障构成防火小区。

火灾探测由感烟探测器和感光探测器组成的双重探测环路保证。电视摄像机监督每一台上充泵，并可以在主控制室内对报警进行核实。

喷水灭火系统配备有易熔金属喷头，系统由消防水分配总网供水，安装在每台泵的上方，确保受保护面积具有 15 L/(min · m^2)的喷淋强度。

试验泵也受到同样的保护。

应在该泵房外易于操作的地点设置消火栓和手提式灭火器。

* 安全注入泵和蒸汽发生器辅助给水泵

两个系列的泵安装在不同的安全防火区内。

这些泵的监测与上充泵的监测相同。

蒸汽发生器辅助给水泵的消防由雨淋灭火系统保证。

* 柴油发电机厂房

柴油发电机厂房及燃油箱厂房都设有两条探测环路：一条环路装设感光探测器，另一条环路装设感烟探测器。

每台柴油机应由添加有浮膜生成灭火剂(AFFF)的消防水管网进行保护。该管网配备有喷头，喷头的布置应可以覆盖整个受保护面积，喷淋强度为 10 L/(min · m^2)。

管网通过一个阀门与总管网连接。阀门在正常状态下关闭，阀门开启通过双重火灾探测系统控制。

喷淋可以通过可接近的阀门手动停止。

油箱保护应由添加有 AFFF 的消防水管网确保，该管网配备有开式喷头，确保至少有 6.5 L/(min · m^2)的喷淋强度。

管网通过一个阀门与总管网连接。阀门在正常情况下关闭，阀门的开启由双重火灾探测系统控制。

应在该厂房外易于操作的地点设置消火栓和手提式灭火器。

* 电气厂房

电气厂房的房间装有电气器材，因此其火灾荷载密度很高。

消防要遵守下列原则：

用耐火极限为 90 min 的墙对每一楼层的防火区进行分隔；

用耐火极限为 90 min 的墙对每一楼层的 A 通道和 B 通道进行隔离；

在特殊情况及仅在必要时对分隔两个系列的隔墙上才设置由行程终端开关遥控的门；

配电盘电缆的引进和引出应走其较低的部位；

不同房间与通风系统的连接应符合对应节的建议；

火灾荷载密度大于 400 MJ/m^2 的房间应与排烟系统连接；

主控制室应保持正压，防止烟雾侵入；

电气厂房出入口通道应视为安全疏散出口；

主疏散通道相对于邻近房间应受保护；

使用固定水喷雾灭火系统对电缆层进行保护；

电气设备房间用安装在附近的消火栓进行防火保护。

* 继电器室

由于这些房间的设备对运行很重要，当发出火警探测信号后，操作员要派人去现场确认火灾的发生。

如果火灾已得到确认，则反应堆值长要触发紧急停堆。

在初始阶段，消防人员使用便携式和移动式消防设备使火情置于控制之下。

在第二阶段，如果控制不住火情，消防人员在征得反应堆值长同意后应启动对应上述房间的水喷雾管网，打开相应的隔离阀。

喷水只有在闭式水雾喷头已打开的区域内进行。

应在该房间外易于操作的地点设置消火栓和手提式灭火器。

进入该房间不执行或终止功能的电缆，应尽可能降低可燃物荷载值。

* 控制室

由于控制室的重要性，控制室为相对独立的防火分区，与其他电气房间隔离，此措施能防止热气、火焰和烟气侵入，给控制室带来影响。

因为操纵员经常居留在控制室内，同时控制台内的火灾风险有限，因此在控制室内采取手动消防的措施，配备有手提式灭火器，控制室外设有消火栓，操作人员可根据情况采取有效措施扑灭火灾。

应在该房间外易于操作的地点设置消火栓和手提式灭火器。

控制室内应设置火灾探测和报警系统，可采用点式感烟探测器、早期吸气式感烟探测器等探测手段，当火灾确认时，应在就地和控制器上发出声光火灾报警信号。

＊反应堆保护模拟机柜间

该房间是系列A和系列B电缆走向控制台的交汇区。该房间设在控制室下面并设置了使用洁净气体的专门消防装置。这种装置的控制设备设在房间外面靠近门处，手动操作。

在电气厂房所有楼层、楼梯间均设消火栓，它可与核岛消防水分配系统管网的立管迅速连接。立管一直保持充水状态。

＊氢气危险区

含有大量氢气设备的区域，在事故泄漏的情况下有潜在的爆炸危险。

对于核岛，有关设备为：

蓄电池间及氢分配系统；

容积控制箱和化容系统的阀门；

硼回收系统暂存波动箱；

含氢废气处理系统和衰变波动箱；

废气处理系统压缩机；

废气处理系统储存箱。

各种箱、压缩机和阀门部件要设置在相互隔开的房间内。

废气处理系统的储存箱和隔离阀应串联安装在通风的房间内，房间内不应装有任何电气设备，否则要有防爆装置。

对于废气处理系统各阀门、储存箱的房间和容积控制箱间，每小时的换气更新率至少为4次，以确保空气中的氢浓度低于4%。

在安装氢气探测器和防爆电气设备的其他一些房间，如果含有大量氢气(约1%)，废气处理系统的压缩机就应停止工作。

氢气危险区之间的通风转送口以及排风口要紧靠，设置在天花板处。

决不允许将空气从有氢气危险的房间直接转输到无氢气的房间。

应在该房间外易于操作的地点设置消火栓和手提式灭火器。

通风系统的丧失应引起主控室报警。

＊电气厂房排烟系统

电气厂房排烟系统的一般设计原则如下：

电气厂房的排烟系统应按两个独立的系统进行设计。

在电厂排烟系统中，仅与同一安全系列相关的所有房间应设置为一个排烟系统。每个排烟系统配备单台电动排烟风机。电动排烟风机则由另一安全系列的柴油发电机的应急电源开关盘供电。

电气厂房设计两路排烟系统，排烟风机安装在电气厂房的上部。两路排烟系统通过一小段风管相连通，并配置一套控制风阀组。通过控制风阀的开关，不仅可以使一个回路的风机作为另一个回路的备用，而且还可以通过启动两台风机，将两套排烟系统同时投入运行。

在上述连通方案不可行时，也可在每个排烟系统设置备用风机，以获得相同的运行工况。

排烟管道的设计布置要满足电气连接的隔离准则，确保形成两条完全隔开的排烟系统，即系列A和系列B。

每个排烟阀可由火灾探测信号自动启动或在主控室通过按钮遥控启动。系统带电运行时，所有控制器都应起作用。

风机的控制按钮安装在火灾报警盘上，火灾报警盘设在主控制室。

汽轮机厂房

* 一般要求

汽轮机厂房的火灾危险一方面来源装有可燃流体并有可能出现泄漏的回路，另一方面来源载有高温流体的管道以及某些机器的高温壁面。

防火的基本原则如下：

设置疏散通道；

遵守本标准规定的原则，建立防火区；

设置可收集可燃液体泄漏的装置；

汽机房室内消防竖管应在底层或运转层由水平管构成环状，在汽机大厅运行层楼板以下形成了一个闭合消防水环路；

汽轮机厂房应与包含安全相关设备的相邻构筑物用最小耐火极限为3 h的防火屏障进行分隔。

* 汽轮发电机组

汽轮机厂房内的大部分火灾是由汽轮发电机组造成的，原因是油的泄漏造成了管道或壁面保温材料被油浸透。另一个原因是在通风不良场所，油蒸汽聚积在高温的表面上或最终有氢泄漏造成火灾。

* 油箱

油箱要安装在小室内的一个漏油盘上，在汽轮机厂房内单独构成一个防火区。

油箱面要高出构成漏油槽的房间地面。该泄漏油槽通过设置有防止火焰传播装置(排油)的管道与油收集槽相接。此外，该管道在顶部还装有一个探测装置，用于探测地坑内是否有液体存在。泄漏槽的容量应考虑消防水的引入。构成油箱间的房间应有两个出口。

油箱间要通风，以维持辅助设备或控制设备正常运行的温度。另外，应设一个装置，在发生火灾时，其可以把热气和烟雾排向一个不会对设备造成损坏的区域。

防火阀应布置在通风口上，尤其应布置在排风口上。

电机应确保在水喷淋下能够运行。

* 探测

火灾探测用感光探测器和感烟探测器。

* 消防

消防由固定喷水灭火系统保证，喷水强度为15 L/(min·m^2)。

可以把布置在入口邻近的手提式干粉灭火器作为备用。

离心过滤机

＊设计

离心过滤机及其配件应布置在油箱房间内的泄漏油盘上。

为防止运行故障，离心过滤机应设置以下安全装置：

一个能破坏虹吸作用的油箱的输油管道；

离心过滤机转筒排空监测系统；

出油管流量监控系统。

＊探测

离心过滤机与油箱属于同一组成部分，带有感光探测器和感烟探测器。

＊消防

离心过滤机保护由相应标高的手提式或可移动式灭火器以及为汽轮发电机组油箱设置的喷水消防系统来保证。

润滑油系统及顶轴油系统

＊设计

管道的设计应做到：

避免把油管安装在蒸汽管附近。当不可避免地要安装在蒸汽管附近时，在两管之间要设置保温隔热垫层。如果不可行，则在蒸汽管保温材料上放置一个密封保护套。

最大限度地寻求操作灵活性。

避免靠近电缆桥架。

管道最好采用焊接。

尽量减少接头。

对于设备采用带槽法兰盘连接。

避免或最大限度地减少软管的使用。

采用不锈钢阀门。

承压的油分配总管网采用双层套管。

＊探测

当汽轮机设有罩壳时，在轴承上应设置感烟探测器。

感光探测器布置在汽机进汽阀区域内。

＊消防

可借助布置在汽轮机厂房附近的可移动式或手提式灭火装置进行灭火。

＊液压调节系统

应使用一种特别难燃的特殊调节流体。

＊设计

装有液压调节流体的容器应与润滑油箱分开布置。

＊探测

与油箱的保护措施相同。

＊消防

用布置在相应标高的手提式或可移动式灭火装置确保灭火。

可把消防水系统的水枪作为备用。

＊交流发电机

交流发电机消防主要涉及氢气二次降压站和油处理站。

＊设计

有关的场所应用栅栏进行简单的隔离，以避免可能泄漏氢气的聚积及禁止工作人员自由进入。

对于油处理站的防火应按照相应节中规定的原则进行设计。

使用的电气设备不属于防爆设备时，应安装在自然通风的区域内。该区域内严禁有氢气的聚积。

一次减压站和二次减压站之间由安装于双层套管内的一根管道连接，配件是靠密封焊连接的。位于套管上的旁通管嘴应配备有一个压力开关，管嘴布置在处于露天的一次降压站的附近。

用于把压力升高信号传递到控制室的压力开关与大气中可燃气体测定仪相比更要考虑其可靠性，因此，压力开关需要特别加强维修。

＊探测

用感光探测器进行探测。

＊消防

在发电机房附近设置：

——消火栓；

——干粉灭火器。

＊汽动主给水泵

对于每一台汽动主给水泵都设有一个润滑油箱。

油箱安装在设有防火堤的隔间内，其容量考虑了消防水的注入量。

由感光探测器进行探测。

在零标高处设有手提或可移动式消防器材，但主要还应使用固定式喷水设施保护油箱。

油系统的设计类同于主汽轮机的设计，即：

漏油的收集与排放；

管道采用焊接；

管道布置要考虑与热点的关系；

由于振动危险，仅在必需时才可使用软管；

只能使用钢制阀门。

变压器设计

* 油的包容

油的包容是通过在变压器本体周围建造一个掩蔽挡墙来实现的，它可以确保以下两个功能：

当变压器上部发生爆炸时，通过加高挡墙防止热油喷向四周环境及挡住输出端子的跌落，高挡墙上顶标高应根据变压器油箱顶以45°的喷射角来确定；

当变压器下部油箱爆裂时，直接或经由排油沟通向变压器下部的漏油收集坑，防止油向四周环境漫流，其容积应暂时能容纳变压器油箱内的油量及5 min消防水喷雾的水量。

该掩体有一面是可拆卸的，用于可能的维修。应在等于或大于把油排向废油系统所需的期限内保持掩体的耐火稳定性。

同时，所有的贯穿孔及开口处（电缆沟、通风格栅、门等）应密封，或应安装在高于漏油收集坑上油位以上的标高处。

* 漏油排放

漏油收集坑的油通过重力排放到废油系统。排油管径建议为300 mm。

流入沉淀器/油水分离器或油捕集器的集油坑的管子，应布置在最低水位或剩余油位以下。

* 探测

如果变压器相位是分开的，则每个相位变压器都应配备一个由热敏元件组成的探测系统。这些探测器合理地布置在变压器油箱及其相连的油路周围。

设施包括：

通常调节在120 ℃的恒温探测器。

一个机柜，其中包括各种转换开关和自动控制器。该机柜安装在变压器掩体的外部。

探测装置的作用如下：

当变压器中的一台刚刚着火时，向运行人员报警；

自动启动水喷雾自动消防系统。

消防

* 固定消防设施

消防系统由配备有喷雾器的喷淋管构成。喷雾器为分布和定向型两种布置，以便覆盖变压器及其油路系统。这些喷淋管由消防水分配系统供水。

在变压器油箱的上部和下部各装置有喷雾管网。

如果变压器的相位是分开的，每个相位的消防系统应是独立的。当采用添加有AFFF添加剂的水喷雾灭火系统时，针对其进行保护的消防系统，系统参数如下：

喷雾强度为20 L/(min・m^2)。

消防水添加有AFFF乳化剂，配比为3%，其最低极限使用温度应至少为－15 ℃。

应使用文丘里管式吸入器进行配比。

储存在单个容器内的乳化器的容量可以根据配置情况为几个管网公用。在这种情况下，容积应根据计算进行确定，以便在最不利的情况下，达到 5 min 喷雾的用量要求。

运行逻辑如下：

灭火装置受火灾探测系统控制。火灾探测触发三个动作：在控制室报警；当管路静压不足时，自动启动消防水生产系统泵（或专门的升压泵）；自动开启与探测系统连锁的系统阀门。

在正常运行情况下，掺添加剂的水喷雾大约 5 min 之后，乳化液低液位信号直接触发自动阀门关闭。

当火灾后需要时（进一步冷却、清理等），喷雾装置应可以重新启动。

自动阀门应能就地手动操作。

当可能发生火灾探测系统故障时，自动灭火装置应能就地手动控制。

每个探测系统接线箱上布置有紧急操作按钮，使有可能启动自动运行逻辑。

不需要对邻近相位的变压器进行冷却，如需要，可使用移动灭火装置。

* 移动灭火装置

在变压器起火后，移动灭火装置可以作为固定消防系统的补充。移动灭火装置应使用乳化液（喷沫枪、泡沫枪等），使用淡水的移动灭火装置应保持变压器外部设备的冷却。

* 用于试验的装置

禁止用水对自动阀门后的喷雾管路进行定期检查。

试验仅限于以下检查：

——运行逻辑必需的设备是否正常运行；

——通过为试验设置的一个或几个管嘴注入压缩空气，对系统的状态进行检查。

* 金属结构屋面的喷洒装置

当厂房屋面面积大于 100 m^2，底部楼层装有较大火灾危害性的材料设备时，应在厂房屋面上设置一个流量为 1 L/(min·m^2)的喷雾装置。每个喷雾组由厂房上部楼层的一根正常情况下是空的立管来供水。发生火灾时，在可接近地方设有阀门来保证隔离。在阀门下游的低点设有不用隔离的放空阀，防止管路冰冻。

冷却塔

* 主冷却塔

冷却塔的设计可以是自然通风或机械通风方式，也可以是逆流或横流通风方式。

在任何情况下的主要构筑物都为钢筋混凝土结构。

冷却水通过喷淋器系统喷洒，它是由不燃塑料部件构成的。

在逆流自然通风的冷却塔内，喷淋洒水系统上部应设置内部人行通道，以便在停运阶段维修人员可以通行，必要时消防人员也可以通过。人行通道应为消防人员提供撤离条件。为此，这些通道应通向两个门，两门之间应有足够的距离，并能提供通向直达地面的通道。

消防

对于不同的冷却塔，采用如下的消防措施：

* 自然通风冷却塔

在逆流或横流通风冷却塔内使用的难燃聚氯乙烯板条滴水喷淋系统不需要任何消防。

在机组停运维修期间，塔内火灾危险性最大，应在冷却塔走道附近设置足够数量的吸气面罩。

* 机械通风冷却塔

在每个塔的中央布置一个消火栓，用于扑救设置在风机与传动电机之间的齿轮减速器油盘在排空或注油操作过程中可能产生的火灾。

* 核岛安全厂用水系统管廊及冷却塔

一般要求这些部位属于核岛的一部分，因此对于火灾危险，所有与核岛相同的规定都适用。

非能动防火措施——防火分区：每个管廊—冷却塔构成一个防火安全区。该防火安全区又被划分为四个限制不可用性的防火区(管廊—电缆层—电气设备间—泵房)和一个防火小区(剩余的其他房间)。

疏散通道通往电气间和泵房。

* 探测

火灾探测采用感光探测器和感烟探测器。

* 消防

管廊和电缆层由喷水式固定灭火设施进行保护。电气设备间和其他房间由消火栓进行保护。

* 油和油脂储存间

储存间应布置在电厂发生火灾和火灾传播可能性较小的区域内。

房间承重构件具有的耐火极限应为2 h。

与另一个厂房毗邻的建筑物，要求其间隔墙的耐火极限为2 h。

设在集油坑上的油槽应可接近，以便清洗。

油管应是焊接结构。

与油收集系统相接的地沟应防止泄漏的油和水流入污水系统。

储存间配备有感烟探测器和感光探测器。

消防采用喷淋式固定消防系统。喷淋器的布置应可以同时大量喷淋到油槽的上部及其侧壁以及架子上的一些小油罐[按展开面积的流量为15 L/(min・m^2)]。

还应设置灭火器和消火栓。

质量保证

* 标准

应制定防火质量保证大纲，其内容应遵循HAF 003所提出的原则和要求，并参照HAD 003/03、HAD 003/02、HAD 003/04、HAD 003/06、HAD 003/07和HAD 003/09中的有关规定。

* 目的

从核电厂设计开始，在核电厂整个建造期间及运行寿期和退役期间都应执行防火质量保证大纲，从而保证：

设计能满足全部防火要求。

各种防火材料和设备均能满足核电厂防火设计所提出的采购技术文件的要求。应对火灾探测和灭火设备进行鉴定，确认它们能完成其预期功能。火灾探测和灭火设备应采用成熟的型号，新研制的设备和灭火剂应经过试验鉴定。

所有火灾探测和灭火材料和设备应按照有关标准要求进行设计、制造和安装，并且能按程序完成投入使用前的试验和启动试验。

在建造和运行期间，如发生影响安全重要物项的火灾，应评价该火灾所造成的影响，以保证该安全重要物项能达到设计所要求的性能。

实施各种防火规程，按核电厂运行要求试验火灾探测和灭火设备和系统，并且保证这些设备和系统是可靠的。应对消防系统和设备的操作和使用人员进行培训。

* 行政管理

对于行政管理有以下要求：

装核燃料之前，应对所有防火分区进行全面检查。所有与正常运行无关的杂物及其他临时可燃物都应清理出各防火分区。

对所有可能危及消防系统运行及防火分区完整性的工程应进行监督。

有火灾潜在危险的工作应在监控下进行施工，相关的消防设备应能随时投入使用，消防人员应时刻准备灭火。

火灾探测及消防系统和设备应按规定进行定期试验和检查(参见附件F)。

火灾危害性分析

* 目的

应对核电厂进行火灾危害性分析。火灾危害性分析的目的是根据核电厂总的安全设计要求，即安全停堆、排除余热和减少放射性物质释放的可能性对防火设计进行评定，以确保核电厂在所有情况下都具有足够的消防能力。

应在反应堆首次装料之前作进一步的火灾危害性分析，在运行期间要修订此分析。

* 火灾危害性分析内容

应对核电厂有火灾隐患的区域进行火灾危害性进行分析。建议的步骤如下：

对核电厂将要设置的各种防火和消防系统的物理特征作一概述。对作为要用在核电厂防火设计评价的各种火灾危害进行定义。对所考虑的设计基准火灾作出描述。

确定工厂所有具备可燃物的场所，并叙述其各项可能的火灾特征。如最大火灾荷载，传播火焰的各种危害，生成烟气、有毒污染物和引起火灾的燃料等，以及采用非可燃物和耐火材料的考虑。

列出消防系统要求和在基本设计中要列出的消防水源、配水系统和消防泵容量。

描述监测、报警、自动灭火、人工手动灭火系统的性能要求。

根据核电厂的特点规定各种防火、灭火、控制火情和控制火灾危害的手段。应为火焰、热量、热气流、烟气和其他污染物提供防火屏障、耐火墙体、隔断和其他分隔密封措施。说明在扑救和控制火势期间选择通风和排风系统的运行功能。

编制一份危险可燃物和在设施内估算的最大用量的清单。评价它们在设施内各个存放点的部位。

根据可燃物数量、估算的严重程度和强度(最高温度)、火灾历时及其造成的危害评价最大可信火灾的类型。

* 火灾危害性分析方法

根据火灾荷载的计算方法：在要进行分析的空间内，对可能存在的所有可燃物的燃烧值进行计算和累加。对于每一个空间，都用总的火灾荷载除以房间地面的面积，从而获得该空间的火灾荷载密度，通过图(国际标准化组织 ISO 834 的试验结果)得出该空间边界屏障应有的最低耐火极限值。

根据计算机程序的方法：一些现象的复杂性以及在火灾发展过程中涉及的各种不同的参数会给分析工作带来困难，所以可以使用一些对所考虑的情况有效的计算机程序来进行评价。对于火灾后果的评价也可以使用计算机程序。该程序可以使火灾对隔墙、邻近房间、通风管网的影响模型化。

根据试验的方法：在可以准确地假定火灾场景的特殊情况下，可以通过试验对火灾的发展及其后果进行评估。应特别注意避免由模型试验造成的影响，因为在火灾情况下，这些试验模型很难显示出元件的真正大小。另外还应注意的是，仅一个试验不能保证同一个事件可以系统地带来同样的影响。这些是由于存在着不可避免的差异和试验中引入的大量参数造成的(气象条件、制成品的均一性等)。

(规范性附录 1)

规范标准

《消防基本术语　第一部分》(GB 5907—1986)。

《消防基本术语　第二部分》(GB/T 14107—1993)。

《建筑设计防火规范》(GB 50016—2006)。

《自动喷水灭火系统设计规范》(GB 50084—2001)。

《低倍数泡沫灭火系统设计规范》(GB 50151—1992)。

《二氧化碳灭火系统设计规范》(GB 50193—1993)。

《水喷雾灭火系统设计规范》(GB 50219—1995)。

《火力发电厂与变电所设计防火规范》(GB 50229—1996)。

《建筑灭火器配置设计规范》(GBJ 140—1990)。
《七氟丙烷(HFC-227ea)洁净气体灭火系统设计规范》(DBJ 15-23—1999)。
《惰性气体 IG-541 灭火系统技术规范》(DJ/TJ 08-306—2001)。
《七氟丙烷灭火系统技术规程》(DG/TJ 08-307—2002)。
《核反应堆保护系统安全准则》(GB 4083—1983)。
《反应堆保护系统的隔离准则》(GB/T 5963—1995)。
《核电厂安全级电气设备和电路独立性准则》(GB 13286—1991)。
《核电厂安全级电力系统准则》(GB 12788—1991)。
《电缆在火焰条件下的燃烧试验》(GB/T 18380—2001)。
《火灾自动报警系统设计规范》(GB 50116—1998)。
《高层民用建筑设计防火规范》(GB 50045—1995)。
《压水堆核电厂核岛机械设备设计规范》(GB/T 16702—1996)。
《核电厂安全有关通信系统》(EJ/T 637—1992)。
《门和卷帘的耐火试验方法》(GB 7633—2008)。

(规范性附录 2)

抗震鉴定

B.1 系统设备抗震(SL-2)

系统	部件	地震后的功能	鉴定
探测	探测器	可运行性	抗震鉴定[a]
	系统管道	功能性	抗震鉴定
	多点探测器电动抽风扇	可运行性	抗震鉴定
	箱	可运行性	抗震鉴定
	控制盘	可运行性	抗震鉴定
消防供水系统	泵前消防水池	功能性	D级准则[b]
	泵	可运行性	抗震鉴定
	阀	可运行性	抗震鉴定
	传感器	可运行性	抗震鉴定
	直至隔离阀的管道	功能性	D级准则
柴油发电机消防	阀门	可运行性	抗震鉴定
	水箱	功能性	D级准则
	管道	功能性	D级准则
	传感器	可运行性	抗震鉴定
核岛消防	管道	功能性	D级准则
	水箱	功能性	D级准则
	阀门	可运行性	抗震鉴定
	传感器	可运行性	抗震鉴定

续表

系统	部件	地震后的功能	鉴定
通风	阀	可运行性	抗震鉴定
	风道	完整性	抗震鉴定
排烟[c]	风道	完整性	抗震鉴定
	阀	完整性	抗震鉴定
	风机	完整性	抗震鉴定
上充泵排烟	风道	完整性	抗震鉴定
通风/控制	防火阀	可运行性	抗震鉴定
核岛内可移动灭火器具	灭火器	可运行性	由消防队员在隔离阀处连接
	水龙带绕筒	隔离阀可运行性	
	防火墙	完整性	抗震鉴定
	防火门	完整性	抗震鉴定
	贯穿件[c]	完整性	抗震鉴定

注：a，鉴定、试验或计算。

b，《压水堆核电厂核岛机械设备设计规范》(GB/T 16702)中有定义。

c，完整性是指该系统设备在地震时不会向下跌落而损害执行安全功能设备。

（规范性附录3）

防火贯穿孔封堵的水密封性试验

＊目的和适用范围

对由喷水灭火系统引发的积水或射流水现象，本试验规定了贯穿防火封堵组件的一般水密封性试验要求。

本试验适用于核电站的电缆和管道贯穿防火封堵组件的一般水密性的测定，不适用于对贯穿防火封堵组件水密封性有特殊要求的测试。

＊实验室试验

C.2.1　设备

电缆贯穿防火封堵组件的水密封性试验的主要设备如下：

——被试验的贯穿防火封堵组件，其中电缆的布置应符合实际工程对电缆布置的要求；

——积水装置，可使被试验的贯穿防火封堵组件置于相当于水层厚度15 cm的条件下（试验时的最小水层厚度）；

——水回收箱；

——喷水装置，用于向组件喷水，喷水强度为 10 L/(min・m^2)。

管道贯穿防火封堵组件的水密封性试验的主要设备如下：

——被试验的贯穿防火封堵组件，其中贯穿物管道可用钢棒替代；

——积水装置，可使封堵试样置于相当于水层厚度 2 m 的条件下(试验时的最小水层厚度)；

——水回收箱。

C.2.2 贯穿防火封堵组件的制备

C.2.2.1 尺寸和制作

采用的贯穿防火封堵组件应综合考虑贯穿物的类型和尺寸、贯穿孔口及其环形间隙大小、被贯穿物类型和特性、防火封堵材料组合和厚度，以及它们的固定和支撑方式等，并应对工程实际施工尺寸具有代表性，封堵的面积不应小于 0.24 m^2。

C.2.2.2 状态调节

贯穿防火封堵组件应自然干燥，并进行状态调节使其温度、含水率和机械强度尽可能与该类构件预计的运行条件相一致。在试样内部湿度与预计的运行条件的大气湿度相平衡时，方可对试样进行试验。

C.2.2.3 电缆类型

贯穿所用电缆及其布置方式应符合实际工程的要求。

当电缆安装要求不适用于电缆束时，这些电缆束应呈扇状布置(通常进行 1a 级和 1b 级的静态试验)。

C.2.3 试验程序

C.2.3.1 试验条件

代表防火分隔构件的贯穿防火封堵组件，如果：

——是对称结构或者当有可能确定与水接触的表面时，应使组件的一面与水接触；

——不是对称的以及又无法确定接触水的表面时，应使组样的两个面与水接触。

C.2.3.2 试验过程中的检查

贯穿防火封堵组件进行水密封性试验时，在任何情况下当背水面初次有水迹出现被称为“密封初始失效”。应把出现这种密封初始失效的时刻记录下来，同时还应记录积水范围内水位的变化。

C.2.4 电缆封堵水密性试验的分级

按下列分级对电缆贯穿防火封堵组件的水密封性进行试验：

1a：积水条件下的水平贯穿孔；

1b：积水条件下的垂直贯穿孔；

1c：射流水条件下的水平贯穿孔；

1d:射流水条件下的垂直贯穿孔。

C.2.5　水密性试验

C.2.5.1　电缆贯穿防火封堵组件的水密性试验(1a级和1b级)

在24 h积水条件下,对于楼板贯穿组件试验装置应水平放置,即水平组件(见图C.1);对于墙体贯穿组件试验装置应垂直放置,即垂直组件(见图C.2)。在试验过程中,不要改变积水的初始水位,不应添加任何水。

图C.1　1a级电缆贯穿防火封堵组件的试验装置

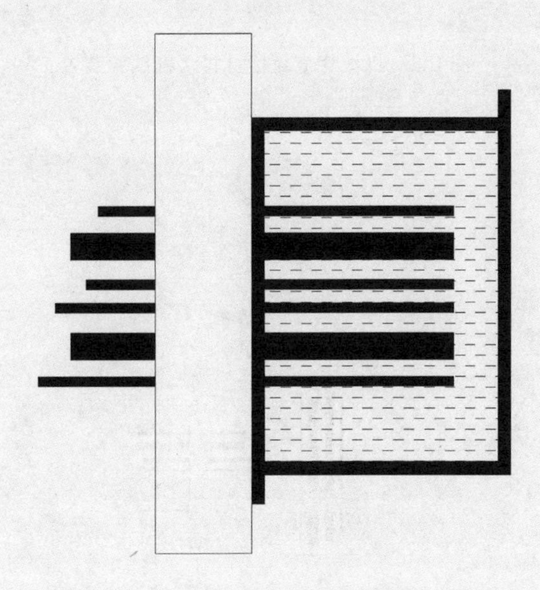

图C.2　1b级电缆贯穿防火封堵组件的试验装置

初始水位限制在：

——对于水平组件，水位高至少为 15 cm；

——对于垂直组件，水位处于封堵的上边缘。

穿透的水应收集在回收箱内。

C.2.5.2 管道贯穿防火封堵组件的水密封性试验

在 24 h 积水条件下，贯穿防火封堵组件应水平放置（见图 C.3）。在试验过程中，不要改变积水的初始水位，不应添加任何水，初始水位高出试样至少 2 m。

C.2.6 电缆贯穿防火封堵组件的射流水试验（1c 级和 1d 级）

应按照图 C.4 把封堵组件置于喷头的锥状喷洒角之下，对于楼板贯穿组件试验装置应水平放置，对于墙体贯穿组件试验装置应垂直放置。

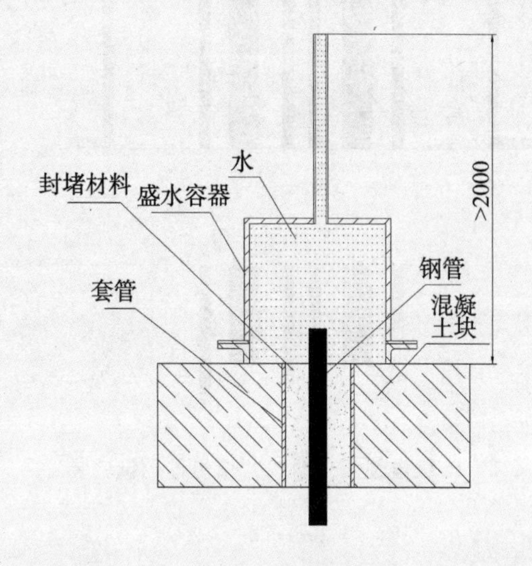

图 C.3 机械管道封堵材料水密试验装置

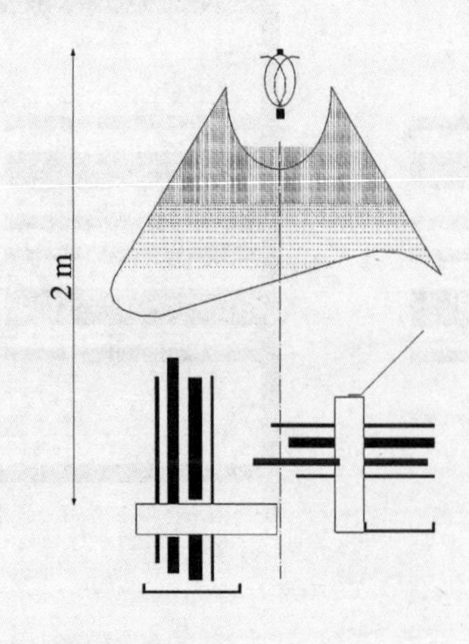

图 C.4 1c 级和 1d 级电缆贯穿防火封堵组件的试验装置

喷头为上开式喷头，喷水强度至少为10 L/(min・m^2)。

对贯穿防火封堵组件应进行至少10 min的喷水试验。

*结果判定

在试验过程中没有发现任何初始密封失效，则贯穿防火封堵组件的水密封性合格。

*试验报告

试验报告应包括：

a)承担试验机构的名称；

b)试验日期、试验人员；

c)生产商的名称；

d)防火封堵用的产品牌号、贯穿防火封堵组件制作工艺及技术数据卡；

e)按照C.2.3.2节进行试验过程检查的记录；

f)按C.3节结果判定的试验结果。

*现场验收试验

对电缆贯穿防火封堵组件应进行现场水密封性检查验收，验收试验的积水和喷水条件应满足C.2.5节和C.2.6节的规定。验收准则为：经1 h试验后，在受试贯穿防火封堵组件背面没有发现有连续流出的水时，该贯穿防火封堵组件视为水密封性合格。

(资料性附录1)

消防管理规程

*引言

应采取适当的措施，使核电厂的消防人员有良好的组织、训练和装备。

组织机构应简单而有效，以适应各种类型的火灾。应根据所需要确保的功能(火灾位置的确定—救援报警—消防设施的使用)确定组织机构。

消防包括以下几个阶段：

第一阶段，快速行动消防组灭火。发现火情、救援报警、值班人员和/或目击者都能利用现有的灭火手段参与灭火。

第二阶段，核电厂专职消防队灭火。现场人员灭火，等待厂外消防队员到达。

第三阶段，必要时，核电厂专职消防队与厂区外地方消防机构共同灭火。该阶段要求有一份由电厂和厂外消防队预先共同编制的灭火预案。

厂内应急准备计划中的消防计划应对以下内容进行描述：

——电厂内部的消防组织机构；

——指导厂内消防部门和厂外消防队(公共部门)编制灭火预案的原则；

——进行必要的训练，以检验和完善该组织机构；

——消防行动模式。

*规程的原则

消防行动卡规定了各级灭火干预队在执行各项功能时每个人员的作用。

规程的目的在于：

为第一阶段提供消防指导。该文件应明确了当房间内有火灾情况下，应采取的行动及应使用的设备，以便为二级干预队的消防做准备。

使核电厂的相关系统处于负责电厂运行人员的支配之下。必要时，使电厂处于安全后撤状态，便于核电厂内部援救工作的开展和组织。

这些规程是根据相应节确定的每一防火区编写的。

消防行动卡分为两部分。第一部分是对该区域进行描述，第二部分是工作程序，分别供四类人员使用，分别是消防调度员（相当于值长）行动卡、主控制室操纵员消防行动卡、救援负责人（相当于副值长）消防行动卡、现场操纵员消防行动卡。

消防行动卡是消防管理规程的第一步。

消防调度员行动卡、救援负责人消防行动卡和现场操纵员消防行动卡由运行负责人起草，主控制室操纵员消防行动卡由设计人员编写。

*消防行动卡

根据火灾自动探测系统发送到控制室内的火警或电话呼叫，确定进入整个区域规程的方案，包括：

介绍操纵员行动的组织机构图；

按厂房、标高和区域编号顺序编制的探测区域清单。

清单应列出厂房内各个区域所处的楼层及该区域内所容纳的敏感性设备、设备房间号。这种布置是为了方便当由不同于自动探测系统程序发出火灾报警后（例如来自控制室和非专业人员电话呼叫后）确定火灾的位置。

有关人员使用的消防行动卡

*概述

所有的消防行动卡都是根据同样的原则建立起来的。

消防行动卡包括三部分：

——信息单元：为四种类型的卡共用；

——操作单元：专供有关类别的人员使用；

——执行单元：为四种类型的卡共用。

信息单元：信息单元主要是一张示意图，包括探测区以及探测区的周围和消防有关的重要设备。

信息单元中也应包括位于区域周围的消防和防护设备及各种特殊的危险。在示意图上用标准图例标出它们的位置。

信息单元中还应包括消防行动卡的识别要素：核电厂、机组、厂房、标高及探测区的编号。

操作单元：操作单元供每一种类型的人员专用，该单元见D中相应节的描述。

执行单元：对编制人员和审核人员以及所采用的版本和日期进行鉴定。

消防调度员行动卡：该卡规定了调度人员的行动。

在火灾发生的地方：

——与控制室的操纵员联系，以便展开为伤员提供急救以及投入规程中预计的专门行动；

——委派救援负责人对消防行动进行监督并再次与控制室联系。

在控制室：当确信一级干预队投入灭火行动后，恢复机组的控制，协调有关设备的操作运行。

* 救援负责人消防行动卡

该卡规定了在房间发生火灾的情况下救援负责人员所采取的行动，如下：

——指挥消防行动，同时调配二级干预队的行动以及采取必要的措施安排厂外消防人员进入并确保封闭火灾现场；

——特别对有关场所内的其他危险源项进行检查，确保消防队员的安全；

——向控制室随时报告火灾进展情况。

* 操纵员消防行动卡

该卡规定了操纵员的行动，如下：

(1)火灾报警后应立即派遣辅助操纵员到有关的房间，通过监测控制室内的特性参数的变化确认火灾的发生情况；

(2)一旦确认有重大火灾，应隔离防火区，并采取以下行动：

——向操作人员和值班人员，尤其是向电厂专职消防队报警；

——求助外部消防人员；

——指示消防队在会合点集合，通知出入口要求放行；

——按照调度人员的要求开展消防行动；

——当搞清情况后机组运行，对有关系统进行关断操作指令，根据情况采取行动。

* 现场操纵员消防行动卡

该卡规定了辅助操纵员的行动，如下：

(1)到达报警地点后，通知主控制室有关火灾的状况；

(2)当快速消防行动组灭火手段失败后或火势已蔓延时，应该：

——隔离防火区；

——启动排烟系统；

——配备要投入使用的消防设备。

规程中应列举在该防火分区内所有可能利用的有关设备，并标识这些设备的位置(房间)及其控制机构的位置(房间、系统编码)。

* 消防行动卡的保管

消防行动卡供电厂不同地点的人员使用：

——各类人员所有区域的消防行动卡都应集中在电厂的控制室，靠近火灾自动探测盘的部位；

——这些消防行动卡同样应尽可能放在靠近相关设施附近(控制区内或控制区

外),具体位置应根据具体情况进行确定,应特别靠近入口处的模拟盘和控制箱的位置;

——消防行动卡放置在机组控制室安全盘上与应急报警卡放在一起。

(资料性附录 2)

防火门的耐久性试验

* 总则

在耐火或密封试验鉴定之前,防火门或半密封门应提交一份 200000 次“开关”操作的耐久性试验报告。

鉴于反馈的经验,试验产品多样性及技术特性和设备的不同都表明对试验规格书的更新是有必要的,以避免有代表性的试验出现有不利的偏差。

试验的实施

* 有资格的机构

试验应由国家消防部门或其认可批准的试验机构进行。

* 试验台的描述

试验台在设计上应具有足够的刚度,以能模拟试件的实际吊挂能力。

试验台包括下列装置:

——一个行程和力可变化的液压、气动或机械的装置。

推力装置的作用点位于锁侧、门扇宽度的 1/3 位置处。

推力角相对于关闭门扇平面是在 90°和 110°之间(见图 E.1)。

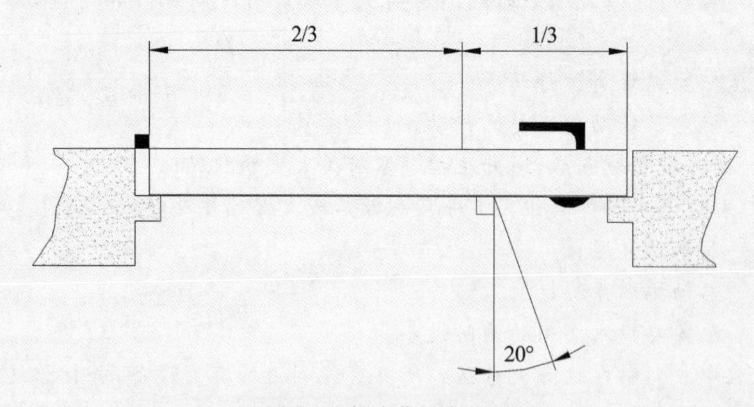

图 E.1 推力作用点位置

——挡门柱支撑的刚性框架。

该框架易于拆卸,以便可以控制对于模式 A 开启/关闭要求的开启角度。

——可自动编程的程序。

该程序可以输入为达到规定开启角度及下面规定的动态所必需的各种参数,如推力、千斤顶的行程等。

——开启/关闭循环的计数系统。

——安全保护系统。

该系统在门扇没有开启或没关闭或推力异常增大情况下，可使试验台自动停车。

试验过程

＊开启角度

反馈的经验要求对开启的角度进行考虑，而不是考虑随门扇旋转角度而变化的千斤顶推力。有以下四个角度：35°、65°、85°和130°，这些角度应在地面上显示出来，以便随时进行目视监测（见图E.2）。

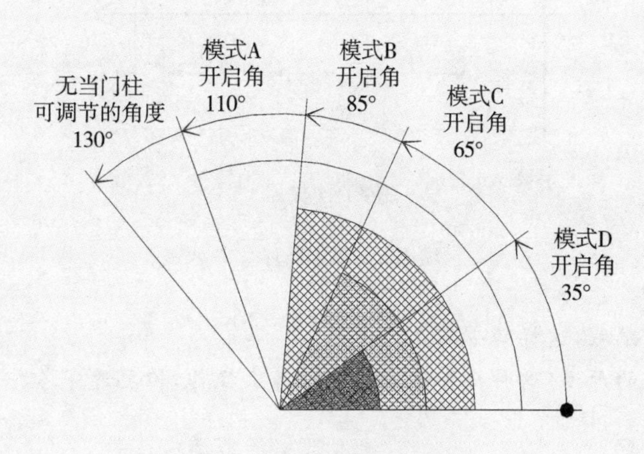

图E.2　门的开启角度

＊开启/关闭的不同模式

有四种开启/关闭模式，如下：

模式A：开启至挡门柱。无挡门柱开启角度调节，130°±5°。

挡门柱的定位：110°。

模式B：全部开启，不与挡门柱接触。开启角度调节，85°±5°。

模式C：部分开启。开启角度调节，65°±5°。

模式D：不完全开启。开启角度调节，35°±5°。

这四种模式的开启是通过力和行程都适宜的操作机构的推力来实现的，以便获得所期望的开启角度。这四种开启模式不是随着门扇自转来实现的。

＊开启/关闭循环

各种开启/关闭是按照以下的模式进行，每30次为一基本循环（见图E.3）。

7次　　模式A

6次　　模式C

2次　　模式A

6 次　　模式 B

7 次　　模式 D

2 次　　模式 B

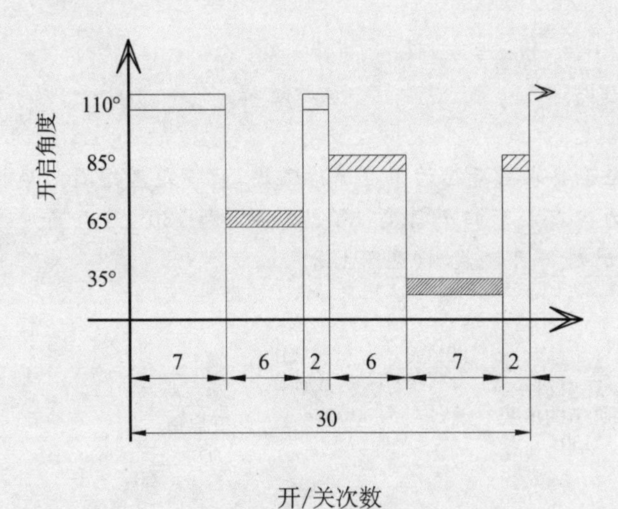

图 E.3　基本循环

根据自动编程，这样的分布是适合的。

由于编程的原因，这种循环也可达到近百次操作，但要遵守各种模式的比率。

试验期间的维修

* 计划维修

操作装置的调节、润滑以及预先为试验编制和提供的运行和维修指南中有关磨损件的预防性更换都应按照指南中的要求进行操作，并写入试验报告中。

应记录每一次维修操作的时间。

* 事件后的维修

根据试验过程所遇到问题的严重性，试验负责人或者中断试验，或者判断一下维修后试验是否可以重新进行。

在这种情况下，应编写事件报告及对维修情况进行准确的描述，附在试验报告中。

如有必要，可以更新运行和维修指南，以便把这次维修纳入进去。

记录维修的时间并进行分析。

* 计量

试验前和试验终结，应按照下述方案对大约 20000 次的操作试验进行检查：

门四周的间隙；

门扇之间的间隙，门扇与门楣之间的间隙；

门扇的水平度和弯曲度。

＊试验报告的有效性

为覆盖标准系列，应对以下门进行试验：

(1)1个标准尺寸为2200 mm×900 mm的单扇门；

(2)1个标准尺寸为2200 mm×1800 mm的双扇门；

(3)1个带门楣的、标准尺寸为2600 mm×1800 mm的双扇门；

(4)1个带观察孔的、标准尺寸为2200 mm×900 mm的单扇门。

对于两个门扇不相等、小尺寸和高度很大的门(2750 mm高、配带4个铰链的门)及标准宽度的门，可不做试验。

需要做专门耐火试验的大尺寸的门不做疲劳强度试验。

(资料性附录3)

运行及定期试验

＊启动试验

为了验证消防系统的有效性及确保各种设备正确启动运行，应进行由以下文件确定的试验项目：

(1)调试大纲：调试大纲对试验的目的、内容及试验项目的顺序进行描述。

(2)调试程序对以下内容进行描述：

——在进行部分启动试验项目之前，采用有关系统设计手册以及有关设备标准指南进行的初步检查内容；

——对系统有效性进行检查的试验要求；

——试验结果：试验结果记录调试程序中规定的各项试验结果，其目的就是随着试验的实施，通过与规定在相应的调试程序中的预定值的比较来评估试验的有效性。

定期试验和检查

＊概述

定期试验、监督和检查的目的就是对设备的可用性和完整性进行检验。为了确保维持消防设施所要求的有效水平以及适时安排必要的维修，首先应对消防系统进行定期试验和检查，以及通过巡检来监视一些消防设备的运转状况。

检查及试验的类别和周期通常是由法规文件规定的，其内容来自核电厂的运行经验。

基本原则

＊定义

定期试验和定期检查的定义如下：

a)定期试验

(1)关于功能性试验，就是对全部或部分系统进行试验。进行这些试验可能很复杂，需要确定试验操作项目的顺序以及要求遵守的准则；

(2)根据国家标准工作单编制定期试验工作单。

b)定期检查

(1)定期检查就是指对属于某个系统的部件进行定期检查(传感器的检查、通风防火阀的检验等)；

(2)在整个定期检查期间，处于检查的部件是属于停运的设备。

* 试验大纲编制准则

根据与安全有关系统的重要性以及进行试验和检查的复杂性，这些系统分为A和B两个清单。

(1)对于A清单的系统要建立：

——“分析”文件，该文件确定了在指定系统上进行试验和检查的内容，以及试验和检查的周期、参数和验收准则；

——“试验”规程文件，该文件提供在试验中应遵守的一些规定或可替代上述文件的说明性文件；

——技术规格表；

——标准试验工作单。

(2)对于B清单的系统要建立：

——标准定期试验说明性文件，它可以替代“分析”文件和“试验”规程文件；

——标准定期试验的工作单(如需要)；

——技术规格表。

* 实施准则

应依据运行技术规格书中确定的运行限值进行定期试验和检查。

有关设备和系统正常运行的信号装置在试验期间应投入运行。

任何试验都不应引起实际和优先自动信号的中断。

试验准则对于每个系统(A清单)都应规定实施的特殊条件。

* 试验结果

在电厂运行寿期期间，这些定期试验和检查的报告应归档，有关试验结果的管理和使用应按照质量管理手册的要求列入专门记录文本。

* 要求进行定期试验的部件和系统

以下的部件和系统需要进行定期试验和检查。

F.1　定期试验检查的系统和部件

部件或系统	检查——试验
门	操作+耐火部件的检查
贯穿件	目视检查
洞口封堵	目视检查

续表

部件或系统	检查——试验
通风防火阀	目视检查＋运行
排烟阀	目视检查＋运行
防火套	目视检查
水龙带绕筒	目视检查＋运行
固定灭火系统	目视检查＋除喷头以外的能动部件运行、流量/压力测量
探测系统	目视检查＋起火状态的模拟操作＋探头在线功能检查
各种储罐	乳化剂、AFFF

但是需要指出的是，由于其适用范围的局限性，最终只以推荐性国家标准名义发布。在其发布后，我国建造的各个核电厂依然如故，技术引自哪个国就用哪个国家的标准，所以普适性很差，应用范围受限。

第2章　防火分区和火灾分类

2.1　燃烧的概念

要了解防火技术，首先必须知道防火分区的概念。所谓“防火分区”，是指将核电厂内的厂房和房间根据一定的规则和要求进行划分，用防火屏障与其他区域进行隔离，即将火灾限制在一个有限的空间内，以防止火灾发生时的相互蔓延和相互影响。一个防火区可以包括几个房间，也可以由单独一个房间组成。在核电厂内，并非所有的工艺房间均需划分成防火区，这主要取决于该房间的工艺设施是否存在火灾隐患以及在发生火灾时造成后果（如引起放射性释放，有毒、有害、爆炸性气体扩散或火灾持续时间过长等）的严重程度。

另外，还需要深入了解以下概念：

1.燃烧

物质与氧产生的放热反应，通常伴随产生火焰和（或）光和（或）生烟，或它们的组合。大部分燃烧的发生和发展需要四个必要条件，即可燃物、助燃物（氧化剂）、引火源（温度）和链式反应自由基。燃烧条件可以进一步用着火四面体来表示，如下图所示。

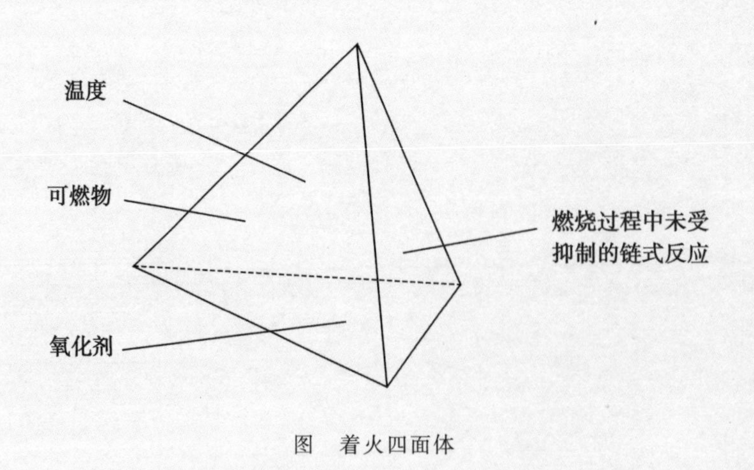

图　着火四面体

其中，可燃物指的是凡是能与空气中的氧或其他氧化剂起化学反应的物质。可燃物按其化学组成，分为无机可燃物和有机可燃物两大类。按其所处的状态，又可分为可燃固体、可燃液体和可燃气体三大类。助燃物（氧化剂）指的是凡是与可燃物结合能导致和支持燃烧的物质，如广泛存在于空气中的氧气。在普通意义上，可燃物的燃烧均指在空气中进行。引火源（温度）指的是凡是能引起物质燃烧的点燃能源。在一定条件下，各种不同可燃物发生燃烧，均有本身固定的最小点火能量要求，而且只有达到一定的能量水平，才能引起燃烧。链式反应自由基指的是能与其他的自由基和分子起反应的一种高度活泼的化学基团，从而可以使得燃烧按链式反应的形式延续扩展下去。

2.着火

一种燃烧类型，以释放热量并伴有烟或火焰或两者兼有为特征的燃烧现象。

可燃物在与空气共存的条件下，当达到某一温度时，与着火源接触即能引起燃烧，并在着火源离开后仍能持续燃烧，这种持续燃烧的现象叫“着火”。一般分为点燃、自燃（又分为热自燃和化学自燃两种方式）。

3.火灾

在时间和空间上失去控制的燃烧所造成的灾害。

根据我国《火灾分类》(GB/T 4968—2008，于 2008 年 11 月 4 日发布，2009 年 4 月 1 日实施。)，火灾根据可燃物的类型和燃烧特性分为 A、B、C、D、E、F 六大类。

A 类火灾：指固体物质火灾。这种物质通常具有有机物质性质，一般在燃烧时能产生灼热的余烬，如木材、干草、煤炭、棉、毛、麻、纸张、塑料（燃烧后有灰烬）等火灾。

B 类火灾：指液体或可熔化的固体物质火灾，如煤油、柴油、原油、甲醇、乙醇、沥青、石蜡等火灾。

C 类火灾：指气体火灾，如煤气、天然气、甲烷、乙烷、丙烷、氢气等火灾。

D 类火灾：指金属火灾，如钾、钠、镁、钛、锆、锂、铝镁合金等火灾。

E 类火灾：指带电火灾，物体带电燃烧的火灾。

F 类火灾：指烹饪器具内的烹饪物（如动植物油脂）火灾。

4.防火屏障

用于限制火灾后果的屏障，包括墙壁、地板、天花板，或者封堵像门洞、闸门、贯穿件和通风系统等通道的装置。防火屏障用额定耐火极限来表征。

5.设计基准火灾

在装有可燃物的电站任何一个房间内，可能发生的导致所有可燃物全部烧毁的最严重火灾。

6.安全重要物项

安全重要物项指为保证和维持安全停堆，从堆芯排出余热和避免放射性物质向环境中释放达到不可接受的程度所必需的构筑物、系统或部件。

7.耐火极限

耐火极限指建筑结构构件、部件或构筑物在规定的时间范围内、在标准燃烧试验条件下承受所要求火灾荷载、保持完整性和(或)热绝缘和(或)所规定的其他预计功能的能力,以小时(h)表示。

8.火灾荷载

空间内所有可燃物料(包括木材、电缆、油类、油漆……)全部燃烧可能释放的热能的总和,表示为兆焦(MJ)。

9.火灾荷载密度

设定空间内按地面的单位面积计算出的火灾荷载即为火灾荷载密度。以每平方米多少兆焦(MJ/m^2)表示。

10.火灾持续时间

指防火区内可燃物全部燃尽,且处于过程中无任何灭火干预行动情况下持续燃烧的时间,用 t(h)表示。

11.火灾事故

由于火灾造成1人以上死亡或重伤,或者10万元以上直接经济损失的事故。(注:"以上"包括本数。)

根据1996年11月11日公通字(1996)82号《火灾统计管理规定》,所有火灾不论损害大小,都列入火灾统计范围,包括以下情况:

(1)易燃易爆化学物品燃烧爆炸引起的火灾;

(2)破坏性试验中引起非实验体的燃烧;

(3)机电设备因内部故障导致外部明火燃烧或者由此引起其他物件的燃烧;

(4)车辆、船舶、飞机以及其他交通工具的燃烧(飞机因飞行事故而导致本身燃烧的除外),或者由此引起其他物件的燃烧。

按照一次火灾事故所造成的人员伤亡、受灾户数和直接财产损失,火灾等级划分为三类。

(一)具有下列情形之一的火灾,为特大火灾:死亡10人以上(含本数,下同);重伤20人以上;死亡、重伤20人以上;受灾50户以上;直接财产损失100万元以上。

(二)具有下列情形之一的火灾,为重大火灾:死亡3人以上;重伤10人以上;死亡、重伤10人以上;受灾30户以上;直接财产损失30万元以上。

(三)不具有前列两项情形的火灾,为一般火灾。

凡在火灾和火灾扑救过程中因烧、摔、砸、炸、窒息、中毒、触电、高温、辐射等原因所致的人员伤亡列入火灾伤亡统计范围。其中死亡以火灾发生后7天内死亡为限,伤残统计标准按劳动部的有关规定认定。

12.火灾事故分级标准

根据2007年4月9日国务院令493号《生产安全事故报告和调查处理条例》,有如下分类:

特别重大火灾是指造成30人以上死亡，或者100人以上重伤，或者1亿元以上直接财产损失的火灾；

重大火灾是指造成10人以上30人以下死亡，或者50人以上100人以下重伤，或者5000万元以上1亿元以下直接财产损失的火灾；

较大火灾是指造成3人以上10人以下死亡，或者10人以上50人以下重伤，或者1000万元以上5000万元以下直接财产损失的火灾；

一般火灾是指造成3人以下死亡，或者10人以下重伤，或者1000万元以下直接财产损失的火灾。（注："以上"包括本数，"以下"不包括本数。）

但其第二条规定：生产经营活动中发生的、造成人身伤亡或者直接经济损失的生产安全事故的报告和调查处理，适用本条例；环境污染事故、核设施事故、国防科研生产事故的报告和调查处理不适用本条例。

所以，虽然有些核电厂将此作为其工作及管理程序内容，但是否妥当尚无定论。

2.2 核电厂实践

火险事件：指产生明火，但被现场人员用灭火装置扑灭，未达到火灾事故的事件；产生阴燃，现场固定火警探测器启动或目击者报警的事件；因设备质量或故障造成的设备本身以外其他物件燃烧损坏的事件；造成直接经济损失10万元以下的燃烧事件。

设备烧损事件：因设备质量或故障，仅造成的设备本身单体烧毁，未蔓延导致其他物件燃烧损坏的事件。

例如，秦山第三核电厂的消防管理业绩指标分为事故指标、事件指标和状态指标三部分。

＊事故指标

重大火灾事故——控制指标：0次/40年。

一般火灾事故——控制指标：0次/10年。

＊事件指标

火险事件——控制指标：小于等于3次/年。

违规事件——控制指标：小于等于30次/年。

＊状态指标

消防系统、设备不可用——控制指标：小于等于50次/(堆·年)。

防火屏障完整性功能丧失——控制指标：小于等于50次/(堆·年)。

关于消防管理的事故、事件、状态定义为：

＊重大火灾事故

具有下列状况之一的定为重大火灾事故：

导致专设安全系统功能丧失的火灾；

造成放射性污染扩散的火灾；

造成紧急停堆或紧急停机的火灾；

国家《火灾统计管理规定》定义的死亡3人以上；重伤10人以上；死亡、重伤10人以上；直接财产损失30万元以上的火灾；

* 一般火灾事故

具有下列状况之一的定为一般火灾事故：

轻伤3人以上的火灾；

重伤2人及以下的火灾；

直接财产损失0.5万元以上30万元以下火灾；

国家《火灾统计管理规定》定义的死亡3人以下；重伤10人以下；死亡、重伤10人以下；直接财产损失30万元以下的火灾。

* 火险事件

火险事件是指产生了明火，有干预行动，造成了0.5万元以下损失的事件或虽未产生明火但是具有较大火灾隐患的事件。典型情况包括：

无人员伤害，但直接财产损失0.5万元以下的失控燃烧事件；

电气/机械设备过热烧毁，且触发人/机火灾报警，但未蔓延而造成其他直接财产损失的事件；

可燃、易燃物料失控泄漏事件（根据甲、乙类化学危险品闪点分类重点控制：闪点高于28 ℃并且闪点低于60 ℃乙类易燃物，失控洒/漏20 L及以上；闪点低于28 ℃甲类易燃物，失控洒/漏2 L及以上）。

* 违规事件

违反《动火管理程序》规定，已经或正在实施焊接、切割、打磨、使用其他火源性工具等违章动火行为；

违反《可燃物料管理程序》规定，违章携带、使用、存放、搬运、处置可燃、易燃物料；

违规挪用消防设施。

* 缺陷、异常状态

消防系统、设备不可用是指核岛、常规岛等重要区域所有固定式消防系统、设备因缺陷或异常失控所造成的不可用或因维修在计划时间内不能恢复其功能的超计划不可用。

防火屏障完整性功能丧失是指防火区内的防火门损坏未及时修复或工作结束后未及时关闭、防火墙或电缆贯穿孔洞防火封堵损坏未及时修复、保护钢结构的防火涂料脱落未及时修复等情况。

闪点高于60 ℃可燃物和固体可燃物使用存放不规范或储油设备有轻微的跑、冒、滴、漏未采取防范措施的情况。

占用或堵塞消防通道等情况。

可以看出，它是参考我国对火灾统计的定义，并结合核电厂的实际情况而特殊制定出来的。

2.3　防火区的不同概念

实际上,各国对于防火区的定义就有不同的概念,这从客观上给我国大陆核电厂的防火工作带来了一定程度的困难。

法国的《压水堆核电厂防火设计和建造规则(RCC-I)》(1997 年 10 月第四版)规定:防火区是由一个或多个房间构成的并由耐火极限至少等于规定的设计基准火灾持续时间的防火隔墙围起来的空间,并且应确保该空间内外部发生的火灾不会相互蔓延。

俄罗斯的《核动力厂消防措施设计标准》(НПБ 114—2002)规定:防火区指经常或定期具有(处理)可燃物及材料,包括违反工艺过程的核动力厂房间(房间区段)、房间组、生产场所区段,它与其他房间(房间区段)、房间组、生产场所区段之间隔开有安全(极限)距离,或者有防火障碍物。

而美国人认为防火区为三维的空间,能限制内部可能出现的火灾。防火区通过防火屏障、防火屏障贯穿件防护和其他装置,如供热管和空调管内的防火隔离装置,来隔离火灾,这样可把火灾限制在防火区内。它强调假想火灾不会蔓延出防火区的边界。对于主控制室、远距离停堆室和安全壳防火区以外的防火分区,将受影响的区域定义为完整的防火区,假定任何一个防火区内的所有设备由于火灾而不可用,而且不考虑重新进入防火区进行修复和操作的活动。

但是,在火灾导致全部损伤对增强安全停堆、排出余热和放射性物质包容能力有利而导致部分损伤不利的情况下,不考虑全部损伤。使用 3 h 耐火极限的防火屏障,例如与防火区分隔的电缆、管道或风管沟槽,则不属于该防火区。

根据国家核安全局相关导则文件说明,所谓"防火小区",其实就是防火区中的一个部分,是防火区中的一个子区,是一种空间分隔。防火区可以再划分为两个、三个或四个防火小区,也可以不再划分。而对于防火小区与防火区的关系,HAD 102/11(1996)第 2.4.3 条的注释①中就有对防火小区的定义:根据所使用的设计原理,防火区可划分为两个、三个或四个防火小区。而在 ETC-F G 版中,对防火小区的定义中有在防火区内细分出的子区,防止在规定的时间内火灾内外部相互蔓延;RCC-I 1997 版第 1.9.1 条是这样描述的:防火小区就是指房间与房间相通、由边界围起来的空间……防火小区的边界没有预先规定的耐火极限。同理,根据基准设计火灾和相关工况确定的耐火极限,也有应确保该空间内外部发生的火灾不会相互蔓延的要求。

根据前面对 RCC-I 标准的介绍及与上文的比较,可知我国核安全法规导则中的防火区、防火小区和法国 RCC-I 标准中的防火区、防火小区的概念在本质上是根本不相同的。并且可以看得出来,防火小区与防火区定义的差异在于是采取空间隔离还是完全的实体隔离措施。如何更便于识别防火分区边界的最短板位置(开口更易导致火灾蔓延的部位),以对火灾蔓延情况进行最有效的评价便显得尤为重要了。因此,是否确定采用防火分区嵌套设计的理念以保证多重防护屏障的完整性值得关注。

第3章　技术引进国防火标准及国内应用

3.1　法国核电防火标准及国内应用

从大亚湾核电厂引进建设伊始，我国就开始使用法国标准。该核电厂采用的法规和标准如下：

——RCC-I 法国压水堆核电站防火设计和建造规则；

——RCC-I 对 900 MWe PWR 标准电站核岛的应用常规岛；

——FOC 规则；

——常规岛；

——英国标准实施法规；

——核电站防火的国际导则。

截至 2019 年年底，我国核电厂核岛区域使用的法国标准规范有 RCC-I 和 ETC-F 两种。

3.1.1　法国 RCC-I 标准

RCC-I 标准专供从事压水堆核电站的设计、施工与安装的单位使用，并可用以沟通业主和建造人员之间的合同关系，以及与安全部门之间的关系。在那个阶段，RCC-I 标准与其他 RCC 系列（如 RCC-P）一起构成了法国 1400 MW N4 型核电站适用的设计和建造规则的基础。

RCC-I 标准是法国最具代表性的压水堆防火规范。RCC-I 标准始自 1983 年，当时的法国为了将核电技术标准本土化，结合本国的工业体系及制造水平，形成了包括 RCC-I 标准在内的 RCC-X 系列标准，主要内容包括设计基准、建造要求和安装准则等。目前共有四个版本，即 1983 年 7 月 B 版、1987 年 10 月第二版、1992 年 6 月第三版和 1997 年版本，其中 1992 年版本从深度到内容均较前两版有所加深而扩大。而我国大亚湾核电厂引自法国 900 MW 核电厂的技术，RCC-I 标准便随之进入我国。

历史发展历程如下：

1977 年，始于针对 CPY 型号机组的一些规定；

1980 年，基于对 P4 型号机组进行的第一次修正形成的规则；

1982 年，第一份 RCC-I（rev A 适用于 P′4），经 SA （RFS）批准；

1983 年，RCC-I(rev B)，适用于大亚湾核电厂；

1985 年，专家会议；

1987 年，经 SA 批准的 N4 型号核电厂的 RCC-I (rev2)；

1989～1993 年，为筹备下次专家会议[针对国有的法国电力公司(EDF)消防项目]而发出的第一份指示及 RCC-I (rev3)；

1997 年，RCC-I(rev4)适用于 N4 型号机组核电厂(其当时正处于改造阶段)，第 97 号消防指令同时也适用于其他系列机组。

下面对此分别介绍一下。

一是 RCC-I 1983 版。RCC-I 1983 版及其应用说明适用于大亚湾核电厂和岭澳核电厂。具体情况是：1987 年应用版适用于大亚湾核电厂 1、2 号机组；1995 年应用版适用于岭澳核电厂 1、2 号机组。

RCC-I 1983 版将防火区划分为两类，即防火区和防火防污染区。防火区定义为一个由边界屏障构成的空间。当在此空间内发生火灾时，不能扩展到外面，反之，外界的火灾也不能蔓延到内部。防火区是一种被动保护区域。对于包容安全有关设备的防火区的边界屏障墙的耐火极限规定为最小 1.5 h。防火防污染区作为一种特殊的防火区，在正常运行工况时，该区内发生的火灾可能会引起放射性的释放，所以当缺乏防止此种放射性释放到该防火区外的设施的情况时，将导致对工作人员和公众超剂量的严重后果。因此，设置防火防污染区的目的就在于保证封锁火灾和控制放射性的释放，其边界屏障墙的耐火极限不小于 2 h。

二是 RCC-I 1987 版。RCC-I 1987 版引进了新的概念，将防火分区分为防火小区和防火区两大类。防火区的定义基本上与 1983 版的相同。而引入的“防火小区”是一个全新的概念，其定义为：防火小区由一组相互贯通的房间组成，其边界屏障的耐火极限由小区内假设的最大火灾荷载决定。小区内配有消防设施以保证防火小区内外发生的火灾不会相互蔓延。防火小区边界屏障的耐火极限不是一个预先规定的值。防火小区的概念依据结构布置和主动防火的特点确定。在确定其耐火极限时，应考虑三个因素：设计基准火灾持续时间(DBFD)、火灾探测的性能、消防设备的可用程度。

三是 RCC-I 1992 版。关于防火分区，1992 版共有四种类型，即 ZFS、SFS、SFLI 和 SFC(而 SFC 不适用 900 MW 核电厂)。另外，对于 900 MW 核电厂引入 ZFA 分区。主要分为以下三种：

(1) 安全防火区(SFS 区)。这是指用以保护安全系列防止共模失效的防火区，用来隔离具有相同安全功能的冗余设备。其边界屏障墙的耐火极限应不小于 1.5 h；边界屏障门的耐火极限不小于 1.5 h。

(2) 限制不可用性防火区(SFLI 区)。定义为当房间内火灾荷载密度大于 400 MJ/m^{2}时而设立的一种防火区。目的是限制核电厂的不可用性，并有利于消防队开展灭火行动，即投资保护角度。它可以构成安全防火区的一部分，或者单独划分。设置 SFLI 区后由于限制火灾扩展，因而减少了那些与安全功能无关的厂房的不可用性。根据 RCC-I 标准第 2.3.2.1.4 节规定，SFLI 区边界屏障墙的耐火极限是依据设计基准火灾的持续时间和所安装的消防设施而决定的。边界屏障门则分两种情况：当火灾荷载较大

(持续时间>1 h)且未配置固定灭火系统时,门的耐火极限为 1.5 h;当火灾荷载较小(持续时间<1 h),或配有固定灭火系统时,门的耐火极限为 1 h。

(3) 防火及放射性包容区(SFC 区)。其定义与 1983 版的防火防污染区基本相同,但进一步明确规定从该区向外产生的放射性剂量应符合 RCC-P N4 的规定。其边界屏障门的耐火极限最小为 1.5 h,阻焰极限为 2 h,以保证房间的密封性和避免任何放射性释放。

上述三种防火区的边界屏障门的耐火极限值均为最低要求值,应根据与该门相邻的防火区空间内的最大火灾荷载密度来确定火灾持续时间,而门的耐火极限应等于此持续时间。

ZFA 区指的是人员安全防火小区,其定义是:当在 ZFA 区发生火灾时,烟气不会进入 ZFA 区内,以保证人员的安全。

该版本采用新的防火区定义和防火分区的目的有两个:

(1) 进一步保证核电厂设施的安全功能,包括保证堆芯和安全壳的完整性。即根据各隔间内安全相关设备的功能要求和火灾危险性的大小,分别划分为 SFS 区或 SFLI 区进行隔离,以减少对相邻区域设备的影响,限制电厂设备的不可用性。

(2) 在发生火灾时提高工作人员的安全性,如划分 ZFA 区就是为了保证在发生火灾时,工作人员能够撤离并且消防队员能顺利开展灭火活动。

四是 RCC-I 1997 版。RCC-I 1997 版的全称为法国压水堆核电站防火设计建造规则,是由法国电力公司和法马通公司编制的,经法国核安全部门批准发布的 RCC-I 第四版。

它于 1997 年 10 月发布,适用于 N4 型法国设计的核电厂。1997 版与前一版相比,总体来说内容差别不大,但对防火技术的要求更趋严格,共分为定义、防火设计原则、设备防火、质量保证四大部分。

首先给出几个重要概念的定义:

(1)火荷载为在某个设定的场所中由可移动的和固定的可燃物质在燃烧过程中释放出来的热能,单位以兆焦(MJ)表示。

(2)火荷载密度指的是设定房间按地面的单位面积计算出的火荷载,以每平方米多少兆焦(MJ/m^2)表示。

(3)设计基准火灾持续时间,具体指在装有可燃物的电站任何一个房间内可能发生的火灾。火灾持续时间则是通过 ISO 834 标准升温曲线给出的曲线或有效的计算程序及指定房间的火荷载密度求得的。

(4)当一场火灾可能阻碍完成某个安全功能时,被称为“火灾共模失效”。

(5)凡可划定所涉及的房间边界屏障的所有构件(墙、隔墙、天花板、楼板、管道,以及各种开口的封闭装置,如门、排烟阀、通风防火阀以及电缆贯穿件和管道的封堵)均属于耐火屏障范畴,即凡某些构件可被假定为房间边界的就称为“耐火屏障”。这些构件的耐火极限是根据对火灾蔓延现象深入的了解后推断出的等效作用论证确定的,即经验、计算或试验。

其实关于防火区和防火小区的说法比较笼统。防止火灾蔓延的方法之一是利用防止火势蔓延的隔断墙,将火势限制在与电站的其他部分隔开的空间内,以此来划分防火区或防火小区。

防火小区指房间与房间相通、由边界围起来的空间，确保该空间内部发生的火灾不会蔓延到外部，或空间外部发生的火灾不会蔓延到内部。其边界没有预先规定的耐火极限。分为两种类型：一是安全防火小区，指为防止共模失效、确保实现安全功能而建立的防火小区。二是限制不可用性防火小区，指为限制机组的不可用以及为方便消防队灭火行动，在一个安全的空间内建立的防火小区。

防火区则是由一个或多个房间构成的，并由耐火极限至少等于规定的设计基准火灾持续时间的防火隔墙围起来的空间。其应确保该空间内部发生的火灾不会蔓延到外部，或空间外部发生的火灾不会蔓延到内部。其防火边界隔墙则有一个强制性要求的耐火极限。

放火区分为三种类型：

一是安全防火区，指为防止共模失效，确保实现安全功能而建立的防火区。

二是限制机组不可用防火区，指当一个空间的火荷载密度大于 400 MJ/m^2 时，为限制机组不可用以及方便消防队灭火而建立的防火区。它可以包括在安全防火区内，也可以与所有的安全防火区相独立。

三是防火及放射性物质包容区，指的是在正常运行工况下，防火区内火灾会引起放射性物质释放。在电厂缺乏措施避免放射性物质扩散到防火区外的情况下，会导致工作人员与公众受到超出最大许可剂量的危害。因此，这种类型防火区称为“防火及放射性物质包容区”。在该区内，除确保火灾不向外蔓延，还应控制放射性物质的释放。

另外，就材料的燃烧性能，根据法国规则，将材料分为五级，即：

——M0 级(不可燃材料)：无火焰、微发热量、微释放可燃气体的材料，发热量(PCS)低于 2.5 MJ/kg。

——M1 级(非易燃材料)：无火焰、微发热量、微释放可燃气体的材料。

——M2 级(难燃材料)：火源移开后，燃烧或微燃立即停止。

——M3 级(中等易燃材料)：火源移开后，燃烧仍短时继续。

——M4 级(易燃材料)：火源移开后，燃烧仍继续，直到材料被全部烧毁。

耐火特性是指在一定的期限内，虽然有火灾的作用，但构件仍能继续起到其要求的作用。

根据以下准则来评价建筑构件的耐火特性：

——机械强度；

——隔热(背火面平均温度限制在 140 ℃，某一点的温度限制在 180 ℃)；

——火焰和热气或可燃气体的密封性能；

——易燃气体不向背火面扩散。

根据构件在建筑结构上的特定功能及其在火灾发生时应起的作用，建筑构件的耐火特性可分为三类：

——耐火稳定构件，唯一的要求是满足机械强度准则。

——隔火构件，必须达到机械强度标准并且有防火焰、热气或可燃气体穿透的性能和不散发易燃气体的性能。

——耐火构件，必须满足上述全部要求及隔热规定。

构件分类用“级”来表示，是根据下面规定的标准热程序作用的时间来计算的。在这期限内，构件要继续完成它们的功能或作用。

标准升温程序反映了火灾活动的情况，是根据时间 t（以分钟表示）确定温升 $T-T_0$（以摄氏度表示）的程序，其函数关系为：$T-T_0=345\lg(8t+1)$。

具体对应关系可参见图 3-1。在图 3-1 中，横坐标表示燃烧时间，纵坐标分两部分，左侧为温度，右侧为火荷载密度。

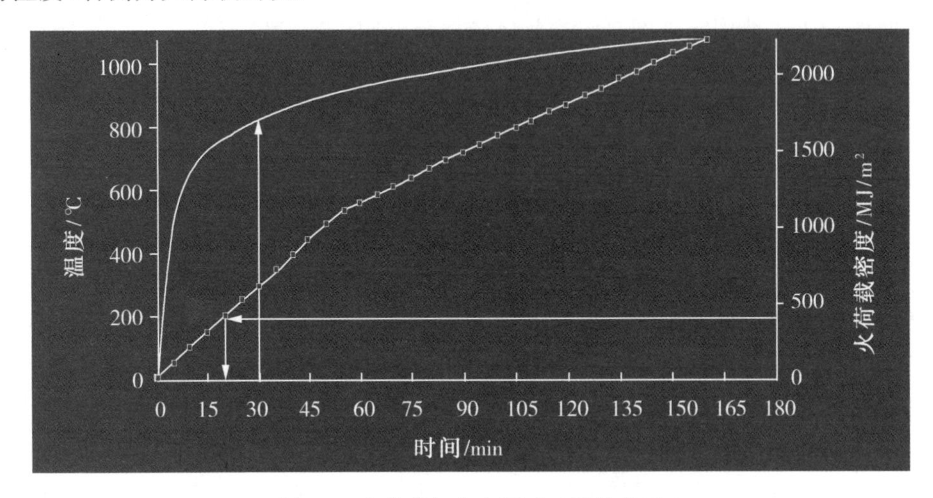

图 3-1　火载荷与火灾历时时间的关系

另外，还有几个需要特殊说明的地方需要注意。

针对室内消火栓箱（RIA），有如下规定：厂房的各个楼层都配置有与内部消防水分配系统（JPI 或 JPD）相连接的足够数量的消火栓，以便在火灾起始阶段可以到达房间内所有设备的部位（即使房间内配备有喷淋环管）。

消火栓箱由下列部分组成：

——与消防水分配系统管道相接的消火栓（RI），它们应符合 NF 61 201（1981 年 10 月）的规定；

——配备有 EPDM-DN 40 mm 的半硬管消防龙带架，带雾化水枪。

整个消火栓对于压力应符合以下要求：

工作压力，消防系统管网的最大压力；

试验压力，工作压力的 1.5 倍。

消火栓分为两种形式：

第一种是核岛系统相接的 RIA-JPI 型。该类型在 SSE（JPI）后运行。RI 和卷筒之间在 JPI 系统中的连接是由 1 m 长的 EPDM（DN40）半硬性软管来保证的。

消火栓与软管之间由对称的半联轴节连接，在安全停堆地震（SSE）后，当墙式卷筒出现塌落时，可以由移动式卷筒替代。这种方法可以确保在 SSE 后消火栓能正常运行。

第二种是不属于现场范围内的、在其他厂房系统刚性连接的 RIA-JPD 型（JPD）。

防火措施要达到确保工作人员人身安全、保证安全功能的完成、限制那些使设备长期不可用的损坏事故这三个基本目的。

第一个目的要求所采取的防火措施在发生火灾时能使工作人员安全疏散，并且保护消防队员的安全。

第二个目的要求应做到同一场火灾不得同时导致确保执行同一安全功能设备的不可用。

第三个目的要求对采取的防火措施所需的费用作出评价，将它与电站由火灾造成不能使用或修复所需费用相比较。

防火包括预防、探测、灭火三种措施。

结合岭澳核电厂 3 号和 4 号机组建设，我国首次应用了此版本，提出了 IPS-NC 级的概念，即具体要符合功能要求、质保要求、抗震分析准则要求和定期试验要求。而且在 RCC-I 1997 版中，还要求根据准则判别出潜在共模点，进行防火保护处理，确保火灾不会引起共模失效而导致机组正常运行或事故后所必需的安全功能丧失，但是在 RCC-I 1983 版中无此要求。实际工作是这样开展的：为了确保工程初期和设计过程中所采用措施的有效性，在设计工作完成之后，进行薄弱环节分析。该项分析工作应能做到：对于已经梳理出来的共模点，均已采取技术和工程措施予以解决；不能解决的内容，其风险水平可以接受。

RCC-I 四个版本的对比情况如表 3-1 所示。

表 3-1　RCC-I 四个版本对比情况表

版本	1983 版	1987 版	1992 版	1997 版
目录内容	Ⅰ定义 （18 条）	Ⅰ定义 （25 条）	Ⅰ定义 （31 条）	Ⅰ定义 （31 条）
	Ⅱ防火设计原则	Ⅱ防火设计原则	Ⅱ防火设计原则	Ⅱ防火设计原则
	—	Ⅲ隔间和设备的防火	Ⅲ设备的防火	Ⅲ设备的防火
	—	—	Ⅳ质量保证	Ⅳ质量保证
	—	—	附录（7 个）	附录（8 个）
	—	—	—	—

值得一提的是在我国应用最广泛的 RCC-I 1997 版，它最初是经过法国核安全部门批准，适用于法国 1400 MW 的 N4 型压水堆核电厂，而我国是从岭澳核电厂 3 号、4 号机组和秦山第二核电厂 3 号、4 号机组开始使用该版本的。迄今为止，除了台山核电厂 1 号、2 号机组和防城港核电厂 3 号、4 号机组外，我国已建和在建的法系核电厂均采用此标准。其具有三个基本目标：第一，核安全，保证安全功能的实现，应做到同一场火灾不得同时导致确保执行同一安全功能设备的不可用目的。第二，人员安全，确保工作人员人身安全；第三，财产安全，限制那些使设备长期不可用的损坏事故最小化。

3.1.2 欧洲 ETC-F 标准

在建的某核电厂采纳的是 ETC-F 标准，即 EPR TECHNICAL CODE FOR FIRE PROTECTION，也可以称为“欧洲压水式核反应堆防火技术标准”。最初应用于我国的是广东台山核电厂。考虑到包括主工艺在内的大部分技术是由法国主导进行的，因此将此规范标准放在法国标准中。

图 3-2 和图 3-3 为建造期间的某核电厂厂区。

图 3-2　建造期间的某核电厂厂区(1)

图 3-3　建造期间的某核电厂厂区(2)

图 3-4 为建造期间的某核电厂柴油机主储油罐。

图 3-4　建造期间的某核电厂柴油机主储油罐

图 3-5 为某核电厂消防联动控制台面。

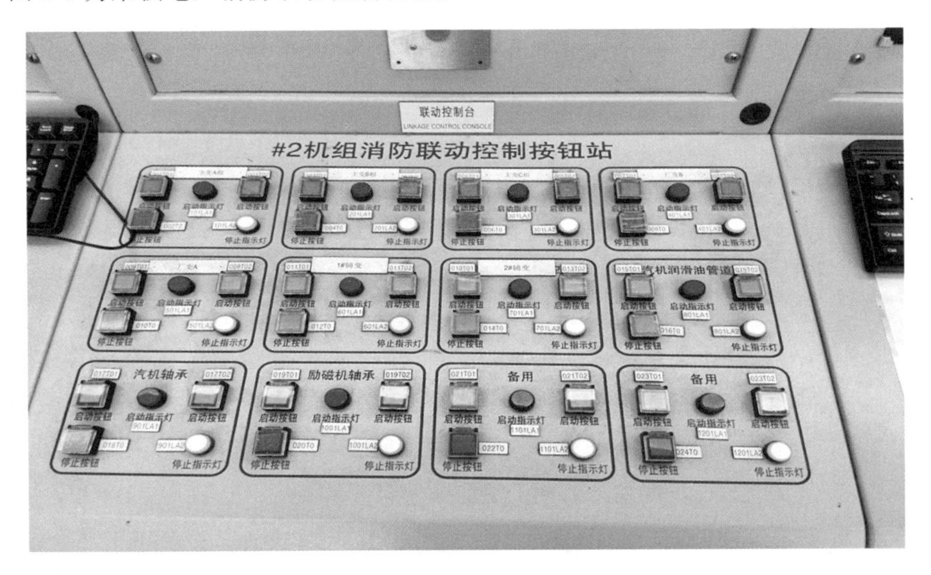

图 3-5　某核电厂消防联动控制台面

图 3-6 为某核电厂 CI&BOP 图文工作站。

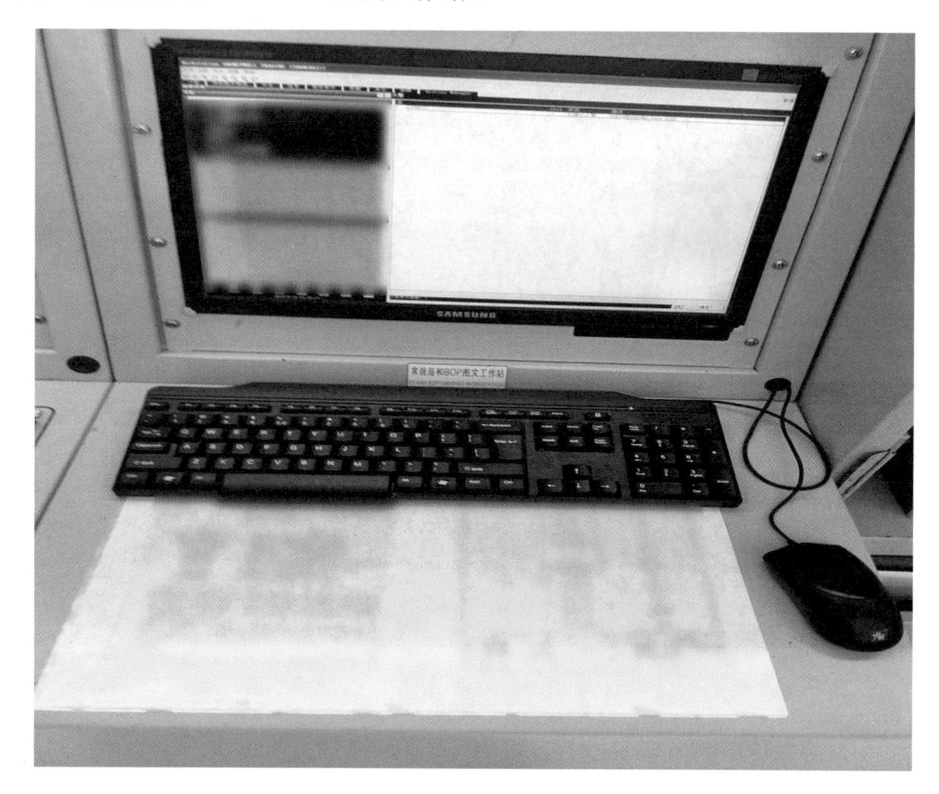

图 3-6　某核电厂 CI&BOP 图文工作站

图 3-7 为某核电厂部分系统流程。

图 3-7　某核电厂部分系统流程

图3-8为某核电厂主控室。

图3-8 某核电厂主控室

图3-9为某核电厂消火栓组。

图3-9 某核电厂消火栓组

需要指出的是，针对法国发展核电的一些背景材料，我们需要了解法国的一个重要协会——AFCEN，它是法国核岛设备设计、建造及在役检查规则协会的英文简称。

1980年10月19日，法国电力公司（EDF）、法马通公司（FRAMOTOME）及诺瓦通公司（NOVATOME）共同成立了法国电力公司，就是EDF。

1980年年底，成立了专门的标准化组织——AFCEN，即法国核岛设备设计、建造及在役检查规则协会。其目的就是要形成本国标准的核电技术体系，后来随着其茁壮发展壮大，逐渐扩展到要致力于为各种类型的核设施提供支持和指导，并为制定核法规建立国际平台。

AFCEN为非营利机构，不受成员各方代表利益的制约。

AFCEN的主要成员是法国电力公司、法马通公司及诺瓦通公司，后来长期由EDF和阿海珐集团（AREVA，即原先的FRAMOTOME）组成，并封闭地开展工作。法国核设施安全局（DSIN）也参与一定的活动。

全球目前有73个成员（运营商、制造商、设备供应商、社会组织、咨询公司、培训提供者等），代表了参与法国和国际核工业的利益相关者，具有广泛代表性，已经是目前全世界极具影响力的核电标准化组织之一。

AFCEN的主要任务是编制、修改和出版用于核电厂核岛设备的设计、制造、安装、调试以及在役检查方面的规则，即：

——制定详细、实用的设计、制造、安装、调试规则，以及核岛部件用于发电的使用检验；

——根据经验、技术进步和变化修订这些规则技术；

——公布这些规则或修订。

ETC-F，即欧洲先进压水堆核电站防火设计与施工规范，由AFCEN发布，适用于所有位于核电厂围墙内的建筑物/构筑物。其中收集的设计和安装规则受益于AFCEN开发的技术成果，而在法国和欧洲的许多工作业绩也促使了压水堆核电站设计和施工经验的形成，从而促进了工业实践的实施。

下面说一说EPR堆型核电厂吧！

EPR是法马通和西门子联合开发的反应堆，主要采纳了法德两国当时投运的N4和KONVOI堆型的新技术，按照有关定义，属于第三代压水堆。

EPR技术的形成与发展也是有其历史轨迹的。

1993年5月，法国和德国的核安全部门提出在未来压水堆设计中采用共同的安全方法，通过降低堆芯熔化、降低严重事故概率、提高安全壳能力等措施以提高核电厂的安全性，从放射性保护、废物处理、改进维修、减少人为失误等方面来根本改善运行条件。

1998年，有关方面团队完成了EPR基本设计。

2000年3月，法国核安全部门的技术支持单位IRSN和德国核安全部门的技术支持单位GRS完成了EPR基本设计的评审工作，并于2000年11月颁发了一套适用于未来核电站设计建造的详细技术导则。

2001年1月，法马通公司与西门子核电部合并，组成法马通先进核能公司（Framatome ANP，AREVA集团的子公司）。法国电力公司和德国各主要电力公司参加了项目的设计。法德两国核安全部门协调了EPR的核安全标准，统一了技术规范。

于是从那时起，欧洲新一代核反应堆 EPR 就完成了技术开发工作，进入建设阶段。

我国是在结合第三代核电自主化招评标工作进展，并综合权衡之后，才作出建造该堆型核电厂的决定的。

全国一盘棋，每个核电项目是否上马，都会牵动高层，审时度势而谋动。

回顾一下台山核电厂的建造历史：

2007 年 11 月 26 日，中法两国领导人胡锦涛与萨科齐共同见证了建设台山 EPR 核电项目的合作协议的签署。

2009 年 10 月 22 日，台山核电一期工程项目获得国务院核准。

2009 年 12 月 21 日，台山核电站开工暨台山核电合营有限公司成立仪式在人民大会堂举行，国务院副总理李克强和法国总理菲永一起为台山核电合营有限公司揭牌。

2011 年 10 月 23 日，台山核电 1 号机组核岛穹顶吊装成功。

2012 年 9 月 12 日，台山核电 2 号机组核岛穹顶吊装成功。

2015 年 12 月 30 日，台山核电 1 号机组冷试开始，是全球首台开始冷试的第三代核电 EPR 机组。

2016 年 11 月 5 日，台山核电 1 号机组进入热态功能试验前期阶段。

2018 年 4 月 10 日，台山核电 1 号机组开始装料。

2018 年 6 月 29 日，台山核电 1 号机组成功并网发电。

2018 年 12 月 13 日，台山核电 1 号机组具备商运条件，是全球首台投入商运的 EPR 核电机组。

2019 年 9 月 7 日，台山核电 2 号机组具备商运条件，是全球第二台投入商运的 EPR 核电机组。

看到上述历史进程，也许你会感到岁月漫长，可是与国外同样采用 EPR 技术的核电机组相比，它的顺利发电是值得我们骄傲的！

要知道，全球其他的 EPR 堆型核电站尤其是比台山核电厂早开工的有 2005 年开工的芬兰奥尔基卢奥托核电站 3 号机组。

当时的背景是这样子的：2003 年 12 月 18 日，由 AREVA、西门子和芬兰电力公司(TVO)组成的奥尔基卢奥托 3 联队(Consortium OLKILUOTO 3)签署了一台欧洲压水堆(EPR)机组供货合同。这是一项交钥匙工程，当时确实是计划于 2009 年投入商业运行。很显然，已经过去了十余年，它还没有达到商运状态。

根据合同规定，AREVA 负责核岛设备、首炉燃料和一台 ERP 模拟机的供货，还负责部分土木工程、连接厂房和废物厂房的建设。西门子 PG 全面负责常规岛的建设，包括机电设备、汽轮机保护和调节系统的工程、设计、采购和供应，土木工程，安装和运行。图 3-10为芬兰奥尔基洛托核电站 3 号机组。

其实，AREVA 公司的荣辱与奥尔基卢奥托(Olkiluoto 3，O3)核电项目息息相关。

2003 年，成立不足两年的阿海珐成功拿下 O3 项目。这笔价值 32 亿欧元的大单，也是阿海珐的拳头产品——欧洲第三代压水堆(EPR)的处女单。

2006 年，阿海珐以 33 亿欧元的价格，在法国本土拿下弗拉芒维尔核电站 3 号机组(Flamanville 3，F3)订单。

2007年11月,阿海珐与中国广核集团签订80亿欧元订单,为台山核电站建设两台单机容量为1750 MW的EPR机组。同年,与三菱重工成立合资公司Atmea,共同研发中型三代压水堆Atmea-1,最终于2013年成功拿下价值220亿美元的土耳其锡诺普核电站项目。

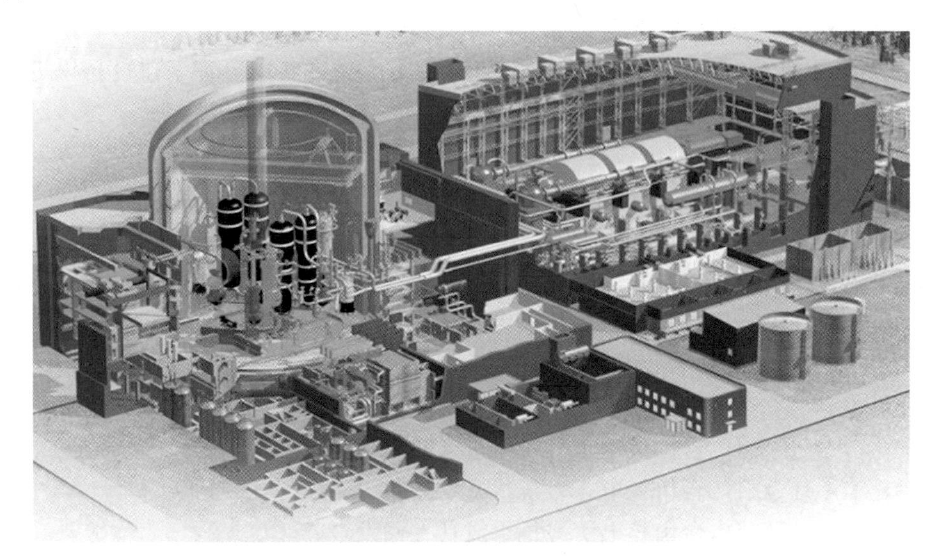

图3-10 芬兰奥尔基洛托核电站3号机组

2010年,阿海珐再下一城。印度核电公司宣布,阿海珐将为马哈拉施特拉邦的Jaitapur核电站提供两台EPR机组,价值93亿美元。印度人还保留了追加四座反应堆的权利。

一时间,代表着法国核工业骄傲的EPR在全球遍地开花,已经足以和老牌核能巨头——西屋电气的AP1000反应堆分庭抗礼。彼时,我国的国之重器——"华龙一号"技术还未成型,中核集团与中广核的技术路线之争也尚未开始。

回到2005年开工建设的1600 MV的芬兰O3项目,它是世界上第一个采用阿海珐/西门子的欧洲先进压水反应堆(EPR)第三代技术的核电站,最初预计2010年竣工,然而由于在电站建设过程中遇到了各种技术、安全、监管、人力等问题,竣工时间一拖再拖。

2017年7月,项目业主TVO宣布该电站将于2018年12月并网发电,而刚到10月初,TVO又宣布项目竣工时间推迟至2019年5月。随着工期的一再拖延,项目投资额已经从最初的30亿欧元飙升至80亿欧元。

最新的进展是:芬兰核电运营商TVO(Teollisuuden Voima Oyj)于2020年4月8日向辐射与核安全局(STUK)提交了奥尔基洛托核电厂3号机组的燃料装载许可申请。

该机组燃料安装工作计划在2020年6月进行,发电将在2020年11月开始,商运发电定于2021年3月。但因疫情影响,Olkiluoto 3号机组的进度并未按计划进行。

另外不得不说的是,福岛核事故对世界核电发展的影响极其深远!

2011年3月,日本福岛核电站爆发事故,世界各地尤其是注重环保的欧美两大市场,对核电安全性的质疑与不满开始发酵。在欧洲市场,德国和瑞士先后宣布弃核,法国也不得不承诺在2025年将核电比例从目前的75%降到50%。

2013年，阿海珐和中广核、法国电力集团（法国电力）签署协议，以27亿美元的价格拿下了英国欣克利角C核电项目。

还有一个就是2007年底开工的，在法国本土建造的弗拉芒维尔核电站3号机组（见图3-11）。它位于英吉利海峡沿岸的法国诺曼底弗拉芒维尔。其间发生了两个重要事件：2015年4月，法国核安全部门针对该核电站在建反应堆压力壳组件异常情况发出通知。2017年2月9日，弗拉芒维尔核电站发生爆炸，造成人员受伤但没有核安全危险。

图3-11　法国诺曼底弗拉芒维尔核电厂

该位置为法国首台EPR机组所在地，即F3项目。

2015年，法国本土第一座EPR核电站——弗拉芒维尔核电站，即F3项目，被ASN发现钢锻件存在质量问题，在建的3号机组不得不停工。运营许久的1号、2号机组也被迫停运，法国当年只能从德国进口电力。

2016年，国际检查员发现了一篇此前早已公布的、质疑核电站钢结构强度的博士论文，但阿海珐却视若无睹，这更是将其推上风口浪尖。随着工程进度的不断延后，该项目预算从一开始的33亿欧元飙升至105亿欧元，原定2012年进行商业运营的3号机组，直至目前仍处于建设阶段。

2018年5月，奥尔基洛托3号机组完成热功能测试。2019年3月，芬兰政府正式颁发运营许可证。2020年，开始商业运营的计划，没有理由再度拖延。

它们至今仍然处于在建期间，尚未发电。而台山核电厂1号、2号机组分别于2009年、2010年开工建设，分别晚了约4年、2年。

2018年圣诞节前，英国欣克利角C1号机组正式开始建设。2018年2月，曾经一度停工的弗拉芒维尔3号机组再次开工，预计于2020年年末并网。

如果算上2018年12月13日全球首台投入商运的EPR核电机组的台山核电1号机

组，以及于2019年9月7日全球第二台投入商运的EPR核电机组的台山核电2号机组、芬兰奥尔基洛托3号机组，到2020年年末，全球将有四座EPR机组投入运营。

作为广核集团“华龙一号”示范工程的防城港，3号、4号机组将核岛部分的规范标准确定为ETC-F的2010版。据了解，全世界尚未有使用该规范标准的先例。而作为具体的灭火系统规范，则需要遵循我国已有的国家标准。该规范标准适用于EPR机型压水堆，先后有多个版本，但最主要的是应用于我国台山核电厂的F版和应用于广核集团“华龙一号”的2010版。2010版与其他版本相比，主要差异是疏散路线等内容(本书不再赘述)。

首先看看在台山核电厂应用的ETC-F版本，都规定了哪些内容?

具体地说，它介绍了与核电站技术厂房内部防火有关的各种规定。在实际情况下，它是法国设计、建造和安装EPR型(欧洲压水式核反应堆)机组各种法规的基础。

文件主要分为以下五部分：

第一部分，关于防火有关的设计安全原则。

第二部分，关于防火设计基础的确定。

第三部分，关于要采取的各种结构性措施。

第四部分，关于防火装置和构件安装规则的汇总。

第五部分，关于质量保证问题。

首先介绍应用范围，包括以下厂房：

反应堆厂房；

保卫辅助厂房和电气厂房；

核燃料厂房；

核辅助厂房；

柴油发电机厂房；

水泵站；

电缆沟槽；

汽轮机厂房；

现场辅助工程结构和建筑物：入口塔楼、运行操作中心(POE)、不分类电气厂房(BL-NC)、核废料处理厂房(BTE)。

首先介绍了如下几个定义：

几个定义

1.易损性分析

火灾易损性分析旨在证明不存在火灾共同的存在方式或者不能得出所遇危险可接收性的任何结论。它能保证设备的安全性。易损性分析在每个着火区域内部和着火区域之间进行。它包括三个阶段：

通过应用前面规定的标准，研究可能的共同方式；

对这些共同方式的功能性分析；

适用于已证实的共同方式的火灾危险性分析。

2.被保护的疏散路线

被保护的疏散路线由有防火保护的通道区组成，主要包括被保护的人行通道和被保护的楼梯，也包括厂房内部。

3.正常的疏散路线

这是指厂房内部没有保护的人行通道，通往有保护的疏散轴线。

4.闸门（气闸）

闸门是一个活门，它的期望位置通常是开放的，安全位置是关闭的。它直接帮助通风系统内建筑物的分隔，与隔火隔板垂直。在发生火灾时，它用来封闭通风管道。闸门可防止烟雾和火苗沿着通风管道和空气调节管道传播。

5.工作容量

这个要求适用于有液体流过的机械设备。对于这些设备来说，工作容量旨在保证与例如不减少液体流量有关的变形限制，因为变形会妨碍完成有关的功能。

6.热载荷

一个厂房的热载荷是通过燃烧厂房内包含的固定和移动可燃物释放出来的热能。它的单位是兆焦耳（MJ）。

7.电缆管道

电缆管道指电站中的物理通道，许多电缆可以沿着它从中拉出，例如在一个电站厂房中的管道或管子，金属管道或洞穴（地下电缆）或道路上方的架空管道。

8.抗震等级

抗震1级等级适用于承担F1级功能的设备或工程结构。对于这一级的功能来说，在发生地震时，无论是设备的可操作性和（或）工作能力，还是设备的完整性和（或）可靠性，都要求达到尺寸设计谱（SDD）的水平。

9.电线或电缆（符合法国标准NF C 32-070的要求）

电线电缆在着火时，不能产生易燃的挥发性产物，因为当它们达到一定的数量时，容易形成第二个火源。

通过试验的方法来确定电线电缆的防火性能等级。试验方法要遵循法国标准NF C 32-070的规定。

10.管道

用作流体通道的、有一定闭合空间的管子（例如排烟管道）。

11.同源故障（DCC）

由于同一个原因或同一个事件使两个或多个结构、构件或系统发生故障。

12.随机故障

使隔离火灾或控制火灾用的一台带电设备不能发挥作用的偶然性故障。

13.疏散

为了迅速疏散人群，必须扩大所有能使厂房中的人员撤离的结构：大门、出口、后门、水平通道、交通区域、楼梯、走廊、扶梯栏杆等。

14.分割

这个术语涉及厂房的安装图或配置图。它适用于系统或全部构件，可以使用和保持电气的、物理的和功能的独立性（相对于其他冗余构件而言）。

分割成小区是一种保护具有F1级冗余度的设备或系统的措施，可以保证当一个系列发生故障时，其余系列仍保持正常的功能。分割成小区的厂房和工程结构有：

电气厂房；

柴油发电机厂房；

在这些厂房与主控室之间的通道；

核燃料厂房乏燃料池下方的那一部分；

水泵站部分；

涉及F1系统的某些隧道或通道。

15.电气小区

电气小区是正常配电网的一个独立的功能小区。

16.热屏障

墙壁或热屏障可以减少或排除热源产生的热辐射。

17.耐火外壳和护套

耐火外壳和护套的作用是保证被它们保护的设备在安装这些设备的场所发生火灾期间和火灾结束之后，其功能不受影响。它们可能也有一定程度的密封性，其密封性的大小取决于被它们保护的设备的水密性和或IP防护等级。

护套只保护电缆，外壳保护各种机电设备(电缆、接线盒、传感器、电动阀等)。

18.边界

人们用一个空间的边界来表示一个“壁”，在这个边界中含有的某些东西可能是虚拟的。这个概念也适用于发生火灾的区域。

19.垂直通道(技术通道)

通常人们可以进入的闭合空间，内含有一个或几个通道或者升降机通道。

20.参考火灾

火灾可以发生在核电站内所有有火种的区域内，并且会产生最为严重的后果(无论是持续时间上还是在严重程度上)。对于一个确定的区域或厂房来说，就是存在于这个区域或厂房内的所有可移动燃料形成的火灾。

火灾的后果是考虑了地区与厂房的特性及燃料的特性，按照由法国电力公司研究出来的EPRESSI方法(发生火灾情况下分隔元件实际性能评估法)计算出来的。

这个方法的依据是一种同时根据火势在一个限定区域内蔓延的实际情况以及隔开的设备的实际性能进行评估的方法。它的实质是把被研究区域或厂房内的火情(参考火灾)曲线与标准化防火评审(ISO 834)区域或厂房内分隔构件的耐火性能曲线进行比较。

区域或厂房内的火情曲线(温度/时间曲线)是借助于一个法则绘制的，可以根据这个法规确定(时间和严重程度等)特性。

分隔构件的耐火性能曲线(温度/时间曲线)是根据正规的试验结果和每种构件固有的热力学特性绘制出来的。

如果全部符合下列标准，则每个分隔构件的耐火程度就判定为合格：

最大热梯度。被测构件承受的最大热梯度小于构件性能曲线的最大热梯度。最大热梯度用该曲线的斜率来确定。

火灾释放的能量小于构件在保持耐火性能的前提下所能承受的热能。对于这一点要进行检查，看看被火情曲线界定的面积是否小于被耐火性能曲线界定的面积。

构件承受的最高温度小于构件耐火性能曲线的最高温度。如果设备的耐火性能曲线被区域或厂房的火情曲线包围，则说明符合以上三条标准。因此，这个方法可以用来评估火灾的持续时间，选择具有合适耐火性能的隔离构件。

21.完整性

这个要求适用于静止机械设备的压力外壳，同时不影响与它们发生变形有关的要求。这个要求旨在保证这些设备能把流动的液体限定在它们的范围内。

22.有可能发生火灾的区域(PFG)

当在一个区域或厂房内的某一个不利的地点引发一个火苗，就可能引起这个区域或厂房发生大火或火灾时，这个区域或厂房就被称为“PFG”。

只要符合以下三条标准中的一条，一个面积等于或小于30 m^2 的区域或厂房就可以认为是可能发生火灾的区域：

(1)存在三个以上叠加的水平方向托盘，并且每个托盘的长度大于3 m；

(2)存在三个叠加的水平方向托盘，每个托盘的长度大于3 m，并且最高处离天花板不到50 cm；

(3)存在会迅速燃烧的燃料(除非有特别的论证)。

注意：与电缆托盘有关的标准可以理解为这些托盘上正常的充满率，充满率小的托盘要按照具体情况进行分析。

水平方向或垂直方向的托盘(1段、2段、3段)是宽度为600 mm的梯形电缆托盘。

如果一个区域或厂房内有油存在，就可认为它具有PFG性质。可是当使用的油量小于或等于每平方米1 L时，这个PFG性质就转而变为非PFG性质，于是它被分在PFL这一类。

对于燃油箱和由电动机或汽轮机驱动的转动设备来说，它们不能改变分类(因为有喷射的危险)。

如果由火灾引起的最高温度超过二次火源的热解温度时，面积大于30 m^2 的区域或厂房就被认为是有可能发生火灾的区域。

23.有可能局部发生火灾的区域(PFL)

当在一个区域或厂房内某一个最不利的地点引发一个火苗，不会引起这个区域或厂房发生大火或火灾时，这个区域或厂房就被称为“PFL”。它是有局限性的，并且是自发地熄灭的。当设备不符合上述PFG标准，并且至少符合下列一个标准时，这个区域或厂房就被认为是PFL。

(1)电缆托盘和厂房设备：存在两个水平方向长度为200 mm的次电缆托盘，

它们彼此间隔不到 1 m，并且在间隔大于 1 m 时托盘互相平行，或者存在一个高度大于 2 m 的垂直次电缆托盘，宽度为 200 mm。

(2)电气设备柜和配电箱：有开启门的电气设备柜和配电箱，可以保证通过自然通风或强迫通风达到冷却的目的，它们被看成是有可能局部发生火灾的区域。在这些设备上若没有开启门，但柜子的宽度大于 1 m 时，也可以看成是有可能局部发生火灾的区域。

24.有源设备(或有源装置和构件)

这是指其功能取决于外部带来的能量(启动、机械运行或供电)的设备或装置。这个定义适用于在分隔区域内发生火灾时(隔火闸门和大门的随动装置隔火阀和防火门的电动装置)以及控制装置(水泵、排气系统的释放阀和火警探测装置，除它们的供电设备之外)。

25.火灾的常规方式

当火灾容易引起丧失一个系列以上的 F1 级功能时，这就是火灾的常规方式。

26.可操作性

这个要求适用于非静态的机械设备，其目的旨在保证机械结构或活动部分能正常运行。对于后者来说，运动是完成其动能所必不可少的。

27.(墙)壁

人们用包围某个空间的(墙)壁来表示所有的组件(墙壁、隔墙、隔板、天花板、地板、管道、开口的阻挡物，例如大门、闸门、阀门、气闸，以及电缆贯穿件的盖板和管道的隔板等)，它们完全界定了所考虑的空间。

28.消火栓(RIA)

各种级别的建筑物都备有数量足够多的消火栓(RIA)。它们与内部消防用水管道相连，以便能够达到发生火灾的任何地点，即使这个地点也备有喷水装置。

29.材料(除电缆外)的耐火性能

一种材料的耐火性能代表它可能给火或火势的蔓延带来的贡献。这种性能已经被分类或分级。

确定这种类别或级别要根据试验的结果，试验方法在 2002 年 11 月 21 日(有关建筑结构和工程结构中的构件和产品的耐火性能)的决议中做了规定。这些试验应当由经内部协商同意的某个实验室来完成。

与过去的决议(1983 年 6 月 30 日制订、1991 年 8 月 28 日修订)提出的要求相对应的表格如下所示：

表　不同对应级别比较表

等级 (2002 年 11 月 21 日)			要求 (1991 年 8 月 29 日)
A1	—	—	不可燃
A2	s1	d0	M0

续表

等级 （2002年11月21日）			要求 （1991年8月29日）
A2	s1	d1	M1
B	s1	d0	
C	s1	d0	M2

30.冗余度

设置一些备用结构（相同的或不同的）、备用系统或备用元件，以使其中某一个元件能发挥所需的作用，而它与其他元件的工作状态无关，也与其他元件是否发生故障无关。

31.工作冗余度

当某种配置结构中完成一项安全功能时，一个系统内被确定的性能下降可以用不相关的另外一个系统来保证，工作就有了冗余度。

32.调节阀

插在管道内的一种装置，用来通过改变位置调节管道内的流量。

33.耐火（性）

耐火（性）用这样一个时间来表示：在这个时间内，不管参考火灾程度如何，结构中的元件都能正常发挥作用。

确定耐火等级要根据试验的结果，试验方法由2004年3月22日的决议来规定，该决议是关于结构和工程中的构件和产品的耐火性能的。这些试验应当由一个经内部协商同意的实验室来完成。

34.功能耐火性“P”

一个外壳型或护套型保护系统的功能耐火性，用这样一个时间来表示；在这个时间内，在受到标准化的热辐射作用下，它能继续保证被它保护的设备或器材的正常运行。

35.防火区

防火区是由一个或多个厂房构成的区域，它们的边界用一些墙壁来确定，墙壁的耐火性能可以保证由内部引起的火势不会蔓延到外部，或者由外部引起的火势不会蔓延到内部。所有防火区的墙壁都应当是能耐火的。

36.控烟区

控烟区是一个备有“能把烟雾限定在该空间内部”的系统的区域。它可以是防火区的全部或一部分。

37.喷水区

喷水区是一个用喷水灭火系统保护起来的区域，它可以通过阀门与其他的普通供水系统来隔离开。

38.几何隔离

两台灭火设备或灭火装置的几何隔离，是把它们安装在不同的厂房内或者与所有易燃物有足够的间隔距离，以免火势蔓延，这样做可以避免因一次火灾同时丧失两台灭火设备。

39.物理隔离

两台灭火设备或灭火装置的物理隔离，是把它们安装在两个不同的厂房内，其中至少有一个厂房在防火区内，或者用隔热保护层保护这两台设备中的一台，隔热保护层成为一个外壳或一个护套，这样做可以避免因一次火灾同时丧失两台灭火设备。

40.点火源

人们用点火源来表示长期或暂时释放出、引起可使用的易燃物品着火所需能量的所有可能性。

41.防震设计谱地震反应谱

在设计有防地震要求的设备时应当考虑的、表征地震应力分布情况的地震波频谱。可能有两种不同的设计谱存在：一种适用于标准设备，另一种适用于现场设备。

42.保证F1级安全功能的系统

这是指达到受控状态并且保持在安全状态所必需的各种系统，其中包括它们的支持功能。

43.安全系列

分类在安全级并且属于同一冗余组件内的设备、电气连接件、系统或系统中的一部分，被重组在称为“安全系列”的组件内。

44.闸门或闸口

位于一个墙壁、外壳或箱体入口处的常闭装置。

45.耐火百叶窗

百叶窗是一种期望位置为常闭、活动位置为常开的遮挡装置。在开放位置上时，它直接有利于把烟雾限制在受灾区域，在使用通风装置之后，可以使它们的压力下降。当它处在闭合位置上时，它有利于在每一个未受火灾影响区贯穿件内的烟雾控制管道的防火。

备注：我国对防火百叶窗的要求是这样的，防火百叶窗是指安装在有防火要求的窗口上、外墙通风口处。防火阀百叶窗有两部分组成：电动防火阀加铝合金固定回风口。具有以下特点：

(1)阀门平时处于常开或常闭状态，当气流温度达到70 ℃或280 ℃时，温感器动作，阀门关闭或开启；

(2)也可通过DC 24 V电源使阀门关闭或开启；

(3)手动关闭或手动复位；

(4) 也可通过DV 24 V电动复位，免去手动复位的麻烦(全自动机构型)；

(5)0°～90°范围内六挡手动调节叶片开启度；

(6)输出阀门关闭或开启信号，可与其他防火设备联锁。

对比一下，便于甄别技术差异，提高技术专业水平。

46.着火范围

防止火势蔓延的有效方法之一是使着火范围保持在一个有限的体积内，现实的方法或者虚拟的方法均可。前者是用墙壁阻挡火势的传播，并且划定称之为防火区的范围；后者是用远离各种构件、有源保护系统、无源保护系统(结构元件、外壳等)的有关边界来限定称之为防火区的范围。

47.防火段

防火段是防火区中的小区，由墙壁或边界线来划定。它们可以保证由内部引起的火灾不能向外面蔓延，或者由外部引起的火灾不能向内部蔓延。

48.火警探测区

火警探测区是由一组火警探测器保护的区域，这些探测器提供一种独特的火灾报警信号。

49.收容避难区

避难区是用来使人员免受火灾影响(烟雾、高温等)的地方(包括厂房或一组厂房)。这些地方应当至少作为被保护的疏散轴线对待，并且装有电话通信装置。在任何情况下，它们不能成为一个袋形走道。

第一部分　设计的安全原则

1.1　安全要求

(1)保证安全功能的系统内的设备，应当有防火保护措施，为了使它们能保证其功能正常发挥作用，不管来自基本核设施(INB)内部的火灾有多么严重，这种火灾的特点与参考火灾的特点一样。

(2)一次火灾不应当丧失一个以上的F1系统(系列)。

1.2　安全性总原则

(1)主控室以外的火灾不应当牵连或影响到主控室内部人员的生存。在主控室内部发生火灾的时候，可能会影响到内部人员的安全，但是，应急停堆站的可进入性应当有保证。此外，为了证明安全而要求采取局部行动时，也应当保证这种可进入性。

(2)原则上，应当考虑在基本核设施周围所有易燃材料着火的可能性(除了低压或超低压电缆的自燃以及受隔火外壳或隔火舱保护的器材之外)。

(3)不予考虑起火原因不同的两个或多个火灾同时发生，并且影响同一机组或不同机组的厂房的这种情况。

(4)假设火灾发生在机组正常工作的状态下(从正常运行发电状态到停机状态)，或者长期处在事故后状态下(参见第1.3.3节)。

(5)为了能采取合适的保护措施，应当计算每个厂房的热负荷，并且予以公布。

(6)当机组处于不同的状态下以及车间里有固定工作站时，对临时储存或长期储存热负荷的情况应当进行清点，并且进行危险性分析。

(7)各种防火保护措施应当成为最佳化方案，以便能限制有毒或放射性物质的排放。

(8)作为安全性需要的所有防火保护设备和保护系统，被分级为F2级。

(9)防火保护系统有源设备一次偶然的事故，不应当导致完成F1级安全功能所必需的系统发生同样方式的火灾，即使在这样一次事故之后，这些功能不再需要了。考虑这个原则之后提出的冗余度要求(功能性的或非功能性的要求)，在遵守系列分开原则方面将被采用。

(10)在下列情况下，检查偶然事故的严重程度注定是适用的：

不管是什么样的事故引起的火灾，都很容易伤害安全性的地段划分；

火灾导致PCC-2事件；

火灾来自PCC-3/4事件。

(11)偶然性事故注定适用于下列场合：

防火机械保护系统中的有源设备；

防火电气保护系统中的全部构件。

(12)在防火保护系统内一次有源设备的事故不会引起完成F1级安全功能所必需的系统发生同样方式的火灾时，安全性划分的一次局部的物理完整性的丧失是可以接受的。

(13)一次爆炸不应当引起保证安全性所需的防火屏障稳定性/完整性的丧失。

1.3　火灾和事件

1.3.1　火灾及其后果

(1)人们认为，在发生火灾的情况下(除了被隔火装置保护的设备或者能承受后果的设备之外)，在发生火灾的着火区域内，丧失全部设备的可能性是存在的。

(2)一次火灾不应当引起安全设备的丧失，该设备的故障在证明安全性方面没有被要求。这一点涉及一次回路大型构件的外壳以及适用不存在断裂的、假设的管道系统。

(3)一次火灾不应当引起F2级设备的丧失。F2级设备是一系列RRC-A事件达到和保持最后状态所必需的，并且是为了防止在RRC-B的场合发生严重的溢出事件。这个要求旨在保证RRC-A和B事件长期存在阶段这些系统的可使用性。在此阶段内，人们假设存在与这些事故状态无关的火灾。

(4)一次火灾不应当引起一台设备或设备的某一部分丧失功能、这台设备的功能丧失会引起RRC-A和B事件发生，并且可能引起补充性事件PCC-3,4的发生。

1.3.2　假设的事件和引起的火灾

1.3.2.1　外部灾害

(1)为防止外来危害设计的厂房，不应当包含容易释放易燃物质的设备，或者容易产生点火源的设备。对于核辅助厂房而言，唯一的例外是分级为抗震的厂房。

可是,氢化废液循环回路的抗震性能取决于一次爆炸可能给安全带来的后果。

(2)如果在(1)中涉及的设备不是针对这些灾害设计的,则应当采取防火保护措施,使这些设备本身具有对付这些灾害造成的影响的能力。

(3)设计防火系统时要考虑的外来灾害有以下几种:

地震及其作为补充的地震事件[参考第(4)点];

飞机坠落;

酷热(在初步设计时要考虑的因素);

严寒;

洪水;

雷电;

大风引起的抛射物[参见第(5)点]。

考虑这些外来灾害的方式随安装防火系统的厂房情况不同而异,尤其是:

(4)厂房内的防火设备,完成F1功能必需的设备就安装在上述厂房内,这些设备的抗震等级为1级(SC1)。抗震等级不是SC1级的防火设备已成为地震事件的研究对象。这些要求已在附录B中详细论及。

(5)包含易燃材料的构件,可能引发火灾的易燃物的释放,应当有防止大风产生的抛射物的保护。

1.3.2.2 内部灾害

应当设计防火保护措施,以便在内部灾害引起火灾时,1.1节的要求能获得满足。

1.3.2.3 假设始发事件

作为PCC或RRC的后果,假设的火灾场合是失水事故(LOCA),并且严重的事故是因为安全壳中的氢气被释放。为了避免可能产生的燃烧,控制氢气必须采取的措施和设计防火设备时必须采取的措施并不是本标准的组成部分。

1.3.3 假设的事件和单独的火灾

考虑到事件的独立性,在后面假设的事件的短期阶段内,发生火灾的可能性很小,因此,未予考虑。

1.3.3.1 PCC 2到4的情况

假设独立的火灾仅发生在达到受控状态之后的长期阶段。可是,在所有的“事故后阶段”,所有的防火措施都是有用的。

1.3.3.2 RRC(反应堆功率调节系统)的情况

假设独立的火灾发生在“事故后”的长期阶段,最早在事件发生两周时。

1.3.3.3 地震

(1)假设独立的火灾发生在“事故后”的长期阶段,最早在地震发生两周时。

(2)下列抗震设计是适用的:

在厂房内,抗震分区、探测和防震系统应当分在1级抗震等级。为完成F1功能所必需的机械设备、电气设备或控制设备就安装在这个厂房内[参见1.3.2.1节第(4)点和附录]。

如有必要，在这两周内，应当采取修复或更换措施。

1.3.4　在停堆状态下发生的火灾

前面介绍的防火设计也适用于停堆状态下。与大多数反应堆情况不同，在大修期间出现的人员数量众多，尤其是在反应堆厂房内。这种情况只能有利于早期发现和迅速扑灭火情，因此，减少了严重的后果。

(1)对于所有与普通防火设计不同的情况，应当采取专门的行政手段(防火许可证、强制性的监测等)。

(2)对于易燃材料和器材以及点火源(焊接、油漆、溶剂等)和防火设备性能变差(由于大门打开，分区的完整性受损。)要特别引起注意，在每次停堆时，它们应当成为重新审查易损性分析结论的对象。

第二部分　防火设计基础

2.1　为了以下目的，应当采取针对火灾危险性的各种保护措施：

· 限制火势的蔓延；

· 保护设备的安全功能；

· 限制浓烟的传播和有毒、放射性、易燃、易爆和腐蚀性物质的散发；

· 不妨碍设备安全状态的形成和保持，以及人员疏散和应急维修，并且有利于这些操作的实施。

这些措施包括预防手段、监测方法、防火方式、限制与设备有关的危险后果。它们是根据适合每种设备及其环境的火灾危险性研究来确定和论证的。危险性研究旨在可实现的技术条件和可接受的经济成本下使保护水平达到最佳化。

2.2　防火设计的基础是具有以下深度的三个保护等级：

2.2.1　预防(第一级)

预防是由一整套旨在防止火灾发生或者使火灾不大可能发生的措施形成的。这就意味着选择不易燃的或很难燃烧的设备，并且严格控制引燃的火源。与预防有关的各种要求已在第2.4节和第3.1节中作了说明。

2.2.2　分隔(第二级)

如果在采取预防措施之后，火灾仍旧发生了，那么，就应当采取措施，限制火势蔓延并使它熄灭。

安全水平：如果它对F1系统的功能没有影响，火灾只能损坏已知F1系统的一个冗余系列。

安全和失效水平：如果它能使浓烟出现在疏散轴线上，妨碍人们救火，并且火势向其他地区蔓延开来。

环境水平：如果它对环境没有影响，并且不危及2006年修改的1999年12月31日决议第一款的利益，则制定一般性技术规则，以防止和限制由于基础核设施发生爆炸而引起外部危险和伤害。

限制火灾蔓延用第2节中提到的把厂房分割成一些防火区来实现，它利用了物理分割原则或几何分割原则。这种分割方法应当与维修条件相容。关于预防火灾发生的要求，已在第2.5节和第3.2节中作了介绍。

2.2.3　控制（第三级）

防火用的探测工具和固定工具已经安放到位，以便尽快发现火情并控制火势。与这些工具有关的要求已在第5.3节和第7.2.2节中作了说明。

上述三个级别中的任何一级，人们应当检查一下，某一个偶然发生的故障的考虑，会不会对在第一部分第1.1节中规定的安全要求防火要求提出质疑。

2.3　当设备的冗余度（和它们支持系统的冗余度）和几何分割或物理分割的补充措施以及电源的独立性不能使用时，为了考虑与这些措施有关的偶然失误，至少应当保证功能上的冗余度。

功能上的冗余度可以通过一个多样化的系统来保证，这个系统的性能可以符合在第一部分第1.1节中提出的原则的要求。

2.4　预防

（1）预防措施应当优先考虑限制热负荷，方法是分割它们或减少它们（隔热外壳或隔热舱），并且防止在易燃材料附近有潜在的火种。

（2）使用的材料最好是不易燃烧的（A1级或A2s1d0）。

（3）在相反的情况下，使用的材料应当至少为B级或C级，并且不产生浓烟或有毒物质。

2.5　分隔

（1）所有安全级的厂房，应当用REI 120级的墙壁与其他厂房隔开。

（2）优先权应当给物理分隔。同样，优先权应当给结构性措施（结构上的耐火性），而不是使用防火手段或防火器材。

（3）F1系统的冗余设备应当受到保护，以便在发生火灾时，它们的故障仍限于一个系列上有。

（4）对于用作消火栓和（偶尔用作）大门控制对象的有源设备，应当考虑它们偶尔可能发生的故障。大门、排烟管道和地面排水装置是一些无源设施。

（5）下表简单介绍了几种不同类型的防火区。

表　防火区类型

目的	防火区
限制放射性或毒性	1类(a或b)
安全性	2类
保护疏散路线	3类
方便进行维修和限制发生故障	4类
仓储	5类

(6)当使用的原则考虑到几何分割(灭火—屏障—距离),则在论证分割方法时,应当考虑集中的热负荷的位置以及燃料的运动路线。使用防火区仍属特殊情况,它的有效性应当从以下两方面来证实:一个是火势的蔓延程度,二是放射性特质或有毒特质扩散的程度。

(7)在采用几何分割的场合,应当用在第2.5.6节中指出的易损性分析法来论证分割方法。

2.5.1 防火区

存在着五种类型的防火区。

防火和限制区SFC(1a类):在一个安全级的厂房内,当火灾可能引起放射性或有毒物质扩散时,如果没有预防它们向防火区外面散发的预防措施,就很容易伤害在1999年12月31日决议中第1条所说的利益。除了限制火势蔓延外,它还能保证控制住放射性物质或有毒物质的扩散。防火和限制区的墙壁应当有(R)EI 120耐火等级,其大门的耐火等级为S200C5。此外,它还应当装有固定的灭火系统,即使在发生意外事故时,也能自动保证其正常功能。

环境防火区SFE(1b类):当火灾可能在安全级厂房外面引起放射性或有毒物质扩散时,如果没有防止它们向防火区外面散发的预防措施,这些放射性或有毒物质就很容易伤害在1999年12月31日决议第1条中所说的利益。除了限制火势蔓延之外,它还能保证控制住放射性或有毒物质的扩散。环境防火区的墙壁在危险性分析中采用的耐火等级,应当不低于(R)EI 60,其大门的耐火等级应当不低于S200C5。在静态限制的场合,隔壁上装有固定的自动灭火装置。

安全防火区SFS(2类):这是为了使安全系列的设备以常用方式获得屏蔽而设计的。安全防火区的墙壁应当至少有(R)EI 120的耐火等级,大门的耐火等级至少为S200C5。如有必要,要根据参考火灾安装有源或无源的灭火装置,以保证此期间的设备完整性。

安全疏散区SFA(3类):旨在使人员在发生火灾时能安全疏散,并且方便维修人员进入厂区。它相当于有保护的疏散路线。该防火区的墙壁的耐火等级至少为MAX[相邻防火区的耐火等级为(R)EI 60],大门的耐火等级至少为S200WC5(根据法国标准NF EN 13501-2:烟雾密封性、有限的放射性、持久性)。这些区域内既不应当有安全设备,也不应当有燃料。

安全维修区SFI(4类):为了方便针对灭火的维修,并且限制机组的停机时间,当安装条件允许考虑发生火灾的可能性(PFG)时,创建了这个区域。安全维修区的墙壁的耐火等级应当不低于(R)EI 60,它是与参考火灾的后果相配的。

安全维修区的大小应当与这些目标相一致。人们应当尽可能地避免用同一个SFI覆盖几个阶段。

它可能:

——包含在一个安全防火区内;

——独立于所有的安全防火区。

2.5.2　防火小区

在某些厂房，尤其是反应堆厂房内，分隔成一个个防火小区，可能会受到结构性措施或工艺流程的限制：

·设备的密集性；

·氢气浓度的限制；

·管道断裂情况下的蒸汽外溢。

在这些意外情况下，厂房中的某些部分可能被分隔成防火小区。应当在分析所有火势可能的蔓延方式和燃烧产物扩散方式的基础上，证明对于安全很重要的设备没有发生功能下降，也没有火势蔓延的情况。

这种几何分割意味着：

·证明不可能形成一个墙壁；

·没有PFG厂房(可能发生火灾的厂房)，或者在PFG厂房内有自动灭火装置。

防火小区有以下三种类型。

安全防火小区ZFS(2类)：为了在通用方式保护之下具有安全功能，在一个防火区内创建的防火小区。这些安全防火区的边界应当在灭火所需的时间内保证安全功能的完整性。如有必要，应当放置有源或无源的灭火装置。

限制停机防火小区ZFI(4类)：当安装条件可以允许考虑局部防火的可能性(PFL)时，在一个防火区内设置的防火小区。目的是限制机组的停机，并方便灭火队员的维修。

仓储区ZS(5类)：在设计时创建的一个区域。目的是为了利用仓库存放机组在运行或停机时必须使用的设备和器材。如有必要，仓储区可备有各种预防手段、探测装置和灭火装置。

2.5.3　未分隔的区域(VNS)

设立这个区域是为了识别从安全和可靠性角度未接受分隔的厂房或厂房组，目的是保证全体厂房都能接受一次易损性分析。它们可以便于管理厂房的火灾参数。

2.5.4　物理分隔

这种分隔是通过创建防火区或使用合格的无源防火装置来实现的。

隔火外壳或隔火舱。这些无源防火设施的耐火功能至少应当等于在分析火灾危险性时规定的参考火灾期间的耐火功能，分析方法是燃烧厂房内的各种材料，并且火灾持续时间不少于2 h。

如果厂房内的一部分设备或器材不可能逃避火灾时，可以利用各种防火涂料，只要在现有的易燃材料的表面全部涂上即可。

2.5.5　几何分隔

这种分隔是通过在厂房内部创建防火区或使用合格的无源防火装置来实现的。

几何分隔与火灾的危险性分析有关，可以得出的结论是：在着火区伤害保护设备所需的时间大于灭火所需的时间。

2.5.5.1　距离

这种几何分隔可以保证在安装了这两块隔离物后没有火势因为某些易燃物质而能向其他地区蔓延,以至于隔开的距离形成一个所有易燃物的自由空间。这种分隔也可以用来防止一种易燃物质引起的火灾导致两台有冗余的设备发生相同故障的方式,只要这两台设备中至少有一台离开易燃物足够远距离。这个距离随直接辐射的程度和火灾形成热区所需的时间而变化(由于火灾伤害第二个易燃隔离物或要保护的设备)。许多重要的参数(燃料的性质、厂房内的几何位置、热负荷的浓度等)对这个规定有影响,因此,很难确定一条总的原则,这就是为什么采取的各种措施要接受专门论证的原因,这种论证与火灾危险性的分析有关。

2.5.5.2　热屏障

作为通过距离来实现保护的补充,这种无源保护装置可以避免部分设备受到直接的核辐射,这种屏障的耐火稳定度至少等于参考火灾持续时间。

与几何分隔有关的自动防火装置。当先前的几种措施(热屏障、距离)不能完全奏效时,作为一种补充手段,是安装一个固定的自动防火装置,它可以保证在火灾危及其他易燃材料或两台冗余设备之前,使火情熄灭或者受到控制。

有关几何分隔的要求已经写在第 3.2 节和第 4.2.1 节中。

2.5.6　易损性分析

考虑到在第 1.3.1 节(1)中宣布的原则、安全设备功能丧失的后果,应当按照第 1.1 节和第 1.3.1 节中(2)和(3)的标准进行分析。这种易损性分析应当论证火灾共同方式不存在或者断定危险性的确存在。

通常,火灾的影响被限制在一个地段、一个区域或一个小区内被研究的着火范围内。对于这些区域来说,这项分析也在相邻区域中间进行。

这项分析分三个阶段进行。

第一阶段:研究可能的共同方式。

当在同一个安全防火区域内存在下列设备时,要鉴别一种可能存在的共同方式:

(1)分级为安全级的机械设备或电气连接设备,它们属于保证一种安全功能的同一系统的两个冗余系列内,或者

(2)分级为安全级的机械设备或电气连接设备,一方面,它们属于保证某种安全功能的某个系统的一个系列,另一方面,它们属于同一个具有一个冗余系列的系统运行时必不可少的许多系统,或者

(3)不属于上述类别的电气连接设备,但是:

★由冗余配电盘供电,并且

★它们的数目不足,使保护这些配电盘的可选择性有不足的危险。当火灾可能同时危及两个电气连接设备时,与电气保护无选择性有关的标准予考虑(因此,只考虑在同一厂房内存在电气连接设备的情况)。或者

(4)在发生火灾时,设备故障可能导致 PCC 或 RRC-A 情况的设备以及应对上述情况需要使用的设备。

第二阶段:功能分析。

由第一阶段产生的设备丧失后果分析。这种分析引出一张在功能上已被证实的共同方式清单。

在第一个区域发生火灾的情况下,应当特别关注以下设施的保护:

· 互联装置——为了避免一个区域与另一个区域联系的中断;

· 安全注射系统的水池(IRWST)——为了保证它的完整性。

对为恢复到可靠状态所必需的设备分析,应当在考虑到一种加重恶化的因素之后完成。

第三阶段:火灾危险性分析。

针对处理可能的共同方式而开展的火灾危险性分析,其基础是研究:

· 直接的核辐射;

· 由于火灾产生的高温区危及次要易燃物或要保护的设备所需要的时间;

· 随产生状况而异的浓烟对火灾危险性分析这一课题的影响。

鉴于在这一论证过程中牵涉的参数数目很多(燃料的种类、厂房的几何因素、热负荷的浓度、设备功能变差的温度等),火灾危险性分析要根据具体情况进行:或者利用根据设备目录预先制定的功能变差的标准;或者利用与设备功能变差实际情况有关的标准(EPRESSI 方法)。如果利用一种计算标准对于论证来说是必不可少的话,则可以利用法国电力公司的计算标准 MAGIC。

这种分析导致一张共同方式清单获得证实。

第四阶段:处理。

当第三阶段的火灾危险性分析证实的确存在一种共同方式,或者丧失一台无冗余设备的不可接受性,那么,就必须采取一些补充的防火措施。

2.5.7　人身安全、疏散、维修

术语"疏散通道"包括有保护的疏散通道和无保护的疏散通道。人员自由通行所必需的疏散通道,要符合已生效的法规(劳动法)的规定。有保护的疏散通道的尺寸设计,是根据需要疏散的人员数目以及适用的应急方式来决定的(灭火装置、担架等)。

2.5.7.1　原则

(1)存在明显火灾危险的厂房,一定要有受保护的疏散通道,它们的数目不多,但是随厂房内的配置分布各异。它们一方面要保证人员安全疏散,另一方面又要方便维修人员进出。

(2)这些疏散通道本身由防火区的隔墙(SFA)来界定,以便能够:

· 安全地疏散人员和伤员;

· 方便维修人员进出,他们备有完成任务所必需的各种工具。

(3)用受保护的疏散通道来保护工作人员从主控室到某些厂房的交通,这些厂房里有反应堆安全停堆所需的应急设备。

2.5.7.2　人员撤离和疏散通道

(1)沿着疏散通道的所有大门应当能够打开(即使在断电的情况下),并且像旋转门之类的检查设施,在人员撤离时应当能够使人通过。

(2)疏散通道应当通向外面,或者通往受保护的疏散通道。

(3)反应堆厂房内的疏散通道应当通往人员闸门,这些闸门即使在断电时也能操控。在反应堆停堆期间,两扇大门能够同时打开。

(4)从不受控区域通往受控区域的疏散通道,或者直接从受控区域通往外面的疏散通道,都应当是例外情况。

(5)求助于设置收容避难区的办法,应当尽可能加以限制。

2.6　控制(探测火情和救火)

(1)探测的目的旨在能尽快发现火灾发生,给火灾定位,发出报警,并在某些情况下能自动采取行动(参见第4.2.2.1节)。核岛的火灾探测系统全部定为F2级。

(2)火灾探测系统应当能在所有情况下正常工作,假设火灾的发生符合第1.2节中的安全性总原则。

(3)火灾探测系统及其通信线路是一些电气装置。因此,对于所有探测装置来说,应当考虑任何偶尔发生的故障。

(4)水泵及其伺服阀门是有源装置,它们的偶发故障应当加以考虑。水循环管道和洒水灭火装置是无源装置。简单阀门(例如控制阀)不能打开,不是要考虑的故障。阀门闭合故障是由于密封性没有保证(部分泄漏)。

2.7　防爆

人身安全保护的基础是应用2003年7月8日公布的决议。不服从决议中的要求已成为报告《与CNPE工人防爆保护有关的规则应用指南》(ENGSIN050344)的研究对象。

防止由于爆炸使F1系统丧失功能的保护基础是预防爆炸危险发生。为此:

(1)应当严格限制在安全级厂房内使用易爆气体;

(2)对于含有易爆气体的系统,应当在设计和使用时采取各种保护措施,以防在内部形成一种易爆的环境;

(3)在一次严重事故中连续产生氢气,不属于本标准的范围;

(4)如果各种预防措施不足以防止在安全级厂房内形成易爆环境,则应当按照防爆标准的要求,采取补充保护措施。

第三部分　结构性措施

3.1　预防措施——限制易燃材料

(1)通过以下方法限制可能的火灾危险:

·尽可能合理使用很少会发生火灾的设备和流体,并且限制使用易燃材料。

·采取措施防止靠近外表温度超过100 ℃的墙壁和运输易燃液体的管道。禁止在离开这些管道或墙壁不到1 m的地方安装电缆,除非这些电缆能保证控制或供电给被固定在这里的设备。但对服务于固定在管道上的设备的保证控制或供电的这些电缆除外。

• 使用A1级、A2级、B级和C级材料，它们产生的烟雾很少。禁止使用石棉材料。至于使用陶瓷纤维材料，请参见CRT62.C.010.01。

(2)严格禁止在核燃料仓储厂房内使用易燃材料。

3.2 分隔

(1)对于分在安全级的厂房和火灾会危及2006年修改的1999年12月31日决议第1条利益的厂房，它们的承重构件、结构元件和墙壁的耐火稳定性应当至少为2 h。

(2)应当防止相邻厂房之间的多米诺效应：相邻厂房之间应当有足够的距离，或者在它们之间插入与危险相适应的隔火屏障。

3.2.1 防火区隔墙的特性

(1)防火区隔墙的耐火特性，通过应用EPRESSI方法来确定，每一个厂房至少有一条防火隔墙，并且不能低于在第4.2.1节中规定的等级要求。

(2)在起防火作用的分隔结构中，为了控制火势，允许获得等压所必需的开口存在。在这种情况下，开口应当在发生火灾时自动关闭。只有在发生过压时，才允许打开开口。

(3)通风管道和循环水管道不应当成为防火区之间火势传播的媒介，不管这个区域是否是防火区。

(4)穿越隔墙的电气贯穿件或机械贯穿件应当是无缝隙的。

(5)如果电缆沟槽和通风管道在防火区被隔开，则在这些沟槽和管道的开口处应当装上封堵。

3.2.2 安全防火区设备在共同方式下的特性

(1)安全防火区内不应当有共同方式的设备。

(2)可是如果不可能，则应设置无源保护装置，它们的防火性能应当与用EPRESSI方法评估的参考火灾的特点相适应，即不低于P120。

3.2.3 安全防火区之间的设备在共同方式下的特性

(1)在“设计”这一章中已经规定：防火区内的火灾不应当蔓延到其他防火区，或者至少不会引起共同方式的丧失(由于众所周知的火势蔓延现象)。论证的依据是详细了解设备、燃料的特性及热负荷，以及探测火灾和防火时使用的方式或工具(参见第2.5.6节)。

(2)所有防火区，至少在其上部应当有一个保留热气体的空间，其高度固定在0.5 m。这个空间的墙壁的耐火等级至少为DH级(2004年3月29日决议：隔火屏障的防火稳定性)。

3.2.4 防外部火灾的措施

(1)在现场存放易燃材料的区域，应当与核岛中的厂房隔开，方法有二：一是隔开一段足够的距离，二是使用有足够等级的隔火墙，以防止火势蔓延。

(2)浓烟或高温气体通过通风系统侵入有安全设备的厂房内应当是不可能的。

3.2.5 热负荷的清查

分析火灾危险性所必需的所有热负荷和元件,应当一个个厂房清点,如有必要,按照着火范围进行重组。

如有下列情况,在研究火灾危险性时,不考虑这些热负荷:

· 热负荷位于构件内部,以至于点燃它们是不可能的,即使在外部火灾的场合;

· 根据可能的引燃源(内部的或外部的),在正常情况下,构件能够支持热负荷,并且在假设发生事故的情况下,能保持它们的可操作性;

· 业已证明:液体燃料是可以排空的,即使有火灾的影响。

3.3 涉及人身安全的保护措施

3.3.1 厂房的位置和可达性

进入灭火应急作业区和使用救火工具所必需的人行通道和厂区的设计应当使灭火设备能方便地、毫无障碍地使用,其中包括灭火用的云梯(如有必要的话)。

(1)为此,有关的通道应当符合1999年12月31日决议第42-I条的规定。

(2)安全厂房的灭火入口,至少应当由两条独立的通道来保证。

(3)在发生火灾的场合,应当可以保证入口的敞开,以便救助人员和消防队员进入救火。这一点同样适用于厂房内部各个区域的入口。

(4)厂房的各个入口应当能尽可能地使救助人员和消防队员,以及灭火所需的器材迅速地到达发生火灾的地点。

(5)供应急救助和灭火队员进入的大门,应当能在人员疏散方向上完全打开。例外的情况也可能存在,那就是在必须防止破坏的场合,或者由于某些设备的工艺过程的需要(例如降压通风区域),如果这些门很少使用的话。

3.3.2 正规疏散通道的数目和宽度

正规疏散通道的数目和宽度取决于人员的数量多少。有关的规定请见劳动法第R235-4-3条(1992年3月31日决议)。

至于人员数量的定义,考虑的活动周期是在编人员数量最多的时期(除了在施工阶段之外)。这个在编人数按各个工作层面分布,以便确定由最远的地方向出口撤离的人流的多少。

3.3.3 疏散通道的长度

(1)被保护的疏散通道应当这样安排:使所有厂房的所有工作岗位(包括有明显火灾危险的厂房在内)离以下地点的距离不超过40 m:

○离开厂房外面;

○离开被保护的疏散通道;

○离开避难区。

(2)底层楼梯的出口处离通往外部的出口或其他厂房的入口不到20 m的距离。

(3)疏散路线中不应当包含超过10 m的袋形走道。

(4)通常,疏散通道终点大门的打开,应当在下列撤离方向保证能推开:

◯由受灾区域通往疏散通道；

◯由疏散通道通向厂房外面。

(5)电梯和货物升降机不可安装在防火区。无论在什么情况下，它们不能成为主要的疏散通道。

3.3.4　厂房出口

(1)所有可以进入的厂房应当有一个直接的出口，或者可以穿过其他厂房通往一条被保护的疏散通道。

(2)面积大于180 m^2 的常用厂房，应当有一个第二出口。它与第一出口相对，可以直接通往被保护的疏散通道，或者可以穿过其他厂房通往被保护的疏散通道。

(3)只能通过一个常用厂房才能到达的厂房，可以被看成是常用厂房的一个组成部分，如果在这两个厂房之间可以直接看到的话。

(4)应当保证大门可以在受灾厂房通向疏散通道，然后由疏散通道通向厂外的方向上推开。

(5)考虑到大门内外有不同的最大压力，应当保证大门能通过通风或烟雾控制系统来进行操控。

3.3.5　人行隧道出口

为了符合规定的要求，人行隧道应当服从劳动法的规定(参见第3.3.3节)，在常用的人行隧道中，每隔80 m应当有一个出口。

如果由于设计上的原因，这些要求不能获得满足，则可能要申请一张许可证。这张许可证应当依据在相关的人行隧道中实际的危险性分析，应当符合在劳动法R235-4条中宣布的总原则。是否同意发许可证，要考虑：

◯采取补偿措施；

◯例如，用实际的火灾场景进行模拟数字计算，可以使防火手段最佳化，并且可以选择各种补偿措施，以便达到要求的安全等级。

这张许可证所需的实际危险分析，应依据下面的表格：

表　火灾实际危险类别分析

危险类别	使用频率	易燃物类型	人行隧道类型	危险等级
火灾	无关紧要	无关紧要	用作人员疏散通道	高
	高	迅速、活跃	没有灭火器材	
		迅速、活跃	有灭火器材	低
		缓慢、活跃	全部	
	低	迅速、活跃	没有灭火器材	高
		迅速、活跃	有灭火器材	低
		缓慢、活跃	全部	

表　紧急出口之间的距离与风险等级的关系

危险等级	应急出口之间的距离[①]
高	最大值 80 m(10 m/袋形走道)
低	最大值 350 m[②](50 m/袋形走道)

注：①，包括水平方向的长度和垂直方向的高度在内(高程差)。
②，无论从哪一点出发，最多 175 m，假设没有工作站。

3.3.6　疏散通道的截面

(1)疏散通道的宽度应当符合第 3.3.2 节中参考标准的规定。

(2)疏散通道为了使人员通过，至少应当有 2.20 m 的高度(包括平台、楼梯段下方的过道，管道或电缆管线下方的通道)。

(3)对于无保护的疏散通道，可能有这样的例外：在备用入口处，尺寸可能比较小，但宽度不小于 0.6 m，高度不小于 1.80 m。

(4)人可以进入的管道用隧道或电缆用隧道，其疏散通道的宽度至少为 0.9 m，高度至少为 2.20 m。

(5)人行隧道的净空高度至少为 2.20 m，自由宽度至少为 0.9 m；在某些单行道上，可以允许 0.60 m 的最小宽度(允许担架通过)。所有人行隧道应当一直有灯光照明。

3.3.7　疏散大门和旋转门

(1)疏散大门和旋转门应当能完全打开，如果可能的话，在应急救助方向上打开。例外的情况也可能存在，那就是供数量很少的人用的大门，或者由于某些设备的工艺过程的要求(例如降压通风区域)。

(2)疏散大门和旋转门应当允许外部急救人员进入，且无须使用辅助设施。

(3)疏散大门和旋转门应当至少有一条 0.60 m 宽、2.20 m 高的过道。

3.3.8　疏散分隔区

(1)这种疏散分隔区通常由一些入口扇形区(SFA)组成。

(2)长度大的疏散区应当每 30 m 用一些防火门隔开(1 h 一个来回)，并且备有门弹簧。如果大门关闭，希望在同一区域内可以互相看得见(见 1995 年 9 月 22 日决议)。

3.3.9　防烟保护措施

(1)受保护的疏散通道和收容避难区应当有防烟措施。

(2)这种防烟保护是通过如下所示有编号的方式之一实现的(或者这些方式的组合形式)：

- 天然通风或机械通风装置；
- 一旦使用了烟雾控制装置，在受灾区域会引起减压；
- 通风设计，它保证维持疏散通道正常，比相邻厂房有稍许过压(在发生火灾的情况下，厂房内容易有大量浓烟排出)，以及相对于由大门打开形成的冷烟的密封性。

3.3.10 反应堆厂房自身的保护措施

(1)到达楼梯口或地下室所需走过的最大距离绝不应当超过40 m。

(2)如果采取补充措施,在某些有限场合,可以超过这个距离。

(3)为了保证闸门附近人员的安全,可以采取一切必要的措施(减少热负荷、采取补充措施等)。

3.3.11 报警网(报警系统)

为了疏散核电站现场的每一人员,应当采用国家报警标准(CNA)。在同一现场内部,应当区别两种不同类型的报警。

(1)现场全部报警。当一次事故的影响已波及现场全部时:

信号码:连续发出声响,大约1 min。

停止:大约10 s。

反复次数:2次。

(2)局部报警。当事故的影响范围仅限于现场的部分设施时:

信号码:连续发出声响,大约15 s。

停止:大约5 s。

反复次数:3次。

报警信号由汽笛发出。在由于发生火灾而人声特别嘈杂的地方,疏散工作由于有灯光指示标志而变得方便了,后者由闪光信号灯组成的发光路牌构成。当发生事故时,灯光熄灭,禁止人员进入机组。

考虑到始终有可能看不见,所以发光路标用反光材料制成,它们应当符合标准《颜色和安全信号》(AFNOR X 08-003)的要求,反光油漆指示横幅可以紧邻这些灯标。

反应堆厂房灯标应当引导人们走向闸门,以便尽量缩短疏散所需的时间。报警信号可以从主控室发出,也可以通过使用扩音器的音响系统从现场安全装置(BDS)上发出,或者通过音响报警系统和编码的汽笛发出。用扩音器的音响系统按照电话标准是可以使用的。

在有高频噪声、音响报警听不到的厂房内,装有光学报警装置。在仅完成一项操作时,夜间工作人员可以提醒值班员。自由搜寻装置可以保证在最佳时间内与负责防火的人员联系,它们可以不占用日常的工作岗位(第二梯队)。

与外界公用事业部门消防人员通信联系的方式有以下三种:

——直接用电话与现场每个机组的主控室工作人员取得联系;

——从与公用电信网相连的每个机组的所有工作台到自动交换机,通过两种不同的途径进行电话联系;

——安全设备与消防队员的消防车之间的无线电联系。

电话电缆应当符合法国标准NF C 32-070中C1级的要求。电话电缆附件应当符合C级要求。

3.4　掩蔽措施、控制浓烟和排烟措施

(1)要求自然或机械排烟系统符合劳动法规 R235-4-8 的规定。

·位于底层的厂房以及面积超过 300 m^2 的楼层；

·盲区；

·面积超过 100 m^2 的地下室；

·所有的楼梯；

·排烟系统的目的在于把部分浓烟和可燃气体从着火区排出；

·使疏散和应急救助使用的通道更实用；

·当火势向外传播时，限制火灾的蔓延，限制高温和可燃气体及燃烧产物的蔓延(参见 1992 年 8 月 5 日决议第 10 条)。

(2)为了达到第(1)条的目的，可以使用三种系统。第一个是蔽烟系统，它可以使疏散和应急救助使用的通道更实用；第二个是与分隔相结合的控烟系统，它可以限制火势的蔓延，同时把热量、可燃气体及燃烧产物向外排放；第三个是排烟系统(在设施或厂房内)，它可以在通风的地方进行分隔。

3.4.1　对受保护的疏散通道的掩蔽

(1)按照下述方法可以以自然或机械的方式实现防烟保护：

·在人们想保持有新鲜空气的地方，通过自然通风来排出烟雾；

·在人们想保护的区域与受灾区之间产生压力差 ΔP；

·把以上两种方法结合起来。

(2)这些原则适用于以下厂房内的受保护疏散通道和收容区：

·保护性的辅助厂房和电气厂房；

·燃料厂房；

·核辅助厂房；

·水泵站；

·现场辅助厂房和建筑工程。

(3)如果在周边地区处于过压之下时，在受控区域的厂房内使用疏散通道则必须计算需要疏散的人员数量。

3.4.2　对着火区域内浓烟的控制

(1)通过在着火区与邻近厂房之间产生压力差，防止可能有毒性的气体和浓烟向着火区外面扩散，就可以实现对浓烟的控制。

(2)这个系统可以通过一个专用网实现。当这一点获得确认时，就可以利用连接在为此准备的 DN 300 防火通风系统上的移动式排烟装置了。

(3)如果有下列情况，选择安装这种系统就被确认：

·烟雾危险性比较小；

·有灭火装置存在；

·有静态的限制要求(在周围环境中有毒物质或放射性物质的排放)。

(4)对通过浓烟控制系统排放放射性物质或有毒物质的危险性应当进行分析。

3.4.3　排烟措施

(1)自然排烟是通过与外界直接通风的方式或者用控制装置引入户外空气、排出户内浓烟,以保证满意地从厂房或建筑物内排出烟雾。

实现排烟的方法有以下几种:

• 正面打开大门;

• 用鼓风机排烟;

• 通过与管道相连的喇叭口。

引入空气的方法是:

• 正面打开大门;

• 使要排烟的厂房大门向外打开,或向通风良好的厂房打开,或者使它处于过压状态下;

• 通过与管道相连的喇叭口。

(2)机械式排烟是通过机械排烟装置和自然通风或机械式通风相结合的方式来保证的,以确保需要排烟的地区根据排烟系统技术规则来执行完成排烟,该规则请见IT246(2004年3月22日决议)技术说明书。

第四部分　防火装置和防火设施的安装规则

4.1　防火装置和防火设施

4.1.1　电气系统和电气设备

4.1.1.1　电缆和电缆管道安装规则

(1)给防火区防火设施供电的电缆的安装,要保证在发生火灾的情况下相关设备能正常工作,除非该设备已经完成了它的任务,并且没有其他任务要完成。

(2)电缆和电缆线路应当符合法国标准NF C 32-070二号试验条件的要求,以及与它们的防火性能有关的标准CEI 60332-3(B类)的要求。这些电缆应当是无卤阻燃电缆,等级至少为C1级。

(3)反应堆厂房安全壳的电气贯穿件,应当远离管道系统的贯穿件。

(4)固定电缆用的卡环箍或把它们保持在台板上用的绷扎带,用C级材料制造,其氧指数(I.O.)不小于28。

(5)电缆管道至少离开含有热流体($T>100$ ℃)或易燃流体的管道或设备1 m远,除非为了连接安装在这些管道上的设备。

(6)电缆线路(在楼梯附近)的垂直部分和水平部分相互交叉,以避免垂直安装高度太高,以及在隔离屏蔽垂直部分前后0.5 m之内安装电缆。

(7)在电缆管道上(它们包含几个叠加的托盘,其中某些托盘离厂房天花板至少1 m,并且没有灭火系统的保护),安置了一些其宽度和厚度足以限制火势(可能的)沿电缆蔓延的隔离屏蔽。它们与隔火墙垂直,至少每25 m安置一个隔离屏蔽。它们的宽度应当足以中断由电缆芯线(并且有可能由钢带铠装)形成的热电桥。

(8)如果不能避免电缆管道的垂直部分太高,则可以在垂直线路上安置一些水平方向的隔离屏蔽,至少每5 m安置一个。

(9)如果这些沟槽容易受到易燃液体影响的话(例如辅助锅炉房、应急柴油发电机组厂房和汽轮发电供电机组厂房),禁止把属于安全系列的控制电缆和测量电缆放置在沟槽内敷设。在确定不可能的情况下,应当在放入电缆的沟槽内填满沙子或者有吸水性的矿物质,然后用保护板盖上。

4.1.1.2 电缆隔离标准

4.1.1.2.1 概述

(1)核岛内的电力系统要保证既有正常供电又有应急供电。

(2)每一个冗余系列都被安装在隔离区内。属于不同系列的电缆,应当用防火屏障与其他系列的电缆隔开。

(3)正常供电和应急供电的配电箱安装在同一个厂房内,无须把它们的线路隔开。考虑到它们不属于同一个系列,安全电缆或非安全电缆(功率电力电缆或控制电缆)被敷设在同一电缆层的同一托架上。

(4)功率设备和控制设备安装在隔开的厂房内。电缆敷设在同一个电缆管道内,但是有不同的托盘。

(5)连接不同区域用的电缆的护套,应当被看成是防火区用的电缆护套。

4.1.1.2.2 控制中心

(1)控制中心的布线(电缆线路)应当与有防火屏障的应急停堆盘上的布线隔开。

(2)不同系列的电缆应当敷设在隔开的电缆托盘上。

(3)主控室应当位于防火区内,其边界线应当尽量靠近,只要其隔墙能够做到这一点。这个防火区应当不同于文献资料中介绍的厂房。

(4)穿过主控室的贯穿件使用的封堵材料应当符合S1发烟标准(NF EN 13501-1标准)的要求。

4.1.1.3 有关主控室、功率配电柜、控制配电柜、测量配电盘及变压器的要求

(1)在配置电气设备时,应当考虑电弧效应。

(2)功率配电盘的连接线路应当尽可能短,并且应当从地板下面穿过进入。

(3)功率配电盘和控制及测量配电盘应当是金属结构的。

(4)在使用的变压器内有易燃的介电材料时,应当采取专门的措施并且要进行论证。

4.1.2 机械构件和机械系统

(1)原则上仅使用A1类、A2类和B类材料,可是如果在技术上不可避免(例如冷却管道的隔离、可净化的涂覆层等),也允许使用C类材料。

(2)应当避免在有安全级设备的厂房内存放易燃产品,至少它们的燃烧不会影响F1系统的功能。这一点不涉及这些系统内固有的流体。

(3)除非涉及最后存放废料,否则存放(即使是临时存放)有毒液体、放射性液体、易燃和腐蚀性材料或易爆炸材料的厂房的地面必须密封,保证有足够的防火能力,并且能使因事故溢出的产物和所有流动能被引导到一个相关的处理站,或

者具有与危险相适应的保留(滞留)能力,同时还要考虑到这些产物之间的相互反应和可能存在的不相容性。

(4)禁止把有毒液体、放射性液体、易燃易爆和腐蚀性液体保存或储存在预先准备好的区域外面。

(5)存放或储存有毒液体、放射性液体、易燃易爆和腐蚀性液体的容器应当密封,并且能够承受它们所包含的产物的物理和化学作用。

(6)所有存放上述液体的容器,除了容量小于或等于250 L的容器之外,都容易含有有毒液体、放射性液体、易燃易爆和腐蚀性液体的残留物,这种存放或储存方式与保留(滞留)能力有关,其容积至少应当等于或大于以下数值:

· 最大容器的100%容量;

· 现有容器总容量的50%。

对于容量小于或等于250 L的容器存放方式来说,保留(滞留)能力至少应当等于:

· 在全是易燃液体的场合(润滑剂除外),容器总容量的50%;

· 在其他场合,容器总容量的20%;

· 在所有情况下,至少800 L,或者当容器总容量小于800 L时,采用容器总容量的数值。

经营者应注意,可能的保留(滞留)容量应当一直能利用。保留(滞留)的容器应当密封,能承受它们可能包含的液体残留物的物理和化学作用。

具有保留能力的排空装置应当具有上述相同的特性,并且保持它。相关容器的密封性应当始终受到控制和接受检查。含有不相容产物的容器,不应当与同一种保留能力有关。

(7)如果不符合(3)的要求,则应当设计灭火所需要的水的回收装置,以避免对安全很重要的设备的损失,尤其是由于洪水或电气短路造成的损失。

(8)不允许在地面存放或储存有毒液体、放射性液体、易燃易爆和腐蚀性液体,除非这些容器放置在砖砌的地坑内,或者类似的坑内,并且要符合上述条件。

(9)处理这些有毒液体、放射性液体、易燃易爆和腐蚀性液体的残留物,应当在密封场地内进行,并且为了回收可能有用的液体要妥善安置。

(10)一方面,在固定的各种容器,如水箱和其他包装物上。另一方面,在可以长期存放活动容器的场所,应当有醒目标语注明产品的名称(液体、固体、气体)以及符合与危险化学品及生产有关的规定的警示符号。

(11)应当避免在有F1系统的厂房内存放易燃(氧气)或易爆气体。在受控地区存放这些气体应当按照严格的规定并且尽量少放。

(12)油箱容量超过50 L的油泵和马达,应当装有集油盘,其容积足以能容纳可能飞溅出来的全部润滑油。

(13)对于主油泵来说,应当安装油位传感器,以便监测集油盘和油箱内的油位。

(14)冷却系统只能使用不易燃的冷却液。

(15)应当避免使用容易浸透易燃液体的隔热涂覆层。如果可能,用密封涂覆层来加以保护，防止被易燃液体浸透的危险。这些涂覆层应当尽可能是不可燃的。

(16)位置在容易被飞溅出来的易燃液体引燃的热点，尤其是蒸汽阀门附近，要准备好用密封涂覆层保护的隔热装置。

(17)为了限制易燃液体回路泄漏的危险，管道之间的组装用焊接方法来实现。不可避免的法兰接头是嵌入型的，所有的螺母都是锁紧螺母。接头的数目应当尽量减少，并且使用柔性接头。后者是从具有最好防火性能的接头中挑选出来的。

4.1.3　汽轮机厂房的金属结构屋顶

(1)这种金属结构的屋顶具有密封性和隔热性。

(2)在使用补偿措施的场合(检测、喷水等)，这种结构没有耐火稳定性(1992年8月5日决议和劳动法规R235-4-17条)。

(3)屋顶覆盖物应当符合下面两个方案中一个的要求：

·用A1类材料或A2类材料；

·在A1类或A2类材料的支架上增加B类或C类材料。

(4)考虑到技术说明书IT246(2004年3月22日决议)中规定的技术要求，使用天然的或机械式的排烟装置。

4.1.4　被保护的疏散通道内的构件

原则上，被保护的疏散通道内不应当有可能对人身安全构成危险的设备、管道、电缆或其他东西。在有浓烟的情况下，安全照明装置应当能保证所有人员可以通过受保护的疏散通道安全撤离。

4.2　防火设施

4.2.1　无源防火装置

这些防火装置应符合下列分类要求：

表　无源防火装置分类要求

项目	SFC	SFE	SFS	SFA*	SFI**
结构	REI120	REI60	REI120	REI60	REI60
大门	EI120 S200C5	EI60 S200C5	EI120 S200C5	EI60 S200WC5	EI60 C5
贯穿件	EI120	EI60	EI120	EI60	EI60
消火栓	EI120	EI60	EI120	EI60	EI60
接头	EI120	EI60	EI120	EI60	EI60
外壳/隔舱	P120	P120	P120	不适用	不适用

注：*，最低等级，SFA的墙壁取相邻区域的分类等级，如果这个等级较高。

**，最低等级，根据厂房或一个区域参考火灾的特点，标准可能更严格。与外面相比，只有SFC、SFE和SFS满足它们的要求。可是，如果发现外面有发生火灾的危险，则前面规定的要求是适用的，不管这些区域属于何种类型并且在必要时可以加强。

4.2.1.1　开口

4.2.1.1.1　防火门

这一段只涉及限制火势蔓延的各种门。

(1)扇装门在装卸货物的时候有易受损伤的缺点,尤其是在施工过程中,但是它有安装闭锁型的开放装置的优点,有鉴于此,最好使用拉门。

(2)防火门上装有:

· 门弹簧;

· 闭锁型装置;

· 对于双扇门(双扉门),门扉选择器;

· 固定门扉锁定装置;

· 合适的信号装置。

(3)当防火门用来监测火灾的时候,偶尔的故障应当适用于监控装置。

4.2.1.1.2　防火阀

(1)防火阀的防火等级至少应当等于安装墙壁的防火等级。

(2)防火阀上必须备有保险丝装置,当温度达到 70 ℃左右时,它会引起阀门自动关闭。

(3)它们还备有电磁遥控装置以及一个就地的手动控制装置。

(4)在这个阀门上至少装有一个行程终端关闭,在正常运行状况下,它处于打开位置上。

(5)遥控系统和行程终端上有防热气体影响的保护装置,除非阀门上装有补充的保险丝,它安装在紧靠机构的壳体内部。

(6)阀门的重新调节可以是手动的也可以是电动的,控制装置是可以接近的。

(7)阀门闭合控制是通过电流脉冲实现的。

(8)阀门闭合控制装置用来探测火情。每一个阀门既可以通过主控室的遥控信号来操控,也可以在就地手工操控。

4.2.1.1.3　防火电气贯穿件和机械贯穿件

(1)贯穿件的封闭应当完成,以便使被贯穿件穿过的墙壁恢复到原有的耐火等级,同时,如有必要可以允许某些贯穿的管道能自由位移。

(2)为了限制大功率电缆发热,封堵的厚度应当严格限制在保证质量所要求的水平上。对于很厚的墙壁,禁止在每个面上都有封堵材料,不管它们的厚度是多少。

(3)当设计安装时安排了穿过几个工作层面的垂直管道线路或电缆管道线路,而它们的贯穿件由于各种原因不能被封闭时,则必须在这些工作层面之间竖立一个套管,其耐火等级应当等于被贯穿的厂房墙壁的耐火极限。具有同样耐火极限的检查孔可能要开在这个套管上,以便检查管道或电缆。

(4)通风管道可能要在两个厂房的墙壁中通过。在这种情况下,必须准备一个柔性防火封堵连接,它可用来缓冲结构件的不同沉降。

(5)具有水密性的贯穿件，应符合技术规范ENGSIN040475和EFTCE030646的要求。

(6)在有通风管道和控烟管道的场所，与防火隔墙垂直的贯穿件的密封，应当符合管道和防火阀使用说明书的要求，或者听取获认可的实验室技术人员的意见。

4.2.1.1.4　接头

(1)由于接头的原因，结构元件的连续性易受破坏，就必须安装受保护的专用接头，以便它们有耐火性以及与相关厂房的耐火等级相适宜。

(2)安装在厂房之间的膨胀接头，用阻燃材料制造，或者用一个涂覆层来保护，使它们能经受住内外部火灾考验。

4.2.1.2　物理分隔件或几何分隔件

4.2.1.2.1　防火外壳和护套

这些器材的作用是保证被保护的设备在整个火灾期间以及火灾结束之后的正常运行能力。

——护套只用来保护电缆，并且仅用在后面规定的情况下。

——外壳用来保护各种机电设备(电缆、配电箱、传感器、电动阀等)。

电缆管道的护套如下：

(1)护套被人们理解为一种隔热的保护套，它由一种柔性材料或刚性材料组成，具有固有的耐火特性，在它的内部放置电缆管道。

(2)所有保护方法都应当由一家获认可的实验室按照ENGSIN040526的技术要求进行质量认证。

(3)安装措施(参见附录D)。

防火外壳如下：

(1)防火外壳被人们理解为一种隔热的壁，它在土木工程结构中形成一个闭合的空间，外壳由刚性材料制成，具有固有的耐火特性，在它的内部放置各种要保护的设备或器材。

(2)这种保护结构的设计，应当与设备的维修作业相容，它应允许进入被保护的设备或器材，无须全部拆下保护壳，否则它们应当能由合格的人员拆下并且重新装上。这项工作可能有多次反复，不能因此而改变它们的防火性能，也不能影响它们的工作稳定性。

(3)保护内部设备的防火外壳要定期接受检查，并且备有检查装置(检查孔、观察窗口)，后者应当有固定的内部照明，由外壳外面固定的电源插座供电，只有在需要用加长工具的时候才连接这个插座。

(4)防火外壳不与被保护的设备或器材直接接触，除非在其终端部位。

(5)无论在什么情况下，这些防火外壳都应当由获得认可的一家实验室、根据ENGSIN040476技术规范的要求进行质量认证。

(6)安装措施(参见附录E)。

4.2.1.2.2　吊形天花板和高架地板

(1)吊形天花板和高架地板的构件应当用 B 级材料制造，由于它们的应用方式，要求它们长期具有 B 级材料的性能或务必使之具有这种性能。

(2)在这些天花板和地板的所有部分，应当能检查它们之间的间距。

(3)如果吊形天花板和高架地板之间的间隔未受到自动灭火装置的保护，那么，这个间距内、在水平方向、最多每隔 25 m 就有一个隔墙，后者最好用阻燃材料制造，并且含有 A1 级、A2 级和 B 级材料。

4.2.1.2.3　电缆沟槽

(1)应当避免使用电缆沟槽。可是如果不能做到，因为易燃液体意外泄漏引起的危险，可以(在安置电缆或冷却管道之后)通过在这些沟槽内填满沙子或吸水的阻燃矿物材料来加以避免，然后用合适的工具铺上保护盖板，以期延长其使用寿命。

(2)必须考虑到这样一个事实，这种方法对于电缆的冷却具有不利的影响，因此，必须对它们的尺寸重新进行设计。

(3)回收废水或污水用的沟槽也有一种危险性。因此，应当在与墙壁垂直的方向上，用一些只让液体流过而不让火焰通过的装置(如阻焰器或称阻焰槽)来阻断。

4.2.1.2.4　隔热屏障

(1)隔热屏障可以放置在几何分隔区内，以防止通过辐射或对流的方式进行热能传输。

(2)如果被保护设备的入口需要的话，这种隔热屏障应当可以拆卸。

(3)隔热屏障的支架应当在火灾情况下具有热稳定性。

(4)隔热屏障的防火等级应当为 DH 级，具体规定为在 30 min 内的烟幕厚度。它由一家经认可的实验室来审定认可。

4.2.2　有源防火装置

4.2.2.1　探测火警

4.2.2.1.1　概述

(1)火警探测装置旨在尽可能早地发现火灾并发出报警信号，并且最大限度地避免不合时宜的报警，以减少使用合适的手动或自动灭火工具的延误。

(2)探测火警的网络设计，不管发生了什么样的一种事故，应当能够保证：

· 迅速发现火灾的发生；

· 给火灾的源头定位；

· 监视烟雾的蔓延；

· 触发报警，指挥各种伺服机构，如防火阀、烟雾控制回路阀门、灭火系统等。

(3)探测装置安装在厂房内的固定位置上，以监视和重组被探测的区域。安装的每一种类型的探测装置，一方面应当适合伴随着被监视厂区或设备起火之后出现的各种异常现象(温度—火焰—烟雾—燃烧气体)，另一方面应当适合它的安装条件(可接近性—环境—湿度、温度、离子辐射、腐蚀性气体—厂房内的压力情况等)。

(4)探测系统应当有按照第1.3.2节假设的事件和引起的火灾、第1.3.3节假设的事件和单独的火灾、第2.7节防爆(1)节的要求提供的防外部侵害的保护。

(5)探测系统应当能对一个地区或系统实施地址定位,包括一点定位、多点定位或线性定位。

(6)火警探测系统由以下几部分组成:

- 火警探测器;
- 火警探测线路;
- 手动报警按钮;
- 行动指示装置;
- 信号控制面板(信号一览面板);
- 火灾报警传输系统和故障信号系统;
- 传输线路;
- 火灾总报警装置;
- 信号中心显示面板;
- 运行终端及其打印机;
- 与其他基本系统的接口装置。

4.2.2.1.2　探测装置的布置

(1)可寻址型探测用的探测线路是一个电路,可寻址的各种探测器就连接在这个电路上。天线上的两级线路就连接在这个主要线路上(EN-542)。每只探测器就是一个探测点(地址探测点)。应当按照法国标准NF S 61.962的规定完成这些线路。

(2)各种探测器在电气上互相连接,以便形成一个覆盖称为“监测区”的几何分隔区之电气线路网。

(3)一个监测区可能相当于一个厂区或其中的一部分,一个建筑物内的全部区域或者这个建筑物的一层。

(4)当存在烟雾控制区和喷水控制区(“淋浴”式手动设施)或者自动监测控制区时,监测区可能会和防火区重合。

(5)当一条监测线路同时监视几个探测区域,且当该探测区域内包括一个能使烟雾从一个区域扩散到另一个区域去的通风系统时,则必须提供一个监测装置,它能指出火灾发生的具体地点(存储第一次着火地点的信息)以及所有受浓烟影响的区域(在着火之后)。这种设计可使消防队迅速作出灭火反应。

(6)一只探测器的动作,不会影响同一线路或回路内其他探测器的工作。

(7)一个电流脉冲流经这条线路,显示线路故障的信号报告在电路内出现了一个故障(线路中断、短路等)。

(8)当监测系统自动控制用于“对安全性很重要的设备”的灭火装置时,必须通过第二信息途径来证实这个信息,以免不合时宜地触发报警。第二信息途径可能是另一只探测器补充或者一条备用线路。

(9)一条监测线路不能同时监视位于不同工作层面的区域,除非受灾区域的定位可以根据反复报警的就地显示屏作出判断。

(10)监测线路往复路线通过借道不同探测区域的不同路线图来绘制。

(11)核电站的每个厂房都被分为许多防火区,区域内的每一个地址被分配到每个监测区,应当遵守以下规则:

・探测器的分布和布线的设计应当这样:在某个防火区内发生火灾、事故或维修作业,不应当引起不同系列防火区内监测功能的丧失,应当能够指出发生火灾的区域(存储第一次着火地点的信息),并且保证对其可能的发展趋势进行跟踪。

・一条开放的寻址线路只能监视一个防火区(唯一的一个防火区地址)。

・再次闭合型寻址线路能监视不同系列的防火区,但必须避免线路的往复在相同防火区内完成,否则应当使用CR1-C1型电缆。

・监测区应当与分隔的防火区重合。

注意:为了保持电缆CR1-C1的完整性,当它插入装置(检测器之类的)中时,它的行程不会中断。

(12)探测装置中使用的电缆,至少应当为C1级。

4.2.2.1.3　安装标准

为开展火灾探测研究,作为最低要求被考虑的标准在下列表格中。

表　功能方面

安全分隔	参与检测
防火活门或随动防火门	作为应当参与随动的确认区域
要求喷水	相关区域

表　与设备有关的危险

电缆TBT/BTA/BTB/HTA	所有相关厂房
机电设备TBT/BTA/BTB/HTA	所有相关厂房
易燃液体	$V>10$ L
蓄电池厂区	全部
仓储区或档案区	全部
吊形天花板和高架地板	如果有易燃品存在
碘收集器	如果有加热器

4.2.2.1.4　火灾探测中心系统

(1)中心信号显示板安装在控制中心,并且:

・一方面,重新组合关于这些电路状况的信息要点和各种安装构件的信息要点,以便能保证整个系统正常工作;

• 另一方面，重新组合各种火灾报警：声或光报警，由监测区发出的个别发光报警。

(2)反复探测火警的厂区显示板安装在主要建筑物不同平台或入口处。有指示灯的这些显示板可以把消防人员迅速引导到受灾区域。指示灯指出“第一着火点”的这种作用已被储存起来。

(3)根据有信号指示固定保护功能的显示屏，对火警信号进行重新组合。

(4)全部火警探测装置通过控制中心的信号显示屏由彼此互相独立的电源来供电：

• 主电源，由一组机组应急电源组成；

• 次电源(蓄电池组)，在主电源发生故障的情况下，可自动投入使用。

(5)在使用多点探测装置的情况下，在反应堆厂房和不能进入的厂房内，探测部分应符合上面的要求，而包括通风机在内的取样系统部分应当做到一用一备，每一台电动机由不同的系列供电。

4.2.2.1.5 工作原则

靠近各个厂区设置，以便长期监测。在一个厂房内的火情探测通过以下装置发出信号：

• 控制中心信号显示板，通过声光发报警；

• 在与控制中心信号显示屏相应的地区(单元)通过发光进行报警；

• 通过发光信号装置在厂房内的显示屏上反复显示火警探测结果。

此外，安装在每台探测器上的信号灯可以识别已有发现的探测器。

4.2.2.1.6 火灾探测专用网

(1)用固定灭火装置保护的某些重要设备，配备了专用的火灾探测网，如有必要，它们可独立于该地区探测网之外。相关的设备主要指各种变压器(主变压器、辅助变压器、降压变压器等)。

(2)某些行政大楼或技术大楼可以有专用的火灾探测网。从某个厂房信号显示屏发出的一个简短信号，可以发往安全厂房或机组的火灾探测显示屏上。

4.2.2.2 灭火工作

4.2.2.2.1 总的原则

(1)人员疏散和消防队员的介入通过以下方式完成：

• 疏散可以撤离厂内人员，厂房入口供消防队员进入(被保护的通道)。在某些情况下，由于需要迅速引入消防设备和应急人员，有些未被保护的辅助厂房入口也可以利用。

• 通过通风系统和(或)合适的烟雾控制系统，使疏散通道(被保护的疏散路线)内保持无烟状态。

• 在受灾区域要限制烟雾的传播。

• 发出火灾报警信号(声信号或光信号)。

(2)灭火设备由便携式(移动式)灭火装置和固定的灭火设备组成。危险性分析可以从中选出最适合的灭火方式。

(3)灭火设备应当有防冻保护考虑。

(4)安全分隔所需的固定灭火设备,是偶尔发生事故时需要使用的。

4.2.2.2.2 消防水供应系统

a)概述

(1)对水泵能力应当进行计算,同时考虑到内部和外部固定灭火设备的最大喷水流量,每小时120 m^3 的流量相当于在使用消火栓时能够二次喷水的喷水量。

(2)这个流量用两台水泵来保护,已考虑到一只供电用的配电盘或一台水泵发生故障时,不影响获得这个流量。

(3)如果现场地形允许建造一个水池,依靠重力作用给灭火用水网供水,那么可以不用电动水泵。在这种情况下,水池所处的高度可以获得一个最小压力,它与第4.2.2.2.2节b)(4)中规定的固定灭火设备工作相适应。这些水池应当符合第4.2.2.2.2节d)中规定的要求。

(4)应当能在8 h内保证提供水源。

(5)灭火用水系统不能中途断水,因此,在某些装置中[喷水灭火装置、消火栓(RIA)、喷雾器的喷嘴等]不能使用上述供水方法。为此,应当准备一个过滤装置或一个过滤器。在断水时,灭火用水管网应当连接到自来水回路或饮用水回路中。

b)水分配网

(1)每个单元的消防水分配管网都是由两个环路组成的循环型网络。

• 第一个环路用来保护核岛,防止核岛部分发生火灾,其中包括电厂厂房。

• 第二个环路用来保护其他设施,通常涉及可以长期进入的厂房,以便在需要的时候能够迅速地把第二个环路关闭,以保证优先供水给第一个环路。

(2)立管用于给主要楼层灭火设备供水,既可以直接从环路中分接出来,也可以从第二个环路中分接出来,第二个环路有两个点与主环路相连(通过装有阀门的分支线路)。

(3)在环状管网上装有隔离阀、通风阀、排水阀,以便于对可隔离的短管进行维修,而不中断给正常运行时具有最大失火危险设备的供水。

(4)供水管网的设计应当能在使用水泵之后最不利的条件下(包括压力和流量)仍然能够正常供水。此外,供水管网应当能够承受零流量水泵的压力。

(5)在供水管网的分支管道上,水压如果大于6 Pa,可安排一些降压装置用于外部应急,使它们能利用这一级灭火设备平台。

(6)考虑到某些环路的长度,应当采取一些预防措施应对水击(水锤)。

(7)喷水管线以及增压管线与核岛相连,一直到环路的隔离阀(其中包括隔离阀在内)。它们的设计是为了保证在万一发生地震时能够保持正常的工作能力。

(8)消火栓安装在厂房内部的每个工作层面上,以便覆盖到每个厂房内具有火灾危险的所有地点(此时必须要考虑能够达到的水压和喷水性能要求)。

(9)厂房内部的灭火用水管网应当按照在管网漏水时不影响冗余系统进行设计。

(10)灭火用水管网应当一直保持在一定的压力下(按照最低能够保证水泵自动启动标准),或者通过备用水源,或者通过填充气体能力的方式。

c)水泵

(1)水泵是专门为灭火而使用的。针对所有其他用途,应当进行专门分析。

(2)离心式水泵可以单独使用,也可以并联使用,它们都装有一条零流量管道。它们是自然分开的。

(3)投入使用水泵是(从……开始的):

· 从控制中心开始;

· 从供电间开始;

· 当消防用水环路内的压力降低时,能够自动启动。

(4)所有电动水泵都是浸没式吸水,以保证能够安全启动。它们的直径大小应由在低压下需要增大流量来工作决定。

(5)电动水泵应在地震后仍能正常工作。

(6)水泵供电应考虑到应急。最后的救助应当通过软管连接到主分配环网上的热力发动机水泵来保证。为此而准备的插座应位于靠近水源的水泵增压线路上(泵站或供水回路)。也可以使用消火栓。

d)水箱

(1)如果蓄水能力是由水箱提供的,则应当满足下列要求:

· 水箱数目至少两个,既可以单独工作,也可以并联工作;

· 在地震产生的应力作用下,它们应当仍旧保持完整。

(2)在正常工作条件或意外情况下,单个水箱的容量可以保证灭火的需要,备用水箱可以保证灭火设备 2 h 的用量需要(这种灭火设备需要消耗水量最多达 240 m^3,以保证喷水);为了延长备用水箱在灭火期间的自给能力,要同时准备补给水的供应。

(3)在海边的现场,当发生火灾时,最好准备淡水的补给,以延长备用水箱的自给能力。在没有淡水的情况下,可以考虑补给海水,但仅限于最低水平。

4.2.2.2.3　废料

(1)应采取各种预防措施防止因灭火引起的废料排放。

(2)为此,如有必要,在发生火灾后,在可能被污染的地区要对安全壳水池进行处理,尤其是为了能回收和处理灭火后的废水。

(3)使用这些水池所需的各种控制装置,在所有环境下都应当能起作用,无论是就地控制还是远传遥控装置。

(4)对水池的必要性和尺寸设计要进行论证,以保证水池容量能适应各种危险。

(5)为了满足 1999 年 12 月 31 日决议的要求,确定这些水池的容积时,要求采用下述方法:

○使用由国家土木工程安全研究协会、法国保险公司联合会和国家预防和保护中心共同制定的各种技术文件(对于外部灭火,用D9指南;对于计算废料,用D9A指南,此时考虑的是固定灭火设备)。

○使用在1998年2月2日决议第12条中介绍的各种资料,它们涉及各种已分级的设备。对于每吨有毒、有放射性、易燃易爆和腐蚀性的产物,要用5 m^3 的水来冲洗。

○在考虑各种经认证的方法或标准之后,通过具体应用来选择所有其他的方法。

(6)当开发商求助于第一种方法时:

• 使用D9技术指南的方法,是针对工业危险的。

• 对于防火区来说,这个危险等级相当于2类;对于其他地区来说,这个危险等级相当于1类。

• 对于一个已安装的工程结构来说,要考虑的基准危险表面,相当于要求用最多的水来对付内部火灾的表面(包括已分隔的防火区和未分隔的防火区)。

• 对于2类危险,计算用水量时考虑的用水时间为2 h。对于1类危险,计算用水量时考虑的用水时间为1 h。

• 当热负荷受到开发商的控制时,如果存在A2类或B类防火材料,上述时间可以减少一半。

(7)因此,在一块大的、表面具有小热值的工程,或者在一块很小的、表面具有很大热值的工程,应当根据具体情况进行处理,以便更接近实际情况,尤其应当考虑有关易燃物的热值和它们的质量。

4.2.2.3　灭火系统

4.2.2.3.1　概述

(1)灭火系统的安装与下列标准有关:

• 火灾危险性标准;

• 燃料类型标准;

• 可达性标准;

• 燃料分布标准;

• 火源存在标准;

• 无源保护装置标准(外壳、隔舱等)。

(2)在放置了固定灭火装置的场合,如果没有点火源(高压机柜、开关装置等),对准许使用C1级无卤阻燃电缆要进行论证。但是,这种准许并不一定有效,例如在发生火灾的场合,这种电缆的数量不能保证符合1999年12月31日决议第1条的要求的话。

(3)在防火区和限制放射性材料区,灭火剂应当被过滤和回收,以防污染扩散,并且要考虑到方便进行去污处理。

(4)水是最常用的灭火剂,但是它的使用必须遵守有关安装要求并且要采取一些预防措施(临界危险、人员安全、喷水流量限制、水流限制、过滤可能性等)。

(5)当不可能用水灭火时，可以使用其他灭火剂，例如泡沫灭火剂、对环境无影响的惰性气体。

(6)禁止使用含有卤素的产品。

(7)灭火系统应当设计成在误触发时，不会对设备安全性造成损害。

(8)装有固定灭火设备或泡沫灭火装置的厂房，应当考虑将排放废水收集起来，在排出之前可以进行控制。

(9)固定灭火设备应当设计成能按照第1.3.2节(假设的事件和引起的火灾)的要求抵制外来危害。

4.2.2.3.2　控制

(1)即使在外部电源丧失下，固定灭火设备的控制系统仍能正常工作。

(2)原则上，灭火设备应当能自动灭火。但是，如果误自动启动会损坏安全设备或影响机组的正常运行的话，灭火设备也可以在控制中心用手动方式或者在厂房内用手动方式来控制。

(3)控制台应当安装在被保护的防火区的外面。

(4)在隔离阀下游装有控制台的水位指示器应当能指示厂房内喷水回路的位置，并可以形成控制中心的报告。

(5)与不同系列有关的喷淋回路、回收系统和排水系统，是完全自然分开的。

(6)当灭火装置(固定灭火设施或消火栓)是为防火区内部灭火用的时候，防火区的设计应当考虑由于水的原因而引起的共性危险。

4.2.2.3.3　灭火水系统的尺寸设计原则

(1)下表列出了每个涉及的表面和考虑的喷水时间内水流的密度与各种危险性的关系(在最不利的喷嘴情况下)。

表　水灭火系统的尺寸设计要求

项目	密度/L/(min·m^2)	涉及的表面积/m^2	最短喷水时间/min
电缆	6.5****	260	15
柴油发电机	15*	厂房地面面积	10
碳氢化合物	15*	厂房地面面积	10
油	15*	厂房地面面积	3
变压器**	20***	被保护的表面	5

注：*，如果灭火用水中掺入了乳化剂，这个密度可以修改为10 L(水回路)和0.5 L(喷水回路或喷淋装置)。它符合NF EN 1355-1试验技术规范的要求。1级的审定结果，符合法国标准NF EN 158-3的规定。其使用的下限温度至少低于15 ℃。其浓度(产品体积/总体积)小于或等于3%。其成分保证对环境没有不利的影响。

**，非JPS设备(不是对安全很重要的设备)。

***，这个数值相当于掺入了乳化剂后的水流量(与*的特性相同)。

****，这个数值相当于喷水灭火装置的数值。在雾化水系统的情况下，这些数值将根据具体情况进行修改。

4.2.2.3.4　消火栓(RIA)

消火栓应当符合法国标准 NF EN 671-1、NF EN 694 和 NF S 62-201 的要求。

消火栓的应用有两种方法：

——连接到核岛的消防系统中(在 SDD 投入运行之后)，它们与 RI 网的连接和下泄管的连接由 EPDM 半刚性的套筒来保证(DN 33)，套筒的长度为 1 m。

RIA 与套筒之间的连接用系统的半刚性接头来完成。在 SDD 之后，下泄管坠落的情况下，半边管接头可以代替移动的下泄管，这样就可以保证在 SDD 之后 RIA 的可操作性了。

——连接到现场未分级的其他建筑物内，它们与消防系统的接头是刚性的。

4.2.2.4　通风系统

4.2.2.4.1　普通设计

(1)防火区内的厂房或厂房群的全部通风系统应当通向外面，以便不中断除受灾区之外的通风。防火阀安装在进气口和取气口上，与贯穿的墙壁相垂直。

(2)如果由于意外不能实现上述设计，天线应当引到通风厂房的内部，管道和阀门的耐火等级至少等于厂房贯穿件的耐火等级，并且保证支架具有同样的耐火稳定性。在这种情况下，必须使管道的耐火等级根据外部火势的结果来确定。

(3)安装在进气口或取气口上的防火阀的自动关闭，必须在短期内使进气阀门关闭，以免浓烟向毗邻厂房内扩散(由于该厂房内有过压)。

(4)容易积累灰尘的通风管道部分，应当装上密封阀门，以便于进行清扫。

4.2.2.4.2　闭合回路的通风

(1)火灾和浓烟有通过通风管道向其他厂房扩散蔓延的危险，所以闭合回路通风系统(不管有无外部取气口)都应当在使用之前进行深入的检查。无论在什么情况下，厂房或厂房内的疏散通道都不应当受到来自其他已证实有火灾危险的厂房内的烟雾或有毒气体侵入的威胁。

(2)在使用闭合回路通风系统的场合，应当与火灾探测系统联网联动。

4.2.2.4.3　新鲜空气取气口

(1)通常，通风系统的取气口(不管这个系统是开放式的还是封闭式的)应当安置在几乎不会把相邻厂房内的浓烟引入到通风系统中的地区。

(2)对于有闭合回路通风系统的厂房来说，它有从外部获取新鲜空气的新风进气口，在这个厂房内需要一直有人在，尤其是控制中心。为了防止外来干扰而关闭一只进气滑阀时，新鲜空气入口可能会暂时中断。

4.2.2.4.4　可能被污染的厂房内通风系统

(1)通风系统保证在厂房内部的通风。通常，空气流通的方向是从外部通往内部，然后通向排气烟囱。通风系统设计的目的是使空气从污染较少的地方流向污染较多的地方。

(2)预过滤器和 T. H. E 过滤器的防火等级为 B 级，无论是过滤媒质还是外壳都是如此。

(3)过滤装置安装在密封的金属外壳内,其外壳的防火等级与发生火灾时评估的耐火极限时间是相同的。

(4)预过滤器和 T.H.E 过滤器上设置了调节温度传感器,一旦过滤空气温度超过规定值,在控制中心内就会发出一个报警信号。

4.2.2.4.5　碘过滤器

(1)碘过滤器中活性炭的自燃温度不应低于 350 ℃。

(2)碘过滤器安装在密封的金属外壳中,位于防火阀的上游和下游,用来阻止烟雾的扩散。

(3)这些外壳、阀门和连接件的耐火极限是 2 h。

(4)隔离阀有一个手动控制装置,位于在发生火灾时可以触及碘过滤器的地方。

(5)除燃烧区外,设想一个虚拟的空间,围绕每一个外壳并界定一个中性区域。

(6)如果为了排出烟雾而使用了通风系统,那么碘过滤器应当能被旁通(有分支路线)。

(7)火灾探测器安装在上述外壳的上游和下游。从控制中心发出报警信号。

(8)在碘过滤器内部应装有固定灭火装置。

4.2.2.5　烟雾控制系统

(1)烟雾控制系统与探测结果联动,一旦有火灾信号,厂房内的通风系统会自动关闭,马上接通烟雾控制系统。手动控制装置既可以在厂房内使用,也可以在控制中心使用。

(2)压力差应当有效地控制在 20～80 Pa 之间,同时能方便地打开大门(参见劳动法规 R235-4-8 及其附注)。

(3)烟雾控制系统至少在消防队员介入之前能发挥作用。它打开大门的作用可以通过引入新鲜空气而能方便地排除此期间产生的浓烟。

(4)烟雾控制系统的管道外壳和通风阀门应当有足够的耐火等级,能使火势不会蔓延到其他未受火灾影响的厂房内。

(5)当厂房的配置需要能降低烟雾压力的管道穿越同一系列中的几个防火区时,这个管道内部的耐火等级为 EI 120(i→o)。

(6)为了限制这个系统的数量(管道的截面、排烟量),同时又不影响它的效率,并且改进火灾探测的定位能力,没有安装自动灭火装置的厂房,其体积被限制在 500 m^3 左右。某些厂房如果它是防火区的一个组成部分,而体积超过了这个值,则应当分成几个体积不超过上述最大值的烟雾控制区,期望的体积是 350 m^3 左右。

(7)每一个希望降压的厂房应当连接到烟雾控制管网上。相关的厂房内装有一个或几个常闭排烟阀,安装的位置在比较高的地方(超过 1/3)。

(8)安装在防火区外面的手控阀开启装置,必须是拉杆装置或者电动系统、电磁系统或者有防止高温进行气体保护的电气系统。

(9)为了更紧凑设置，避免与附近厂房各种阀门手动控制装置分散布置，应将与通风手动控制装置进行重组并贴上标记，以防误操作。重组还涉及厂房内反复探测火情和喷水系统的显示屏。

(10)必须给每个阀门安装一个有防火保护的“闭合”位置电触点。其他的位置控制器(指示阀门在打开的终点位置)在某些情况下可以证明是有用的。位置传动要求用有足够耐火极限的材料来制作回路，以便使它们在火灾开始阶段就能发挥作用。

(11)不同系列的防排烟系统是隔开的。

(12)通风机的供电是交叉的。

(13)控制中心是一个特殊的厂房。不管发生火灾的位置，是在控制中心内部还是在外部，它都应当有防烟保护。如果火灾发生在控制中心外部，它应当比受灾厂房内的压力稍微大一些，反之则应当稍微小一些，以便能排出烟雾。如果火势在内部蔓延，则在人员通过疏散通道之前，应采取必要措施为引导人员疏散赢得时间。

4.3　防爆要求

4.3.1　易燃易爆品的存放

(1)闪点低于或等于55 ℃的液体燃料或者有发生爆炸倾向的不稳定的液体燃料，不应存放在核岛内。

(2)存放气体不应当在发生爆炸的情况下影响到安装F1系统的厂房。

4.3.2　易燃易爆品的使用

(1)使用润滑油或润滑剂的系统，应当这样来设计和使用：在发生泄漏时，能防止或减少形成易爆环境(油雾或除气)的可能性，从而不会影响F1系统。

(2)原则上，气体管道不应当穿越安装了F1系统的厂房，除非必需的供气管道符合相应要求。

4.3.3　总体措施

(1)易燃易爆液体的运输管道必须密封，能抵御包含物可能的物理和化学反应影响。

(2)管道应当方便维修，并且要作定期检查。

(3)这些管道应当具有可以排出管内液体的装置。

(4)它们的路线应当标记在安装图纸上。

(5)它们应根据已生效的法规，在现场有信号标志。

(6)针对各种机械冲击和机械应力的作用，应当采取各种预防措施以保护管道的完整性。

4.3.4　蓄电池厂房

(1)蓄电池厂房的设计应当避免易燃气体的积聚。

(2)蓄电池厂房应当有通风系统，可以限制氢气的浓度，使之符合法国标准NF C 15-100的规定。在该系统发生故障的情况下，控制中心应当发出报警信号(丧失通风能力或者探测氢气的能力)。

4.3.5　有氢气危险的专用厂房

安装了含有浓度超过LIE标准的氢气管道或系统的厂房，或者有发生氢气泄漏危险的厂房，应当根据防爆标准的要求来设计。

第五部分　质量保护

质量保证要求应当符合1984年8月10日决议IAEA安全指南NS-G-1.7以及ISO 9001标准的规定。

5.1　一般推荐意见

质量保证计划应当适用于核电站的各个部件，旨在保证从设计阶段开始，一直到生产过程中以及在投入运行期间的防火保护。

质量保证计划应当提供下列保证：

(1)设计符合有关防火的各种要求。

(2)所有消防器材均符合根据防火要求和核电站总平面图提出的供货技术规格书的规定。尤其是作为适合预期功能和已试验类型的器材，对探测装置和灭火装置应当进行质量审查(如果可能的话)。对新式灭火器材和灭火剂应当进行审查试验。

(3)核电站用的所有探测和灭火装置和器材，其生产和安装应当符合设计时提出的各种要求，对灭火系统和灭火器材启用之前和启用时要求的试验计划，已经相应结果证明。

(4)如果在生产和运行过程中突然发生危及安全很重要的组件或构件的火灾时，为了保证这类对安全很重要的组件或构件能按照设计目标正常发挥作用，就应当进行一次评估。

(5)各种防火措施已经采用，并且按照核电站运行要求对灭火和探测装置及系统进行了试验，对维护和使用这些装置和器材的工作人员已经进行培训。

5.2　行政检查

为了进行行政检查，提出了下述要求：

(1)在装载核燃料之前，必须全面检查各种防火区和防火段，应当清除所有不需要的残渣和其他易燃材料。

(2)对可能危害灭火系统的功能和分区完整性的所有工程必须进行监测。

(3)对有发生火灾可能的各项工程应当进行检查，使灭火器材准备好投入使用，消防人员准备好投入救火。

(4)必须检查对灭火器材和探测装置的各种试验和检测是否已经完成。

附录A

规定、法规和标准

a)按规定次序排列的参考文献

关于基本核设施的1963年12月11日决议63/1228，由1990年1月19日决议90/78做了修改。

关于产品、构件和工程耐火性能的2004年3月22日决议。

关于批准“修改和补充防火安全规则和防止公共机关人员恐慌”有关措施的2004年3月22日决议。

作为对1993年11月4日决议补充的2003年7月8日决议——关于劳动安全和健康的信号设备的规定。

关于容易暴露在爆炸环境中劳动者的安全保护问题的2003年7月8日决议。与可能存在易爆环境的地方安装电气设备的条件有关的2003年7月8日决议。

与产品、构件和工程耐火性能有关的2002年11月21日决议。与涉及工作场所预防发生爆炸的措施有关的2002年12月24日决议n°2002-1553号。2001年2月1日决议，n°2001-97号：为重新制定和修改劳动法规而起草的预防生癌、突发性病变或毒性危险的特别规定。

经2006年1月31日决议修改的1999年12月31日决议：确定用于防止和限制由于基础核设施爆炸引起的毁坏和外部危险的普通技术规定，以及关于防火问题的应用指南。

与打算用于爆炸环境中的保护系统和测量仪表有关的1996年11月19日决议n°96-1010号。

1992年8月5日决议：劳动法规R235-4-8和R235-4-15条的应用和确定预防在某些工作场所发生火灾和排除浓烟的预防措施，被1995年9月22日决议和1998年9月10日决议所修改。

与禁止使用石棉有关的1996年12月24日决议，n°96-1133号，它应用了劳动法规和消费法规。

1990年6月28日CEE顾问委员会决定(90/394/CEE)涉及劳动者保护、防止在劳动中发生爆炸的危险和接触致癌物质的危险。

1978年3月20日决议78.394：禁止在建筑物中使用石棉覆盖物。与耐火和排烟闭合装置启动机构有关的第247号技术说明书。工程承包商在现场施工时应当遵守的与安全和健康有关的预防措施或对它们进行修改、扩展或改革的92-332号决议。

1998年2月2日决议，即《完全停堆》，与水的取样和消耗以及各种类型分级设备的放射性有关的环境保护问题。

b)法国电力公司文件

《核岛电气设备建筑设计规则》(RCC-E)；

《核岛机械设备建筑设计规则》(RCC-M)报告；

《与防范CNPE发生爆炸危险的劳动保护有关的规则应用指南》(ENGSIN050344)报告；

《欧洲压水式核反应堆防止内部发生爆炸危险的安全保护要求参考标准》(ENGSIN××××××)报告；

《电缆管道保护系统的试验技术规范》(ENGSIN040526)报告；

《机电设备保护系统的试验技术规范》(ENGSIN040476)报告；

《电气和机械防火贯穿件的试验技术规范》(ENGSIN040475)c)防火标准消火栓(RIA)；

《固定防火系统用的半刚性管道》(NF EN 694)(2001年12月)；

《固定防火设备　有管道的灭火系统　第一部分：有半刚性管道的消火栓》(NF EN 671-1)(2001年9月)；

《固定防火设备　有管道的灭火系统　第三部分：有半刚性管道的消防栓和有扁管墙壁供水装置的维修》(NF EN 671-3)(2000年5月)；

《灭火器材　有半刚性管道的消防栓(RIA)设备和设备维修规则灭火器》(NF S 62-201)(2000年7月)；

《移动式灭火器》(NF EN 1866)(1998年11月)；

《便携式灭火器　第一部分：名称、工作时间、起火点类型(A类和B类)》(NF EN 3-1)(1996年6月)；

《便携式灭火器　第二部分：密封性、介电强度试验、沉降试验、专用装置》(NF EN 3-2)(1996年6月)；

《便携式灭火器　词汇表》(NF S 61-918)(1987年7月)；

《便携式灭火器的维修灭火装置》(NF S 61-919)(2004年7月)；

《固定灭火装置　自动喷水灭火器和喷水型灭火装置的构件　第五部分：水流显示器》(NF EN 12259-5)(2003年3月)；

《固定灭火装置　自动喷水灭火器：计算、安装和维修》(NF EN 12845)(2004年1月)；

《固定灭火装置　喷水灭火系统　第一部分：与灭火系统构件有关的要求和试验方法》(NF EN 13565-1)(2004年6月)；

《灭火剂　喷雾器　第三部分：用于没有亲水性液体表面的低膨胀喷雾器的技术规范》(NF EN 1568-3)(2001年3月)；

《固定灭火装置　喷水型自动灭火器　构件特性》(NF S 62-211)(1985年12月)；

《固定灭火装置　自动喷水灭火器和喷水型灭火装置的构件　第一部分：自动喷水灭火器》(NF EN 12259-1 + A1/A2)(2004年11月)。

其他灭火器材：

《应急灭火器材　不结冰的消防栓(100和2 X 100)的技术规范》(NF S 61-213)(1990年4月)；

《防火通风系统半边管接头(DN300)》(NF S 61-707)(1973年2月)；

《应急灭火器材　灭火用手持喷水枪》(NF S 61-820)(2001年1月)；

《灭火器材　消防栓和冲洗栓　安装规则》(NF S 61-200)(1990年9月)；

《消防颜色　红色》(NF X 08-008)(1972年2月)。

火警探测器：

《火警探测器和火警报警　第一部分：引言》(NF EN 54-1)(1996年5月)；

《火警探测器和火警报警　第10部分：火苗探测器　多点探测器》(NF EN 54-10)(2002年4月)；

《自动火警探测系统　第11部分：手控报警装置》(NF EN 54-11)(2001年12月)；

《自动火警探测系统　第12部分：烟雾探测器　按照辐射光波波束传输原理工作的线性探测器》(NF EN 54-12)(2003年5月)；

《火警探测和报警系统　第2部分：控制设备和信号装置》(NF EN 54-2)(1997年12月)；

《火警探测和报警系统　第3部分：火警音响报警装置》(NF EN 54-3)(2001年8月)；

《火警探测和报警系统　第3部分：火警音响报警装置》(NF EN 54-3/A1)(2002年10月)；

《火警探测和报警系统　第4部分：供电设备》(NF EN 54-4)(1997年12月)；

《火警探测和报警系统　第4部分：供电设备》(NF EN 54-4/A1)(2003年5月)；

《火警探测和报警系统　第5部分：热量探测器　多点探测器》(NF EN 54-5)(2001年3月)；

《火警探测装置　探测器　信号显示屏和中间机构》(NF S 61-950)(1985年11月)；

《火警自动探测系统的组成机构　第1部分：引言(欧洲标准EN 54-1)》(NF S 61-951)(1977年6月)；

《火警自动探测系统的组成机构　第5部分：热量探测器　含有静止元件的多点探测器(欧洲标准EN 54-5)》(NF S 61-952)(1977年6月)，1989年9月修改，n°1号；

《火警自动探测系统的组成机构　第6部分：热量探测器　没有静止元件的多点探测器(欧洲标准EN 54-6)》(NF S 61-953)(1983年7月)，1989年9月修改，n°1号；

《火警自动探测系统的组成机构　第7部分：烟雾多点探测器　根据光线漫射原理、光线传输原理或电离化原理工作的探测器(欧洲标准EN 54-7)》(NF S 61-954)(1983年7月)，1989年9月修改，n°1号；

《火警自动探测系统的组成机构　第8部分：高温阈值热量探测器(欧洲标准EN 54-8)》(NF S 61-955)(1989年9月)，1989年9月修改，n°1号；

《火警自动探测系统的组成机构　第9部分：关于典型火源的灵敏性试验(欧洲标准EN 54-9)》(NF S 61-956)(1983年7月)；

《火警探测装置　自主探测器　启动装置》(NF S 61-961)(1989年9月)；

《地址定位用信号显示屏》(NF S 61-962)(1989年9月)；

《火警探测装置　火警自动探测系统信号显示屏的补充功能》(NF S 61-965)(1993年11月)。

附录B

抗震审定

详见下表。

表　抗震鉴定要求

系统	器材	(1)地震后的运行	验证
探测系统	探测器	可以运行	审定
	多点探测系统管道	工作容量	审定
	电动抽气机	可以运行	审定
	配电盘	可以运行	审定
	中央控制箱	可以运行	审定
消防用水的供应系统	水泵上游蓄水池	工作容量	标准 C**
	水泵	可以运行	审定
	阀门	可以运行	审定
	传感器	可以运行	审定
	隔离阀之前的管道	工作容量	标准 C
柴油发电机组保护系统	阀门	可以运行	审定
	蓄水池	工作容量	标准 C
	管道	工作容量	标准 C
	传感器	可以运行	审定
分类厂房保护系统（固定灭火系统）	管道	工作容量	标准 C
	蓄水池	工作容量	标准 C
	阀门	可以运行	审定
	传感器	工作容量	审定
通风系统***	通风阀	可以运行	审定
	管道	完整性	审定
烟雾控制系统***	管道	完整性	审定
	风门	完整性	审定
	通风机	完整性	审定
电缆管道保护系统***	护套—外壳	完整性	审定
移动器材	灭火机	可以运行	可代替器材
	消火栓	隔离阀可以工作(RI)	消防队员连接到隔离阀止
系统	防火墙	完整性	审定
	防火门	完整性	审定
	器材	(1)地震后的运行	验证

续表

系统	器材	(1)地震后的运行	验证
	贯穿件***	完整性	审定
	虹吸管***	完整性	审定

注:根据试验结果或计算结果审定。

**,利用 C 级标准(RCC-M B3110)可以审定这些回路在地震应力作用下的工作容量。它旨在预防设备或器材由于过度的变形、塑性不稳定性、弹性不稳定性以及弹性塑性不稳定性而发生损坏。

***,在这个场合的所谓“完整性”,是指该回路中器材的坠落或损坏不应当危及 F1 系统的正常运行。在控制烟雾时,它还意味着不影响分隔。

附录 C

调试和定期试验

C　试验

C.1　调试

为了证明防火系统的有效性以及可以把各种设备或器材投入使用,应当按照下列文件的规定,着手进行调试:

——试验的总纲(P.P.E),它明确了要进行试验的目的、内容以及相互之间的衔接。

——试验执行程序(P.P.E),它明确了:

在着手进行部分调试之前要进行的初步检查,方法是利用基本系统档案和与设备或器材有关的典型指南;

可以检查系统效率的试验。

——试验执行结果(R.E.E),它指出了在试验执行程序中的试验结果。它的目的是通过比较在试验执行程序中预先确定的数据,来评估试验随着其进展的有效性。

这些试验应当针对所有的防火设备或器材来完成。

C.2　定期试验和检查

定期试验和检查的主要目的是检查各种设备和器材的完整性和有效性。为了保证消防设施的有效性保持在人们要求的水平上,并且能在有效时间内采取各种必要的维修措施,定期试验和对消防系统进行检查并且通过系统的检查跟踪某些设备和器材状况的变化,是极其重要的。

这些试验和检查的种类和周期,通常由规定的原文来确定,其中有关规定的依据是核电站的运行经验。

根据各种不同系统对于安全的重要性以及要完成的试验和检查的复杂性,对各种系统进行分级,并且使它们成为与试验规则有关的分析研究对象,或者仅仅是定期试验说明性范畴内的东西。

C.2.1 总的原则

C.2.1.1 定义

C.2.1.1.1 定期试验

定期试验是指“旨在测试一个系统的某一部分或全部的功能”的试验。定期试验的实施可能是很复杂的，并且需要明确要完成的操作的先后次序以及要遵守的试验标准。定期试验的范围是根据国家参照标准的范围来拟订的。

C.2.2 定期检查

定期检查是指对一个系统中所含各种构件的检查（对传感器的检查、对阀门的鉴定等）。在介入检查期间，受检查的构件是停止使用的构件。

C.2.3 执行的原则

定期试验和检查的执行，应当符合在运行技术规范中规定的运行极限条件。在试验期间，与设备或回路的正常运行有关的信号装置应当仍正常工作。任何试验不应当导致实际自动信号和优先信号受到抑制。

试验规则为每个系统确定了具体的执行条件。

C.2.4 试验结果

定期试验和检查是设备使用寿命期内要存档的内容。涉及试验结果的管理和使用的各种规定是质量管理手册要求的报告内容。

C.2.5 设备和系统是定期试验和检查的对象

下列设备和系统已接受定期试验和检查。它们是预防性维修的基本程序（PBMP）。

表 定期试验和检查要求

设备或系统	检查和试验
大门	使用＋检查防火用的各种构件
贯穿件	目测检查
通风窗	目测检查
防火阀	目测检查＋运行
阀门	目测检查＋运行
外壳—护套—屏蔽	目测检查
消火栓	目测检查＋运行
灭火系统	除自动喷水灭火装置之外，目测检查＋运用有源喷水机构
消防用水回路	测量水的流量和压力
探测装置	目测检查＋模拟火灾时的运行
各种备用件	乳化剂、增湿剂

附录 D

防火包覆的安装规定

(1)测量电缆和控制电缆可以安放在闭合防火包覆中。

(2)供电给阀门的间断工作的动力电缆可以安放在闭合防火包覆中。

(3)对于中压动力电缆,不能使用任何保护装置。

(4)对于低压动力电缆,必须:

对于安装在有保护的托架上的每根电缆,必须检查它的实际电流强度 I 是否小于允许的电流强度 I_{50}(当环境温度为 50 ℃时,考虑到横截面等于或大于 95 mm^2 的电缆的邻近系数为 0.72;横截面小于 95 mm^2 的电缆的邻近系数为 0.8)。

必须检查电缆消耗的总功率是否不超过由下式(电缆极限消耗总功率 1)给出的极限值:

$$P(\mathrm{W/m}) = \frac{\Delta t \cdot p}{0.133 + \frac{e}{\lambda} \cdot (1.06 + 1.275 \frac{e}{I + h})}$$

式中:

——Δt:当地的环境温度与包覆内部的温度之差;

——λ:通常指保护部分的导热率,包括表面传导和对流的热交换[W/(m^2 · ℃)];

——I:包覆内部的长度(m);

——h:包壳的内部高度(m);

——e:包覆外壁的厚度(m);

——p:包覆外部的周长(m)。

(5)当地的日平均气温容易超过 30 ℃时,应当检查电缆内的电流强度是否小于包覆内部温度允许的电流强度(借助电缆极限消耗总功率公式来计算),以便不引起电缆芯线的发热超过能保证电缆不损坏的湿度(通常,对于聚氯乙烯护套电缆来说,芯线的最高温度为 70 ℃)。

(6)对于反应堆厂房来说,低压动力电缆(除阀门的供电电缆之外)安放在闭合的包覆内是不允许的。

(7)电缆包覆类型的选择,取决于包覆外面、防火区或防火段发生火灾的(参照)标准时间的长短。

(8)使用质量合格的阀门保护系统也是可行的,只要电缆沟槽上方的刚性加高层能保证有一条连续的气隙,其厚度至少为 5 cm。在这种情况下,应当根据试验或计算来审定功率的极限值。

附录 E

耐火外壳的安装规定

(1)所有类型的机电设备,都可以安装在一个外壳内。但是,对于动力电缆和容易消耗功率的设备来说,必须做到:

对于安装在有保护的托架上的每根电缆,必须检查它的实际电流强度 I 是否小于允许的电流强度 I_{50}（当环境温度为 50 ℃时，考虑到横截面等于或大于 95 mm^2 的电缆的邻近系数为 0.72；横截面小于 95 mm^2 的电缆的邻近系数为 0.8)。

必须检查电缆消耗的总功率是否不超过由下式(电缆极限消耗总功率 2)给出的极限值：

$$\mathrm{Pth}=\sum_{p=1}^{6}K'_{p}S_{\mathrm{int}}p\Delta T+6.26\times\sum_{p=1}^{6}S_{\mathrm{ext}}p$$

要考虑的系数 h(hi = he = h)如下表所示：

表　系数要求

类型(p)	流体类型	h_p
垂直	$L_{vi}<1.42$ m(层流)	$2.24L_{vi}^{-1/4}$
	$L_{vi}>1.42$ m(湍流)	2.57
顶板	湍流	2.77
底板	湍流	$1.03\ L_{ci}^{-1/4}$

$$K'_{p}=\frac{1}{\dfrac{2}{h_{p}}+\dfrac{e_{p}}{\lambda_{p}}}$$

其中：

L_v = 外壳的高度(m)　　P_{int} = 内部周长

L_h = 外壳的宽度(m)　　$L_{ci}=S_{int}/P_{int}$(特征长度)

L = 外壳的长度(m)　　$\Delta T=T_{int}-T_{ext}$

$L_{vi}=L_v-2e_p$　　T_{ext} = 外壳外部的温度

$L_{hi}=L_h-2e_p$　　T_{int} = 外壳内部的温度

$L_i=L-2e_p$　　E_p = 壁 p 的厚度(m)

λ_p = 材料的传热系数[W/(m^2·℃)]

S_{int} = 内表面的面积

S_{ext} = 外表面的面积

(2)当地的日平均气温容易超过 30 ℃时，应当检查电缆内的电流强度是否小于外壳内部温度允许的电流强度(借助系数计算公式来计算)，以便不引起电缆芯线的发热超过能保证电缆不损坏的温度(对于聚氯乙烯护套电缆来说，芯线的最高温度为 70 ℃)。

(3)对于反应堆厂房来说，低压动力电缆(除了给阀门供电的电缆之外)是不允许放在封闭的外壳中的。

外壳类型的选择，取决于外壳外面、防火区或防火段发生火灾的(参照)标准时间的长短。

下面，就以ETC-F的某一版本，即G版为例进行介绍，总结如下表所示。

表 ETC-F的G版章节内容

目录	内容
第一部分	与防火有关的设计安全原则
第两部分	确定防火的设计基础
第三部分	采取的各种结构性措施
第四部分	防火装置和构件的安装规则汇总
第五部分	质量保证的问题
附录A	规定、法规和标准
附录B	地震审定
附录C	调试和定期试验
附录D	耐火封套的安装规定
附录E	耐火外壳的安装规定

它的防火区是由一个或多个厂房构成的区域。它们的边界用一些墙壁来确定，墙壁的耐火性能可以保证由内部或外部引起的火势不会相互蔓延到对方场所。分为以下几种类型：

防火和限制区SFC(1a类)：在一个安全级的厂房内，当火灾可能引起放射性或有毒物质扩散时，除了限制火势蔓延外，它还能保证控制住放射性物质或有毒物质的扩散。应设有固定的灭火系统，即使发生意外事故，它也能保证实现其正常功能。

环境防火区SFE(1b类)：当火灾可能在安全级厂房以外引起放射性或有毒物质扩散时，除了限制火势蔓延之外，它还能保证控制住放射性或有毒物质的扩散。

安全防火区SFS(2类)：为了使安全系列设备获得额外保护而设计的。如有必要，根据实际情况可参考火灾性质安装专用的灭火装置，以保证此期间设备的完整性。

安全疏散区SFA(3类)：为了使人员在发生火灾时能安全疏散和方便维修人员进入厂区而设计的。它相当于有保护的疏散路线。该防火区的大门的耐火等级是根据法国标准NF EN 13501-2中对烟雾密封性、放射性的限值和隔热性而确定的。该区域内既不含安全设备也不含燃料。

安全维修区SFI(4类)：为了方便针对灭火系统的维修和限制机组停机时间而设计的。设立条件是当安装条件允许考虑发生PFG火灾(扩展性火灾)的可能性时，才可以创建该类区域。安全维修区的墙壁的耐火等级是与参考设计基准火灾的后果相匹配的。

对于防火小区，它指的是在某些厂房内，尤其是在反应堆厂房内，可能受到结构性措施或工艺流程的限制，例如设备的密集性、氢气浓度的限制、在管道断裂的情况下蒸汽外泄等情况，而分隔成的一个个小区。在这些情况下，厂房中的某些部分可能被分隔成若干防火小区。要求在分析所有火势蔓延方式和燃烧产物扩散方式的基础上，证明在该小区内对于安全重要的设备不发生功能下降和火势蔓延。

关于我国大陆采用法国标准的核电厂的分布情况如下表所示。

表　用法国标准的核电厂

核电厂	位置	标准
红沿河核电厂	辽宁省瓦房店市	RCC-I 1997
秦山第二核电厂	浙江省海盐县	RCC-I 1983
秦山核电厂扩建工程	浙江省海盐县	RCC-I 1997
宁德核电厂	福建省宁德市	RCC-I 1997
福清核电厂	福建省福清市	RCC-I 1997
台山核电厂	广东省台山市	ETC-F (G)
阳江核电厂	广东省阳江市	RCC-I 1997
岭澳核电厂	广东省深圳市	RCC-I 1997
大亚湾核电厂	广东省深圳市	RCC-I 1983
防城港核电厂	广西壮族自治区防城港市	RCC-I 1997 + ETC-F 2010
昌江核电厂	海南省昌江黎族自治县	RCC-I 1997
田湾核电厂 5 号、6 号机组	江苏省连云港市	RCC-I 1997

另外，我国结合 RCC-I 1997 版规范要求，对 M310 + 型号开展了核岛厂房非能动实体防火保护设计。它是在对核岛厂房进行全面安全防火分区、火灾薄弱环节分析及火灾风险分析基础上开展的一项对已确认共模的处理工作。

目的是根据火灾薄弱环节分析及火灾风险分析结果，对某些潜在共模采取非能动实体防火保护的补充防火措施，确保火灾不会引起共模失效而导致机组正常运行或事故工况下所必需的安全功能的丧失。

非能动实体防火保护主要包括防火箱体、防火屏障和防火包覆三种类型，不包括电缆托盘段防火包覆、防火封堵、防火门和防火阀等其他防火保护设备。

非能动：不需要人工操作或动力支持就能实现保护的目的。

实体：用建筑结构形式来实现防火保护目的，用以与电缆托盘段防火包覆相区别，两者统称为“非能动防火保护”。

3.1.3　LOT93、VD2、VD3 改进内容

LOT93、VD2、VD3 是法国针对核电厂的改造项目。我国根据技术改造工作需要，紧

密跟踪其发生进展情况，并结合各电厂的实际情况，有的放矢地进行了适宜性改造工作。

鉴于 LOT93、VD2、VD3 改进项数量成千，本书摘取部分与防火有关的改进项，本着防微杜渐、经验反馈的作用进行罗列（见表 3-2）。

表 3-2 主要 LOT93、VD2、VD3 改进项

序号	内容	背景
1	更换 B 类、C 类防火门，具体内容为用 SPB 复合材料制成的防火门更换电气厂房 LX、核辅助厂房 NX、燃料厂房 KX、连接厂房 WX、柴油发电机厂房 DX、联合泵房 PX 厂房内现在的防火门（400000 次开关操作，1.5 h 耐火极限）	大亚湾核电厂参考于法国 CPY 机型压水堆机组，相对而言，历史较久远 岭澳核电厂 1～4 号机组的防火门采用了我国国家标准，对其防火性、机械强度、抗老化性能做出了规定，但无 400000 次开关操作次数的要求 综上，国产防火门的性能指标达不到此项要求
2	控制室防火门改进（改进位于 +19 m层 L711 和控制室 L710 与 L750 之间除开有防火门外，还开有普通观察窗加下滑式防火门）	大亚湾核电厂 L711 和 L750 与 L711 之间防火门均为双开平开门、双开金属板门，耐火极限均为 1 h。当时的防火玻璃技术较落后，经评估，采用防火组合门窗改进
3	化学与容积控制系统 RCV 房间防火门改进(用 1.5 h 耐火极限的新防火门更换 RCV 泵和热交换器隔壁间原有的门）	岭澳核电厂 1～4 号机组 RCV 房间和热交换器隔间均采用了 2 h 耐火极限的推拉式防火防污染门，该门上开有供人行的小门，用作防火分隔。若改为平开门，对设备运输会有影响
4	水压试验泵汽轮发电机组 LLS 增加火灾探测系统	法国 EDF 老电厂的火灾探测系统 JDT 系统未覆盖 LX 厂房的部分区域，如 LLS 所在房间，因此，才在 LLS 汽轮发电机组房间增加 JDT 火灾探测系统
5	在 W218 和 W258 中各增加一个感烟探测器	设计基准火灾未将 W218/W258 覆盖，定性为非火灾危害集中区域。但经概率安全评价（内部火灾）PSA 工作分析，认为其有火灾重要设备/电缆，进行了火灾事件序列分析
6	核岛消防系统 JPI 位于反应堆厂房安全壳隔离阀的遥控开关（具体措施为：增加阀门的启动遥控装置；之间管道连接由软管改为固定连接方式。取消 + 20.00 m 平台处的三个消火栓 JPI080RJ、JPI083RJ、JPI095RJ）	为了提高对 RX 厂房供应消防水的可靠性，以更快的速度进入灭火第二阶段。根据 RCC-I 1997 版的要求，将位于 RX 厂房外的 JPI 给水阀门改为遥控，同时将临时接管改为永久接管 岭澳核电厂 3～4 号机组经分析后未取消三个消火栓，通过隔离阀来锁定关闭栓口，避免在正常使用前后渗水泄露，进而引起临界

续表

序号	内容	背景
7	LLS灭火(鉴于LLS小汽轮发电机存在火灾风险,增设水喷雾灭火系统)	大亚湾核电厂位于+11.50 m连接厂房内,设置了反应堆保护组电缆和继电器间,继电器间配有火焰探头和干式水喷雾灭火系统
8	电气共模故障点的分析与处理(通过对共模故障点的分析与处理,避免影响机组火灾事件的发生,以保证安全系统功能得以执行)	法国早期的CPY堆型在设计布置中,未能将安全系统的A列、B列电缆分隔在A列、B列防火分区内,因此存在一起火灾造成安全系统的A列、B列同时丧失的风险 基于防止发生共模故障的目的,采用对防火分区内的每个安全防火区/小区进行共模故障筛选分析的方法,首先确定共模故障点的存在性。若的确存在,必须进行处理,以避免共模失效发生。这也就是薄弱环节分析工作的要旨所在
9	改进电气厂房消防系统JPL消火栓以达到抗震要求(在安全停堆地震SSE工况下,保持消火栓的完整性,达到消防灭火功能,提高了电气厂房消火栓系统的可靠性)	在电气厂房消防系统JPL系统手册SDM中,针对JPL的设计基准与安全准则有对安全停堆地震(SSE)外部事件的威胁设防大亚湾核电厂已具备该能力
10	机械共模故障点的分析和处理(通过对共模故障点的分析与处理,避免影响机组火灾事件的发生,以保证安全系统功能得以执行)	法国早期的CPY堆型在设计布置中,未能严格将安全系统的A列、B列机械设备分隔在A列、B列防火分区内,因此存在一起火灾造成安全系统的A列、B列同时丧失的风险大亚湾核电厂已进行机械共模故障点的筛选分析,针对火灾共模失效风险实施了防火改造工作
11	火灾情况下的最小运行方式(MMO)保护	之前,应对火灾情况只有应急响应报警卡,无对应操作规程供操纵员使用。为了能在火灾情况下,用MMO方式退回到机组安全状态。要求编写I4D火灾事故规程,使操纵员便于事故处理。根据法国实践,I4D规程主要针对电气厂房的火灾,属于过渡性防火规程。大亚湾核电厂参考EDF PAI经验,在国内首次实施十年定期安全审查PSR时,引入了应对电气厂房内一场假想的最坏影响火灾的火灾事故规程I4D岭澳核电厂以FAI-OP规程取代了I4D规程,内容更丰富、更全面

续表

序号	内容	背景
12	防火分区改进	根据 EDF 的防火指南要求，需要研究防火分区，进行重新防火分区工作，并引入安全防火区/小区，可以使得防火分区更具合理性，并保障安全系统功能的正确履行
13	燃料厂房 KX 厂房 -8.5 m 层增加喷淋消防设施。具体措施为：在该处以及 A 系列和 B 系列电缆的通道上（途径 K014、K016、K054、K056、K114、K117、K154、K157 等房间）安装自动喷水灭火系统	鉴于以下因素会引起相关火灾的风险： ——易混淆的 A 列、B 列电缆 ——存在核安全设备（安全注入系统 RIS，安全壳喷淋系统 EAS） ——经计算后得到火载荷密度值高 经分析研究，认为在 KX 厂房的 -8.5 m 处容易发生火灾，但未设置相适应的灭火措施。根据相关标准规范，增设安装自动喷淋设施，可以保证防火安全
14	活性炭量超过 100 kg 的碘过滤器，安装火灾探测及灭火设施。具体措施为： 1）对于箱体式，在其上增设火灾探测系统和水喷淋系统。发生火灾时，通过软管与快速接头相连，消防水进入碘吸附器箱内，淹没灭火 2）对于排架型，采用水喷淋系统	根据 RCC-I 1997 版要求： 当碘过滤器中活性炭的总质量大于 100 kg 时，应该在碘过滤器上部安装消防喷淋措施 据此，对 DVW、EVF、DVN、DVC、DVK、ETY、TEG 系统中活性炭量超过 100 kg 的碘过滤器，增设水喷淋装置 后续核电厂均实施了该项改造
15	更换 Tihalit 电缆防火包裹	针对部分安全重要电缆，发现存在电气共模故障点，因此需要处理 针对此型号电缆，大亚湾核电厂已进行防火处理 由于设计采购原因，其他核电厂未发现 Tihalit 型号电缆

续表

序号	内容	背景
16	补充消防系统的试验设施	早期的法国 CPY 机组运行到一定年限后，发现需要进行定期试验以检测系统是否完好、有效、可用，提出增加消防系统的试验设施 国内核电厂各取所需，主要进行了以下内容工作： 1)在 JPL、JPI 喷淋环疏水阀上游管子末端安装了一个用于试验的喷头 2)在 LLS 汽轮发电机保护喷淋环的上游安装了一个 Staubli 试验装置 3)在上充泵以及应急给水泵的给水管线上安装一个孔板 4)在上充泵给水管线上安装一条疏水管线 5)辅助给水系统 ASG 喷淋环阀门上的流量控制器予以替换 6)在电气厂房的 column 上升管的管座上安装一个测量装置(可以测量 JPL 的喷淋流量进而得到的流量/压力精确值) 7)在汽机厂房安装测量装置，以测量 NAB 等厂房的 JPI 喷淋流量，以及 LHP/LHQ 柴油发电机的喷淋环的喷淋流量 8)为 LHP/LHQ 柴油发电机安装了一个应急喷淋环 9)在 RIA 的给水管线上安装了一个弹性的连接装置，进而改进了上充泵喷淋环支撑结构
17	在柴油发电机厂房消防系统 JPV 雨淋阀的控制回路增加过滤系统	EDF 在对所属核电厂进行检查时，发现 JPV 的雨淋阀控制回路经常被杂质堵塞，从而降低了系统的可靠性，影响到系统正常运行 据此，给 JPV 雨淋阀安装 600 μm 规格的过滤器，防止堵塞 后续核电厂在对雨淋阀组设备采购中，发现 Y 型过滤器满足 600 μm 性能指标，于是均采用了此型号过滤器
18	采用新的防火分区后，适宜性升级反应堆厂房 RX 厂房的火灾探测系统 JDT	鉴于处在红区的火灾探测装置易受辐照老化，为提高火灾探测性能，选取极早期火灾探测系统，通过抽取烟气进行分析，从而提升了防火安全水平

续表

序号	内容	背景
19	电缆设备耐火时间余量	起因：在 VD3 安全再检查的过程中产生一张 DGSNR 卡。该卡要求升版用于电气厂房的耐火极限时间计算的 DSN144 曲线 目的：为提高安全性，需参照升版后的 DSN144 曲线，完成电缆的阻燃特性提高，或者设备最小运行能力(MMC)和抗电缆共模故障能力(MCC)的增加 过程：该改进项要求确保电缆及桥架设备的耐火时间比相关区域的火灾持续时间最少长10 min。根据最终确定的 VD2 防火保护方案(PAI)的原则，为达到这个 10 min 的余量，升版 DSN144 曲线。为了最少减少火灾密度 780 kJ，本次改进在 L0607 区域安装电缆路径消防系统的同时加装了一个双层 MS2000 保护系统
20	LCC、LCA 电气柜的火灾探测/防火	当核岛厂房中 W401、W402、W431(W441、W402、W471)房间发生火灾时，可能会造成堆芯融化。房间内的 LCC 和 LCA 系统具有很高的火灾危险性，由于以上几个房间有很高的热载荷密度，而且房间内没有装设消防装置，需要采用其他的手段来降低 LCC 和 LCA 系统盘柜发生火灾的危害性 如果在 LCC 和 LCA 系统的盘柜上安装多点火灾探测系统，当任意一个盘柜中发生火灾时，将会及时地在主控室和就地发出报警，以降低火灾的危害性
21	A：NX 厂房房间安装防氢爆电气设备 B：改进 DVN-TEG 风机及内爆相关控制系统	2003 年，EDF 启动内部爆炸研究项目，研究内爆的预防，以保证人员和设备安全。法国安全部门对研究进行了审查，EDF 实施了针对 CPY 机组 NX 厂房的防氢爆改进，减少了氢气引燃源，改进了通风系统。改进主要是针对 RCV 管道及设备所在的房间中设备、DVN-TEG 风机
22	900 MWe 核电厂系列电缆廊道符合性审查	属于加强检验

另外，据资讯报道：

日媒：日本1/5核电厂防火不合格

来源：法新社　　　　　　　　　　　　　　　　发布日期：2013-1-5

日本《每日新闻》今天报道，政府官员表示，2011年福岛核灾后停机的核子反应炉中，超过1/5防火设备不适当。报道引述经济产业省和原子能规制厅表示，除了福岛核电厂外，日本50座核子反应炉中超过10座的防火设施有缺陷。不当项目包括使用可燃性电缆，以及维持安全所需的重要机器设备间太靠近，可能会在失火时容易延烧。报道引述经产省消息人士说，某些反应炉更换电缆或更新机器设备，可能使重启反应炉延宕数年之久。如果更换设备所费不赀，反应炉可能会废炉。

这个活生生的例子再次表明：火灾是对核电厂的直接威胁。

3.1.4　PSR十年定期安全审查

PSR是定期安全审查的英文简写，是我国借鉴法国十年定期安全审查实践而开展的工作。

根据2004年4月18日执行的核安全法规《核动力厂运行安全规定》(HAF 103)第10章定期安全审查内容要求，开展这种评价工作。以下是具体要求内容：

10　定期安全审查

10.1　在核动力厂整个运行寿期内，考虑到运行经验和从所有相关来源得到的新的重要安全信息，营运单位必须根据管理要求重新对核动力厂进行系统的安全评价。

10.2　对核动力厂进行系统的安全重新评价必须采用定期安全审查的方式。审查策略和需评价的安全要素必须由国家核安全监管部门批准或同意。

10.3　必须用定期安全审查的方式来确定现有的安全分析报告仍保持有效的程度。定期安全审查必须考虑核动力厂的实际状况、运行经验、预期的寿期末状况、目前的分析方法、适用的规定、标准及科技水平。

10.4　定期安全审查的范围必须覆盖运行核动力厂的所有安全方面，还应包括应急计划、事故管理和辐射防护。

10.5　为了对确定论评价内容进行补充，必须考虑使用概率安全评价(PSA)来作为定期安全审查的输入，以便了解核动力厂各个不同方面对安全的相对贡献。

10.6　根据系统的安全重新评价的结果，营运单位必须实施必要的纠正行动和合理可行的修改，以符合适用的法规和标准。

另外，核安全导则《核动力厂定期安全审查》(HAD 103/11)要求的14项安全要素审查包括核动力厂设计、SSCs(构筑物、系统和部件)的实际状态、设备合格鉴定、老化、确定论安全分析、概率安全分析、灾害分析、安全性能、其他核动力厂经验及研究成果的应用、组织机构和行政管理、程序、人因、应急计划、辐射环境影响。除了完成分项审查工作外，还必须完成总体评价和编制总体评价报告，给出“对核动力厂总的安全评价，其中要考虑上述各个安全要素的审查结果，包括已认可的纠正行动和(或)安全改进”。

从有第一座核电厂开始，火灾就伴随着核电厂的产生而产生，而且核电厂运行经验的积累和现代防火技术的发展都表明了火灾对核安全会构成直接威胁。

定期安全审查的目的之一就是确保对核电厂安全必需的系统、设备和部件的防火可靠与充分性，避免人员、公众和环境受到过量的辐射危害。

对于营运单位而言，必须就审查发现的问题制定并实施纠正措施，从而确保在之后的若干年，核电厂能够长期、安全、稳定地运行。

因此，火灾是灾害分析内的一项重要内容。

3.1.4.1 秦山核电厂 PSR 审查

一个首先需要了解的就是我国大陆最老、最早的秦山核电厂。被时任国务院副总理的邹家华誉为“国之光荣”的它，是如何经历这些 PSR 审查的呢？

审查范围包括下列诸要素：

消防组织；

防火大纲；

全面的火灾危害性分析；

非能动防火措施的准备；

可靠而有效的火灾探测和灭火系统和设备的安装；

防火设施的定期检查、维修、试验；

质量保证大纲；

人工消防能力。

为了确定对核电厂安全至关重要的防火措施的充分性，必须对所有这些要素进行评价。

首先，需要了解当时其防火设计所采用的规范和标准，具体包括：

《建筑设计防火规范》(TJ 16-74)；

《火力发电厂设计技术规程》(SDJ 1-79)；

《室外供水排水和煤气热力工程抗震设计规范》(TJ 32-78)。

以及设计院的内部技术文件，包括一些暂行规定和具体安装技术条件等内容。

还遵循了当时国内外有效的法律法规和标准：

《运行核电厂的定期安全审查》(HAF 0312)；

《核电厂设计安全规定》[HAF 102(91)]；

《核电厂防火》[HAD 102/11(96)]；

《建筑设计防火规范》(GBJ 16—1987)(1988 版)；

《火力发电厂与变电所设计防火规范》(GB 50229—1996)；

《自动喷水灭火系统设计规范》(GBJ 84—1985)；

《水喷雾灭火系统设计规范》(GB 50219—1995)；

《低倍数泡沫灭火系统设计规范》(GB 50151—1992)；

《卤代烷1301灭火系统设计规范》(GBJ 50163—1992)；

《卤代烷1211灭火系统设计规范》(GBJ 110—1987)；

《火灾自动报警系统设计规范》(GBJ 116—1988)；

《工业与民用建筑灭火器配置设计规范》(GBJ 140—1990)；

《消防站建筑设计标准》(GNJ 1—1981)；

《爆炸危险场所电器安全规程及说明》[劳人护(1987)36号]；

《美国核管理委员会　管理导则》(RG 1.120)；

《核电站防火导则》；

《国际原子能机构(IAEA)安全导则》(No. 50-SG-D2)；

《标准审查大纲》(NUREG-0800)。

和其他核电厂一样，该核电厂由核岛区、常规岛区和厂前区三部分组成，围绕着反应堆厂房(01厂房)的是一些与反应堆安全运行有关的、设计工艺流程上要求紧凑的一回路辅助系统厂房(02厂房)、燃料厂房(03厂房)、主控制楼(05厂房)和主蒸汽管廊(06厂房)。除了以上厂房外，还有汽轮发电机厂房(04厂房)、应急柴油发电机房(07厂房)、换料水箱及其管间(08厂房)。

各个厂房内的隔墙、构件、隔热材料、放射性屏蔽材料、吊顶材料均选用了非可燃材料或阻燃材料。

所有防火区边界都由具有至少3 h耐火极限的防火墙、防火门和楼板组成。楼梯间均为非燃烧体封闭的防火楼梯，楼梯间的防火墙、门的耐火极限为1.5 h。在火灾发生时，楼梯间会启动机械加压通风系统，防止烟气侵入。

消防水源为2×600 m^3的消防水池，消防供水使用环状管网。

自消防水池开始，经消防水泵、稳压高位水池、消防水总管、核岛直至汽轮机厂房的环状管网均属于抗震Ⅰ类。

自1991年开始运行以来，主要针对以下系统进行了适宜改造。

火灾探测与报警系统如下：

更新火灾集中报警控制器。

1995年，对全部探头做了灌封处理，以降低湿度引起的误报。

将露天电缆沟内离子感烟探测器改为防水型线型感温探测器。将01厂房、02厂房、03厂房、17厂房内的离子感烟探测器改为感温探测器。

火灾报警系统的备用电改为新的电源和浮充电路。

灭火系统如下：

1999年，为02厂房、05厂房的雨淋阀增设了压力报警系统，至此可以直接在主控制室得到所有雨淋阀的启动信号反馈。更换了02厂房内的16只雨淋阀。

2001年，对04厂房主油箱泡沫灭火系统中的全部气动蝶阀进行了更换，将进水阀改为水力电动控制阀，在水力电动控制阀后，增加两只手动蝶阀(出水蝶阀和试验蝶阀)。

2002年，对消防系统实施了重大改造。具体内容包括：

消防水系统：对02等厂房消防水的每根环管增设自动排气阀和排水阀等提高消防水的水质措施。

更换部分雨淋阀：将05厂房19只雨淋阀改为美国威景公司的雨淋阀。

消防水系统中的A区管网阀门：更换和维修了母管阀门和闸阀、隔离阀、手动蝶阀及部分管道。

更换、增设了共两台消防稳压泵。

改造A区及部分外围厂房的消防阀门井。

其他防火系统的完善如下：

汽轮发电机厂房（04厂房）内的主油箱及钢梁增加防火油漆的涂刷。

改造了三变消防水喷雾灭火系统。

在柴油发电机厂房（07厂房）的油罐间内增设了水喷雾灭火系统。

鉴于历史原因，秦山核电厂依据国家核安全局1986年1月30日发布的安全导则《核电厂防火》、核安全法规HAF 0202的有关规定和要求编写了《秦山核电厂火灾危险性分析报告》，作为最终安全分析报告FSAR的第9.5.1节防火系统中针对防火内容的概述和其中的一个附件。

当时要求营运单位做到：一旦发生火灾，仍能实现和保持安全停堆能力，并使放射性物质对周围环境的释放低于允许的限值。

秦山核电厂在第一个十年定期评审中，再次全面作了秦山核电厂火灾危害性分析。该分析报告是对上述《秦山核电厂火灾危险性分析报告》的修订。

当时囿于技术与历史原因，筛选出停堆冷却系统、安全注射系统、安全壳喷淋系统、辅助供水系统等与安全有关的重要安全系统，以及应急柴油发电机等重要的支持系统列为核电厂防火重点分析、设防的系统。对于这些SSCs，将电动泵和柴油机泵、电气部件、电缆等视为防火工作相对薄弱的环节。

具体来说，就是对应急柴油发电机厂房、喷淋和停冷系统泵房走道、反应堆厂房电缆贯穿布置区、主控制楼11.7 m层电缆室(618)、主控制室、停堆冷却泵房、电缆竖井、安全壳喷淋泵房、应急柴油发电机柴油储罐室和低压配电室(A)十个重点关注区进行了分析。

回顾历史，也发生过不少起火灾：

1989年9月5日，在05厂房对702计算机房调试期间，该房间内计算机洁净小室内日光灯镇流器由于故障导致烧毁熔化，其熔化物掉落该小室顶部，导致过火面积约0.5 m^2的阴燃，形成较大烟雾。

1991年10月30日，某公司气焊工在01厂房反应堆筒体外切割钢筋头时不慎将熔渣掉入01厂房与02厂房外墙的伸缩缝中，由于未及时发现，引起墙体内木丝板填料阴燃，后又蔓延至02厂房与03厂房部分伸缩缝中，最终造成02厂房、03厂房通风系统过滤器和部分电缆受到损毁。

虽然该电厂自1991年运行开始的十年期间未发生过火灾事故，但却有几次火警事件值得铭记。

某厂房内两台循环泵电机分别发生过因电缆接头不规范而导致的两次电缆头过热引起的爆燃现象。

某厂房外西侧+7.2 m处，由于保温层内的保温棉浸入过量油器分离器分离的油，造成高温管道保温棉阴燃。

某厂房A侧主泵运行时，集油槽内的油漏入主泵的保温棉内，因高温烘烤而产生主泵支承架螺母局部保温棉阴燃，继而产生明火，过火面积约0.02 m^2。

1995年7月18日，由于未做到工清料净，某厂房的2号冷却塔更换下的旧填料距离应急柴油发电机排烟管道较近，导致熔化燃烧。

2002年3月3日，因为05厂房－7.2 m层K2-1B风机顶部照明接线发生短路，导致胶皮冒烟，从而引发火灾报警。

另外，历史上也产生过不少不符合项，详见表3-3。

表3-3 主要不符合项

序号	不符合项
1	经现场防火检查，未查到有关防火门的火灾试验报告
2	由于安全运行的另一个要求(考虑进水管破裂时可能造成水淹的可能)，02厂房内标高－17.40 m处喷淋泵房(144，149)、停堆冷却泵房(146，147)，标高－12.60 m处的安注泵房(261，266)和化容系统的上充泵房(243，244)的防火门改为按钢板密闭门设计，其耐火极限小于1.0 h，未能达到3.0 h的防火极限要求
3	柴油发电机房的铁门仍属非防火门。柴油储油室及电气间的门系包铁皮门，防火极限达不到防火要求。柴油机房与电气间之间的门、油泵间门、日用燃料油箱间门、蓄电池室通走廊的门，均应考虑防火要求
4	02厂房、05厂房中部分楼梯间门的开启方向不符合防火要求，要确保通道及楼梯间在火灾时人员的安全通行
5	火灾探测器应能满足核电厂工作环境—辐射场、温度、湿度的要求，应有感烟探测器的环境鉴定结果报告，例如主泵室内使用的感烟探测器
6	3台设备冷却热交换器没有防火的实体隔离
7	在电气厂房内发现有木制的临时围栏和登高踏脚
8	控制室右侧设置了保护系统(专设安全设施)A、B通道机柜，A、B通道的过程仪表机柜，厂计算机系统的打印机等设备，在左侧设置了电力系统的保护机柜和二回路的部分过程仪表系统，这样的布置不符合安全级电气设备和电路独立性准则和防火分区原则
9	柴油发电机房顶棚的天花板上有照明灯短路留下的发黑的痕迹，存在电气跳火的潜在危险。应采取措施，杜绝厂房内的一切火种
10	根据SRP的《核电厂防火导则》(CMEB 9.5-1)6.c(4)的要求，“在安全停堆地震时间时，在有安全停堆需要的设备的地方应采取措施，至少能向该区域人工灭火的立管和水龙带接口供水。为这些水龙带站服务的管系应按安全停堆地震荷载进行分析和应备有支座以保证系统压力边界完整。”秦山核电厂消防管系的设计未作SSE抗震分析

续表

序号	不符合项
11	厂内三变(主变、启变、厂变)的水喷雾灭火系统的用水量,按GB 50229—1996规范,其用水量在80 L/s以上。如果采用泡沫喷淋系统,其用水量也在60 L/s左右。消防水泵的容量应进行一次核查,水量不足的应予以更换
12	室外消防供水主环管,现设计为DN250,按照EJ/T 1082—1998,其直径最少应为DN300
13	固定式水灭火系统应按可承受SSE地震荷载设计,如不满足,应按SSE地震荷载对管网进行加固
14	电缆布线间外的冗余安全相关的电缆系统相互之间和与非安全相关区域内潜在明火辐射危险处之间应以耐火极限不少于3 h的防火屏障隔开。电缆支架应装有连续线型热敏探测器
15	电缆结构应通过现行IEEE383标准中的燃烧试验
16	消防水龙带应按NFPA1962进行静水力的试验。储存在外面的水龙带房的水龙带应每年试验一次,内部的立管水龙带应每三年试验一次
17	柴油储存区的地上储罐仅设置手动喷淋,应由自动灭火系统保护

3.1.4.2 大亚湾核电厂PSR审查

作为第一个从法国引进的商用核电厂,根据国家核安全法规《对运行核电站十年安全审查的要求》(HAF 0312),大亚湾核电厂于2003年针对大亚湾核电站十年安全评审项目(Periodic Safety Review)第二个安全要素安全分析形成相关报告,提交国家核安全局予以审查。

审查的目的在于:在研究大亚湾核电站当时现有的防火设计基础上,同最新的标准进行比较,找出不同点;同时针对各不同点进行分析和论证,以便制定相应的改进方案和改进措施,使得大亚湾核电站的防火设计能够尽量满足或者接近最新安全标准的要求。

大亚湾核电厂的防火设计和建造遵循《法国压水堆核电站防火设计和建造规则》(RCC-I 1983版)的要求,基本与EDFCPY机组处于相同的水平。后来,法国EDF针对其压水堆核电站防火设计建造规则进行了大幅度的修改,产生了新版本——RCC-I 1992。由于RCCI-1992仅适用于N4机组,因此,EDF根据RCCI-1992的相应要求制定适用于CPY系列fl组的防火设计基准《EDF防火指南》,用于指导EDF所有CPY机组的防火改造(PAI)。以《EDF防火指南》作为设计标准,参考EDF火灾行动计划(PAI)的成果和经验,基于大亚湾核电站现有防火区的设置,针对所有核岛厂房,包括RX、LX、WX、KX、NX、DX、SEC廊道和PX,划分新的安全防火分区。

同时,针对每一个安全防火分区进行薄弱性环节分析,确认必须处理的火灾共模点,防止火灾导致保证安全功能的冗余设备同时失效。

通过上述两个步骤的分析,确认大亚湾核电站核岛厂房依据《EDF防火指南》的要求需要改进的防火设计薄弱点。

其中的主要差别和不足在于：

大亚湾核电站未划分安全防火分区，也未完成火灾薄弱性环节分析；

没有指导操纵员应对火灾事故的规程(FAI-OP)；

消防设备的 IPS-NC 安全分级要求；

火灾探测系统抗震要求；

主泵火灾探测系统设计要求；

碘吸附器防火设计；

JPI 回路安全壳隔离手动操作。

针对上述不足，需要采取如下措施进行改进：

实施大亚湾核电站划分安全防火分区分析和火灾薄弱性环节分析(该工作已经完成)；

根据 EDF 的经验，研究编制针对电气厂房一起严重火灾的事故规程 I4D；

将消防设备列入 IPS-NC 安全分级清单；

在将来计划火灾探测系统的改造中要求抗震设计；

主泵火灾探测系统改造，已经列入 GTM1，将在十年大修中实施；

对 EVF 碘吸附器防火设计的改进进行可行性研究；

对 JPI 回路安全壳隔离阀操作方式的改进进行可行性研究。

根据 PSR 大纲的要求，防火安全分析将以《EDF 防火指南》作为安全基准，分析和确认大亚湾核电站核岛防火设计与其存在的差距。这也就是 PSR 的宗旨。由于其充分考虑和借鉴了 EDF 火灾行动计划(PAI)实施的防火设计改进以及岭澳核电站首次装料安全评审内容。

在对岭澳核电厂 1 号、2 号机组进行 PSR 审查时，认为其火灾防御现状总体良好，但与当时现行标准的要求仍有差距。

鉴于 RCC-I 1997 版本已发布，对照其与 RCC-I 1987 应用版防火标准的变化，发现与当时已生效标准要求仍有一定差异。据此决定进行防火分区重新划分和火灾薄弱环节分析。核岛厂房内仍然存在火灾共模点，电厂针对识别出的共模点开展改进措施的可行性分析。

营运单位为了达到全面提高防火能力的目的，分阶段纳入技术改造工作计划，截至目前，已经全面实施了防火改进计划。

3.2 加拿大核电防火标准及国内应用

大家知道，除了压水堆外，世界上还有沸水堆(BWR/ABWR)，其应用以日本为主，分为重水慢化沸水堆、气冷堆(GCR)和加压重水堆(PHWR)。

CANDU，即 Canada-Deuterium-Uranium 的英文缩写。它是采用天然 U_2O 作燃料，D_2O 作冷却剂和慢化剂。

除美国以外，第一个达临界的反应堆是加拿大的 ZEEP 反应堆。

建于 1945 年，位于加拿大安大略省 Chalk 河畔的 Chalk 河实验室奠定了加拿大核能研究的基础。其在1950年就开始了包括NPD和Douglus Point电站的燃料试验工作。

以下内容为CANDU堆的有关技术内容图(图3-12至图3-14),包括堆芯、与压水堆的比较(见表3-4)。

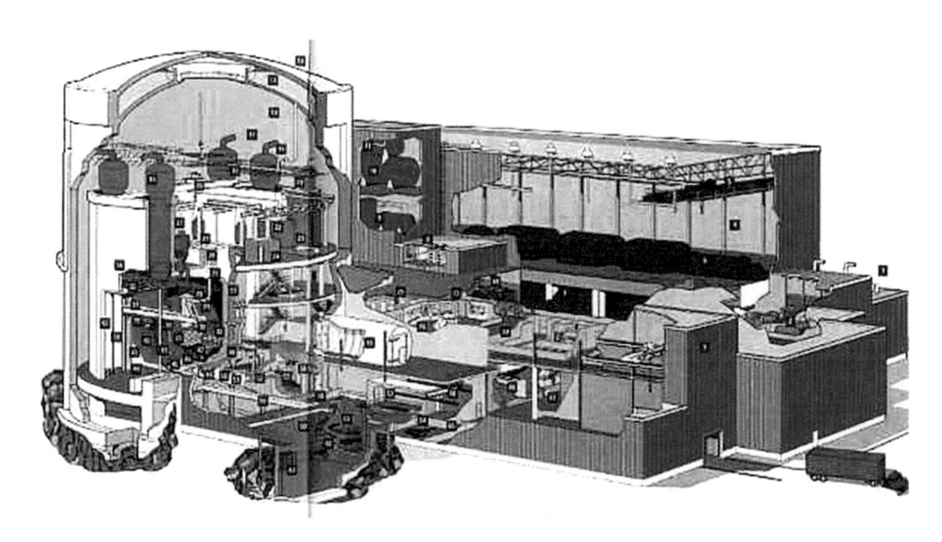

图3-12　CANDU堆内部示意图

图3-13　CANDU堆堆芯

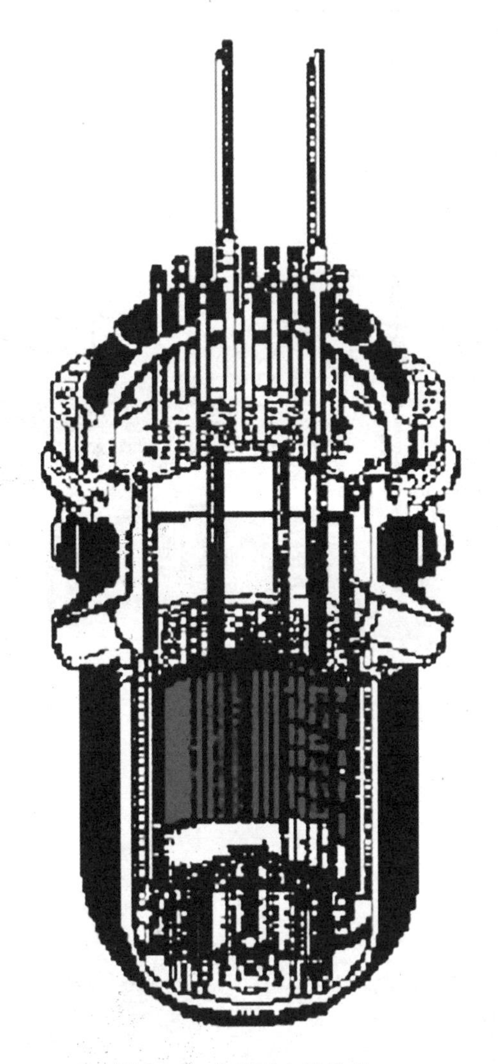

图 3-14　典型压水堆堆芯

表 3-4　与压水堆的特征对比表

CANDU	PWR
380 根压力管(直径 10 cm,管壁厚 4.2 mm)	压力容器,尺寸大,壁厚
堆芯水平布置	堆芯垂直布置
重水作冷却剂	轻水作冷却剂同时是慢化剂
反应性控制机构设置 在低压的慢化剂中	反应性控制机构设置 在高压的冷却剂/慢化剂中
大堆芯,低功率密度	小堆芯,高功率密度

需要说明的是,CANDU 采用的是天然铀,具有低燃耗、燃料棒束短、不停堆换料、可在电厂功率运行时卸出破损燃料、燃料棒束设置在压力管内、排管将压力管和慢化剂分离以及在压力管和排管之间设计有环隙气体作为热绝缘的多项特点,而这些是压水堆所不具备的。

图 3-15 为一次侧为重水的蒸汽发生器。

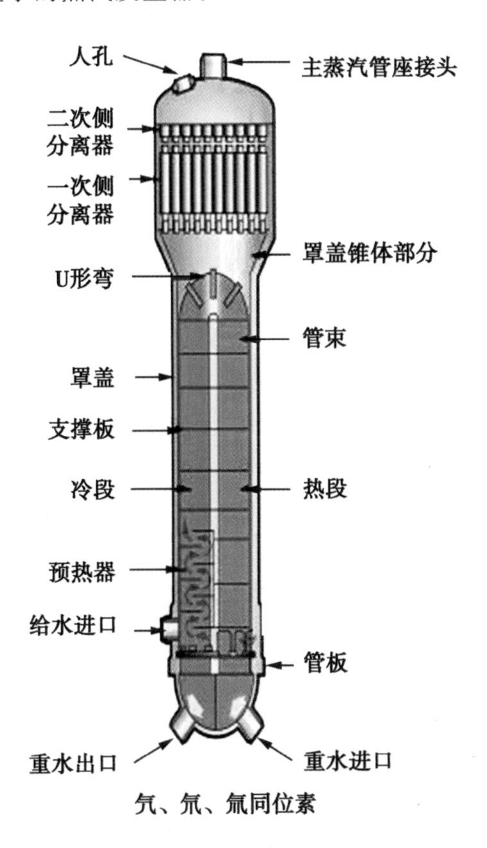

图 3-15　一次侧为重水的蒸汽发生器

鉴于以上特点,除了具有与压水堆相同的压力和装量控制系统、停堆冷却系统、停堆系统、应急堆芯冷却系统、安全壳系统和应急电源系统等外,还具有自动装换料和燃料传输系统、环隙气体系统、端屏蔽冷却系统、重水蒸汽和重水收集系统。

防火系统作为辅助支持系统,只有详细了解其结构构造的差异性,才能有的放矢地进行针对性设计,实施有效防火保护,维持机组长期安全、稳定运行。

秦山第三核电厂是我国唯一一座商用重水堆核电站,采用加拿大坎杜 6 重水堆核电技术,装机容量为 2×72.8 万千瓦。两台机组分别于 2002 年 12 月 31 日和 2003 年 7 月 24 日投入商业运行,被誉为“中加合作的成功典范”。

秦山第三核电厂防火遵循加拿大对重水堆核电厂的以下规范标准的要求:

《重水堆核电厂消防保护》(CAN/CSA-N293-M87,M96);

《消防保护安全设计准则》(98-03650-SDG-005);

《加拿大国家建筑法规》(NBBC—1990)。

同时，其还遵循部分美国NFPA规范标准的要求，其中就有：
《手提式灭火器》(NFPA 10—1994)；
《自动喷水灭火系统的安装》(NFPA 13—1994)；
《立管与消火栓系统的安装》(NFPA 14—1987)；
《固定式喷水系统》(NFPA 15—1990)；
《离心式消防泵》(NFPA 20—1993)；
《专用主管道及其附件的安装》(NFPA 24—1992)；
《易燃与可燃的液体法规》(NFPA 30—1993)；
《氢气供应系统之设计及安全防护措施》(NFPA 50A—1994)；
《国家消防报警法规》(NFPA 72—1993)。
考虑到我国的国情，还遵循了关于防火领域中国国家标准在当时的有效版本，如：
《地上消火栓》(GB 4452.1—1984)；
《地上消火栓技术状态》(GB 4452.3—1984)；
《消防扣闩接头》(GB 3265—1995)；
《手提式干粉灭火器》(GB 4402—1984)；
《二氧化碳灭火器等》(GB 4399—1984)。
图3-16为某核电三厂厂区。

图3-16　某核电厂厂区

图 3-17 为某核电厂厂区消防设施分布。

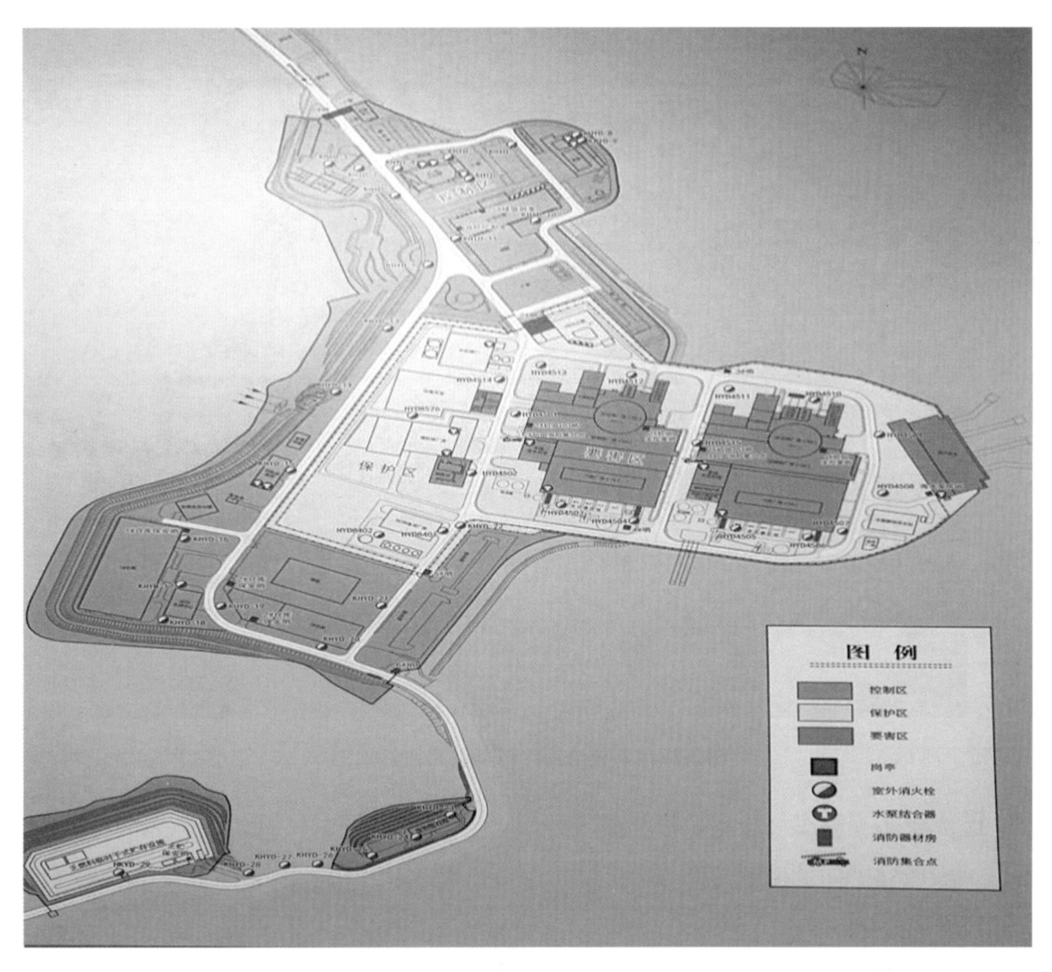

图 3-17　某核电厂厂区消防设施分布

图 3-18 为某核电厂厂区柴油机主储油罐。

图 3-18　某核电厂厂区柴油机主储油罐

图 3-19 为某核电厂厂区消防蓄水池。

图 3-19　某核电厂厂区消防蓄水池

图 3-20 为某核电厂 VESDA 消防系统面盘。

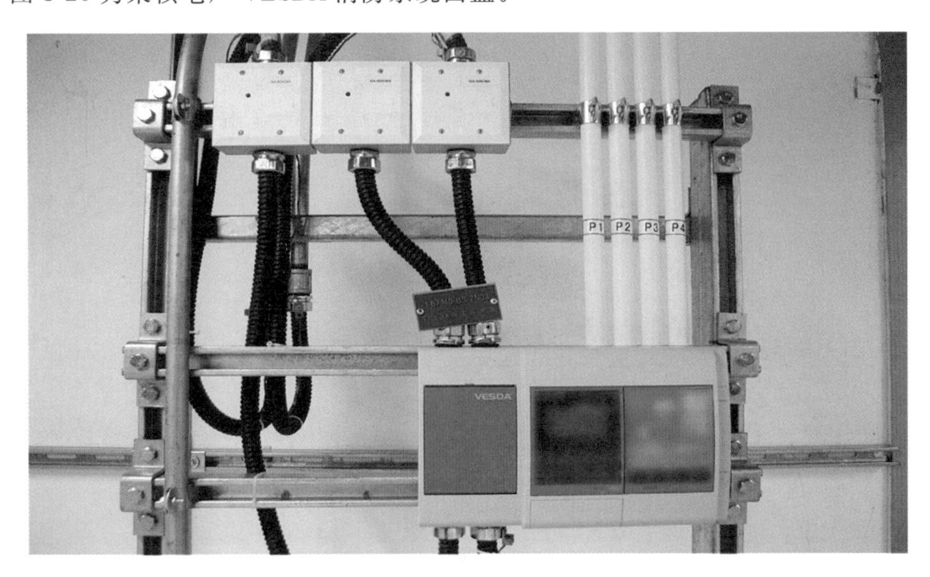

图 3-20　某核电厂 VESDA 消防系统面盘

图 3-21 为某核电厂气体消防系统气罐间。

图 3-21　某核电厂气体消防系统气罐间

图 3-22 为某核电厂西部濒临的山脉。

图 3-22 某核电厂西部濒临的山脉

图 3-23 为发生山火时，消防队等各方奋力灭火。

图 3-23 发生山火时，消防队等各方奋力灭火

其 1 号机组已经运行了 17 多年。从运行的角度，我们来看一看在运行规范中，针对消防水生产分配系统与火灾探测和报警系统的规定：

1 消防水供给和分配系统

1.1 运行限制条件

消防水系统需要满足以下条件，以处于可运行状态：

(1)EWS 水池的液位不低于 99.40 m；

(2)消防水灭火系统在所有时间处于可运行；

(3)消防水供给系统在所有时间处于可运行；

(4)消防水泵可运行，且能向消防管网提供所要求的流量。

1.2　适用范围

所有运行模式。

1.3　行动

表　行动要求内容

条件	要求措施	完成时间
A. 消防水系统出现下述任何一个故障： EWS 水池液位低于 99.40 m 消防水不能向主消防管网提供所需的流量	A. 1 应将 EWS 水位恢复至限值以内 和 A. 2 为受影响区域提供替代消防措施 和 A. 3 将至少一个消防水供水流道恢复到可运行状态	8 h(A. 1) 8 h(A. 1 和 A. 2) 48 h(A. 1，A. 2 和 A. 3)
B. 消防水供水失去冗余	B. 1 执行 16.3.28.2.4 监督要求 SR1 和 SR2，确保消防水另一供水系列可运行 和 B.2 将失效的消防水供水系列恢复到可运行状态	24 h(B.1) 2 周(B.1 和 B.2)
C. 泵 P4004(消防稳压泵)不可运行	C.1 在自动喷淋消防保护区域设置其他替代消防设备 和 C.2 将消防稳压泵恢复到可运行状态	8 h(C.1) 1 周(C.1 和 C.2)
D. 消防水系统压力不在限值内	D.1 将消防水系统压力恢复到限值内	1 周(D.1)

1.4 监督要求

表 监督要求内容

项目	监督措施	频率
SR1	根据系统定期监测试验，确认供水流道上的每个阀或影响供水流道的每个阀处于正确的位置状态	7天
SR2	确认每台消防泵可启动并运行(不作流量要求)	7天交替
SR3	确认每台泵可启动和运行(有流量要求)	1年
SR4	消防水低压力报警试验	18个月
SR5	检查消火栓托架、消防水带、消火栓箱	31天
SR6	消防水龙带的耐压试验	5年
SR7	目视检查EWS水池液位	7天 1天(在发生大量使用消防水或EWS水的事件后)

那么，对于抗震级别消防水系统是怎样规定的呢?

2 抗震消防水系统(BSI 71400)

2.1 运行限制条件

抗震消防水系统处于可运行状态包括：

(1)EWS水池的液位维持不低于99.40 m;

(2)抗震消防水泵处于可运行状态且可向反应堆厂房提供足够的流量。

2.2 适用范围

所有运行模式。

2.3 行动

表 行动要求内容

条件	要求措施	完成时间
A. EWS水池的液位低于99.40 m	A.1 将EWS水池的液位恢复到限值99.40 m以上	48 h(A.1)
B. 两个消防流道之一不可运行(丧失冗余度)	B.1 执行监督要求16.3.28.5.4的SR1和SR2，确定另一流道可用 和 B.2 将消防流道恢复到可运行状态	24 h(B.1) 1个月(B.1和B.2)

续表

条件	要求措施	完成时间
C. 任一安全壳隔离阀故障关闭导致流道不可用	C.1 执行监督要求16.3.28.5.4的SR1，确定剩余流道可运行 和 C.2 将受影响的流道恢复到可运行状态	24 h(C.1) 1个月 (C.1和C.2)

2.4　监督要求

表　监督要求内容

项目	监督措施	频率
SR1	确认影响供水流道的每个阀门处于正确的位置	31天
SR2	确认每台抗震消防泵7141-P7001和7141-P7002可启动和运行(不作流量要求)	31天
SR3	确认每台抗震消防泵7141-P7001和7141-P7002可启动和运行(有流量要求)	1年
SR4	检查7141-PV40和7141-PV41的备用仪表压缩空气瓶可供气	31天

3　火灾探测和报警系统

3.1　运行限制条件的依据

为保证消防系统正常可用，该系统必须具有以下功能：

为使用人员提供报警信息；

在火灾事件中，提供辅助监测手段；

监控消防系统的动作；

监控可能导致火灾发生的异常因素；

火灾探测系统自检；

触发消防系统的动作。

3.2　适用范围的依据

火灾探测和报警系统在任何时候都必须处于良好的维护状态并具备完整的功能。

3.3　行动的依据

3.3.1　行动A.1至A.3

在状态A时，火灾探测和报警系统处于不可运行状态。主要原因：探测功能的故障，消防探测或火警信号输入报警系统的故障；主消防控制盘的逻辑故障或CPU故障。对应状态A所需要采取的行动基于加拿大重水堆核电厂的运行经验，并且与美国国家防火协会的消防应急计划原则相一致，例如每4 h对高火险区域进行检查，以防止潜在的火灾。火灾探测和报警系统的故障必须尽快维修并恢复到正常运行状态。如果无法在48 h内完成维修，必须通知电站消防管理人员，并根据特定的防火程序采取相应的措施以保证后续的机组运行。

3.3.2　行动B.1至B.3

状态B是指通风系统隔离功能故障。此状态可能会导致潜在的防火屏障完整性失效。所需要采取的行动是为那些受影响的区域提供替代的消防措施。为防止潜在的火灾发生，必须每4 h进行一次该区域的火情检查。应在2周内将消防探测系统恢复到可运行状态。这是基于重水堆和美国国家防火协会的相关火灾探测与预防规定。

3.3.3　行动C.1至C.3

状态C是指探测器的故障导致消防自动喷淋系统不可运行，它可能会导致无法触发灭火系统。所需要采取的行动是根据需要触发灭火系统。必须每4 h对自动消防喷淋装置保护的高火险区域进行火情检查。故障应在2周之内修复。这是基于重水堆和美国国家防火协会的相关火灾探测与预防规定。

3.3.4　行动D.1和D.2

状态D是指在关键区域和火灾高频区域(如变压器区和电气设备区)的火灾探测系统故障。所需要采取的行动是每4 h对那些区域进行一次火情检查，并在2周之内修复故障。这是基于重水堆和美国国家防火协会的相关火灾探测与预防规定。

3.4　监督要求的依据

3.4.1　SR1

就地消防仪表控制盘每值的检查要求主要基于管理程序的要求。主控室及附近区域的消防仪表控制盘要求每值(每8 h)进行仪表控制盘检查。

3.4.2　SR2至SR5

NFPA 72规定了以下适用于电厂的监督频率：

火灾探测器：每年试验一次；

消防泵报警：每年试验一次；

水流报警装置和闸阀阀位监视开关报警装置：每3个月试验一次；

消防自动喷淋系统监测装置：每3个月试验一次。

因为某些探测器测试只能是机组停运期间进行，监督要求SR2规定在机组大修期间执行。

由以上内容可见,美加体系似有一脉相承的属性。

若联系到AP1000机型,我们会发现美国和加拿大对于核电厂的许多设计内容都是相同的,例如对火灾危害性分析工作范围都包括了常规岛;柴油机主储油罐均为地上罐装设置。

3.3　俄罗斯核电防火标准及国内应用

作为中俄两国最大的能源合作项目——田湾核电厂是采用俄罗斯核电技术进行建造的,因此,俄罗斯国内适用于压水堆核电厂的防火规范和标准首次应用于田湾核电厂1号、2号机组。主要内容有BCH 01—1987法规、标准,及芬兰相应的建筑规范:《建筑物防火安全》(E1)和《工业建筑和仓库建筑的防火安全》(E2)。同时,其设计还要遵守我国的核安全导则HAD 102/11和IAEA的防火导则50-SG-D2,Rev. 1,1990。

到田湾核电厂3号、4号机组建造时,除了应满足IAEA安全导则《核电厂设计中内部火灾和爆炸的防护》(No.NS-G-1.7)(2007版)和No.50-SG-D2中第1章核电厂防火(1990版)的要求外,鉴于俄罗斯在2009年实施的《防火安全要求技术规范》,编制了以НПБ113-03和НПБ114—2002为基础的重要标准文件——СП13.13130.2009。从那时起,一批新制定的防火规范和国家标准开始生效。截至2012年,俄罗斯在防火领域共有13个法规和100多个国家标准生效。满足的规范和标准具体如下:

《消防系统、疏散通道和出口》(СП1.13130.2009);

《消防系统保护目标的防火性能认证》(СП2.13130.2009);

《火灾报警及人员疏散管理系统的安全要求》(СП3.13130.2009);

《防火系统:实体屏障和构筑物防止火灾蔓延的要求》(СП4.13130.2009);

《消防信号装置和自动灭火装置的设计标准和准则》(СП5.13130.2009);

《消防系统电子设备防火安全要求》(СП6.13130.2009);

《加热、通风和空气调节设备的防火安全要求》(СП7.13130.2009);

《消防系统外部供水系统的防火安全要求》(СП8.1 3130.2009);

《消防系统外部消防管线的防火安全要求》(СП10.13130.2009);

《厂房、建筑和室外设施的爆炸和火灾危害分级》(СП12.13130.2009);

《核电厂防火安全要求》(СП13.13130.2009);

《消防安全总体要求》(ГОСТ12.1.004-91);

《核电厂总体安全规定》[(ОПБ-88/97)ПНАЭГ-01-011-97(НП-001-97)];

《核电厂设备和管线的设计及安全运行的规定》(ПНАЭГ-7-008-89);

《核电厂设备和管线的阀门总体技术要求》(НП-068-05);

《核电厂抗震设计规范》(НП-031-01);

《核电厂设备和管线的强度计算规范》(ПНАЭГ-7-002-87);

《核电厂的土建设计规范》(ПиН АЭ-5.6);

《核电厂应急供电系统设计和运行的总体要求》(ПНАЭГ-7-026-90)；

《核电厂控制安全系统的要求》(НП-026-04)；

《核电厂控核安全相关通风系统设计和运行准则》(НП-036-05)；

《核电厂氢气爆炸保护准则》(НП-040-02)；

《核电厂设计和运行的清洁准则》(СПАС-03)；

《核电厂运行的辐射安全准则》(ПРБАЭС-99)；

《WWER 核电厂工程设计准则》(РД210.006-90)；

《电气设备设计规定》(ПУЭ)；

《房屋建筑的消防安全》(СНиП21-01-97)；

《工业设备的总体布置》(СНиПII-89-80)；

《生产性建筑》(СНиП31-03—2001)；

《工业建筑物》(СНиП2.09.03-85)；

《行政和公用建筑物》(СНиП2.09.04-87 *)；

《仓储建筑物》(СНиП31-04—2001)；

《外部供水管线和建筑排污设备》(СНиП2.04.01-85 *)；

《供水系统外部管网和建筑》(СНиП2.04.02-84)；

《加热、通风和空调》(СНиП41-01—2003)；

《核电厂防火安全总体要求》(НПБ113-03)；

《核电厂防火安全设计规范》(НПБ114—2002)；

《自动气体灭火装置的模块和电池、总体技术要求、试验技术方法》(НПБ54—2001)；

《防火和信号系统装置的设计规范和标准》(НПБ88—2001)；

《需安装自动灭火和火灾报警装置的建筑物、厂房和设备》(НПБ110—2003)；

《厂房和构筑物失火时的人员报警系统设计》(НПБ104—2003)；

《电缆工程自动水灭火设施的设计规范》(РД153-34.0-49-105-01)；

《浸油变压器自动水灭火设施的设计建议》(РД34.15.109-91)。

以及美国的以下规范要求：

《气体灭火系统规范》[US NFPA 2001(2004 修订)]；

《先进轻水堆发电厂防火标准》[US NFPA 804(2006 修订)]。图 3-24 为建设期间的田湾核电厂。

图 3-24　建设期间的田湾核电厂

图 3-25 为某核电厂前池。

图 3-25　某核电厂前池

图 3-26 为某核电厂内高高耸立的烟囱。

图 3-26　某核电厂高高耸立的烟囱

图 3-27 为某核电厂内部俯视图。

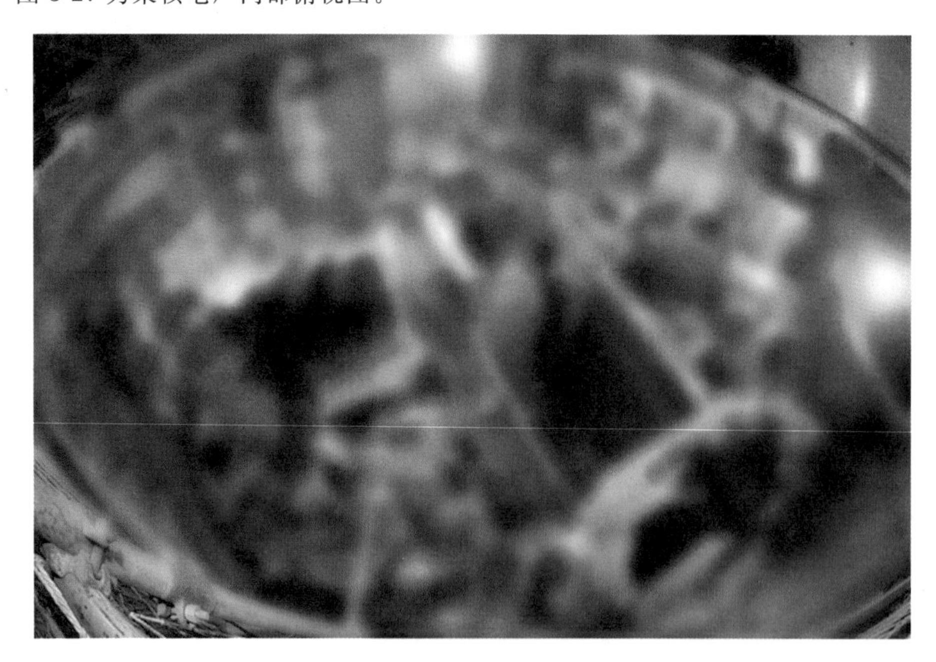

图 3-27　某核电厂内部俯视图

图 3-28 为某核电厂 11UKC 厂房内部仰视图。

图 3-28 某核电厂 11UKC 厂房内部仰视图

图 3-29 为某核电厂 SGC 系统控制面盘。

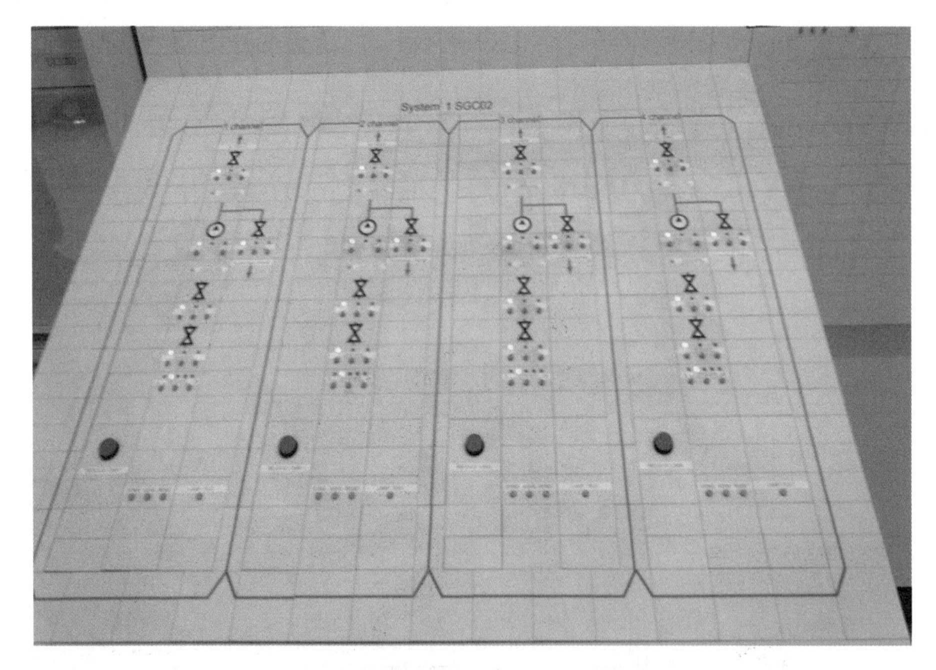

图 3-29 某核电厂 SGC 系统控制面盘

图 3-30 为某核电厂 AES-91 型纵向剖面。

图 3-30 某核电厂 AES-91 型纵向剖面

图 3-31 为某核电厂 UJA(反应堆)厂房剖面。

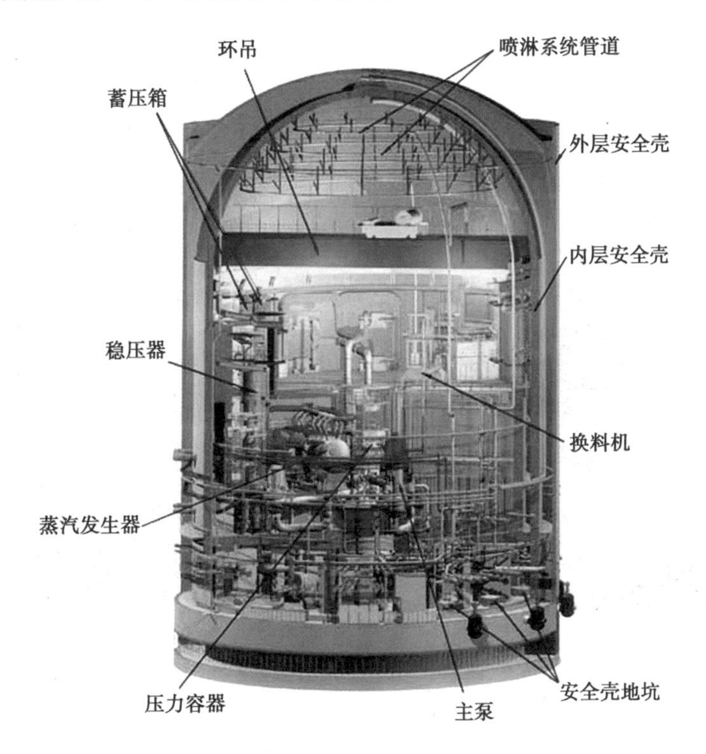

图 3-31　某核电厂 UJA(反应堆)厂房剖面

图 3-32 为某核电厂汽轮机厂房剖面。

图 3-32　某核电厂汽轮机厂房剖面

图 3-33 为某核电厂钢覆面内衬的双层安全壳。

图 3-33　某核电厂钢覆面内衬的双层安全壳

图 3-34 为某核电厂安全系统四通道。

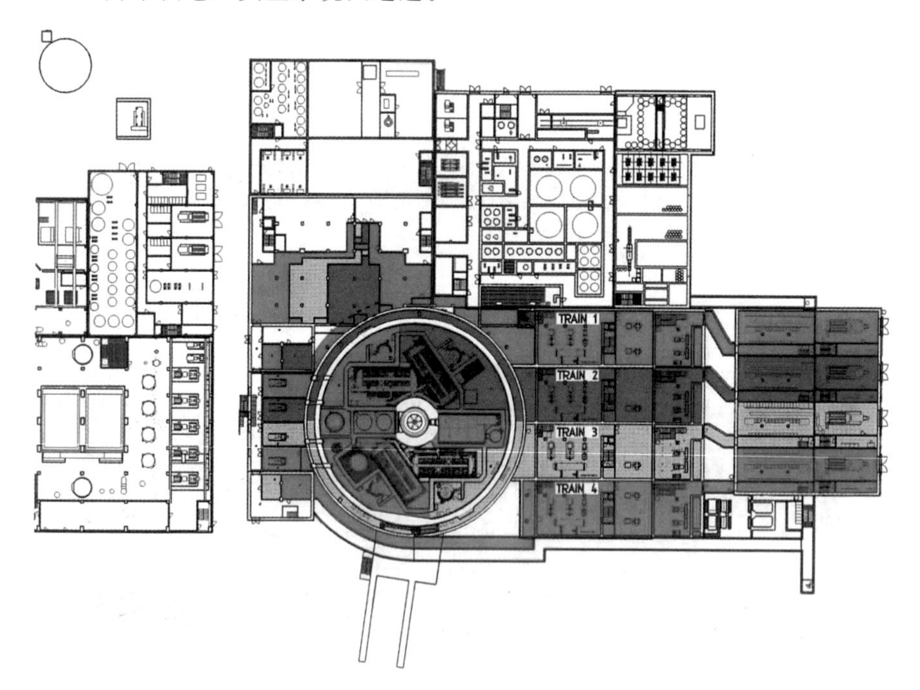

图 3-34　某核电厂安全系统四通道

图 3-35 为某核电厂堆芯捕集器拼装。

图 3-35　某核电厂堆芯捕集器拼装

图 3-36 为某核电厂全数字化仪控设备。

图 3-36　某核电厂全数字化仪控设备

图 3-37 为某核电厂变压器组。

图 3-37　某核电厂变压器组

图 3-38 为某核电厂电缆刷的阻燃漆。

图 3-38　某核电厂电缆刷的阻燃漆

图 3-39 为某核电厂应急柴油发电机。

图 3-39　某核电厂应急柴油发电机

图 3-40 为某核电厂俄制喷头。

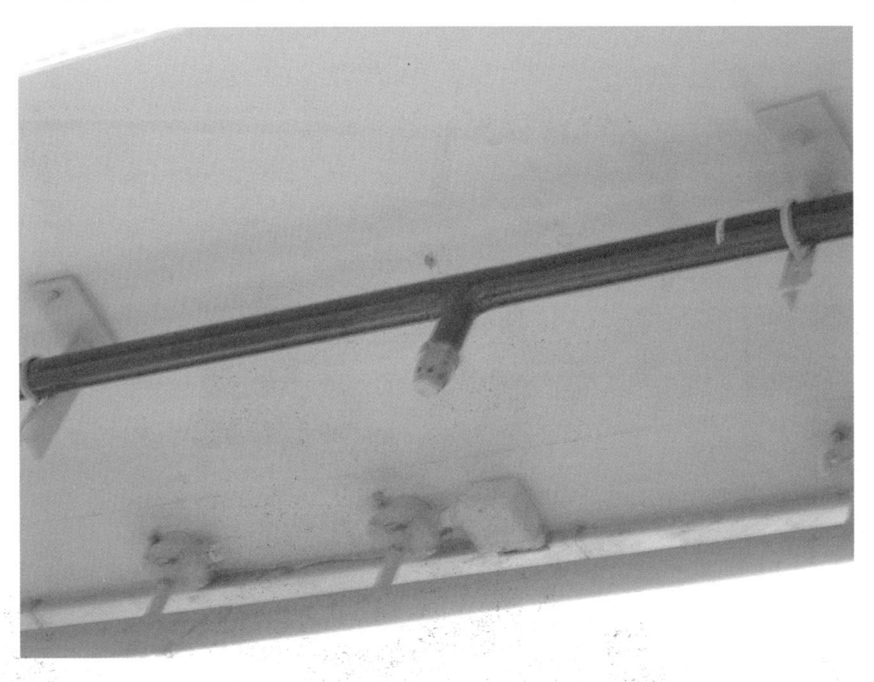

图 3-40　某核电厂俄制喷头

图 3-41 为某核电厂七氟丙烷系统。

图 3-41　某核电厂七氟丙烷系统

图 3-42 为某核电厂气瓶。

图 3-42　某核电厂气瓶

图 3-43 为夕阳下的电网。

图 3-43　夕阳下的电网

图 3-44 和图 3-45 为某核电厂消防水泵出口。

图 3-44　某核电厂消防水泵出口(1)

图 3-45　某核电厂消防水泵出口(2)

图 3-46 为某核电厂雨淋泵。

图 3-46　某核电厂雨淋泵

图 3-47 为某核电厂消防系统管道。

图 3-47　某核电厂消防系统管道

需要特别指出的是：在核电厂双围墙（即核岛和常规岛）内，每台机组的建筑物和构筑物都设置了独立的高压消防供水系统。该系统分为四个子系统：SGA01 为消防泵站，SGA02 为室外消防给水系统，SGA03 为室内消防给水系统，SGC01 为水喷雾灭火系统。

根据俄罗斯有关规范，反应堆厂房（UJA）、燃料厂房（11/21UKT）内未设置室内消火栓。这与前面介绍的法国标准规范不同，其在反应堆厂房（RX）、燃料厂房（KX）内均设置了室内消火栓。这些都属于 JPI 系统（即核岛消防系统）范畴。

关于防火区的不同定义如下：

（1）在《压水堆核电厂防火设计和建造规则》（RCC-I）（1997 年 10 月第四版）中："防火区是由一个或多个房间构成的，并由耐火极限至少等于规定的设计基准火灾持续时间的防火隔墙围起来的空间。防火区应确保该空间内部发生的火灾不会蔓延到外部，或空间外部发生的火灾不会蔓延到内部。"

（2）在《核动力厂消防措施设计标准》（НПБ114—2002）中："防火区指经常或定期具有（处理）可燃物及材料，包括违反工艺过程的核动力厂房间（房间区段）、房间组、生产场所区段，它与其他房间（房间区段）、房间组、生产场所区段之间隔开有安全（极限）距离，或者有防火障碍物。"

关于电气贯穿件的耐火性能，几个不同标准的对照如下：

（1）在《安全壳密封电缆贯穿件技术说明书》（1997 年出版）的 4.4 防火中："贯穿件的耐火极限不应低于安全壳的耐火性。"

（2）在 GB 13538—1992 的 5.2.1 中："导体绝缘系统和非金属材料必须是耐燃的，符合国家有关防火标准的要求。"6.3.1 防火极限中："a 带绝缘的导体和绝缘系统必须是能自熄灭的；b 所有其他非金属材料必须按 GB 2951.19 的规定，属于自熄灭等级。"

（3）在《电气贯穿件技术规格书》（1994 年出版）g 耐火极限中："电气贯穿件是安全壳的一部分，耐火极限和安全壳一样，为 2 h。"4.3 中："禁止使用铝和聚氯乙烯，非金属材料应是耐辐照和阻燃的，阻燃性能应符合标准 NF C 32-070（1979 年 6 月版）中的第二号试验的要求。"

对比法国标准规范可以看到：理念不同，其作为表现形式的外在设置也就不同了。

下面我们来看看《消防安全要求技术规定》吧！

2008 年 7 月 11 日，由俄罗斯联邦委员会批准《消防安全要求技术规定》，即 2008 年 7 月 22 日的 N123-ф3。

《消防安全要求技术规定》的具体内容如下：

第一部分　消防保护总则

第 1 章　总则

第 1 条　技术规程的目的和使用范围

1.使用目的是保证公民和法人的生命、健康、财产，以及国家和地方所有的财产免受火灾损害。规程确定了消防安全方面监管的基本规定，规定了物项的消防安全总要求，具体包括建筑物/构筑物和结构、工业项目、消防技术产品及其一般用途的产品。包含具体产品消防安全要求的联邦技术规定,在其要求低于该联邦法规定的要求时,无效。

2.在下列情况下,物项消防安全保障条例必须执行:

(1)在物项的设计、建造、大修、改造、技术更新、用途功能变化、技术维护、运行和废物利用时;

(2)在制定、采纳、使用和执行包含消防安全要求的联邦技术规程以及消防安全标准文件时;

(3)在制定物项的技术文件时。

3.对于特殊用途的物项,其中包括:军用项目,放射性和爆炸性物质和材料的生产、加工和储存项目,化学武器和爆炸设施的消除和储存项目,(地面)航空项目,导弹发射项目,矿山开采项目和森林项目,在执行时,还应遵守俄罗斯联邦法规规定的消防安全要求。

4.核武器及与其有关的研制、生产、运行、储存、运输,其合成部件销毁及回收利用等消防安全方面,以及俄罗斯联邦核武器的项目、建筑物、构筑物、结构物消防安全方面的技术监管均应根据俄罗斯联邦法律法规予以确定。

第2条 基本概念

为实现目的,采用了2002年12月27日联邦法N 184-ФЗ中第二条关于技术监管(简称"联邦技术监管法")、1994年12月21日联邦法N69-ФЗ中第一条关于消防安全(简称"联邦消防安全法")规定的基本概念和下列基本概念:

(1)应急出口,是指门、人孔,或者通向疏散通道、直通室外或者通向安全区的出口,作为救援人员的补充出口使用,但在评估疏散通道和疏散出口所需数量和尺寸是否符合要求时,将不予考虑,并且要满足火灾状态下的人员安全疏散要求。

(2)安全区,是指可使人员免受火灾影响或无危险因素的区域。

(3)爆炸,是指介质快速发生化学变化,同时释放出能量和生成压缩气体的现象。

(4)易爆混合物,是指空气或氧化剂与易燃气体、易燃液体蒸汽、易燃粉尘或纤维的混合物。在具备一定浓度和出现爆炸源时的条件下,混合物会发生爆炸的现象。

(5)物项的易爆易燃性,是指物项体现出的可能发生爆炸和容易燃烧状态的现象。

(6)易燃介质,是指在点火源的作用下可能起火的一种介质。

(7)消防安全公告信息,是指一致性评价形式,包括保证物项火灾风险标准的消防安全措施信息。

(8)允许的火灾风险,是指根据社会经济条件水平及其论证后的火灾风险等级。

(9)个人火灾风险,是指由于受火险风险影响、造成人员死亡的一种潜在危险。

(10)点火源，是指能够引发燃烧具备动能的物质/设施。

(11)建筑物、构筑物、结构物和防火隔间构造火险等级，是指建筑物、构筑物、结构物和防火隔间的分类特性，通过建筑结构参与火灾发展和火险因素形成的程度来确定。

(12)建筑物、构筑物、结构物和防火隔间功能性火险等级，是指建筑物、构筑物、结构物和防火隔间的分类特性，通过上述建筑/构筑物、结构物和防火隔间的功能和运行特点来确定，其中包括在上述建筑物、构筑物、结构物和防火隔间内实施生产所需工艺工序的特点。

(13)外部装置，是指位于建筑物、构筑物和结构物以外的全套装置及工艺设备。

(14)疏散时间，是指自火灾发生时的时间算起的时间。在此期间，人员应疏散到安全区域，不得因火灾的影响使人员的生命健康受到危害。

(15)物项，是指包括公民或法人财产、国家或市政财产在内的产品(其中包括位于移民区域项目，以及建筑物、构筑物、结构物、运输工具、工艺装置、设备、组件、制品和其他财产)，对其提出或应该提出消防安全要求，以预防火灾和在火灾发生时保护人员不受其危害。

(16)氧化剂，是指能与易燃物质发生反应、引起其燃烧，同时增强燃烧强度的物质和材料。

(17)火险因素，是指可造成人员受伤、中毒或死亡和(或)造成财产损失的因素。

(18)起火点，是指火灾最初发生的地点。

(19)一次灭火器材，是指便携式或可移动的灭火器材，用于火灾初期的灭火。

(20)物项的消防安全，是指可预防火灾发生或发展，以及影响人员和财产安全火险因素的物项状态。

(21)物质和材料的火险，是指物质和材料可能发生燃烧或爆炸时的状态。

(22)物项的火险，是指可能发生和发展火灾，以及影响人员和财产安全火险因素的物项状态。

(23)火灾报警信号装置，是指用于火灾探测、信号处理、按规定形式传送火灾报警、专用信息，和(或)发出接通自动灭火装置的指令和接通防排烟保护系统的执行装置、工艺工程设备，以及其他消防保护装置指令的技术设备的总称。

(24)消防车车库，是指消防(队)楼内提供有消防技术装备储存间及其技术保养间、全体人员办公室、消防控制室(火灾报警接收室)、执行消防任务所必需的技术及辅助房间。

(25)火灾探测器，是指用于引发火灾报警信号的技术设备。

(26)火灾警报器，是指通知人员发生火灾的技术设备。

(27)防火隔间，是指由防火墙和防火楼板或防火隔板划分的厂房、构筑物的一部分。在整个火灾持续期间，具有耐火极限的结构构造，使得火势不向防火隔间以外扩散。

(28)火灾风险,是指物项发生火灾危险及其对人员和财产造成危害后果的可能性。

(29)物质和材料的易爆火险性,是指其生成易燃介质(有火灾危险性或者爆炸)的能力。在火灾情况下,体现为其物理—化学性能和(或)性状。

(30)火灾危险区(易爆区),是指露天或部分封闭处所,在正常工艺工序状况下,需要经常或周期性地使用易燃物质,且在该场所内或其受损(出现事故情况)时可停放在其中的区域。

(31)结构(防火隔断洞口封堵)耐火极限,是指在标准燃烧试验条件下,从开始至达到该结构(防火隔断洞口封堵)规定的其中一个对应状态的时间间隔。

(32)火灾监控装置,是指用于接收火灾报警信号,可以对火灾报警信号装置的完好性、火警事件信号灯和音响信号器予以检测,形成启动火警控制盘脉冲信号的一种技术设备。

(33)火警控制盘,是指用于向自动灭火装置传送控制信号、和(或)接通防排烟保护系统的执行装置、和(或)通知人们发生火灾以及向其他的防火保护装置传送控制信号的一种技术设备。

(34)生产项目,是指应用于工农业用途的项目,其中包括仓库、运输基础设施(铁路运输、汽车运输、河运、海运、空运和管道运输)项目、工程和通信项目。

(35)防火隔断,是指具有一定额定耐火极限和结构火灾危险等级的建筑结构、建筑物立体构件或其他工程方案,用于预防火势从一部分建筑物、构筑物和结构物向另一部分建筑物、构筑物和结构物,或在建筑物、构筑物、结构物、树木花草之间扩散。

(36)防火间距,是指为防止火灾蔓延而在建筑物、构筑物和(或)结构物之间设定的额定防火距离。

(37)火灾报警传送系统,是指用于沿通信传送和在中控室接收物项火灾警报、能对物项进行监测诊断报警服务,并且(当存在闭环反馈环路时)用于传送和接收遥控指令,共同起作用的技术设备的总称。

(38)火灾信号系统,是指安装在同一项目上并且从共用火灾监控楼进行监测的火灾信号装置的总称。

(39)火灾预防系统,是指可消除物项上火灾隐患的全套组织措施和技术设备。

(40)排烟保护系统,是指为预防和限定火灾状态下建筑物、构筑物和结构物的烟气危险以及火灾危险因素对人员生命和物质财产的影响,而形成的全套组织措施、空间规划方案、工程系统和技术设备。

(41)防火保护系统,是指为保护人员生命和物质财产免受火灾危险因素的影响及限制火灾危险因素对物项(产品)后果的影响,而形成的全套组织措施和技术设备。

(42)构筑物,是指具有一定功能用途的建筑系统,其中包括按功能用途用于人员逗留或居住及实施生产工艺工序的房间。

(43)社会生命风险,是指由于火灾因素影响而造成大批人员死亡的危险性程度。

(44)建筑物、构筑物、结构物和防火隔间的耐火程度,是指建筑物、构筑物、结构物和防火隔间的耐火分类特性。该特性通过上述建筑物、构筑物、结构物和防火隔间所用结构的耐火极限来确定。

(45)火灾警报和指挥人员疏散的技术设备,是指通报人们发生火灾的技术设备(报警控制器、火灾报警器)的总称。

(46)工艺介质,是指在生产工艺设备(工艺系统)中生成的物质和材料。

(47)火灾发生时物项的稳定性,是指在火灾危险性因素影响和出现两次火灾危险性因素时,物项仍能保持结构完整性和(或)具备功能用途的性能。

(48)疏散出口,是指通向疏散通道、直通室外或安全区域的出口。

(49)疏散通道,是指人员直通室外或安全区域行动/转移的通道,须符合火灾下人员安全疏散要求。

(50)疏散,是指人员自发组织,从火灾可能影响人身安全的房间直接向室外或安全区转移的行为。

第3条　消防安全方面技术监管的法律基础

消防安全领域技术监管的法律基础是俄罗斯联邦宪法、公认的国际法原则及标准、俄罗斯联邦国际条约、联邦技术监管法、联邦消防安全法和该联邦法,依据该联邦法制定和采纳俄罗斯联邦法规、物项(产品)消防安全的监管问题。

第4条　消防安全领域的技术监管

1.防安全领域的技术监管表现在:

(1)俄罗斯联邦法规和消防安全标准文件中对产品,集设计、生产、运行、储存、运输、实施和回收于一体的工序的消防安全要求规定;

(2)在采纳和使用消防安全要求方面,对法律关系的协调;

(3)对一致性评价方面的法律关系的协调。

2.属于俄罗斯联邦消防安全法规名列中的有联邦技术规程法、联邦法和需强制执行消防安全要求内容的其他俄罗斯联邦法规。

3.属于消防安全标准文件名列中的有国家标准、包含消防要求内容的条例汇编(规则和条例)。

4.该联邦法条例不适用于根据之前有效的消防安全要求设计和建筑的现有建筑物、构筑物和结构物,将若继续使用上述建筑物、构筑物和结构物而因可能发生火灾而威胁到人们的生活或健康的情况除外。在这种情况下,掌控、使用或支配建筑物、构筑物和结构物的业主/法人或全权代表应根据该联邦法的要求采取引用物项消防安全保证系统的措施。

第5条　物项消防安全的保障

1.每个物项都应具有消防安全保障系统。

2.建立物项消防保障系统的目的是预防发生火灾,火灾发生时保障人员安全和保护财产免受损失。

3.物项的消防安全保障系统包括火灾预防系统、消防保护系统、全套消防安全保障组织及技术措施。

4.物项的消防保障系统必须包括可消除该联邦法规定的允许火灾风险值超标的可能性和旨在预防由于火灾使第三方人员受损的危险性的全套措施。

第6条　物项符合消防安全的条件

1.在下列情况下,物项的消防安全视为有保障的:

(1)充分执行联邦技术规程法规定的消防安全强制要求;

(2)火灾风险未超过该联邦法规定的允许值。

2.如果火灾风险未超过该联邦法规定的相应允许值,则联邦技术规程法不再规定出消防安全要求的具体内容。该物项的消防安全可视为有保障。

3.在执行联邦技术规程法规定的强制性消防安全和消防安全标准文件的要求时,火灾风险不要求计算。

4.城市和村镇居民区、城区和封闭式行政办公区构造物,在实施范围内采取的消防措施,由相应的国家机构、地方自治机构根据该联邦法的第63条进行消防保护监督保障。

5.根据联邦法第64条,建筑物、构筑物、结构物和生产项目的法人,即物项的所有者,应在消防措施实施范围内,在物项投入使用前,按照通知形式要求,提供消防安全公报信息。

6.火灾风险估算是消防安全公报信息或工业安全公报信息的组成部分(应建立在根据联邦法规制定、火灾风险估算的基础上进行)。

7.在俄罗斯联邦法规中,确定火灾风险估算的步骤。

8.在对消防技术产品和一般通用产品进行消防安全论证时,不要求提供消防安全公报信息。

第2章　火灾和火灾危险因素的分类

第7条　火灾和火灾危险因素的分类目的

1.就易燃材料的类型而言,火灾分类应用于标出灭火设施的使用范围。

2.就灭火的复杂性而言,火灾的分类应用于确定各消防队和灭火所需其他单位的人力和设施数量。

3.火灾危险因素的分类,用于论证火灾状态下保护人员生命和物资财产损失所需的消防安全措施。

第8条　火灾的分类

根据易燃材料种类进行分类,级别如下:

(1)固体易燃物质和材料的火灾(A级);

(2)易燃液体或熔化的固体物质和材料的火灾(B级);

(3)气体火灾(C级);

(4)金属火灾(D级);

(5)电气装置(在电压作用下)易燃物质和材料的火灾(E级);

(6)核材料、放射性废物和放射性物质的火灾(F级)。

第9条 火灾危险因素

1.属于对人民生命和物质财产造成影响的火灾危险因素如下:

(1)火焰和火花;

(2)热辐射流;

(3)导致周围介质过高的温度;

(4)有毒燃烧产物和过高热分解浓度;

(5)过低氧气浓度;

(6)降低烟雾能见度。

2.另外,伴随火灾危险因素的还有:

(1)碎片、部分受损建筑物、构筑物、结构物、运输工具、工艺装置、设备、组件、制品和其他器材;

(2)从受损的工艺装置、设备、组合部件、制品和其他器材排放至周围介质中的放射性和有毒物质和材料;

(3)向工艺装置、设备、组合部件、制品和其他器材输送高压电力;

(4)由于火灾而造成的爆炸火险因素;

(5)灭火剂的影响。

第3章 物质和材料的爆炸和火灾危险指数及分类

第10条 物质和材料按爆炸危险性和火灾危险性分类的目的

1.就爆炸危险性和火灾危险性而言,物质和材料的分类用于确定接收物质和材料、使用、储存、运输、处理和回收条件下的消防安全要求。

2.在确定建筑物、构筑物、结构物的结构和消防保护系统的消防安全要求时,要根据火灾危险性对建筑材料进行分类。

第11条 物质和材料的爆炸危险性和火灾危险性指数

1.依据物质和材料聚集状态,估算其爆炸危险性和火灾危险性所需指数清单,请见该联邦法附表1。

2.该联邦法附表1中所列材料和物质爆炸危险性和火灾危险性指数的确定方法,通过相应的消防安全标准文件来予以规定。

3.物质和材料的爆炸危险性和火灾危险性指数,用于确定物质使用要求和对火灾风险的估算。

第12条 物质和材料(除了建筑材料、有毒和皮革材料之外)火灾危险性的分类

1.物质和材料火灾危险性的分类,以其性能和构成火灾或爆炸危险因素的性能为依据。

2.根据物质和材料的可燃性,分为以下各组:

(1)在空气中不能燃烧的不燃物质和材料。不燃物质可能为爆炸危险性物质

(例如在与水、空气中的氧气或其他物质相互作用时，分离出可燃产物的物质或氧化剂)；

(2)在点火源的作用下，在空气中可燃烧，但去除/移开点火源之后，不能自燃的难燃物质和材料；

(3)能够自燃，同时在点火源的作用下突然爆炸，且在去除/移开点火源之后，可以自燃的可燃性物质和材料。

3.物质和材料可燃性试验的方法，要根据防火保护标准文件予以确定。

4.从可燃液体中分离出大量的易燃液体和特别危险的易燃液体，在消防安全标准文件确定的低温条件下其蒸气会发生爆燃的物质/材料。

第 13 条　建筑材料、有毒和皮革材料火灾危险性的分类

1.建筑材料、有毒和皮革材料火灾危险性的分类以其性能和构成火灾危险因素的能力为依据。

2.建筑材料、有毒和皮革材料火灾危险性具有以下性能特点：

(1)可燃性；

(2)易燃性；

(3)火苗沿物体表面蔓延传播的能力；

(4)发烟能力；

(5)燃烧产物的毒性。

3.根据可燃性，将建筑材料分为可燃材料(Г)和不燃材料(НГ)。

4.通过试验方法，若具备以下特征时，则该建筑材料属于不燃材料：

温度升高值不大于规定温度值、试件重量损失不超过 50%、稳定火焰燃烧的持续时间不超过 10 s。

5.建筑材料，本条第 4 部分中规定的参数值中，若有一项不符合，则都要列入可燃材料之列。可燃建筑材料分为以下几组：

(1)弱等燃烧程度材料(Г1)，烟气温度不超过 135 ℃，试件的损坏长度程度不超过 65%，试件的重量损坏程度不超过 20%，自燃持续时间为 0 s；

(2)中等燃烧程度材料(Г2)，烟气温度不超过 235 ℃，试件的损坏长度程度不超过 85%，试件的重量损坏程度不超过 50%，自燃持续时间为 30 s；

(3)标准可燃材料(Г3)，烟气温度不超过 450 ℃，试件的损坏长度程度超过 85%，试件的重量损坏程度不超过 50%，自燃持续时间为 300 s；

(4)高等燃烧程度材料(Г4)，烟气温度超过 450 ℃，试件的损坏长度程度超过 85%，试件的重量损坏程度超过 50%，自燃持续时间为 300 s。

6.对于属于可燃组 Г1-Г3 的材料，在试验时不允许形成燃烧的熔融物液滴(对于可燃组 Г1-Г2 的材料，不允许形成熔融物液滴)。而对于低于不燃建筑材料标准的，不予规定其他的火灾危险性指数。

7.就易燃性而言，可燃建筑材料(其中包括铺设的地毯材料)根据其表面临界热流密度值，分为以下几组：

(1)难燃材料(B1),其表面临界热流密度值大于 35 kW/m²;

(2)中燃材料(B2),其表面临界热流密度值不小于 20 kW/m²,但不大于35 kW/m²;

(3)易燃材料(B3),其表面临界热流密度值小于 20 kW/m²。

8.根据表面火焰传播的速度,可燃建筑材料(其中包括铺设的地毯材料)依据表面临界热流密度值,分为以下几组:

(1)不传播火焰型(РП1),其表面临界热流密度值大于 11 kW/m²;

(2)弱传播火焰型(РП2),其表面临界热流密度值不小于 8 kW/m²,但不大于 11 kW/m²;

(3)中等传播火焰Ⅰ型(РП3),其表面临界热流密度值不小于 5 kW/m²,但不大于 8 kW/m²;

(4)中等传播火焰Ⅱ型(РП4),其表面临界热流密度值小于 5 kW/m²。

9.根据发烟能力,可燃建筑材料依据发烟系数不同,分为以下几组:

(1)低发烟能力(Д1),其发烟系数低于 50 m²/kg;

(2)中等发烟能力(Д2),其发烟系数不低于 50 m²/kg,且不超过 500 m²/kg;

(3)高发烟能力(Д3),其发烟系数大于 500 m²/kg。

10.根据燃烧产物的毒性,土建材料可燃性按照该联邦法附表 2 要求,分为以下几组:

(1)低危险性(T1);

(2)中等危险性(T2);

(3)高危险性(T3);

(4)特高危险性(T4)。

11.受建筑材料火灾危险级别制约的火险等级,已经列在该联邦法附表 3 中。

12.对于铺设的地毯材料,不予确定其可燃级别。

13. 就易燃性而言,纺织品和皮革材料可分为高度易燃和难燃(几乎不易燃)两种。如果试验时满足下列条件,则该织物(无纺布)就作为易燃材料,予以分类:

(1)任一测试样品试件表面点火试验中,火焰燃烧时间大于 5 s;

(2)任一测试样品试件表面点火试验中,从其完全烧尽至另一试件边缘为止;

(3)棉绒在任一测试样品/制品试件上,均能燃烧着火;

(4)若任一测试样品试件的表面发生爆燃,则不得传播至表面或距边缘起火点 100 mm³ 以外;

(5)若任一测试样品试件的表面或在边缘火焰试验作用下,碳化区域段的平均长度不超过 150 μm。

14.对建筑材料、有毒和皮革材料分类时,应采用火焰传播率(I)。该值为无量纲公称指数,表征的是能够点燃的物质和材料沿物体表面传播火焰、释放热量的能力。根据火焰的传播程度,将材料分成以下几组:

(1)若火焰传播率为 0,则属于表面不传播火焰;

(2)若火焰传播率不超过 20,则属于表面慢速传播火焰;

(3)若火焰传播率大于20,则属于表面快速传播火焰。

15.确定建筑材料、有毒和皮革材料火灾危险性分级指数的试验方法,是由消防安全标准文件来确定的。

第4章　爆炸危险性和火灾危险性指数及对工艺介质爆炸危险性和火灾危险性的分类

第14条　工艺介质爆炸危险性和火灾危险性的分类

工艺介质根据爆炸危险性和火灾危险性的分类用于确定实施工艺及工序的安全参数。

第15条　工艺介质爆炸危险性和火灾危险性指数

1.工艺介质爆炸危险性和火灾危险性指数,其特征表征的是在工艺过程中生成的物质的爆炸危险性和火灾危险性指数,以及工艺工序参数。估算爆炸危险性和火灾危险性所需的指数清单,可参见该联邦法的附表1。

2.属于工艺介质系列的物质,其爆炸危险性和火灾危险性指数确定方法,是通过消防安全标准文件来规定的。

第16条　工艺介质爆炸危险性的分类

1.对工艺介质爆炸危险性,分为以下几组:

(1)火灾危险性;

(2)爆炸危险性;

(3)易爆性;

(4)防火安全有关的。

2.若可能生成可燃介质,与此同时,其间产生足够功率引发火灾的点火源,则属于火灾危险性介质。

3.若可能生成氧化剂与可燃气体、易燃液体蒸汽、可燃气溶胶和可燃粉尘的混合物,在出现点火源情况下,可能会引发爆炸或火灾的,则属于爆炸危险性介质。

4.若可能生成空气与可燃气体、易燃液体、可燃液体、可燃气溶胶和可燃粉尘或纤维的混合物,则该介质属于易爆物质。若可燃物达到一定浓度,在出现点火源情况下,该介质可能会发生爆炸。

5.属于火灾安全介质的,指的是无可燃介质和(或)氧化剂的物质空间。

第5章　火灾危险性和易爆区的分类

第17条　分类目的

火灾危险性和易爆区的分类,是用于依据其保障设备防火防爆安全运行的保护等级级别,来完成选择电气及其他设备的目的。

第18条　火灾危险性的分类

1.火灾危险性分为以下等级:

(1)П-Ⅰ:位于闪点大于等于61 ℃的可燃液体的房间区域;

(2)П-Ⅱ:位于释放可燃粉尘或纤维的房间区域;

(3)П-Ⅱa:位于处理固体可燃物质的房间区域,物质的数量应使单位火荷载不低于1 MJ/m²;

(4)П-Ⅲ:位于处理闪点大于等于61 ℃的可燃液体或取任意固体可燃用途的建筑物、构筑物和结构物区域。

2.火灾危险性分级指数的确定方法,是通过消防安全标准文件来确定的。

第19条　易爆区的分类

1.根据易爆混合物出现的频率和持续的时间,易爆区分为以下几组:

(1)第0级:经常或最短存在1 h易爆混合气体的区域;

(2)第1级:在设备正常运行工况下,释放可燃气体或易燃液体蒸汽、与空气形成的易爆混合物的房间;

(3)第2级:平时,在该区域内可燃气体或易燃气体蒸汽与空气不会形成混合物,但在发生事故或者工艺设备受损情况下,才会(可能)生成混合物的房间区域;

(4)第20级:长期存在可燃粉尘与空气的混合物,其低浓度燃烧极限低于65 g/m³的区域;

(5)第21级:在设备正常运行工况下,会释放出转为悬浮状态的可燃粉尘或纤维;在浓度65 g/m³ 时,可与水生成易爆混合物的房间区域;

(6)第22等级:在设备正常运行工况下,浓度小于等于65 g/m³ 时,可燃粉尘或纤维与空气不能生成易爆混合物。只在发生事故或工艺设备受损时,可燃粉尘或纤维与空气才能形成易爆混合物的房间区域。

备注:而在《爆炸危险环境电力装置设计规范》(GB 50058—2014)3.2 爆炸性气体环境危险区域划分中,爆炸性气体环境应根据爆炸性气体混合物出现的频繁程度和持续时间分为0区、1区、2区。分区应符合下列规定:

1.0区应为连续出现或长期出现爆炸性气体混合物的环境;

2.1区应为在正常运行时可能出现爆炸性气体混合物的环境;

3.2区应为在正常运行时不太可能出现爆炸性气体混合物的环境,或即使出现也仅是短时存在的爆炸性气体混合物的环境。

4.2.2　爆炸危险区域

根据爆炸性粉尘环境出现的频繁程度和持续时间分为20区、21区、22区,分区应符合下列规定:

1.20区应为空气中的可燃性粉尘云持续地或长期地或频繁地出现于爆炸性环境中的区域;

2.21区应为在正常运行时,空气中的可燃性粉尘云很可能偶尔出现于爆炸性环境中的区域;

3.22区应为在正常运行时,空气中的可燃粉尘云一般不可能出现于爆炸性粉尘环境中的区域,即使出现,持续时间也是短暂的。

与俄方内容对比后,可以看出两者还是存在区别的。

2.易爆区分级指数的确定方法，是根据消防安全标准文件来确定的。

第6章　电气设备爆炸危险性和火灾危险性的分类

第20条　分类的目的

给电气设备进行爆炸危险性和火灾危险性的分类，是用于确定其安全使用范围及与该范围相对应的电气设备标识，同时也可用于确定电气设备运行时的消防安全要求。

第21条　电气设备爆炸危险性和火灾危险性的分类

1.根据爆炸危险性和火灾危险性的程度，将电气设备分为以下几组：

(1)无防爆保护设施的电气设备；

(2)防火保护电气设备(用于火灾危险区域)；

(3)防爆电气设备(用于易爆区)。

2.电气设备爆炸危险性和火灾危险程度，是指在电气设备内部出现点火源的危险性，和(或)点火源与电气设备周围可燃介质接触的危险性。针对无防火防爆设施的电气设备，将不按防火和防爆等级进行分类。

第22条　防火保护电气设备的分类

1.在火灾危险区使用的电气设备，需根据防止进水和外壳体液体渗透保护等级来进行分类。保护等级是通过该电气设备的结构予以保证的。防火保护电气设备的分类，是根据该联邦法附表4和附表5来实现的。

2.防火保护电气设备外壳保护等级的确定方法，是通过消防安全标准文件来确定的。

3.电气设备外壳保护等级的标识，是根据国际防护等级符号(IP)和其中两个阿拉伯数字来完成的，其中第一个数字代表防固体落入其内，第二数字代表防止水渗/进入。

补充注释：IP(INGRESS PROTECTION)防护等级系统是由IEC(INTERNATIONAL ELECTROTECHNICAL COMMISSION)规定，将电器依其防尘防湿气的特性加以分级的。IP防护等级由两个数字组成，第1个数字表示电器防尘、防止外物侵入的等级(这里所指的外物含工具，人的手指等均不可接触到电器之内带电部分，以免触电)，从0到6；第2个数字表示电器防水防湿气、防水浸入的密闭程度，从0到8。数字越大，表示其防护等级越高。

第23条　防爆保护电气设备的分类

1.防爆保护电气设备，需根据防爆等级、防爆类型、设备级别和温度等级来进行分类。

2.防爆保护电气设备，根据防爆等级分为三个级别：

(1)特殊防爆安全电气设备(0级)；

(2)防爆安全电气设备(1级)；

(3)高可靠性防爆电气设备(2级)。

3.特殊防爆安全电气设备，是指附带特别防爆设施要求的防爆安全电气设备。

4.无论是在设备正常运行工况下，还是其损坏时，防爆安全电气设备都会防止其爆炸，除非防爆保护设施损坏。但是对于高可靠性防爆电气设备而言，该防爆设备只有在正常运行工况下(即未发生事故和未受到损坏时)，才能保证防止爆炸目的。

5.防爆保护电气设备根据防爆保护的类型，具备下列设施及功能用途的，分成以下类型：

(1)隔爆型外壳(d)；

(2)在余压作用下，充入保护气体或对外壳进行吹扫(p)；

(3)安全火花型电路(i)；

(4)石英填充带导电部分的外壳(q)；

(5)油填充带导电部分的外壳(o)；

(6)兼顾项目特殊性要求，确定的特殊类型防爆保护(s)；

(7)其他任意类型的保护(e)。

6.防爆保护电气设备按照各区允许使用的具体情况，分为以下两种设备：

(1)工业气体和蒸汽设备(Ⅱ组和具体分组ⅡA、ⅡB、ⅡC)；

(2)矿用沼气设备(I)。

7.根据表面最大允许温度值，将Ⅱ组防爆保护设备分为以下温度等级：

(1)T1(450 ℃)；

(2)T2(300 ℃)；

(3)T3(200 ℃)；

(4)T4(135 ℃)；

(5)T5(100 ℃)；

(6)T6(85 ℃)。

8.防爆保护设备的标识，是按照以下顺序依次标出的：

(1)电气设备防爆等级符号(2、1、0)；

(2)描述防爆保护系列电气设备的对应符号为Ex；

(3)防爆类型符号(d、p、i、q、s、e)；

(4)电气设备的级别或分级符号(I、Ⅱ、ⅡA、ⅡB、ⅡC)；

(5)电气设备温度等级符号(T1、T2、T3、T4、T5、T6)。

9.电气设备相应等级、类型、级别(分级)、温度等级等属性的试验方法，是通过消防安全标准文件来确定的。

备注：在《爆炸危险环境电力装置设计规范》(GB 50058—2014)中，设备的保护级别EPL(Equipment Protection Levels)是参照《爆炸性环境　第14部分：电气装置设计、选择和安装》(IEC 60079-14—2007)引入的一个概念内涵，同时也兼顾到现行国家标准《爆炸性环境》(GB 3836)已引入了EPL概念的历史实践。将气体/蒸气环境中设备的保护级别分为Ga、Gb、Gc，提出粉尘环境中设备的保护级别要达到Da、Db、Dc要求。具体含义如下：

“EPL Ga”爆炸性气体环境用设备，具有“很高”的保护等级，在正常运行过程中、在预期的故障条件下或者在罕见的故障条件下不会成为点燃源。

“EPL Gb”爆炸性气体环境用设备，具有“高”的保护等级，在正常运行过程中、在预期的故障条件下不会成为点燃源。

“EPL Gc”爆炸性气体环境用设备，具有“加强”的保护等级，在正常运行过程中不会成为点燃源，也可采取附加保护，保证在点燃源有规律预期出现的情况下(如灯具的故障)不会点燃。

“EPL Da”爆炸性粉尘环境用设备，具有“很高”的保护等级，在正常运行过程中、在预期的故障条件下或者在罕见的故障条件下不会成为点燃源。

“EPL Db”爆炸性粉尘环境用设备，具有“高”的保护等级，在正常运行过程中、在预期的故障条件下不会成为点燃源。

“EPL Dc”爆炸性粉尘环境用设备，具有“加强”的保护等级，在正常运行过程中不会成为点燃源，也可采取附加保护，保证在点燃源有规律预期出现的情况下(如灯具的故障)不会点燃。

将电气设备分为三类。

Ⅰ类电气设备用于煤矿瓦斯气体环境。

Ⅱ类电气设备用于除煤矿甲烷气体之外的其他爆炸性气体环境。

Ⅱ类电气设备按照其拟使用的爆炸性环境的种类可进一步再分类：

ⅡA类：代表性气体是丙烷；

ⅡB类：代表性气体是乙烯；

ⅡC类：代表性气体是氢气。

Ⅲ类电气设备用于除煤矿以外的爆炸性粉尘环境。

Ⅲ类电气设备按照其拟使用的爆炸性粉尘环境的特性可进一步再分类。

Ⅲ类电气设备的再分类：

ⅢA类：可燃性飞絮；

ⅢB类：非导电性粉尘；

ⅢC类：导电性粉尘。

第7章　外部装置火灾危险性的分类

第24条　外部装置火灾危险性分类的目的

1.对外部装置火灾危险性进行分类，是为了预防可能发生的火灾和在外部装置发生火灾状态下，来保障人员生命和物质财产免受损失的消防安全要求。

2.对外部装置火灾危险性的分类，是以其相应等级的属性作为依据来确定的。

3.在基本拟/在建和改建项目的设计文件中，应规定出外部装置的火灾危险性等级，并且要把对应等级代号标记在该装置上。

第25条　外部装置火灾危险性等级的确定

1.根据火灾危险性质，将外部装置分为以下各个等级：

(1)高爆炸火灾危险性(AH);

(2)爆炸火灾危险性(БH);

(3)高火灾危险性(BH);

(4)中火灾危险性(ГH);

(5)低火灾危险性(ДH)。

2.外部装置火灾危险性的等级,是依据该装置中可燃物质和材料的性能及其数量和工艺工序的特点来确定的。

3.若该装置中,存在(储存、处理、运输)可燃气体、闪点不大于28 ℃的易燃液体、与水、空气/氧气相互作用和(或)彼此间相互作用后可能燃烧的物质和材料,则该装置属于AH级(具体条件是在上述物质可能燃烧并形成冲击波时,距离外部装置30 m处的火灾风险概率值超过10^{-6}次/年)。

4.若该装置中,存在(储存、处理、运输)可燃粉尘和(或)纤维、闪点大于28 ℃可燃液体,则该装置就属于БH级(具体条件是在粉尘和(或)蒸汽空气混合物可能燃烧并形成冲击波时,距离外部装置30 m处的火灾风险概率值超过10^{-6}次/年)。

5.若该装置中,存在(储存、处理、运输)可燃气体和(或)难燃液体、可燃和(或)难燃固体物质和(或)材料[其中包括粉尘和(或)纤维]、在与水、空气/氧气相互作用和(或)彼此间相互作用时可以燃烧的物质和(或)材料,并且还要具备如下条件:若不实行将其列入AH级或БH级时,则该装置属于BH值[具体条件是在上述物质和(或)材料可能燃烧时,距离外部装置30 m处的火灾风险概率值超过10^{-6}次/年]。

6.若该装置中,存在(保存、加工、运输)赤热和(或)熔融状态的不燃物质和材料,其加工过程中会伴有热辐射的释放、火花和(或)火焰,以及作为燃料进行燃烧或废物利用的可燃气体、液体和固体,则该装置属于ГH级。

7.若该装置中,存在(储存、处理、运输)主要为冷状态的不燃物质和(或)材料,并且不属于AH级、БH级、BH级或ГH级,则该装置属于ДH级。

8.外部装置火灾危险性的确定,是通过从最高危险级(AH级)至最低危险级(ДH级)的等级属性,依次进行确定的。

9.外部装置火灾危险性等级分类标记的确定方法,是通过消防安全标准文件来确定的。

第8章　建筑物、构筑物、结构物和房间的火灾风险和爆炸风险分类

第26条　建筑物、构筑物、结构物和房间的火灾风险和爆炸风险的分类

建筑物、构筑物、结构物和房间的火灾风险和爆炸风险的分类,是用于确定消防安全要求,为了预防可能发生的火灾,以及在建筑物、构筑物、结构物和房间内发生火灾情况下,来保障人员生命和物质财产免受火灾损害。

第27条　建筑物、构筑物、结构物和房间的火灾危险性和爆炸危险性等级的确定

1.根据火灾危险性和爆炸危险性，用于生产和仓储用途的房间，依据其功能用途，分为以下等级：

(1)高爆炸火灾危险性(А)；

(2)爆炸火灾危险性性(Б)；

(3)火灾危险性(В1-В4)；

(4)中等火灾危险性(Г)

(5)低火灾危险性(Д)。

2.针对用于其他用途的建筑物、构筑物、结构物和房间，则不需要划分等级。

3.房间的火灾危险性和爆炸危险性等级，是根据房间内可燃物质和材料的类型、数量和火灾风险性能等级，兼顾空间规划方案和其内实施的工艺、工序特点来确定的。

4.房间等级的确定，应通过从最高危险级(А级)至最低危险级(Д级)等级属性，依次进行检查的方法确定。

5.属于А级的房间，其内存在可燃气体、闪点不大于28 ℃且具备可生成易爆蒸汽空气混合物的易燃液体数量(在其燃烧时房间内会出现高过5 kPa的爆炸设计余压)，和(或)在与水、空气/氧气相互作用或彼此间相互作用时可能爆炸和燃烧的物质和材料，可使房间内的爆炸设计余压超过5 kPa的数量情况。

6.属于Б级的房间，其内存在易燃粉尘或纤维、闪点温度大于28 ℃的易燃液体、在数量上可形成易爆粉尘和/或空气或蒸汽空气混合物的可燃液体(在其燃烧时，房间内会产生超过5 kPa的设计余压)。

7.属于В1-В4级的房间，其内存在可燃和难燃液体、可燃和难燃固体物质和材料(其中包括粉尘和纤维)，在与水、空气/氧气相互作用或相互之间作用时，只能存在不属于А级和Б级房间内燃烧的物质和材料。

8.根据上述房间内火荷载的数量分布和存在方法、房间立体结构特性及构成火荷载的物质和材料的火灾危险性性能，将房间归入В1级、В2级、В3级或В4级之列。

9.属于Г级的房间，其内存在热、赤热、熔融状态的可燃物质和材料(在其内进行处理的同时会释放出辐射热、火花或火焰)，和(或)可燃气体、液体以及可以燃烧或作为燃料回收的固体物质。

10.属于Д级的房间，其内存在非热/冷状态下的不燃物质和材料。

11.建筑物、构筑物、结构物的火灾危险性和爆炸危险性的等级，是根据此建筑物、构筑物、结构物内任何等级的房间比重和总面积进行确定的。

12.若建筑物中А级房间的总面积超过所有房间面积的5%或者达到200 m^2时，则该建筑物定为А级。

13.若厂房内的А级房间总面积不超过所有房间总面积的25%并且不超过1000 m^2，同时这些房间内都设置有自动灭火装置，则该厂房定为А级。

14.若同时满足下列条件：不属于А级厂房，А级和Б级房间的总面积超过所有房间总面积的5%或不超过200 m^2，则该厂房定为Б级。

15.若厂房内A级和Б级房间的总面积不超过所有房间总面积的25%且不超过1000 m^2，同时这些房间都设置有自动灭火装置，则厂房不定为Б级。

16.若同时满足下列条件：厂房既不属于A级也不属于Б级，A级、Б级、B1级、B2级和B3级房间的总面积超过所有房间总面积的5%(若厂房内无A级和Б级房间，则要求不得超过10%)，则该厂房定为B级。

17.若厂房内A级、Б级、B1级、B2级和B3级房间的总面积不超过所有房间总面积的25%且不超过3500 m^2，而且这些房间都设置了自动灭火装置，则该厂房不定为B级。

18.若同时满足下列条件：厂房不属于A级、Б级或B级，A级、Б级、B1级、B2级、B3级和Γ级房间的总面积超过所有房间总面积的5%，则该厂房定为Γ级。

19.若厂房内A级、Б级、B1级、B2级、B3级和Γ级房间的总面积不超过所有房间总面积的25%且不超过5000 m^2，并且A级、Б级、B1级、B2级和B3级房间都设置有自动灭火装置，则该厂房不定为Γ级。

20.若厂房不属于A级、Б级、B级或Γ级任一级别，则就属于Д级。

21.用于生产和仓储用途房间和厂房火灾危险性和爆炸危险性等级分类标记的确定方法，要根据消防安全标准文件来确定。

22.生产和仓储用途房间、建筑物、构筑物和结构物的火灾危险性和爆炸危险性等级规定，应在基本建设和改建项目的设计文件中体现。

第9章　建筑物、构筑物、结构物和防火隔间的消防技术分类

第28条　分类的目的

1.建筑物、构筑物、结构物和防火隔间的消防技术分类，是根据其功能用途和火灾危险性不同，为了确定建筑物、构筑物和结构物防火安全保障系统的消防安全要求的目的。

2.建筑物、构筑物、结构物和防火隔间的耐火级别、功能和结构上的火灾危险性等级规定，体现在基本建设和改建项目的设计文件中。

第29条　建筑物、构筑物、结构物和防火隔间的消防技术分类

建筑物、构筑物、结构物和防火隔间的消防技术分类要参照下列标准：

(1)耐火级别；

(2)结构火灾危险等级；

(3)功能火灾危险等级。

第30条　建筑物、构筑物、结构物和防火隔间按耐火级别的分类

1.建筑物、构筑物、结构物和防火隔间，按照耐火级别不同，分为Ⅰ级、Ⅱ级、Ⅲ级、Ⅳ级和Ⅴ级。

2.建筑物、构筑物、结构物和防火隔间耐火级别的确定方式，是由该联邦法第87条予以规定的。

第31条　建筑物、构筑物、建筑物、构筑物、结构物和防火隔间按结构火灾危险等级的分类

1.建筑物、构筑物、结构物和防火隔间，按照结构火灾危险等级，分为C0级、C1级、C2级和C3级别。

2.建筑物、构筑物、结构物和防火隔间的结构火灾危险等级确定方式，是通过该联邦法第87条来确定的。

第32条　建筑物、构筑物、结构物和防火隔间按照功能火灾危险等级的分类

1.建筑物(构筑物、结构物、防火隔间和部分建筑物、构筑物、结构物—功能上相互联系的房间或房间组)按照功能火灾危险等级和其用途，以及建筑物、构筑物、结构物内人员的年龄、身体状况和人数并结合其休息状态的可能性，分为以下类别：

(1)Φ1，人员常住和临时居住的楼房，其中包括：

a)Φ1.1，学龄前教育机构、专业敬老院和残疾人福利院(非住宅的)楼房、医院、寄宿式教育机构和儿童福利机构的宿舍楼；

b)Φ1.2，宾馆、宿舍、疗养院和通用疗养院、汽车旅游者宿营地、旅馆和寄宿学校的宿舍楼；

c)Φ1.3，多住宅居民楼；

d)Φ1.4，单住宅居民楼，其中包括封锁的居民楼。

(2)Φ2，娱乐和文化教育机构大楼，其中包括：

a)Φ2.1，剧院、电影院、音乐大厅、俱乐部、杂技团、带看台的体育馆、图书馆及其他有设定数量座位的室内机构；

b)Φ2.2，博物馆、展览馆、舞厅及其他室内设施；

c)Φ2.3，在本条的a条中给出的室外机关大楼；

d)Φ2.4，在本条的b条中给出的室外机关大楼。

(3)Φ3，人口服务组织大楼，其中包括：

a)Φ3.1，贸易组织大楼；

b)Φ3.2，供电公司的厂房；

c)Φ3.3，车站；

d)Φ3.4，门诊部和诊疗所；

e)Φ3.5，生活服务和市政服务会客间；

f)Φ3.6，健身中心和未设计看台观众间的体育训练机构、生活间、浴室等。

(4)Φ4，科教机构、研究和设计单位、行政机关的大楼，其中包括：

a)Φ4.1，普通教育机构、其他教育类型的教育机构、初等职业和中等职业教育机构；

b)Φ4.2，高等职业技术教育机构和辅助专业教育、职业技术教育(提高技能水平)机构大楼；

c)Φ4.3，机关管理机构、设计单位、信息发布机构、科学组织、银行、事务所、办公室等的大楼；

d)Φ4.4,消防大楼。

(5)Φ5,生产或仓储用厂房,其中包括:

a)Φ5.1,生产建筑物、构筑物、结构物、生产和实验间、车间;

b)Φ5.2,仓库建筑物、构筑物、结构物、无须技术维保的汽车停车场、书库、档案馆、库房;

c)Φ5.3,农用厂房。

2.在消防安全标准文件中,确定了建筑物、构筑物、结构物和防火隔间的结构火灾危险等级属性标准。

第33条　消防车库/厂房的分类

1.消防车库/厂房根据用途、汽车数量、房间组成及其面积,分为以下几类:

(1)Ⅰ,城市建成区居民区使用的可容纳6、8、10和12辆汽车的消防车库;

(2)Ⅱ,城市建成区居民区使用的可容纳2、4和6辆汽车的消防车库;

(3)Ⅲ,城市建成区各组织使用的可容纳6、8、10和12辆汽车的消防车库;

(4)Ⅳ,城市建成区各组织使用的可容纳2、4和6辆汽车的消防车库;

(5)Ⅴ,村镇居民区使用的可容纳1、2、3和4辆汽车的消防车库。

2.设计为Ⅰ类和Ⅲ类消防车库/厂房的前提条件是:在居民区或各组织区域的消防分队管理机构部署在厂房中,和(或)消防队执勤调度机构服务。

第10章　建筑结构和防火隔断的消防技术分类

第34条　分类的目的

1.建筑结构,根据耐火性能进行的分类,目的是为确定在一定耐火级别的建筑物、构筑物、结构物和防火隔间内使用建筑结构的可能性,或用于确定建筑物、构筑物、结构物和防火隔间的耐火性能。

2.建筑结构,根据火险性进行分类,目的是为确定建筑结构参与火灾发展的程度以及其火灾危险因素的形成能力。

3.防火隔断,按照火灾危险因素不同,预防蔓延方法和耐火性能进行分类,目的是为选用具备所需耐火级别和火灾危险等级的建筑结构,以便确定防火隔断中的洞口封堵。

第35条　建筑结构按照耐火性能的分类

1.在标准试验条件下,建筑物、构筑物和结构物的建筑结构,是根据其抵抗火灾影响及其危险因素扩散的能力不同,分为具有以下11种耐火级别的建筑结构:

(1)未规定定额的;

(2)不低于15 min;

(3)不低于30 min;

(4)不低于45 min;

(5)不低于60 min;

(6)不低于90 min;

(7)不低于120 min；

(8)不低于150 min；

(9)不低于180 min；

(10)不低于240 min；

(11)不低于360 min。

2.建筑结构的耐火级别，是在标准试验条件下确定的。根据达到下列其中一种极限限制程度状态标志或依次达到其中的几种状态标志的时间不同，来通过标准试验，或利用计算结果作为对承重和防护建筑结构耐火级别的确定。

(1)失去承载能力(R)；

(2)失去完整性(E)；

(3)由于该结构未加热表面的温度升高至极限值(I)或在距该结构未加热表面额定距离上，达到热流密度极限值而失去绝热性能(W)。

3.防火隔断墙洞填充材料的耐火级别，出现在失去完整性(E)和绝热性能(I)、达到热流密度极限值(W)和(或)不透烟透气密度极限值(S)。

4.建筑结构耐火级别和极限状态标志的确定方法，是根据消防安全标准文件来确定的。

5.建筑结构耐火级别的公称代号，包括极限状态的字母标志和级别。

第36条 建筑结构按火灾危险性的分类

1.建筑结构按照火灾危险性，分为以下等级：

(1)无火灾危险性(K0)；

(2)低火灾危险性(K1)；

(3)中等火灾危险性(K2)；

(4)火灾危险性(K3)。

2.建筑结构火灾危险等级，是根据该联邦法附表6来确定的。

3.建筑结构一定火灾危险等级属性标准的数量值，是根据消防安全标准文件规定的方法来确定的。

第37条 防火隔断的分类

1.根据预防火灾危险因素蔓延方法，将防火隔断分为以下类别：

(1)防火墙；

(2)防火隔板；

(3)防火楼板；

(4)防火线；

(5)防火卷帘、防火幕和防火屏蔽；

(6)防火水幕；

(7)防火矿化带。

2.防火隔断中的防火墙、防火隔板和防火楼板(防火门、防火大门、防火人孔、防火阀、防火窗、防火幕、防火卷帘)孔洞的封堵，依据其防护部分的耐火级别以及防火隔断所在墙洞中设置的外室闸门构件，划分为以下类别：

(1)墙，第1或第2类；

(2)隔板，第1或第2类；

(3)楼板，第1、2、3或4类；

(4)门、大门、人孔、阀门、屏板、幕，第1、2或3类；

(5)窗，第1、2或3类；

(6)帘，第1类；

(7)外室闸门，第1或第2类。

3.根据该联邦法第88条规定，可将防火隔断归类于任何一类型之列。其取决于防火隔断构件的耐火级别和其中隔断墙洞封堵材料的不同。

第11章　楼梯和楼梯间的消防技术分类

第38条　分类的目的

对楼梯和楼梯间进行分类的目的，是确定其综合计划和设计方法的要求，以及确定其使用在人员疏散通道中的要求。

第39条　楼梯的分类

1.火灾状态下用于从建筑物、构筑物和结构物中进行疏散人员的楼梯，分为以下类别：

(1)位于楼梯间的内部楼梯；

(2)内部开放式楼梯；

(3)室外敞开楼梯。

2.保证灭火和实施应急救援工作的消防楼梯，分为以下类别：

(1)П1——垂直楼梯；

(2)П2——倾斜度为6∶1的楼梯段。

第40条　楼梯间的分类

1.楼梯间，根据其在火灾状态下防排烟程度要求的不同，分为以下几类：

(1)普通楼梯间；

(2)防/排烟楼梯间。

2.普通楼梯间根据照明方式分为以下类型：

(1)Л1——通过每个楼层上外墙的玻璃孔或开孔进行自然照明的楼梯间；

(2)Л2——通过楼板中的玻璃孔或开孔进行自然照明的楼梯间。

3.防/排烟楼梯间，根据其在火灾状态下的防排烟程度，划分为以下类别：

(1)H1——沿着开放通道、通过防排烟楼梯间，室外空气从楼层可进入的楼梯间；

(2)H2——火灾状态下向楼梯增加空气的楼梯间；

(3)H3——在每层都有入口的楼梯间，在外室闸门中经常或发生火灾状态下，都要求通过外室闸门保证增加空气量的楼梯间。

备注：《建筑设计防火规范》(GB 50016—2014)(2018版)在6.4疏散楼梯间和疏

散楼梯中，将楼梯间分为普通楼梯间、封闭楼梯间和防烟楼梯间三种形式，并作如下规定：

6.4.1 疏散楼梯间应符合下列规定：

1.楼梯间应能天然采光和自然通风，并宜靠外墙设置。靠外墙设置时，楼梯间、前室及合用前室外墙上的窗口与两侧门、窗、洞口最近边缘的水平距离不应小于1.0 m。

2.楼梯间内不应设置烧水间、可燃材料储藏室、垃圾道。

3.楼梯间内不应有影响疏散的凸出物或其他障碍物。

4.封闭楼梯间、防烟楼梯间及其前室，不应设置卷帘。

5.楼梯间内不应设置甲、乙、丙类液体管道。

6.封闭楼梯间、防烟楼梯间及其前室内禁止穿过或设置可燃气体管道。敞开楼梯间内不应设置可燃气体管道，当住宅建筑的敞开楼梯间内确需设置可燃气体管道和可燃气体计量表时，应采用金属管和设置切断气源的阀门。

6.4.2 封闭楼梯间除应符合本规范第6.4.1条的规定外，尚应符合下列规定：

1.不能自然通风或自然通风不能满足要求时，应设置机械加压送风系统或采用防烟楼梯间。

2.除楼梯间的出入口和外窗外，楼梯间的墙上不应开设其他门、窗、洞口。

3.高层建筑、人员密集的公共建筑、人员密集的多层丙类厂房、甲类厂房、乙类厂房，其封闭楼梯间的门应采用乙级防火门，并应向疏散方向开启；其他建筑，可采用双向弹簧门。

4.楼梯间的首层可将走道和门厅等包括在楼梯间内形成扩大的封闭楼梯间，但应采用乙级防火门等与其他走道和房间分隔。

6.4.3 防烟楼梯间除应符合本规范第6.4.1条的规定外，尚应符合下列规定：

1.应设置防烟设施。

2.前室可与消防电梯间前室合用。

3.前室的使用面积：公共建筑、高层厂房（仓库），不应小于6.0 m^2；住宅建筑，不应小于4.5 m^2。

与消防电梯间前室合用时，合用前室的使用面积：公共建筑、高层厂房（仓库），不应小于10.0 m^2；住宅建筑，不应小于6.0 m^2。

4.疏散走道通向前室以及前室通向楼梯间的门应采用乙级防火门。

5.除住宅建筑的楼梯间前室外，防烟楼梯间和前室内的墙上不应开设除疏散门和送风口外的其他门、窗、洞口。

6.楼梯间的首层可将走道和门厅等包括在楼梯间前室内形成扩大的前室，但应采用乙级防火门等与其他走道和房间分隔。

6.4.4 除通向避难层错位的疏散楼梯外，建筑内的疏散楼梯间在各层的平面位置不应改变。

除住宅建筑套内的自用楼梯外，地下或半地下建筑（室）的疏散楼梯间，应符合下列规定：

1.室内地面与室外出入口地坪高差大于10 m或3层及以上的地下、半地下建筑(室),其疏散楼梯应采用防烟楼梯间;其他地下或半地下建筑(室),其疏散楼梯应采用封闭楼梯间。

2.应在首层采用耐火极限不低于2.00 h的防火隔墙与其他部位分隔并应直通室外,确需在隔墙上开门时,应采用乙级防火门。

3.建筑的地下或半地下部分与地上部分不应共用楼梯间,确需共用楼梯间时,应在首层采用耐火极限不低于2.00 h的防火隔墙和乙级防火门将地下或半地下部分与地上部分的连通部位完全分隔,并应设置明显的标志。

6.4.5 室外疏散楼梯应符合下列规定:

1.栏杆扶手的高度不应小于1.10 m,楼梯的净宽度不应小于0.90 m。

2.倾斜角度不应大于45°。

3.梯段和平台均应采用不燃材料制作。平台的耐火极限不应低于1.00 h,梯段的耐火极限不应低于0.25 h。

4.通向室外楼梯的门应采用乙级防火门,并应向外开启。

5.除疏散门外,楼梯周围2 m内的墙面上不应设置门、窗、洞口。疏散门不应正对梯段。

6.4.6 用作丁、戊类厂房内第二安全出口的楼梯可采用金属梯,但其净宽度不应小于0.90 m,倾斜角度不应大于45°。

丁、戊类高层厂房,当每层工作平台上的人数不超过2人且各层工作平台上同时工作的人数总和不超过10人时,其疏散楼梯可采用敞开楼梯或利用净宽度不小于0.90 m、倾斜角度不大于60°的金属梯。

6.4.7 疏散用楼梯和疏散通道上的阶梯不宜采用螺旋楼梯和扇形踏步;确需采用时,踏步上、下两级所形成的平面角度不应大于10°,且每级离扶手250 mm处的踏步深度不应小于220 mm。

6.4.8 建筑内的公共疏散楼梯,其两梯段及扶手间的水平净距不宜小于150 mm。

6.4.9 高度大于10 m的三级耐火级别建筑应设置通至屋顶的室外消防梯。室外消防梯不应面对老虎窗,宽度不应小于0.6 m,且宜从离地面3.0 m高处设置。

6.4.10 疏散走道在防火分区处应设置常开甲级防火门。

6.4.11 建筑内的疏散门应符合下列规定:

1.民用建筑和厂房的疏散门,应采用向疏散方向开启的平开门,不应采用推拉门、卷帘门、吊门、转门和折叠门。除甲、乙类生产车间外,人数不超过60人且每樘门的平均疏散人数不超过30人的房间,其疏散门的开启方向不限。

2.仓库的疏散门应采用向疏散方向开启的平开门,但丙、丁、戊类仓库首层靠墙的外侧可采用推拉门或卷帘门。

3.开向疏散楼梯或疏散楼梯间的门,当其完全开启时,不应减少楼梯平台的有效宽度。

4.人员密集场所内平时需要控制人员随意出入的疏散门和设置门禁系统的住宅、宿舍、公寓建筑的外门,应保证火灾时不需使用钥匙等任何工具即能从内部易于打开,并应在显著位置设置具有使用提示的标识。

其中标注为粗体的部分为强制性条文(下同)。可见,两国之间对于楼梯间也存在不同的见解。

第12章　消防设施装备的分类

第41条　分类的目的

对消防设施装备的分类,是用于确定其用途、使用范围及运行时的消防安全要求。

第42条　消防设施装备的分类

消防设施装备根据用途和使用范围,分为以下几类:

(1)一次灭火设施;

(2)机动灭火设施;

(3)灭火装置;

(4)火灾自动探测报警装置/设施;

(5)消防设备;

(6)火灾状态下需要的个人防护和救护装备;

(7)消防工具(机械化的和非机械化的两类);

(8)火灾报警信号装置、消防通信系统及火警警报。

第43条　一次灭火设施的分类和使用范围

一次灭火设施规定,供各单位工作人员、消防队分队的全体人员、与火灾战斗的其他人员使用,具体分为以下几类:

(1)便携式和移动式泡沫灭火器;

(2)消火栓及其使用的保障设施;

(3)消防用具;

(4)应急防火隔热毯。

第44条　机动灭火设施的分类

1.机动灭火设施,指的是在灭火斗争中,供消防分队全体人员使用的运输或运输用途的消防车。

2.机动灭火设施分为以下类别:

(1)消防车(分为主要的和专用的);

(2)消防飞机、消防直升机;

(3)消防列车;

(4)消防船;

(5)消防机动泵;

(6)附属配备的技术设备(牵引车、挂车和拖拉机等)。

第45条　灭火装置的分类

1.灭火装置，指的是通过排放灭火剂方式灭火的固定设备的总称。灭火装置应能够制止火灾扩大或者消灭火灾。灭火装置，根据结构构造不同，分为成套型和单元型；按照自动化程度分为自动化和手动类型；按照灭火剂的种类，分为水式、泡沫、气体、气溶胶和组合式类型；根据灭火方式不同，分为容积、表面、局部容积和局部表面的类型。

2.灭火装置的类型、灭火方式和灭火剂种类，是由设计单位来确定的。在这种情况下，灭火装置应保证：

(1)实行有效的灭火工艺、最佳固有性质，将对被保护设备的危害降至最低；

(2)在超过火灾发展初始阶段持续时间的时间(火灾充分发展的临界时间)内启动；

(3)所需的喷淋强度和灭火剂的单位用量；

(4)本着在作业人员和设施投入运行所需时间内，将火灾消除或者限制其蔓延扩大的目的进行灭火；

(5)对装置要求的可靠性能。

第46条　火灾自动探测报警装置/设施的分类

火灾自动探测报警装置/设施用于自动探测火灾，向人员发出火灾警报，引导人员进行疏散，自动灭火和连锁防/排烟系统的执行机构及其控制厂房和项目的工程和工艺设备。火灾自动探测报警装置/设施分为以下六种：

(1)火灾探测器；

(2)图形显示装置(消防控制室)；

(3)火灾报警控制器；

(4)区域显示器；

(5)火灾报警控制器；

(6)火灾自动探测报警装置系统的其他仪器和设备。

第47条　火灾状态下需要的人员个人防护和救援装备的分类

1.火灾状态下，人员的个人防护装备用于保护消防各分队全体人员和其他人员免受火灾危险因素的影响。火灾状态下，人员的救援装备是用于消防各分队全体人员的自救以及抢救燃烧厂房、构筑物和建筑中的人员使用。

2.火灾状态下，人员的个人防护装备，分为：

(1)呼吸器和协助视觉的个人防护装备；

(2)个人防火防护装备。

3.火灾状态下，对高处人员实施救援的装备，分为：

(1)个人装备；

(2)集体装备。

第13章　火灾预防系统

第48条　建立火灾预防系统的目的

1.建立火灾预防系统的目的，是为消除火灾创造条件。

2.对火灾发生条件的消除，是通过制止可燃气体形成和/或消除在可燃介质中形成(或引入)点火源的条件来实现的。

3.对物项实施保护的消防系统的组成和功能特性，是由该联邦法来规定的。预防和灭火系统特性的研究(试验和测量)、标准和方法等内容，是由消防安全标准文件来确定的。

第49条　消除可燃介质形成条件的方法

消除可燃介质形成条件，应通过下列方法中的一种或几种予以保证：

(1)采用不燃物质和材料：

(2)限定可燃物质和材料的重量和(或)容积；

(3)采用最安全的分布方法来布置可燃物质和材料、最优化彼此之间相互作用会导致可燃介质形成的材料的分布；

(4)将可燃介质与点火源实施隔离(采用隔热间、隔热室、隔热舱等形式)；

(5)保持介质中氧化剂和(或)可燃物质的安全浓度；

(6)在受保护范围内，降低可燃介质中氧化剂的浓度；

(7)保持可消除火焰(火势)蔓延扩散的介质的温度及压力；

(8)与处理可燃物有关的工艺工序进行机械化和自动化；

(9)在独立的房间内或室外场地安装具有易燃风险的设备；

(10)使用防止可燃物质进入房间的生产设备装置或防止房间形成可燃介质的装置；

(11)将生产易燃废物、沉积粉尘、绒毛的工艺设备清除房间。

第50条　消除可燃介质中点火源的方法

1.消除可燃介质中点火源的条件，应通过下列一种或几种方法来予以保证：

(1)采用符合火灾危险性和/或易爆区等级、易爆混合物级别的电气设备；

(2)采用快速安全关闭电气装置和引发点火源的其他设备的设施/结构；

(3)采用排除产生静电的设备和工艺、工序及其实施工况；

(4)建筑物、构筑物、结构物和设备的防雷保护装置；

(5)对与可燃介质接触的物质、材料表面，保持安全加热温度；

(6)将可燃介质中火花放电能量限定在安全限值的装置和方法；

(7)对易燃液体和可燃气体进行操作时，采用保证火花安全的工具；

(8)消除遇热自燃、化学和(或)微生物自燃的循环物质、材料和制品的自燃产生条件；

(9)保持自燃物质与空气的封闭；

(10)使用特殊设备，使其防止火焰从一个范围扩散至相邻范围。

2.对于点火源的安全参数值，是通过工艺、工序实施条件，并兼顾在工艺实施过程中，循环物质和材料的火灾危险性指数来确定的。对于火灾危险性的具体指数，请参见该联邦法的第 11 条。

第 14 章　消防安全系统

第 51 条　建立消防安全系统的目的

1.建立消防安全系统的目的，是为了防止人员生命和物质财产免受火灾危险因素的影响以及限制火灾后果。

2.通过降低火灾危险因素增长趋势、将人员和财产放置安全区域和(或)通过灭火方式保护人员和财产免受火灾危险因素的影响以及限制火灾后果等方式进行。

3.在达到消防安全保障目的所需的时间内，消防安全系统应具有抵御火灾危险因素的可靠性和稳定性。

4.消防安全系统的组成和功能特性，是由消防安全标准文件来确定的。

第 52 条　使人员和财产免受火灾危险因素影响的保护方法

保护人员和财产免受火灾危险因素影响和(或)限定其影响后果，是通过以下一种或几种方法来保证的：

(1)采用特定设计方案和设施，以保证限制火势向着火点以外范围扩散；

(2)结合火灾状态下人员安全疏散要求而设置的疏散通道；

(3)设置火灾自动探测和报警系统(火灾报警信号系统和装置)，以利于在火灾状态下发出警报和指挥人员疏散的装置；

(4)采用集体防护系统(其中包括防排烟系统)和免受火灾危险因素影响的个人防护装备；

(5)采用适宜耐火级别和火灾危险等级[符合建/筑物和结构物所要求耐火级别和结构火灾危险等级和疏散通道上建筑结构表层(装饰层、镶面层和防火设施)火灾危险性相匹配]的建筑结构；

(6)选用可提高建筑结构耐火级别的建筑材料(镶面材料)和防火剂(其中包括防焦化剂和防火涂料)；

(7)对应急排放火险的液体和设备中的可燃气体，实施有组织排放；

(8)在工艺设备上设置消防安全系统；

(9)使用一次性灭火设施；

(10)使用自动灭火装置；

(11)妥善组织消防队各分队的工作。

第 53 条　火灾状态下的人员疏散通道

1.每个建筑物、构筑物或结构物，都应具有在火灾状态下保证人员安全疏散的疏散通道结构形式和设计方案。当发生不能安全疏散人员的情况时，应通过使用集体防护系统对人员予以保护。

2.为保证安全疏散人员，应该做到：

(1)确定好疏散通道和疏散出口所需的数量、尺寸和相应的结构形式；

(2)人员可以无障碍地通过疏散通道和疏散出口；

(3)组织警报和指挥人员沿疏散通道进行撤离(其中包括使用灯光指示器、音频和语音提示等方式)。

3.如果从发现火灾起至疏散人员抵达安全区的过程完成时间间隔，不超过火灾状态下疏散人员所需时间，则认为建筑物、构筑物和结构物在火灾状态下人员的安全疏散是有保障的。

4.疏散人员所需时间和计算时间及无阻碍而及时疏散人员的条件，是由消防安全标准文件来确定的。

第54条 火灾状态下火灾探测、人员疏散警报和指挥系统

1.火灾探测系统(消防安全系统和装置)、人员疏散警报和指挥系统，应确保在接通火灾报警系统所需时间内能够自动探测到火灾，以便在具体项目条件下实现组织人员安全疏散(考虑允许的火灾风险)的目的。

2.在火灾状态下，火灾探测、人员疏散警报和指挥系统，应设置在火灾危险因素的影响可能导致人员发生外伤事故和(或)死亡事故的项目上。对上述系统需要的具体项目，其强制装备清单，是由消防安全标准文件来确定的。

第55条 集体防护系统和人员防止火灾影响的个人防护装备

1.集体防护系统和人员防止火灾影响的个人防护装备，在火灾危险因素影响人员的整个时间内，都应保证人员的安全。

2.人员集体防护系统，在火灾发展和扑灭的整个时间或向安全区疏散人员所需时间内，应该保证人员的安全。在这种情况下，应通过对建筑物、构筑物和结构物中的安全区规划设计方案和结构方案(其中包括设置防/排烟楼梯间)、使用疏散通道上保护人员防止火灾影响的技术设备(其中包括防/排烟保护设施)来保证人员的安全。

3.人员个人防护装备(其中包括呼吸器和辅助视觉的保护设施)，在疏散人员至安全区所需时间内或实施特殊灭火工作所需时间内，应保证人员安全。人员的个人防护装备既可用于保护疏散和救助人员，也可用于保护参与灭火的消防员。

第56条 防/排烟保护系统

1.在疏散人员至安全区所需时间或火灾发展以及通过清除燃烧产物、热辐射分解和(或)预防其扩散的方法灭火的整个时间内，建筑物、构筑物或结构物的防/排烟保护系统应保证疏散通道和安全区内的人员，免受火灾的影响。

2.防/排烟保护系统，应采用以下一种或几种方法：

(1)采用建筑物、构筑物和结构物的设计规划方案，以消除由于火灾而产生的烟雾；

(2)采用建筑物、构筑物和结构物的结构方案，以消除由于火灾而产生的烟雾；

(3)设置机械送风/排烟系统，以便在保护房间、外室闸门和楼梯间之间建立余压/负压区域；

(4)设置机械和自然排气/排烟系统，以清除燃烧产物和热分解产物。

第57条　建筑物、构筑物和结构物的耐火级别和火灾危险性

1.在建筑物、构筑物和结构物中，主要应采用适宜耐火级别和火灾危险性(与建筑物、构筑物、结构物所要求耐火级别和结构火灾危险性等级相符的)的建筑结构。

2.建筑物、构筑物、结构物所要求的耐火级别和结构火灾危险等级，是由消防安全标准文件来确定的。

第58条　建筑结构的耐火级别和火灾危险性

1.建筑结构的耐火级别和火灾危险等级，是依靠其结构方案、选取的相应建筑材料以及使用防火设施予以保证的。

2.根据建筑物、构筑物和结构物耐火级别选用的结构耐火级别，详见该联邦法附表21。

第59条　限制火势向起火点以外扩散的方法

限制火势向起火点以外扩散，是通过以下一种或几种方法予以保证的：

(1)设置防火隔断；

(2)设置防火隔间和单元，同时限制建筑物、构筑物和结构物的层数；

(3)使用在火灾状态下，能够紧急关闭和切换的装置和通信线路的设备；

(4)使用在火灾状态下，预防或限制液体溢出和分流的设施；

(5)在设备中，使用隔火装置；

(6)使用灭火装置。

第60条　建筑物、构筑物和结构物内的一次灭火设施

1.建筑物、构筑物和结构物，是由所有、使用或控制建筑物、构筑物和结构物的人员来保证一次灭火设施的使用。

2.一次灭火设施的品种、数量及分布位置，是根据可燃材料、建筑物、构筑物或结构物的设计规划方案并结合其周围介质参数和维修人员所在位置来确定的。

第61条　自动灭火装置

1.若使用一次灭火设施不能消灭火灾，与此同时，维护人员也不能全天在被保护建筑物、构筑物和结构物内的情况下，建筑物、构筑物和结构物应装配自动灭火装置。

2.自动灭火装置，应保证达到以下一个或几个目的：

(1)在火灾危险因素出现临界值之前，消灭房间(厂房)内火灾；

(2)在建筑结构耐火极限到来之前，消灭房间(厂房)内的火灾；

(3)在物质财产遭受最大允许损坏之前，消灭房间(厂房)内的火灾；

(4)在工艺装置遭受损坏危险来临之前，消灭房间(厂房)内的火灾。

3.自动灭火装置的类型、灭火剂种类及将其输送至起火点的方法，根据可燃材料种类、建筑物、构筑物、结构物的设计方案以及周边介质的参数来确定。

第62条　消防供水水源

1.建筑物、构筑物、结构物以及各单位和居民小区区域，应具备灭火用的消防供水水源。

2.使用天然和人工水体,以及室内外输水管网(其中包括饮用、生活—饮用、生活和消防水管网)作为消防供水水源。

3.设置人工储水池、使用天然水储水池和设置消防水管的必要性,以及其参数通过该联邦法来确定。

第63条　消防安全的初级措施

1.消防安全的初级措施,包括下列内容:

(1)地方自治权限机构行使解决市属消防安全组织的法制、财政、物质技术保证等问题职权;

(2)应在地区发展规划中,制定和实施所规定的市政财产项目的消防安全保障措施,保证合适的消防供水水源水质,保持市政内所有的住宅和公共建筑的消防安全保障设施完好无损;

(3)制定并组织实施消防安全保障相关事宜的市政计划及规划;

(4)制定在全市境内灭火和实施抢险救援工作人员和设施的招聘计划,并监督该计划实施;

(5)在全市境内规定特殊的消防制度,同时确定制度有效期间内的消防安全补充要求;

(6)保证消防设施/装备无障碍地到达火灾地点;

(7)保证消防通信顺畅及向居民能发出火灾警报;

(8)对居民进行消防安全措施的相关培训,并对消防安全进行宣传,促进防火安全技术知识的普及;

(9)在全社会以及经济上激励公民和其他各社会组织加入自愿消防队行列,其中包括参与防火工作和灭火行动。

第64条　消防安全公报/信息的要求

1.消防安全公报/信息,是根据俄罗斯联邦城市建设工作法规规定,对设计文件进行国家认证的物项而编制的,同时,针对功能火灾危险等级Φ1.1的建筑物,规定如下:

(1)对火灾危险进行评估(若进行火险计算的话);

(2)因火灾给第三方造成可能损失的评估(可以在自愿承担因火灾造成第三方损失的保险范围内予以评估)。

2.如果物项的所有者,或在终身继承使用权、经营管理,或根据联邦法和条约规定的——依据进行业务管理权上的物项掌控人员,执行联邦技术规程法规和消防安全标准文件的要求,则在该公报/信息中,只注明针对具体物项的上述要求清单即可。

3.设计保护物项使用的消防安全公报/信息,是由建设单位或经过设计文件培训工作的人员编写的。

4.编写消防安全公报/信息的物项所有者,或在终身继承使用权、经营管理,或根据联邦法和条约规定的——依据进行业务管理的物项掌控人员,在终身继承使用权、经营管理，或根据联邦法和条约规定的依据——进行业务管理的物项掌控人员，或者多住宅楼的管理机关，根据联邦法规规定，负责公报/信息中所包含信息的完整性和可靠性。

5.对于不超过3层的单独住宅建设项目，不要求编写消防安全公报/信息。

6.若消防安全公报/信息内所含信息发生改变，或者消防安全要求改变时，需要重新修订和编制。

7.在该联邦法生效之日运行的物项，消防安全公报/信息可在联邦法生效之日起1年内提交。

8.消防安全公报/信息记录的格式和方法，是由全权负责消防问题的联邦执行权力机构，在该联邦法生效之前，批准确认。

关于第二部分居民区和城区设计、建设和运行时的消防安全要求，其中第15章讲的是城市建设时的消防安全要求。由于涉及的是居民区和城区，本书就不再介绍了，从第16章继续介绍了！

第16章　建筑物、构筑物和结构物之间防火间距的要求

第69条　建筑物、构筑物和结构物之间的防火间距

1.住宅、公共和行政办公建筑物、工业企业的建筑物、构筑物和结构物，依据耐火级别及其结构火灾危险等级，参照该联邦法附表11来选取使用。

2.建筑物、构筑物和结构物之间的防火间距，可定义为建筑物、构筑物和结构物外墙或其他结构之间的距离。当建筑物、构筑物和结构物可燃材料结构突出长度为1 m以上时，应取这些结构之间的距离。

3.无窗孔的建筑物、构筑物和结构物各墙之间的距离，在安装不燃材料屋顶的条件下，允许缩短20%，耐火级别为Ⅳ级和Ⅴ级的建筑物和结构火灾危险等级为C2级和C3级的建筑物除外。

4.在每个建筑物、构筑物和结构物有40%以上房间装备自动灭火装置的条件下，允许将耐火级别为Ⅰ级和Ⅱ级、结构火灾危险等级为C0级的建筑物、构筑物和结构物之间的防火间距缩短50%。

5.在抗震等级为9级及以上的区域，住宅建筑物之间，以及耐火级别为Ⅳ级和Ⅴ级的公共建筑物和住宅建筑物之间的防火间距距离，应延长20%。

6.任意耐火级别的建筑物、构筑物和结构物至宽度为100 m的沿海地带的耐火级别为Ⅳ级和Ⅴ级的建筑物、构筑物和结构物，或至气候分区为ⅠБ级、ⅠГ级、ⅡA级和ⅡБ级别的最近山脉的防火间距，应延长25%。

7.气候分区为ⅠA级、ⅠБ级、ⅠГ级、ⅠД级和ⅡA级别内耐火级别为Ⅳ级和Ⅴ级的建筑物之间的防火间距，应延长50%。

8.对于耐火级别为Ⅴ级的两层框架和护板结构的建筑物、构筑物和结构物，以及可燃材料屋顶的建筑物、构筑物和结构物，防护距离应延长20%。

9.耐火级别为Ⅰ级和Ⅱ级的建筑物、构筑物和结构物之间的防火间距允许缩短至 3.5 m，其前提条件是位于其他建筑物、构筑物和结构物对面的更高建筑物、构筑物和结构物的墙属于 1 类防火墙。

10.住宅旁边地段的单宅、两宅住宅房和简易型建筑物(简棚、汽车库、浴室)至相邻宅旁地段住宅和简易型建筑物的距离，应根据该联邦法附表 11 来选取使用。若相互朝向的建筑物墙上没有窗孔、用不燃材料建成或经过防火保护以及房檐屋顶由不燃材料建成时，允许将上述类型建筑物之间的防火间距缩短至 6 m。

11.耐火级别为Ⅰ级和Ⅱ级的住宅、公共和行政办公建筑物(功能火灾危险等级为 Φ1 级、Φ2 级、Φ3 级、Φ4 级)至生产(厂房)和仓库建筑物、构筑物和结构物(功能火灾危险等级为 Φ5 级)之间的最小防火间距不得低于 9 m(至功能火灾危险等级为 Φ5 级和结构火灾危险等级为 C2 级、C3 级的建筑物，为 15 m)；耐火级别为Ⅲ级时，为 12 m；耐火级别为Ⅳ级和Ⅴ级时，为 15 m。耐火级别为Ⅳ级和Ⅴ级的住宅、公共和行政办公建筑物[(功能火灾危险等级为 Φ1 级、Φ2 级、Φ3 级、Φ4 级)至生产(厂房)和仓库建筑物、构筑物和结构物(功能火灾危险等级为 Φ5)]的距离应为 18 m。对于耐火级别为Ⅲ级的上述建筑物，它们之间的距离应不低于 12 m。

12.临时建筑物、售货亭、摊铺商亭、敞开棚子及其他类似结构物，应根据该联邦法附表 11 中规定的要求进行选取。

13.虽然对耐火级别为Ⅰ～Ⅲ级的建筑物、构筑物和结构物的袋形走道墙壁(耐火极限不低于 REI 150)和多层被动汽车停车场之间的防火间距未作规定，但学龄前儿童教育机构、常设医疗机构的建筑物(功能火灾危险等级为 Φ1.1 级、Φ4. 1 级)除外。

14.存放包装容器的场地，应具备防护设施，与建筑物、构筑物和结构物的距离不低于 15 m。

15.城市居民区建筑边界至森林区的距离不得低于 50 m，而从具有 1 层、2 层个体建筑物的城市和村镇居民区建筑边界至森林区的距离，不低于 15 m。

第 70 条是关于石油和石油产品仓库建筑物、构筑物和结构物至相邻物项之间的防火间距的内容；第 71 条是关于汽车加油站建筑物、构筑物和结构物至相邻物项的防火间距的内容；第 72 条是关于汽车库和露天停车场至相邻物项的防火间距的内容。此处就不详细描述了。

下面介绍一下关于烃类储存器防火间距的规定：

第 73 条　烃类液化气体储存器至建筑物、构筑物和结构物的防火间距

1.从储罐区内的烃类液化气体储罐(在压力作用下储存时总容积为 10000 m^3，或通过恒温方法储存时容积为 40000 m^3)至其他项目(既可以位于单位区域内，也可以位于单位区域以外)的防火间距，请参见该联邦法附表 17。

2.单独建立的输送栈桥至相邻项目、住宅和公共建筑、厂房的防火间距，选取距烃类液化气体和一定压力作用下的易燃液体储罐的距离。

3.从储罐区内的烃类液化气体储罐(在压力作用下储存时总容量为10000～20000 m^3,或通过恒温方法使用地上储罐储存时容积为40000～60000 m^3,或通过恒温方法使用地下储罐储存时容积为40000～100000 m^3)至其他项目(既可以位于储罐区区域内,也可以位于储罐区以外)的防火间距,请参见该联邦法附表18。

第74条是关于天然气管道、石油管道、石油产品输送管道、冷凝水导管至相邻物项的防火间距的内容;第75条是关于花园、别墅和住宅旁地段区内的防火间距的内容;第17章是关于居民区和城区成立消防分队的消防安全总要求的内容。此处就不详细描述了。重点针对消防安全要求进行介绍,其对设计、建设和使用建筑物、构筑物和结构物时的规定如下:

第78条　施工项目设计文件的要求

1.建筑物、构筑物和结构物的建筑结构、工程设备和建筑材料,应包含该联邦法规定的消防技术特性内容。

2.对于无消防安全标准要求的建筑物、构筑物和结构物,应依据该联邦法的要求,编制特殊技术标准。该标准应能反映出消防安全保障的特点及其包含保证消防安全所需的全套工程技术和组织措施内容。

第79条　建筑物、构筑物和结构物火灾风险的标准值

1.建筑物、构筑物和结构物内的个人火灾风险概率,不得超过单个人在离建筑物出口最远点时的百万分之一/年(10^{-6}/年)。

2.由于火灾危险因素影响而造成人员伤亡的风险,应根据建筑物、构筑物和结构物消防安全保障系统的功能来确定。

第80条　建筑物、构筑物和结构物设计、改建和改变功能用途时的消防安全要求

1.建筑物、构筑物和结构物的结构、设计规划和工程技术方案,若存在上述情况,则在发生火灾情况下,应保证:

(1)在火灾导致人员生命和健康带来危害之前,将人员疏散至安全区域;

(2)可以实施救援人员措施;

(3)可以让消防队的全体人员以及携带的灭火设施和器材进入建筑物、构筑物和结构物的任意房间;

(4)可以向起火点输送灭火物质;

(5)制止火势向相邻建筑物、构筑物和结构物扩散。

2.在建筑物、构筑物和结构物内,爆炸火灾危险性和火灾危险等级别A级和Б级的房间,应设在外墙附近,而对于多层建筑物、构筑物和结构物而言,则应位于其内的最顶层。若技术规程中有针对这些项目指出的内容,则该情况除外。

3.在建筑物、构筑物和结构物或其中的个别房间的功能用途发生变化,同时在设计规划和结构方案改变时,应保证其仍能执行该联邦法中规定的,适用于这些建筑物、构筑物和结构物或房间新用途的消防安全要求内容。

而对于消防安全保障措施,则有以下很明确的要求:

第19章　建筑物、构筑物和结构物消防安全保障系统组成和功能特性的要求

第81条　建筑物、构筑物和结构物消防安全保障系统功能特性的要求

1.建筑物、构筑物和结构物消防安全保障系统的功能特性，应符合该联邦法规定的要求。

2.人群聚居的建筑物、构筑物和结构物，高层建筑物、构筑物和结构物，儿童和行动不便群体居住的建筑物、构筑物和结构物的个人火灾风险值，首先应通过火灾预防系统和有组织的全套技术措施来予以保证。

3.在达到火灾危险因素极限值之前，防火系统应保证能将人员疏散至安全区域。

4.建筑物、构筑物和结构物以及建筑物、构筑物和结构物工程设备消防保障系统的功能特性，是根据针对本项目的联邦技术规程法和(或)消防安全标准文件来确定的。

第82条　建筑物、构筑物和结构物电气装置的消防安全要求

1.建筑物、构筑物和结构物的电气设备，应符合安装有电气装置的爆炸火灾危险区的等级和可燃混合物的等级和级别要求。

2.防火系统、消防分队活动保障设施、火灾状态下火灾探测、人员疏散警报和指挥系统、疏散通道的应急照明系统、应急通风和防/排烟系统、自动灭火系统、室内消防水管，以及建筑物、构筑物和结构物内供消防分队使用电梯等的电缆和导线，应在火灾发生时保证人员完全疏散至安全区所需时间内，仍能保持良好的工作性能。

3.备用电源变电所至输入配电设备的电缆，应敷设在单独的耐火电缆廊道中或对其进行防火保护。

4.建筑物、构筑物和结构物房间的供电线路，应具备应对用电设备发生故障情况下发生火灾的安全关闭装置。而安全关闭装置的参数和安装标准，则应参考该联邦法确定的消防安全要求对应内容。

5.配电盘的结构，应避免向无弱电流隔断的配电盘以外的动力配电盘扩散燃烧，反之亦然。

6.每层楼配电盘至房间的电缆和导线，应分别敷设在符合防火安全要求的不燃材料建筑结构的电缆槽盒或长条设备中。

7.建筑物、构筑物和结构物内敷设电缆和导线用的水平和垂直电缆槽盒，应具有防止火势蔓延的保护设施。在电缆槽盒、电缆托盘、电缆和导线穿过额定耐火极限的土建结构的部位，应设置耐火极限低于本结构耐火极限的电缆电气贯穿件。

8.露天敷设的电缆应不能制止燃烧的蔓延。

9.位于疏散通道上、具有独立式电源的应急照明灯具，在模拟切断主要电源时通过检查其工作性能使用的设备来保证。在人员疏散至安全区域的计算时间内，独立式电源的使用寿命可保证疏散通道上的应急照明。

10.在不具备消除可燃介质中点火源出现危险性的补充保护措施的建筑物、构筑物和结构物,其内的易爆、有爆炸火灾危险和易燃房间内,禁止使用无防火防爆设施的电气设备。

11.在易爆、有爆炸火灾危险的房间内,不允许使用防火电气设备。

12.在有/无火灾危险的房间内,允许使用防爆电气设备,而在易爆房间内,只有在易爆混合物等级与电气设备防爆保护类型相符合的条件下,才使用防爆电气设备。

13.鉴于电气设备在不同用途建筑物、构筑物和结构物内的易爆火灾危险和火灾危险等级和电气设备的火灾危险指数和其确定方法的限制,电气设备使用准则,是由对应本产品的联邦技术标准法和(或)消防安全标准文件来确定的。

第83条　自动灭火系统和火灾报警系统的要求

1.灭火系统和火灾自动报警装置,应根据对应程度制定和批准的设计文件,安装在建筑物、构筑物和结构物内。自动灭火系统/装置由如下各项来予以保证:

(1)计算数量足以消除被保护房间、建筑物、构筑物或结构物火灾的灭火物质;

(2)具备检测工作性能装置的设备;

(3)向人员发出火灾警报的设备,并能通知值班人员和(或)消防分队人员火灾事发地点;

(4)在将人们从发生火灾的房间内向外疏散期间,能够延迟供送气体和干粉灭火剂使用的设备;

(5)灭火装置手动启动设备。

2.向起火点输送灭火物质的方法,不得由于可燃材料溢流泄漏、喷射或溅射而导致火灾面积扩大以及释放出可燃有毒物质。

3.在自动灭火系统/装置的安装设计文件中,应规定输送灭火剂之后,将其从房间、建筑物、构筑物或结构物内清除的措施。

4.灭火系统和火灾报警自动装置,应保证自动探测火灾、发出火灾报警和指挥人员疏散的技术设施、灭火装置控制仪表、防/排烟系统以及相关工程和工艺设备的控制技术设施,能够发出控制信号。

5.火灾报警自动装置,应保证向值班人员发出通信线路、火灾报警和人员疏散指挥技术设施、防火系统控制技术设施、灭火装置控制仪表控制技术器材等发生故障的信息。

6.灭火自动装置、火灾探测报警系统的火灾探测器和消防用助力器,应设置在被保护的房间内,对其安装部位的要求——应保证在该房间的任意角落都可及时探测到火灾踪迹。

7.火灾报警系统,应保证向值班人员所在房间的接收监控设备或专用报警设备发出发生火灾的灯光光信号和音响声信号。

8.图形显示装置通常应安装在值班人员昼夜值班的房间内。在保证分别输送火灾警报和人员昼夜执勤所在房间出现故障警报,以及保证监测警报传送渠道畅通的情况下,允许将图形显示装置安装在无昼夜执勤人员的房间内。

备注：在我国消防控制室使用的图形显示装置简称“CRT”，就是以现场的平面图为底图，然后对应现场具体设备的布置位置，在底图上面将这些点位予以显示的情况。在计算机屏幕上，可以实时显示现场各个点位的具体信息，由于其能达到更直观获取关于火灾的信息，故应用广泛。

9.手动火灾报警按钮，应安装在疏散通道上，一旦发生火灾，能够将其接通运行的部位。

10.自动灭火装置和自动火警信号装置的设计要求，由该联邦法和（或）消防安全标准文件来确定。

第84条　建筑物、构筑物和结构物内火灾预警和人员疏散管理系统的消防安全要求

1.建筑物、构筑物和结构物内，在发生火灾状态下的火警预报、人员疏散管理及保证人员安全疏散，是通过下列其中一种方法或成套方法来完成的：

(1)向人们常住或临时居住的所有房间，发出灯光、声响和（或）语音信号；

(2)为在火灾状态下指示疏散必要性、疏散通道、撤离方向，以及保证人们安全和预防恐慌的其他行为而专门编制的行动指南；

(3)为保证疏散通道上标准时间内的行动而设置的消防安全标志照明。

(4)具备疏散（应急）照明；

(5)遥控门闩以开启疏散出口门；

(6)保证消防（调度）哨哨声与火灾预警区的通信畅通；

(7)保证疏散的其他方法。

2.火灾预警和人员疏散管理系统传送的信息，应符合设置在建筑物、构筑物和结构物的每一楼层上的人员疏散平面图包含的内容编制的要求。

3.项目上安装的火警报警器，在疏散期间应保证火灾信息内容一致，并保证可以发出因缺少相关信息而导致人员安全程度降低的补充信息。

4.在要求进行火灾预警的被保护物项的任一角落，音响和语音警报器生成的响度级别应高于允许的噪声级。对于语音警报器位置的设置，以及在要求火灾预警的被保护物项任一角落都能辨清传递的语音信息内容，应能保证。灯光警报器应保证对比接收被保护物项具有典型代表性范围内的信息。

5.在将建筑物、构筑物或结构物划分为火灾预警区时，应制定出针对建筑物、构筑物和结构物的不同房间内人员发生火灾的特殊通知顺序。

6.预警区的尺寸、向人们发出火灾警告的特殊通知顺序及个别区域内的火灾警告开始的时间，都应根据火灾状态下人员安全疏散的保障条件来予以确定。

7.火灾预警和人员疏散管理系统，应在完成建筑物、构筑物和结构物内人员疏散所需时间内发挥其功能作用。

8.火灾发生时，建筑物、构筑物和结构物的火灾预警和人员疏散管理用的技术设施和器材，应该结合被疏散人员的健康状况和年龄予以制定。

9.火灾预警音响信号，应与其他用途音响信号的声调有明显区分。

10.火灾预警音响和语言装置，不得有可拆分的设备及不能调整响度级，应与电网及其他通信设施联通。火灾预警和人员疏散管理系统的线路，与建筑物、构筑物和结构物的无线电转播线路允许兼容在一起。

11.火灾预警和人员疏散管理系统，应设置不间断供电电源。

针对防/排烟系统，有以下条款进行约束：

第85条　建筑物、构筑物和结构物防/排烟系统的要求

1.根据设计规划和结构方案，建筑物、构筑物和结构物的送/排风防/排烟系统。应采用自然或机械方式完成。不受驱动方式限制的送/排风防/排烟系统，具有执行机构和防/排烟通风系统装置的自动和手动驱动方式。建筑物、构筑物和结构物的设计规划方案，应消除燃烧向火灾发生房间、防火隔间和(或)防火分段以外扩散的可能。

2.根据建筑物、构筑物和结构物的功能用途、设计规划和结构方案，在建筑物内应设置防/排烟送/排风系统或防/排烟排风系统。

3.在将燃烧产物向建筑物、构筑物和结构物以外排放时，不允许使用无自然或机械排风防/排烟装置的送风系统。不允许使用共用系统的装置来保护具有不同功能火灾危险等级的房间。

4.排风防/排烟系统，应保证在火灾发生时，将燃烧产物直接从着火房间、疏散通道走廊及大厅内排出。

5.建筑物、构筑物和结构物防/排烟系统的送风，应保证输送空气，并保证在与着火房间相邻的房间内、楼梯间、电梯大厅和外室闸门内形成余(正)压。

6.根据防/排烟保护的目的，在疏散人员至安全区的所需时间内，以及火灾整个持续时间内，建筑物、构筑物和结构物防/排烟保护构件的结构形式和特性，应保证送/排风防排烟系统能够正常工作。

7.建筑物、构筑物和结构物执行机构和送/排风防/排烟系统装置的自动驱动，应在灭火和火灾报警自动装置动作时实现。

8.建筑物、构筑物和结构物的执行机构和送/排风防/排烟系统装置，应从位于疏散出口、消防哨房间或调度人员房间内的启动元件，开始实施遥控手动驱动。

9.在火灾状态下，接通建筑物、构筑物和结构物的送/排风防/排烟系统时，应强制切断总通风和工艺通风及空调系统(但对于保证项目工艺安全的系统则除外)。

10.对于气溶胶、干粉或气体自动灭火装置和防/排烟通风系统，不允许其在发生火灾的房间内同时工作。

11.建筑物、构筑物和结构物送/排风防/排烟系统元件的组成、结构形式、消防技术特性、使用特点和接通顺序等要求，是依据其功能用途和设计规划以及结构方案，由该联邦法来规定的。

由于消防供水水量和水压很重要，在以下条款中做出规定：

第86条 内部消防供水的要求

1.内部消防水管,应保证建筑物、构筑物和结构物内灭火用水的标准用量。

2.内部消防水管,应设置达到消防目的所需数量的内部消火栓。

3.内部消防水管的要求,由消防安全标准文件来规定。

第87条 建筑物、构筑物、结构物和防火隔间耐火级别的要求

1.建筑物、构筑物、结构物和防火隔间的耐火级别,应根据其楼层数、功能火灾危险等级、防火隔间的面积及在其中所实施工艺、工序的火灾危险性来确定。

2.建筑结构的耐火极限,应符合建筑物、构筑物、结构物和防火隔间采纳的耐火级别要求。建筑物、构筑物、结构物和防火隔间的耐火级别,与其中使用的建筑结构的耐火极限的对应关系,请参见该联邦法附表21。

3.虽然对于墙洞(门、大门、窗口、人孔)封堵材料以及灯具的耐火极限,盖板、天窗顶和其他透明区段的耐火极限未作规定,但防火隔断的墙洞封堵材料除外。

4.在H1类防/排烟楼梯间内,允许设置耐火极限为R15、火灾危险等级为K0的楼梯平台和梯段。

5.建筑物、构筑物、结构物和防火隔间的结构火灾危险等级,是根据其楼层数、功能火灾危险等级、防火隔间的面积以及在其中所实施工艺、工序的火灾危险性来确定的。

6.建筑结构的火灾危险等级,应符合建筑物、构筑物、结构物和防火隔间采用的结构火灾危险等级。建筑物、构筑物、结构物和防火隔间的结构火灾危险等级与在其中使用的建筑结构的火灾危险等级的对应关系,请参见该联邦法附表22。

7.虽然对建筑物、构筑物、结构物防护结构中的墙洞(门、大门、窗口)封堵的火灾危险性不做规定,但防火隔断中的墙洞除外。

8.对于功能火灾危险等级为Φ1.1的建筑物、构筑物、结构物,应使用火灾危险等级为K0的外部保温系统。

9.建筑结构的耐火极限和火灾危险等级,应在标准试验条件下,根据消防安全标准文件规定的方法来确定。

10.从形状、材质和结构形式上类似于经过火灾试验建筑结构的建筑结构的耐火极限和火灾危险等级,可以根据消防标准文件规定的计算分析法来确定。

为了防止火势扩散,应做到:

第88条 建筑物、构筑物、结构物和防火隔间火势扩散的限制要求

1.部分建筑物、构筑物、结构物和防火隔间,以及不同功能火灾危险等级的房间相互之间,应使用规定耐火极限和结构火灾危险等级的防护结构或防火墙隔开。规定此种防护结构和此类防火墙的要求时,应考虑房间的功能火灾危险等级、火荷载值,建筑物、构筑物、结构物和防火隔间的结构火灾危险等级和耐火级别。

2.执行防火隔断功能的建筑结构的耐火极限和类型、与之相对应的墙洞封堵和外室闸门的类型,请参见该联邦法附表23。

3.防火隔断墙洞封堵类型对应的耐火极限，请参见该联邦法附表24。

4.对不同类型外室闸门构件的要求，请参见该联邦法附表25。

5.防火墙应扩展至建筑物、构筑物、结构物的整个高度，且保证防止火势向相邻的防火隔间蔓延，其中包括从火灾起火点侧单向破坏建筑物、构筑物、结构物的结构的情况。

6.防火墙、楼板和隔板与建筑物、构筑物、结构物和防火隔间的其他防护结构的连接处的耐火极限，不得低于共用隔墙的耐火极限。

7.防火墙与建筑物、构筑物、结构物的其他墙体连接部位的结构形式，应能防止火势向这些隔墙绕行蔓延。

8.防火隔断的窗户应是关闭的，而对于防火门和大门，则应具备自动关闭装置。可以在打开状态运行的防火门、大门、防火幕帘、人孔及防火阀等装备，应保证其具备在火灾状态下自动关闭的设施。

9.防火隔断的墙洞总面积不得超过其自身面积的25%。

10.将A级、Б级房间与其他等级房间、走廊、楼梯间和楼梯大厅隔开的防火隔断内，应设置增加空气的固定外室闸门。对于两个或两个以上的A级、Б级相邻房间，不允许安装共用的外室闸门。

11.将A级、Б级房间与其他等级房间隔开的防火隔断内，在不能设置外室闸门时或在将Б级房间与其他房间隔开的防火隔断内不能设置防火门、大门、防火幕帘、人孔和防火阀时，应设置预防火势向相邻楼层和相邻房间蔓延的整套措施。

12.在防火门或大门不能封堵的防火隔断墙洞中，为了相邻的B级或Г级房间之间和Д级房间之间的联系，应设置敞开通道门，通道门装有自动灭火装置，或者应设置防火帘幕、防火屏板来代替门。

13.防火门、人孔和防火阀，应保证这些结构的耐火极限标准值。防火幕帘和防火屏板应由不燃材料组(НГ)的材料制成。

14.输送可燃气体、粉尘空气混合气体、液体、其他物质和材料的管道、通道和竖井等，不允许穿越第1类楼板和防火墙。在使用不同于上述管道、通道和竖井的物质和材料输送用管道、通道和竖井与这些防火隔断交叉处，应设置可预防燃烧产物顺着通道、竖井和管道蔓延扩散的自动装置，但防/排烟系统的通道除外。

15.位于楼梯间以外的电梯井、电梯机房(位于屋顶的除外)，以及敷设线路用的通道和竖井等的防护结构，应符合针对第1类防火隔板和第3类防火楼板提出的要求。对电梯井和电梯机房之间的防护结构耐火极限未作规定。

16.可通到走廊及其他房间的电梯井防护结构中的门洞，除楼梯间外，应由耐火极限不低于EI 30的防火门或耐火级别不低于EI 45、火灾情况下自动封闭电梯井门洞的不燃材质防火屏板来保护，或者建筑物、构筑物、结构物内的电梯井应使用有第1类防火隔板和第3类防火楼板的大厅或前室与走廊、楼梯间和其他房间隔开。

17.在高度为28 m以上的建筑物、构筑物、结构物内，在出口处未设剩余正气压外室闸门的楼梯竖井，应设置在火灾情况下电梯井中可形成剩余正气压的系统。

18.在装备有火灾自动报警或灭火系统的建筑物、构筑物、结构物内,电梯应具有联锁装置,且不受轿厢负荷和运行方向的限制,在火灾状态下保证打开并保持轿厢门和竖井处于打开状态时仍然能够自动返回到主要降落平台上的能力。

19.楼梯和楼梯间的设计规划方案和结构形式,应保障在火灾情况下,从建筑物、构筑物、结构物中能安全疏散出人员,并阻止火势在各楼层之间蔓延。

20.在建筑物、构筑物、结构物的底层和地下层,火灾状况下应穿过第1类剩余气压外室闸门进入电梯。

关于人员疏散的安全出口,做出下列规定:

第89条　疏散通道、疏散和应急出口的消防安全要求

1.建筑物、构筑物、结构物内的疏散通道和建筑物、构筑物、结构物的出口,应保障安全疏散人员。计算疏散通道和出口时不考虑其中所采用的灭火设施。

其中,对于人群聚居(其中包括儿童、老弱病残孕行动不便群体)的房间的分布、疏散通道结构构件中建筑材料的使用要求,应根据联邦相关技术规程予以确定。

3.对属于建筑物至疏散出口,其出口通向情况如下:

(1)从第一层房间向外:

a)直达室外;

b)穿过走廊;

c)穿过前厅(休息室);

d)穿过楼梯间;

e)穿过走廊和前室(休息室);

f)穿过走廊、工余休息场地和楼梯间。

(2)直接从任一层房间,第一层房间除外:

a)直通楼梯间或第三类型的楼梯;

b)通向直达楼梯或第三类型楼梯的走廊;

c)通向具有直通楼梯或第三类型楼梯出口的大厅(休息室);

d)通向已使用的屋顶或通向第三类型楼梯的专门设置的区段。

(3)通向位于同一楼层和保证有本部分第1条和第2条中给出的出口的相邻房间(А和Б类的Ф5级房间除外)。如果技术室内设置了维护这些有火灾危险房间的设备,则从无固定工作地点的技术室到А级和Б级房间的出口,被认为是疏散出口。

4.地下室和底层的疏散出口的设置,应使其直接通向外边并且独立于建筑物、构筑物、结构物的共用楼梯间,但该联邦法规定的情况除外。

5.可以视为疏散出口的有:

(1)地下室出口:穿过共用楼梯间,通向与第1类无孔防火隔板楼梯间其余部分隔开的向外独立出口的前室,防火隔板位于地下室地面至第1层和第2层楼之间的梯段中间平台的阶梯上;

(2)从В4级、Г级和Д级房间所在的底层和地下室通向Ф5级建筑物第1层

B4 级、Г级和 Д级房间和前厅的出口；

(3)从位于 Φ2 级、Φ3 级和 Φ4 级建筑物地下室或底层的休息室、存衣室和卫生室沿第 2 类型独立楼梯通向第 1 层前厅的出口；

(4)在遵守消防标准文件规定界限的条件下，从房间直通第 2 类型楼梯、通向该楼梯的走廊或大厅(休息室、前厅)。

6.属于建筑物、构筑物、结构物内应急出口的有：

(1)通向阳台或敞开式廊道的出口，带有从阳台(敞开式廊道)端部至窗口(玻璃门)不低于 1.2 m 的或阳台(敞开式廊道)的玻璃门洞之间不低于 1.6 m 的无孔隔墙。

(2)通向延伸至 Φ1.3 级建筑物相邻单元或相邻防火隔间的、宽度不低于 0.6 m的通道。

(3)通向装有连接每层楼阳台或敞开式廊道的外部楼梯的阳台或敞口。

(4)从地面净标高不低于 4.5 m 和不高于 5 m 的房间穿过尺寸不低于 0.75 m ×1.5 m 的窗或门，以及尺寸不低于 0.6 m×0.8 m 的人孔直接通向外面。此时，穿过地坑的出口应在地坑中设置楼梯，而通过人孔的出口则应在房间内设置楼梯。对这些楼梯的坡度不做规定。

(5)穿过尺寸不低于 0.75 m×1.5 m 的窗或门，以及尺寸不低于 0.6 m×08 m 的人孔沿垂直或倾斜楼梯通向 C0 级和 C1 级、耐火级别为Ⅰ级、Ⅱ级和Ⅲ级的建筑物、构筑物、结构物屋顶的通道。

7.在疏散出口的洞口处，禁止安装可伸缩和升降门、旋转门、旋转栅门和阻碍人们自由通过的其他物品。

8.各楼层房间和建筑物的疏散出口的数量和宽度，应依据通过其疏散的最高允许人员数量和从人们可能居住的最远地点(工作地点)至最近疏散出口的极限允许距离来确定。

9.部分不同功能火灾危险的建筑物，通过防火隔断隔开，并应保证有独立的疏散通道。

10.房间疏散出口的数量，应根据最远点(工作地点)至最近疏散出口的极限允许距离来确定。

11.建筑物、构筑物和结构物疏散出口的数量，应不低于建筑物、构筑物和结构物的任意楼层疏散出口的数量。

12.根据疏散通道轴线测量的从房间最远点(对于 Φ5 级建筑物、构筑物和结构物而言—从最远工作地点)至最近疏散出口的极限允许距离，是根据房间和建筑物、构筑物和结构物的功能火灾危险等级和爆炸火灾危险和火灾危险等级、被疏散人员的数量、房间和疏散通道的几何参数、建筑物、构筑物和结构物结构火灾危险等级和耐火级别来确定的。

13.房间内沿第 2 类楼梯的疏散通道的长度应等于其设置的高度。

14.疏散通道应包括电梯、升降梯以及通过以下地点的地段：

(1)通过有电梯井出口的走廊、通过电梯大厅和电梯前面的前室的地段，前提条件是电梯井的防护结构，包括电梯井的门，当其不符合防火隔断的要求时；

(2)通过楼梯间的地段，前提条件是楼梯间平台是走廊的一部分，以及通过其中有不属于疏散用途的第2类楼梯的房间的地段；

(3)通过建筑物、构筑物和结构物屋顶的地段，疏散屋顶或结构上与疏散屋顶类似的专设屋顶段除外；

(4)通过连接两楼层(排)以上、同时从地下室和底层引出的第2类楼梯；

(5)通过地下和地上楼层之间联系用的楼梯和楼梯间，但对本部分第3条至第5条提到的情况除外。

由于第90条是对消防部门活动保障作出的要求，本书不再赘述。

第91条　设有火灾状况下火灾预警和人员疏散管理系统的房间、建筑物、构筑物、结构物的火警信号和(或)灭火自动装置的装备

1.设有在火灾状况下火灾预警和人员疏散管理系统的房间，是根据房间和建筑物、构筑物和结构物的火灾危险等级，兼顾火灾风险分析来设置火警信号和(或)灭火自动装置的。需要强制设置上述装置的项目清单，是根据消防安全标准文件来确定的。

2.对于火警信号和灭火自动装置，应安装不间断供电电源。

核电厂作为一种特殊的生产电力的工厂，针对第四部分关于生产项目的消防安全要求内容，也需要了解。

第20章　生产项目的消防安全总要求

第92条　生产项目用文件的要求

1.生产项目(其中包括建筑物、构筑物、结构物和工艺工序)的文件，应包括该联邦法规定的消防技术特性内容。

2.生产项目消防安全保证系统的组成和功能特性，应以设计文件独立章节形式进行编写。

第93条　生产项目的火灾风险标准值

1.建筑物、构筑物和结构物以及生产项目区内的个人火灾风险概率值，每年不得超过百万分之一(10^{-6}/年)。

2.确定由于火灾危险因素造成的人员死亡风险时，应考虑建筑物、构筑物和结构物的消防安全保障系统发挥的职能。

3.对于因工艺、工序发挥职能的特殊性，不能保证个人火灾风险概率值为每年百万分之一的生产项目，允许将个人火灾风险概率值增加至每年一万分之一。在这种情况下，应预先制定出火灾状况下针对人员行动的培训措施以及在风险过高条件下，对平时工作人员工作的特殊保护措施。

4.因生产项目上的火灾危险因素而对项目附近的住宅小区居民造成威胁的个

人火灾风险概率值，每年不得超过十亿分之一。

5.生产项目上的火灾危险因素，对项目附近的住宅小区居民造成威胁的特殊火灾风险概率值，每年不得超过十亿分之一。

第21章　生产项目火灾危险分析和火灾风险计算的方法

第94条　生产项目火灾风险的评估顺序

1.生产项目火灾风险的评估应按照下列顺序进行：

(1)分析生产项目的火灾危险性；

(2)确定生产项目上有火灾危险应急状况发生的频率；

(3)针对火势发展的不同情况，确定火灾危险因素的范围；

(4)评估火灾危险因素在其不同发展情况下对人们的影响后果；

(5)计算出火灾风险。

2.生产项目火灾风险的分析如下：

(1)分析生产项目上的工艺介质火灾风险和工艺、工序的参数；

(2)确定火灾危险应急状况的清单以及针对每道工艺、工序的参数；

(3)编写针对每一道工艺、工序可以体现为火险状况所形成的原因清单；

(4)确定造成人员死亡的火灾发生和发展的情况。

第95条　生产项目火灾危险性的分析

1.工艺、工序火灾危险性的分析，要求对工艺、工序过程中使用的物质和材料的火灾危险指数与工艺工序的参数进行对比。

2.取决于其聚集态的物质和材料火灾危险性指数清单，列在该联邦法附表1中，这些指数是体现工艺介质火灾危险特点所必需的。易燃工艺介质潜在点火源清单，是通过对比工艺、工序和其他点火源参数以及物质和材料火灾危险指数来确定的。

3.生产项目火灾危险状况的确定，应通过分析每种工艺、工序的火灾危险性来实现，并预先选择对受火灾危险因素和火灾危险因素的两次影响结果破坏区域的人们产生危险时的状况。对于人员生命和健康未造成威胁的状况则不属于火灾危险状况。

4.对于生产项目上的每种火灾危险状况，都应对火灾危险状况产生和发展的原因、火灾危险状况发生地点及威胁人员生命和健康等火灾危险因素进行描述。

5.对确定火灾危险状况产生的原因，应对引起可燃介质生成和出现点火源的事件进行确定。

6.生产项目火灾危险性的分析，要求在保证允许火灾风险等级之前，制定出测量工艺、工序参数的预防措施。

第96条　生产项目火灾危险的估算

1.采用以下有关信息，来确定生产项目上火灾危险状况发生的频率：

(1)生产项目所采用设备的故障信息；

(2)生产项目所采用设备的可靠性参数信息；

(3)生产项目的人员误操作信息；

(4)生产项目所在区域的水文及气象环境；

(5)生产项目所在区域的地理位置特征。

2.针对火灾、爆炸危险因素不同发展情况的估算，是依据对比生产项目区及其相邻区域的火灾危险因素动态模拟信息及其分析的火灾、爆炸危险因素对人员生命和健康有无影响等重要意义的信息来进行的。

3.火灾、爆炸危险因素影响人们的后果，是对火灾状态下的不同发展情况的估算要求，确定陷入火灾、爆炸危险因素破坏区的人员数量的。

第22章　生产(厂房)区消防站设置、道路、进(出)口、供水水源的要求

第97条　生产(厂房)区消防站的设置

1.生产(厂房)区的消防站，应位于临近公路的地段。

2.消防站出口的设置，应保证行驶的消防车可以横穿主交通(车流量大)要道。

3.对消防站的分布位置和消防站转弯半径的要求，由消防安全标准文件来确定。

第98条　生产(厂房)区道路、进(出)口和通道的要求

1.占地面积为5 hm^2 以上的生产(厂房)，应至少有两个入口，但Ⅰ级和Ⅱ级的石油和石油产品仓库除外。上述仓库虽不受占地面积的限制，但至少应有两个出口通向公路网或仓库或厂房组织的专用车道。

2.在生产(厂房)场地侧面尺寸为1000 m以上并且在该地区沿街道或沿公路布置时，应至少设置两个入口通向场区。入口之间的距离不得超过1500 m。

3.面积为5 hm^2 以上的生产(厂房)场区内的防护区段(露天变电所、仓库及其他地段)，至少应有两个入口通道。

4.在建筑物、构筑物和结构物宽度不超过18 m时，应保证具有从单侧沿其全长通行的消防车道。在建筑物、构筑物和结构物宽度超过18 m以及设置有封闭门和半封闭门时，应保证具有从两侧通行的消防车道。

5.对于建筑面积为10000 m^2 或宽度超过100 m的建筑物，应保证各个方向都有消防车道通向建筑物。

6.若遇到根据生产条件要求不开设道路的情况，则允许在粘土和砂质土(粉质土)条件下设计沿好的通道位置、用本地不同材料加固形成的宽度为3.5 m的地面设置消防车通道，预留的坡度应可保证地表水自然排放。

7.为保证消防车道畅通，从车辆可通行部分边缘或已设计地面至高度不超过12 m的建筑物墙体的距离，不得超过25 m。当建筑物高度超过12 m、但不超过28 m时，要求该距离不超过8 m。当建筑物高度超过28 m时，要求该距离不超过10 m。

8.通向储水池(作为消防供水水源)、用于冷却塔喷水的冷却池和提供灭火用水的其他设施的车道，应设置可供消防车转弯、安装操作和取水使用的场地。此类场地的尺寸不得低于12 m×12 m。

9.消防冷却塔应沿着公路布置，距车辆可通行部分边缘的距离不超过2.5 m处，同时距建筑物墙体距离不低于5 m。

10.穿过生产（厂房）区内部铁路的行车道或人行横道，应能始终允许消防车自由通过。

11.生产（厂房）场区供汽车入口大门的宽度，应能保证主要和专用消防车无阻碍地通过。

备注：在《建筑设计防火规范》(GB 50016—2014)(2018版)中，对消防车道有以下要求：

7.1　消防车道

7.1.1　街区内的道路应考虑消防车的通行，道路中心线间的距离不宜大于160 m。

当建筑物沿街道部分的长度大于150 m或总长度大于220 m时，应设置穿过建筑物的消防车道。确有困难时，应设置环形消防车道。

7.1.3　工厂、仓库区内应设置消防车道。

高层厂房，占地面积大于3000 m^2 的甲、乙、丙类厂房和占地面积大于1500 m^2 的乙、丙类仓库，应设置环形消防车道。确有困难时，应沿建筑物的两个长边设置消防车道。

7.1.8　消防车道应符合下列要求：

(1)车道的净宽度和净空高度均不应小于4.0 m;

(2)转弯半径应满足消防车转弯的要求；

(3)消防车道与建筑之间不应设置妨碍消防车操作的树木、架空管线等障碍物；

(4)消防车道靠建筑外墙一侧的边缘距离建筑外墙不宜小于5 m;

(5)消防车道的坡度不宜大于8%。

7.2　救援场地和入口

7.2.1　高层建筑应至少沿一个长边或周边长度的1/4且不小于一个长边长度的底边连续布置消防车登高操作场地。该范围内的裙房进深不应大于4 m。

建筑高度不大于50 m的建筑，连续布置消防车登高操作场地确有困难时，可间隔布置，但间隔距离不宜大于30 m，且消防车登高操作场地的总长度仍应符合上述规定。

7.2.2　消防车登高操作场地应符合下列规定：

(1)场地与厂房、仓库、民用建筑之间不应设置妨碍消防车操作的树木、架空管线等障碍物和车库出入口；

(2)场地的长度和宽度分别不应小于15 m和10 m。对于建筑高度大于50 m的建筑，场地的长度和宽度分别不应小于20 m和10 m;

(3)场地及其下面的建筑结构、管道和暗沟等，应能承受重型消防车的压力；

(4)场地应与消防车道连通，场地靠建筑外墙一侧的边缘距离建筑外墙不宜小于5 m，且不应大于10 m，场地的坡度不宜大于3%。

7.2.3　建筑物与消防车登高操作场地相对应的范围内，应设置直通室外的楼梯或直通楼梯间的入口。

7.2.4　厂房、仓库、公共建筑的外墙应在每层的适当位置设置可供消防救援人员进入的窗口。

7.2.5　供消防救援人员进入的窗口的净高度和净宽度均不应小于1.0 m，下沿距室内地面不宜大于1.2 m，间距不宜大于20 m，且每个防火分区不应少于2个，设置位置应与消防车登高操作场地相对应。窗口的玻璃应易于破碎，并应设置可在室外易于识别的明显标志。

第99条　生产(厂房)项目消防供水水源的要求

1.生产(厂房)项目上，应保证具备外部消防供水水源(消防水管、自然或人工储水池)。

自来水管网上的消防冷却塔的布置，应保证能对该自来水管网实施维护工作的任意建筑物、构筑物和结构物或部分建筑物、构筑物和结构物，都能进行灭火。

2.人工储水池中的灭火用水储备量，应根据外部灭火用水的计算流量和灭火顺序统一确定。

第100条　限制生产项目上的火势蔓延要求

1.受建筑物的耐火级别、爆炸火灾危险和火灾危险性等级以及其他特性限制的建筑物、构筑物和结构物之间的距离，从仓库、露天工艺装置、组合件和设备至建筑物、构筑物和结构物的距离，仓库之间、露天工艺装置之间、组合件之间、设备之间的距离，从可燃气体储气罐至生产(厂房)项目区内建筑物、构筑物和结构物等的距离，应可防止火势从一个建筑物向另一个建筑物蔓延。

2.生产(厂房)项目中的石油产品、液化可燃气体、毒物储罐区，应位于相对于生产(厂房)项目建筑物、构筑物和结构物的最低标高处。根据地形地貌，应使用不燃材料的栅栏进行吹扫围护。

3.若盛装易燃和可燃液体的地面储罐位于(较之相邻建筑物、构筑物和结构物)更高标高时，应预先制定出在储罐出现故障时，预防溢流泄漏液体向上述建筑物、构筑物和结构物流散的措施。

4.在生产(厂房)项目的建筑物、构筑物和结构物的下方，不允许布置可燃液体和气体外部管路。

5.在容器储存石油制品的生产(厂房)项目场区外围，应设置封闭的土制围堤或不燃材质围墙。此外，在为每组地面储罐区所单独设置的储罐周边，也应设置封闭土制围堤或不燃材质围墙，以便供溢流泄漏液体的压力平衡使用。

6.在1组地面储罐范围内，应使用内部土堤或围墙：

(1)将每一个容积大于等于20000 m^3 的储罐或总容积为20000 m^3 的几个最小储罐隔开；

(2)将油和重油储罐与其他石油产品储罐隔开；

(3)将乙基汽油储罐与其他组储罐隔开。

7.在土堤内堤坡之间或围墙之间形成的(无建筑物)土制围堤面积,应根据溢流泄漏液体的计算容积来确定。计算容积等于成组储罐中最大储罐或独立设置储罐的额定容积。

8.每组储罐的土制围堤或围墙的高度、储罐罐壁至围堤内堤坡基底或至围墙的距离,根据联邦相应技术规程法和(或)消防安全标准文件的要求来确定。

9.在这些地下储罐中储存石油和重油时,需设置土制围堤。在由围堤内堤坡之间形成的面积,应根据保持溢流泄漏液体数量等于每组中较大储罐容积10%的条件来予以确定。

10.在生产(工厂)项目区内,禁止布置可燃液体和气体地面管网的规定如下:

(1)对于场区内的可燃液体和气体转换管道,禁止沿着栈桥、不燃材质支架和单独设置圆柱及其建筑物墙体和屋顶进行布置,但耐火级别为Ⅰ级和Ⅱ级的建筑物除外;

(2)对于易燃液体和气体管道,若这些物品进行混合,可能引发火灾或爆炸情况,则禁止其在廊道内进行布置;

(3)对于易燃液体和气体的管道,禁止其沿易燃楼板和墙体、沿爆炸火灾危险和火灾危险等级为A级和Б级建筑物的楼板和墙体进行布置;

(4)对于可燃气体的天然气管道,禁止沿可燃固体和液体材料仓库区进行布置。

11.在独立支架和栈桥上敷设的地面可燃液体管道,距有墙洞的建筑物墙体的距离应不低于3 m,距无墙洞的建筑物墙体的距离不低于0.5 m。

我们一直以来都十分关心消防技术装备情况,下面就第五部分关于消防技术装备的消防安全要求进行介绍。

第23章　总要求

第101条　消防技术装备的要求

1.在火灾状况下,消防技术装备应具备执行自身所承担功能的能力。

2.消防技术装备的标识,应清晰可鉴别。

3.消防技术装备的技术文件,应包括消防技术装备有效使用实施而对人员标准培训的信息。

4.消防技术装备的技术文件,应包括消防技术装备有效使用实施而对人员标准培训的信息。

5.消防技术装备应根据消防安全标准文件规定的方法,其参数应符合消防技术安全试验的要求。

第102条　灭火物质的要求

1.灭火物质应保证通过地面和空间供送方式进行灭火,并具有符合灭火策略的配送特点。

2.灭火物质具有对相互作用可引发新的起火点或爆炸的材料实施灭火的能力。

3.灭火物质在运输和储存过程中,应保持灭火时需要的固有特性。

4.灭火物质不应对人体和周围介质产生超过允许值的危险后果。

第103条 火灾自动探测报警信号装置的要求

1.火灾自动探测报警信号装置的技术设施,应能保证相互之间的电气和信息的兼容性,以及与其相互作用的其他技术设施的兼容性。

2.火灾自动探测报警信号装置的技术设施之间的通信线路,在火灾状况下探测火灾、发送疏散信号所需时间内和在疏散人员所需时间内及其操纵其他技术设施所需时间内,应能保证发挥其功能作用。

3.火灾自动探测报警信号装置的图形显示仪,应保证符合受控设备的类型和具体项目要求的控制原则。

4.火灾自动探测报警信号装置的技术设施,应在其执行自身功能其间具有保证不间断的供电电源。

5.火灾自动探测报警信号装置的技术设施,应具有使得受保护物项在极限强度允许值下抗电磁干扰影响的稳定性。由这些技术设施引发的电磁干扰,对所保护物项上采用的技术设施不能产生负面影响。

6.火灾自动探测报警信号装置的技术设施,应保证用电安全。

第104条 自动灭火装置的要求

1.自动灭火装置,应保证可通过地面或空间输送灭火物质的方法来消灭火灾,以便创造阻碍火灾发生和火势发展的条件。

2.空间灭火方法,应保证形成阻止火势在受保护房间、建筑物、构筑物和结构物的整个空间内蔓延的介质。

3.地面灭火方法,应保证通过向受保护区输送灭火物质的方法来消灭火灾。

4.自动灭火装置的动作,不得引燃和引爆建筑物、构筑物、结构物房间内和露天场地的可燃材料。

作为对初起火灾的最直接灭火手段,灭火器、消火栓等的作用功不可没!

在第24章中,对一次灭火设施提出了要求。

第105条 灭火器的要求

1.手提式和移动式灭火器,应保证1个人在生产厂家技术文件规定的面积内可进行灭火行动。

2.手提式和移动式灭火器的技术特性,应保证灭火时人员的安全。

3.手提式和移动式灭火器构件的强度特性,应保证灭火时人员能够安全使用。

第106条 消火栓的要求

1.消火栓的结构,应保证可由1个人打开闭锁装置,要求供水强度能够保证将火扑灭。

2.消火栓连接头的结构,应可将消防分队所使用的消防软管与其连接。

另外，由于俄罗斯国土面积广阔，资源丰富，作为最廉价的灭火剂——水资源，也常常用到灭火行动中。因此，他们还有对消防储水箱的要求：

第107条　消防储水箱的要求

1.消防储水箱和多功能一体化消防箱应保证在其中布置和储存一次灭火设施功能。多功能一体化消防箱的完整性(成套性)，应根据该联邦法附表26来选取使用。

2.消防储水箱和多功能一体化消防箱的结构，应保证可快速安全地使用其内的设备。

3.消防储水箱和多功能一体化消防箱的外形尺寸和安装条件，不得堵塞疏散通道。

4.消防储水箱和多功能一体化消防箱，应由不燃材料制成。

5.消防储水箱和多功能一体化消防箱的外部构造和容量信息，根据该联邦法第4条采用的消防安全标准文件来确定。

第25章　移动式灭火设施的要求

第108条　消防车的要求

1.主要和专用消防车应保证执行下列功能：

(1)将消防队全体人员、灭火物质、灭火设备、消防员的个人防护装备和消防员自救装备、消防工具、人员抢救设施运至火灾事发地点；

(2)向着火地点输送灭火物质；

(3)实施与灭火有关的抢险救援工作(简称“应急抢险救援”)；

(4)保证安全地完成消防队承担的任务。

2.消防车的结构、技术特性和其他参数的要求，根据消防安全标准文件予以规定。

第109条　消防飞行器、火车和船舶的要求

消防用飞行器、火车和船舶，应配备可以实施灭火行动的设备。

第110条　消防机动泵的要求

1.消防机动泵，应保证可以取水，并能从自来水管网、储水容器和(或)露天水源取得水源。满足灭火所需压力和水量实施供水的要求。

2.手提式消防移动泵，应保证可由2个操作员实施搬运，并安放在地面上。

3.牵引式消防机动泵，应固定安装在汽车拖车上。拖车的结构应保证将机动泵安全地运送至着火地点，并在取水和供水时保持固定。

第26章　自动灭火装置的要求

第111条　水灭火和泡沫灭火自动装置的要求

水灭火和泡沫灭火自动装置，应保证以下功能：

(1)及时发现火灾并启动自动灭火装置；

(2)水自动灭火装置的喷淋器(自动喷水喷头和灌水机)，可以规定供水强度进行供水；

(3)从自动泡沫灭火装置的泡沫发生设备,可以规定要求的泡沫供给次数和强度实施供水。

第112条 气体自动灭火装置的要求

气体灭火自动装置,应保证以下功能:

(1)及时探测(属于气体灭火自动装置系列范畴的)火灾自动探测报警信号装置的火灾;

(2)在从受保护房间疏散人员所需时间内,保证能够延迟输送气体灭火物质;

(3)在灭火所需时间内,保证在受保护范围(空间)内或易燃材料地面的上方,形成气体灭火物质的灭火浓度。

第113条 干粉灭火自动装置的要求

干粉灭火自动装置,应保证以下功能:

(1)及时探测(属于干粉灭火自动装置系列范畴的)火灾自动探测报警信号装置的火灾;

(2)从干粉灭火自动装置系统的喷雾器中,可以规定要求的干粉供给强度实施干粉输送。

第114条 气溶胶灭火自动装置的要求

气溶胶灭火自动装置,应保证以下功能:

(1)及时探测(属于气溶胶灭火自动装置系列范畴的)火灾自动探测报警信号装置的火灾;

(2)在从受保护房间疏散人员所需时间内,保证能够延迟供送灭火气溶胶;

(3)在灭火所需时间内,保证在受保护范围(空间)内,形成灭火气溶胶的灭火浓度;

(4)消除对人体、发生器高温段可燃材料及灭火气溶胶射流的可能影响。

第115条 混合灭火自动装置的要求

混合灭火自动装置,应符合作为其组成部分的自动灭火装置规定的要求。

第116条 机械手灭火装置的使用要求

采用机械手灭火装置,应保证以下功能:

(1)发现和消除或限制火势向着火点以外蔓延,在灭火装置作业区可以无须人员直接出现在现场;

(2)可以遥控灭火装置,并实现从灭火装置作业地点向操作员发出信息功能;

(3)在火灾或爆炸危险因素影响、对人身安全和周围介质产生辐射、化学或其他影响的条件下,可以使得灭火装置能够执行相应的功能。

第117条 自动遏制火灾装置的要求

1.自动遏制火灾装置,应保证降低火灾面积蔓延速度和削弱其危险因素的形成。

2.自动遏制火灾装置,可在不适宜或技术上不能使用其他自动灭火装置的房间内使用。

3.自动遏制火灾装置中所采用灭火物质的类型,根据保护物项的特点、火荷载的种类和分布来确定。

第27章　火灾状况下消防员和公民个人防护装备的要求

第118条　消防员个人防护装备的要求

1.消防员的个人防护装备,应保护各消防分队全体成员在灭火和实施抢险救援工作时,免受火灾危险因素、恶劣气候因素的影响和损害。

2.消防员的个人防护装备,应与人体工程学原理相结合,并可以在低能见度条件下,进行目视观察和搜寻消防员的灯光信号元件。

第119条　消防员的个人呼吸和辅助视觉防护器材的要求

1.消防员的个人呼吸和辅助视觉防护器材,应能保护消防员在不适合呼吸和刺激眼黏膜的介质中工作时的安全。

2.消防员的个人呼吸和辅助视觉防护器材,应该有耐受机械和恶劣气候影响的指标、人体工程学和安全性指标,其指标值应根据抢险救援工作和救援人员战术及保证消防员作业条件的必要性来确定。

3.正压式空气呼吸器,应保证在人员呼吸过程中,防毒面具内部空间内保持正余压。

4.当肺通气频率为30 L/min时,正压式空气呼吸器的保护作用时间不得低于1 h,隔氧器的保护作用时间不低于4 h。

5.消防员呼吸器官的个人防护装备的结构形式,应该保证在无专用工具时,可以快速更换气瓶和空气再生罐。

6.消防员的呼吸器和辅助视觉个人防护装备的使用、维护保养技术,应根据保障消防员安全作业条件必要性来予以实施。

7.消防员严禁使用过滤式呼吸器官个人防护装备进行保护。

8.禁止使用与隔热防护服配套的氧气呼吸器,但消防员的战斗服和绝缘式防护服除外。

第120条　消防员防护服的要求

1.防护服(一般用途、隔热和绝缘式),应保证消防员免受火灾因素的影响。此时,应体现的保护程度指标值,应根据保障消防员安全作业条件必要性来予以确定。

2.采用的防护服材料和结构形式,应阻碍可燃物质渗入防护服内部空间,并保证紧急情况下可以脱掉防护服、检测呼吸器气瓶中的压力、接收和传递信息(通过声响、目视或借助专用设备等形式)。

3.绝缘式防护服的结构和采用的材料,应在保证消防员身着绝缘式防护服进行安全作业的条件下,其水平面上能保持防护服内部空间的剩余正压。

4.对于在危险生产(厂房)项目上实施灭火时采用的绝缘式防护服,应保证防止腐蚀性和(或)放射性物质落到皮肤上或渗入人的躯体内的功能。除此之外,在放射性危险生产(厂房)项目上灭火和实施抢险救援工作时所采用的绝缘式防护服,还应保护极其重要的人体器官免受电离辐射影响。在这种情况下,能量不超过

2 MeV 的β辐射(辐射源^{90}Sr)外部辐射衰减系数不得低于150,能量为122 MeV的γ辐射(辐射源^{57}Co)外部辐射衰减系数不得低于5.5。

5.绝缘式防护服的重量,应保证可为消防员提供安全作业条件。

第121条　手部、脚部和头部防护装备的要求

1.手部防护装备,应保证在灭火和实施抢险救援工作时,保护人手部免受热力、机械和化学的影响。

2.头部防护装备(其中包括防护头盔、防护面罩、衬帽)和脚部防护装备,应保证在灭火和实施抢险救援工作时,保护人头部和脚部免受水、机械、热力、化学和恶劣气候因素的影响。

第122条　消防员自救装备的要求

消防员自救装备(消防绳索、消防腰带和消防挂钩),应保证静载荷不低于10000 N,并应保证消防员在高空作业或消防员从高空独立下降时的人身安全。

第123条为火灾状况下对公民的个人防护和抢救装备的要求,在此不再赘述。

第28章　消防员的消防工具和辅助装备的要求

第124条　消防工具的要求

1.消防工具,依据其功能用途应保证可以实施以下工作:

(1)不同建筑结构的切割、起吊、移动和固定工作;

(2)建筑结构穿孔和捣碎材料的工作;

(3)堵塞不同直径管子的孔洞、填塞容器和管道的穿孔。

2.手动机械工具,应装备可防止意外坠落能动机制(抵达人体部分或衣物内)。机械化消防工具的控制机构,应安装避免(在其上显示的信息)产生多种解释意思的指示器。

3.无论是机械化还是非机械化工具的结构,应保证可快速更换其工作部件。

4.消防工具接口部件的结构,应保证无须使用扳手或其他钳工工具,仅用手即可实现快速可靠连接。

5.消防工具的结构,应能保证实施抢险救援工作时,操作员的用电安全。

第125条　消防员辅助装备的要求

消防员的辅助装备(包括消防灯具、热像仪、无线电指示方向标、声响指向标),是依据其在火灾现场烟雾环境中的照明、搜索着火源和搜救人员、标志消防员所处的位置以及使用其他类型灭火工具的用途来选用的。在这种情况下,应保证其——实施抢险救援工作所必需——执行上述功能应具有的指标得以实现。

第29章　消防设备的要求

第126条　消防设备的总要求

消防设备(消火栓、消火栓水龙头、消防龙头、增压吸入软管、水枪、水力提升机、

吸入滤网、分支软管、接头、手提消防扶梯)，应保证其可以(根据灭火战术)以灭火所需工作压力和流量向着火点输送灭火物质，同时还要保证各消防分队的所有成员，都能进入建筑物、构筑物和结构物的房间内。

第127条　消火栓和消防龙头的总要求

1.消火栓，应安装在外部水源管网上，并保证能够输送灭火用水。

2.消防龙头，应保证可以打开(关闭)地下消火栓、连接消防软管以抽出自来水管网的水，输送灭火用水。

3.对于在工作压力下的消防龙头转换装置控制机构上的机械应力，要求其值不超过150 N。

第128条　消防软管和接头的要求

1.消防软管(吸入软管、增压吸入软管和增压软管)，应保证可将灭火物质送至火灾地点。

2.接头应能保证快速、紧密和牢固地将消防软管、消防软管与其他消防设备实现连接。

3.消防软管和连接头的强度特性和使用特性，应符合消防分队所使用的液压设备的技术参数要求。

第129条　消防水枪、泡沫再生和泡沫混合器的要求

1.消防水枪(手动和牵引式)，应保证实现：

(1)在水枪喷口处，灭火物质能够形成连续喷射的射流(其中包括低倍数空气机械泡沫)；

(2)沿着喷射流的喷雾圆锥空间区域，灭火物质能够均匀分布；

(3)从连续射流到喷射射流的外形可以实现自由改变；

(4)针对通用水枪而言，在不停止输送灭火物质的前提下，可以改变灭火物质的流量；

(5)在要求工作压力下水枪的强度、接头和关闭装置的密封性；

(6)在垂直平面规定的角度下，可实现固定牵引式水枪的位置；

(7)牵引式水枪的转动机械装置，可以实现液压驱动或电动驱动，手控和遥控，以及水平和垂直平面的转换功能。

2.泡沫发生器的结构，应保证实现：

(1)形成中高倍数的空气—机械泡沫流；

(2)在要求工作压力下水枪的强度、接头和关闭装置的密封性。

3.泡沫混合器(不可调剂量和可调剂量)，应保证获取规定浓度的发泡剂水溶液，以便在空气泡沫水枪和泡沫发生器中产生出对应倍数的泡沫。

第130条　消防集水软管和消防分支软管的要求

1.消防集水软管，应保证在进入消防泵进水管入口之前，汇集成两路或两路以上的水流。在每一个已连接的短管上，消防集水软管都应安装止回阀。

2.消防分支软管，应保证主干管管线水流或发泡剂溶液可沿工作软管线路通行，

并保证可以对分布在这些线路上的灭火溶液的流量进行调节。消防分支软管转换装置控制机构的机械作用力不超过150 N。

第131条　消防水泵和消防吸入滤网的要求

1.消防水泵，应保证在露天储水池中，水源水面与消防泵位置高位差要超过最大进水高度要求，以保证可清理在房间内灭火时溢流泄漏的水。

2.消防吸入滤网，应保证对从露天储水池中收集的水进行过滤，并防止可能损坏水泵运行的固体微粒进入。消防吸入滤网上应安装止回阀。

第132条　手提消防扶梯的要求

1.手提消防扶梯，应保证消防队全体成员都可以进入建筑物、构筑物和结构物的房间并抵达屋顶，并向上述房间内输送灭火器材和灭火物质，同时还应保证可以一边疏散、一边抢救房间里的人员。

2.手提消防扶梯的外形尺寸和自身结构，应保证其可以使用消防车进行运送。

3.手提消防扶梯的机械强度、尺寸、人体工程学和安全性指标，应保证可以执行高处抢救人员的任务，并可实现对消防技术设备的起吊作业。

针对物质和材料，联邦政府在该文件中也作出了具体要求，即：

第六部分　一般用途产品的消防安全技术要求

第30章　物质和材料的消防安全要求

第133条　物质和材料火灾危险信息的消防安全要求

1.制造厂(供应商)，应制定包含物质和材料的技术文件，文件中应包含该产品安全使用的信息。

2.物质和材料的技术文件(其中包括合格证、技术规程、工艺规程)，应包括物质和材料火灾危险指数的信息。

3.需要强制列入技术文件的指标，如下：

(1)就气体而言：

a)可燃级别；

b)自燃温度；

c)火势蔓延的浓度极限；

d)最大爆炸压力；

e)爆炸压力增长速度。

(2)就液体而言：

a)可燃级别；

b)闪点；

c)燃点；

d)自燃温度；

e)火势蔓延的极限温度。

(3)就固体和材料(除建筑材料之外)而言：

a)可燃级别；

b)燃点；

c)自燃温度；

d)发烟系数；

e)燃烧产物的毒性指标。

(4)就固体分散物质而言：

a)可燃级别；

b)自燃温度；

c)最大爆炸压力；

d)爆炸压力的增长速度；

e)爆炸危险指数。

4.由物质和材料技术文件的编制单位来确定是否需要补充火灾危险性指数的信息。

第134条　建筑物、构筑物和结构物内使用建筑材料的消防安全要求

1.建筑物、构筑物和结构物内建筑材料的使用,受到其功能用途和火灾危险性的限制。

2.建筑物、构筑物和结构物内使用建筑材料的消防安全要求,根据该联邦法附表27中所列材料的火灾危险性指数要求来确定。

3.建筑材料的技术文件,应包括该联邦法附表27中所列材料的火灾危险性指数的信息,以及对其进行处理时的消防安全措施。

4.在生产、使用或储存易燃液体Ф5级、A类、Б类和B1类建筑物房间内,地面应采用不燃材料或Г1类可燃组的材料制成。

5.房间和疏散通道上的吊顶结构,只能使用不燃材料制作。

6.不同功能用途、不同楼层数和不同容量的建筑物内,疏散通道的装饰、饰面材料及地板材料的使用范围,请参见该联邦法附表28和附表29。

7.在卧室和病房、为Ф1.1分级子级的学龄前教育机构建筑物房间内,不允许使用火灾危险等级高于KM2级的装饰材料和地板材料。

8.学龄前教育机构音乐和体育课大厅的墙体和天花板,应用KM0级的材料进行装修。

9.不允许在理疗室使用火灾危险性高于KM2级的墙体、天花板的装修材料和吊顶封堵材料,以及火灾危险性高于KM3级的地板材料。

10.不允许在诊断室使用火灾危险性高于KM3级的墙体、天花板装修材料和吊顶封堵材料,以及火灾危险性高于KM3级的地板材料。

11.不允许在手术室和康复病房使用火灾危险性高于KM2级的墙体、天花板装修材料和吊顶封堵材料,以及火灾危险性高于KM3级的地板材料。

12.在分级子级为Ф1.2的建筑物的住房内,不允许使用火灾危险性高于KM4级的墙体、天花板装修材料和吊顶封堵材料,以及火灾危险性高于KM4级的地板材料。

13.在分级子级为Φ2.1的建筑物的存衣间内，不允许使用火灾危险性高于KM1级的墙体、天花板装修材料和吊顶封堵材料，以及火灾危险性高于KM2级的地板材料。

14.不允许在阅览室使用火灾危险性高于KM2级的墙体、天花板装修材料和吊顶封堵材料，以及火灾危险性高于KM3级的地板材料。

15.在书库和档案室、包含办公用品及清单的房间内，应使用KM0级的材料进行墙体和天花板的装修。

16.在分级子级为Φ2.2的建筑物的展览厅内，不允许使用火灾危险性高于KM2级的墙体、天花板装修材料和吊顶封堵材料，以及火灾危险性高于KM3级的地板材料。

17.不允许在舞厅内使用火灾危险性高于KM2级的墙体、天花板装修材料和吊顶封堵材料，以及火灾危险性高于KM2级的地板材料。

18.在分级子级为Φ3.1的建筑物的商务大厅内，不允许使用火灾危险性高于KM2级的墙体、天花板装修材料和吊顶封堵材料，以及火灾危险性高于KM3级的地板材料。

19.在分级子级为Φ3.3的建筑物的候车室内，墙体和天花板装修、吊顶封堵和地板应使用KM0级材料。

20.在分级子级为Φ3.4的建筑物的治疗室和诊断室内，不允许使用火灾危险性高于KM2级的墙体、天花板装修材料和吊顶封堵材料，以及火灾危险性高于KM3级的地板材料。

第135条是对有毒和皮革材料的使用及其火灾危险性信息的消防安全要求，不再赘述。

第136条　防火(阻燃)剂的消防安全信息要求

1.防火(阻燃)剂的技术文件，应包括反映其使用范围的技术指标、火灾危险性、表面处理方法、底漆种类和牌号、保护表面的喷涂方法、烘干条件、这些药剂的防火效果、防恶劣气候影响的方法、防火涂层的使用条件和使用年限，以及实施防火工作时的安全措施等相关信息。

2.对于防火(阻燃)剂，允许使用可保证提供装饰型防火涂层或抗恶劣气候影响的额外涂层涂料来制作。

另外，在第31章中，还提出了对建筑物、构筑物和结构物的建筑材料和工程设备的消防安全要求。

第137条　建筑结构的消防安全要求

1.建筑物、构筑物、结构物构件的结构，不应成为火势沿建筑物、构筑物、结构物隐形蔓延的原因。

2.建筑结构固定部件及相互间连接接口的耐火极限，不得低于对接口构件的最低耐火极限要求。

3.在功能火灾危险性等级为Φ2的建筑物、构筑物、结构物房间内，对于成地面坡度的构件，应符合针对这些建筑物楼层间楼板提出的要求。

4.防护建筑结构与电缆、管道和其他工艺设备交叉结合点的耐火极限，不得低于针对这些结构规定耐火极限要求。

5.有吊顶的房间内的防火隔板，应将吊顶上方的空间予以隔离分开。

6.在吊顶上方的空间内，不允许布置输送可燃气体、粉尘空气混合物、液体和固体材料的通道和管道通过。

7.在爆炸火灾危险性和火灾危险性等级为A级和Б级的房间内，不允许设置吊顶。

第138条　通风系统、空调系统和防／排烟系统的结构和设备的消防安全要求

1.防/排烟送/排通风系统的风管和风道(通道)、不同用途通风系统的转换通道(其中包括风管、集流管、竖井)的结构，应具有耐火性能，并用不燃材料制作。

防护建筑结构与通风系统耐火通道和支架(吊架)结构交叉接合点的耐火极限，不得低于这些通道所要求的耐火极限。只允许使用不燃材料进行耐火风管结构可拆卸连接(包括法兰连接)的密封。

2.正常打开的防火阀，应装备自动和遥控驱动装置。作为这些驱动装置组成部分的热敏元件，只能作为备用元件使用。对于正常关闭的防火阀和排烟阀，允许使用带热敏元件的驱动装置。不同型号防火阀和排烟阀的结构相互连接的密度，应保证所需防止烟气渗入的最小阻力要求。

3.依靠自然推动拉杆的排气/通风烟口，必须使用具有保证抑止机械负荷(雪压和风压)所需拉杆作用力的自动和遥控驱动装置(也可以加装一套热电偶)。

4.建筑物、构筑物和结构物防/排烟保护系统的风机，应在疏散人员所需时间内(当它保护疏散通道中的人员时)，或者火势发展及灭火的整个时间内(当它保护防火安全区的人员时)，当高温燃烧产物扩散的状况下，仍旧保持工作性能。

5.防/排烟气防火门应在相互连接部位安装密封部件，密封部件在所要求的耐火极限条件下，仍能保证所需的最低防止烟气阻力。

6.防排烟屏板(帘、幕)应装备自动或遥控驱动装置(无热电偶)，由不燃材料制成，工作伸展长度不低于火灾时房间内所形成烟雾层的厚度。

7.通风、空调和防/排烟保护系统的实际参数值(其中包括耐火极限和防止烟气阻力)，应根据试验结果及消防安全标准文件确定的方法来确定。

而我国，别的不说，就说北京市吧，垃圾分类正在有序推进。俄罗斯联邦在第139条中，就提出了垃圾清除系统结构和设备的消防安全要求。

第139条　垃圾清除系统结构和设备的消防安全要求

1.垃圾清除系统的喷射器，应由不燃材料制成，并保证具有要求的耐火极限和防止烟气阻力。在垃圾清除喷射器的结构组成中，不允许采用火灾状况下可导致其发生类似爆炸破坏的材料。

2.垃圾清除喷射器的安装阀，应由不燃材料制成，并能保证最低的防止烟气阻力。允许使用可燃级别不低于Γ2的材料进行安装阀的密封。

3.安装在垃圾室内的垃圾清除喷射器的闸门，应安装火灾时能够实现自动关闭的驱动装置。要求闸门的耐火极限，应不低于垃圾清除喷射器规定的耐火极限。

第140条　电梯的消防安全要求

1.带自动门和运行速度大于等于1 m/s的载客电梯，应具有火灾危险性的工况标识：与建筑物火灾自动探测和报警信号系统发出的信号实现联锁运行，同时应保证不受轿厢荷载和运行方向的限制，可将轿厢返回至主降落平台上，实现打开轿厢和竖井的门，并保持打开状态。

2.在从电梯进入走廊时，不符合第1类外室闸门要求的电梯大厅或外室、电梯井门，应具有不低于EI 30的耐火极限。在从电梯进入走廊时，符合第1类外室闸门要求的电梯大厅或外室，以及在从电梯进入楼梯间时，对于电梯井门的耐火极限不做规定。电梯井在楼梯间范围内的布置条件，需根据消防安全标准文件来确定。

3.电梯设备、装置、耐火性能，以及电梯材料的要求、控制、信号、通信和供电系统的要求等内容，要根据该联邦法和此项目的联邦技术规程法来确定。

第32章　电工技术产品的消防安全要求

第141条　电工技术产品火灾危险性信息的要求

1.电工技术产品的生产厂家，必须制定包含该产品安全使用所需信息的技术文件。

2.电工技术产品的技术文件(其中包括合格证和技术规程)，应包含其火灾危险性的信息。

3.电工技术产品的火灾危险性指数，应符合电工技术产品的使用范围。

第142条　电工技术产品的消防安全要求

1.电工技术产品不应成为点火源，并且应保证其能防止火势向其产品以外蔓延。

2.电工技术产品的消防安全要求，根据其结构特点和使用范围来确定。电工产品应根据确定其安全运行的技术文件来实施。

3.电工技术产品中所采用的结构构件中，应具有抵抗火焰、炽热元件、电弧、接触连接和导电电桥加热等影响的性能。

4.在短路、过载等应急工况下，电工技术产品应具有抵抗火灾发生和蔓延的性能。

5.保护电工产品外壳，防止火灾向外壳以外范围蔓延的程度，应根据产品的使用范围来确定。

6.在出现应急工况时，保护装置应在着火前将电路电源断开。

第143条　电气设备的消防安全要求

1.电气设备应具有抵抗火灾发生和蔓延的性能。

2.电气设备中发生火灾的概率每年不得超过百万分之一。

3.若电工产品具有抵抗火焰、炽热元件、电弧、接触连接和导电电桥加热等影响且符合消防安全要求的证明，并且在电工产品使用名录范围内(属于电气设备之列的)，则此类火灾发生概率可以不予确定。

4.在火灾状况下，防火保护系统的电气设备，在将人员完全疏散至安全区所需时间内，应保证其能正常运行。

我们国家有一个强制性产品认证制度，就与第七部分对物项(产品)与消防安全要求相符合的评定内容相对应。

第33章　物项与消防安全要求相符合的评定

第144条　物项与消防安全要求相一致的评定形式

1.物项(产品)实施与设计、生产、建设、安装、调试、运行、储存、运输、销售和回收过程证明相一致的单位，与联邦技术规程法和消防安全标准文件规定的消防安全要求及合同条款相符合的评定形式如下：

(1)委托；

(2)单独评估火灾风险(消防安全审计)；

(3)国家消防监督局；

(4)消防安全公告/信息；

(5)研究(试验)；

(6)证明物项(产品)符合性；

(7)物项(产品)及其消防安全系统的验收和投运；

(8)生产检验；

(9)认证。

2.物项(产品)与单独评估火灾风险方式规定的消防安全要求相符合的评定顺序，是由俄罗斯联邦法规确定的。

第145条　物项(产品)与消防安全要求相符合的确认

1.物项(产品)与俄罗斯联邦境内消防安全要求相符合的确认，要按照俄罗斯联邦法规规定的自愿或强制性原则进行。

2.物项(产品)与消防安全要求相符合的自愿确认，以自愿证明的形式进行。

3.物项(产品)与该联邦法要求相符合的强制确认，通过符合性声明或强制证明的形式来进行。

4.一般用途的物项(产品)和消防技术装备必须进行符合消防安全要求的强制确认，其消防安全要求是通过该联邦法和(或)包括单种产品要求的联邦技术规程法来规定的。

5.产品与该联邦法要求的符合性，由在俄罗斯境内，根据联邦法规作为个体企业家注册的自然人或法人来(公告)宣布，法人或自然人是产品制造商(销售商)；或者由在俄罗斯境内根据联邦法规作为个体企业家注册的自然人或法人来(公告)宣布，法人或自然人根据合同执行国外生产厂家(销售方)保证出售的产品，符合该联邦法要求的职能时，应同时对违反上述规定要求行为不负责任。

6.物项(产品)符合消防安全的(公告/信息)声明式确认形式,只能在受委托有权实施此项工作的单位内进行,并应吸引第三方参加。

7.按照该联邦法规定的程序确认符合消防安全要求的产品,在市场上要标注流通符号。如果不同的技术规程对该产品都提出了要求,则市场上的流通符号只能在确定该产品符合相应技术规程的要求后,予以注明。

8.市场上的流通符号,由生产厂商(销售商)依据符合性证明和符合性(公告)宣言来使用。市场上的流通符号,应在产品和(或)其包装(包装容器)上,以及销售时明示给消费者的附属技术文件中注明。

第146条　确认产品符合消防安全要求的模式

1.产品符合消防安全要求内容的确认,是根据符合消防安全要求的强制确认模式来进行的。其中每一个模式都包含一整套的实施工序和条件。模式可以包括一道或几道工序,工序结果是确认产品符合规定要求所必需的程序。

2.根据下列模式,对产品符合该联邦法要求内容予以确认,:

(1)对于批量生产的产品:

a)申请人基于自己的证明,予以声明合格(模式1д);

b)生产厂家(销售商),根据自身证明和经认可的实验室进行的产品标准试样试验基础,予以声明合格(模式2д);

c)生产厂家(销售商),根据自身证明、经认可的实验室进行的产品标准试样试验基础,以及适用于产品生产的质量体系证明,予以申报合格(模式3д);

d)在分析生产状况和经认可的实验室进行的产品标准试样试验基础上,认证产品(模式2c);

e)基于认可的实验室对标准试样进行的试验,认证产品,之后进行审定检查(模式3c);

f)在分析生产状况和认可的实验室进行产品标准试样试验基础上,认证产品,之后进行审定检查(模式4c);

g)在经认可的验室进行产品标准试样试验和证明质量体系的基础上,认证产品,之后进行审定检查(模式5c)。

(2)对于有限批量产品:

a)生产厂家(销售商)根据自身证明、认可的实验室进行成批产品中的代表性样本试验的基础上,予以声明(模式5д);

b)成批产品的认证,在认可的实验室对该批产品进行代表性抽样试验的基础上完成(模式6c);

c)单位产品的认证,在认可的实验室进行单位产品试验的基础上完成(模式7c)。

3.为确认产品符合消防安全要求试验使用代表性抽样内容,根据俄罗斯联邦法规来确定。

4.模式1д和模式5д,用于确认产品与对物质和材料消防安全的符合性,以下材料除外:

(1)建筑材料;

(2)铁路运输工具和地铁中可移动组成部分使用的装饰材料;

(3)防火和灭火物质。

5.模式 2д 和模式 3д,根据生产(厂家)商家的选择来使用,用于确认以下内容与消防安全要求相符合:

(1)除了气体灭火物质,氮气、氩气、两氧化碳之外,上述气体中主要物质含量超过 95%;

(2)除了一次灭火设施,灭火器之外;

(3)消防工具;

(4)除了消防设备,消防水龙头、泡沫发生器和泡沫混合器之外;

(5)直接向外或向安全区疏散人员的通道内,不用于装修的建筑材料;

(6)用于制作窗帘、帷幔、床上用品、软面家具构件的纺织和皮革材料;

(7)特殊防护服;

(8)地毯;

(9)防/排烟工程系统通道。

6.模式 3д,用于确认移动灭火设施与消防安全要求的符合性。

7.模式 2c、模式 3c、模式 4c、模式 5c 和模式 6c,是根据申请人的选择而使用的,用于确认以下设施和物品是否满足消防安全要求:

(1)手提式和移动式灭火器;

(2)消防水龙头、泡沫发生器、泡沫混合器;

(3)火灾状况下,人员的个人防护器材;

(4)火灾状况下,火灾抢救设施;

(5)火灾状况下,抢救人员所需的设备和制品;

(6)消防员的辅助装备;

(7)干粉灭火剂、灭火用的发泡剂;

(8)自动灭火装置设施;

(9)电路保护装置;

(10)直接向外或向安全区疏散人员的通道内,用于装修的建筑材料;

(11)铁路运输工具和地铁中可移动组成部分使用的装修材料;

(12)防火(阻燃)剂(设施);

(13)耐火建筑材料,其中包括在防火隔断中的封堵材料、电缆贯穿件、电缆槽盒、敷设电缆用的聚合材料通道和管道,电缆密封引入线;

(14)防/排烟系统的工程设备,其中包括工程系统通道;

(15)电缆井的门;

(16)防火和防爆设备,其中包括电缆;

(17)自动灭火装置元件。

8.模式 3c 只在证书有效期届满之后,对之前认证过的产品进行认证时使用。

9.在不可能进行代表性抽样试验的情况下，模式 7c 用于确认产品与消防安全要求的符合性。

10.根据申请人的愿望，产品与消防安全要求相符合的（公告）声明式确认，可以用强制认证来代替。

11.产品与消防安全要求符合性公告/信息宣言的有效期，确定不超过 5 年。

12.按照俄罗斯联邦法规规定的程序，来宣布产品与消防安全的符合性。

13.如果相应的联邦技术规程法规定了不同于该联邦法规定的具体产品的认证模式，产品与消防安全要求符合性的确认，将根据能保证其更全面检验、研究、试验和测量客观性的模式来进行，其中包括试样选用条例。

其国内的认证步骤也有规可循、有据可查，仔细看看，内容确实很丰富。

第 147 条　认证实施程序

1.产品的认证，根据俄罗斯联邦政府规定的程序和该联邦法第 148 条的补充要求，由得到认可的机构来实施。

2.认证包括：

(1)由生产厂家（销售商）提出实施认证和分析研究，由经认可的认证机构提供材料的申请；

(2)由经认可的认证机构来做出实施认证的申请决定，并注明其模式；

(3)评估产品与消防安全要求的符合性；

(4)该认证机构有权发放证书或有理由拒绝发放证书；

(5)如果认证模式中规定要进行审定检查，则由认证机构对已认证的产品进行审定检查；

(6)在发现产品不符合消防安全要求，而且存在不正确使用市场流通符号情况时，由生产厂家（销售商）采取校正措施。

3.证明产品符合该联邦法要求的确认程序，包括以下步骤：

(1)选择和鉴别产品试样；

(2)若认证模式有评估生产或认证（生产）质量体系内容规定，则需要实施；

(3)在经认可的实验室内，对产品试样进行试验；

(4)鉴定生产厂家（销售商）提供的文件（其中包括技术文件、质量文件、结论、证书和试验报告），目的是确定产品是否符合消防安全要求；

(5)分析得出的结果，并做出可以发放证书的决定。

4.申请人可以向有权实施认证工作的任意认证机构发出认证的申请。

5.认证申请由申请人用俄语书写，应包括以下内容：

(1)申请人的名称和住所地；

(2)生产厂家（销售商）的名称和住所地；

(3)产品信息及其鉴别标志（名称、全俄产品分类符号或符合俄罗斯联邦采用的对外经济活动商品名称的出口产品代码）、产品的技术说明书、其使用（运行）规程及

描述产品及申报数量(成批生产、批量或单位产品)的其他技术文件;

(4)消防安全标准文件的说明;

(5)认证模式;

(6)申请人执行认证标准和规程的责任。

6.实施认证的全权机构,要在提交认证申请之日起30天内,向申请人发出对其申请的肯定或否定决定。

7.否定认证申请的决定,应包括拒绝认证的理由。

8.肯定认证申请的决定,应包括认证的基本条件,其中包括以下信息:

(1)认证模式;

(2)认证产品符合消防安全要求所依据的标准文件;

(3)如果认证模式对单位有进行生产状况分析内容的规定,予以实施;

(4)产品取样程序;

(5)产品试样的试验程序;

(6)生产条件稳定性的评定程序;

(7)产品符合消防安全要求的评定标准;

(8)提供确认产品安全的补充文件的必要性;

9.若在认证模式中有规定,则产品与该联邦法要求的符合性确认,应包括如下内容:

(1)选取检验用的试样和试验试样;

(2)鉴别产品;

(3)在经认可的实验室对产品试样进行试验;

(4)评定生产条件的稳定性;

(5)分析提供的文件。

10.根据俄罗斯联邦法规规定的要求来选择产品试样(检验用试样和试验试样)。

11.允许使用经过认证试验的产品试验作为检验用试样,前提条件是认证时检查的其鉴别标志和指标未发生改变。

12.为试验和作为检验用试样所选产品试样的结构、组成和制作工艺,都应与供给消费者(订货方)的产品相同。

13.申请人(生产厂/商家、销售商),应随试样附上生产厂家(销售商)确认产品验收和产品与其生产所依据的标准文件符合性的文件(或其复印件),以及其他所需的必要技术文件,其内容和组成,将罗列在经认证机构的认证申请决定内容中。

14.在取样之后,应采取防止偷换试样或鉴别错误的措施。

15.在证书有效期内,应保存检验用试样。

16.无论是取样,还是做试验产品时,都应进行鉴别,目的是证明实际上提供的试样是否属于已认证产品。

17.鉴别,就是对比确认产品认证申请单和产品技术(附属)文件中规定的产品试样的主要特性和试样上、包装箱(包装容器)上和附属文件中的标识特性。

18.在认证成批产品时，应另外检查其实际数量与申报数量是否相符。

19.进行试验时的鉴别结果，应反映在试验记录（试验报告）中。

20.认证目的的试验，应根据认证机构的申请来进行。

21.试验，是由经认证有权实施此项工作的实验室来进行。

22.如果不具备经过技术权威性和独立性认可的实验室，或实验室的位置（所处位置距离）不会使试样运输复杂化、增加试验成本和延长试验期时，则允许只进行以具有技术权威性且独立于认证产品生产厂家或消费者的经认可的实验室认证为目的的试验。此种试验应在认证机构（证书发放认证机构）代表的监督下进行。此种试验的客观性，将同实验室一起由委托实施试验的认证机构来保证。

23.实验室，根据试验结果出示试验报告，并将其转交给认证机构。试验报告复印件在经认证产品使用的有效期限内必须由实验室保存，保存期限在依据此试验报告发放的证书期满或做出拒绝发放证书的决定之后，不得低于3年。

24.试验记录（试验报告）应包括下列信息：

（1）试验记录（试验报告）代号、每页报告的序号和编号及其总页数；

（2）实施试验的实验室的信息资料；

（3）委托试验的认证机构的信息资料；

（4）提交试验产品的鉴别信息，其中包括产品生产厂家的信息；

（5）实施试验的依据；

（6）试验方法和大纲的说明或标准试验方法引证说明；

（7）取样信息；

（8）试验实施条件；

（9）所采用的测量器具和试验设备的信息；

（10）检查的指标及其要求以及包括这些要求的标准文件信息；

（11）符合所需评定标准的试样的实际指标（数据）值，其中包括中间值，并应注明计算或实际测量误差；

（12）其他实验室完成的试验的信息；

（13）试验记录（试验报告）发布信息。

25.试验记录（试验报告）由负责试验的所有人员签字，认证机构领导批准，实验室盖章。试验记录（试验报告）应附上取样报告及其所有附件。

26.试验记录（试验报告），应包括重复试验时可获取类似结果所需的信息。

如果产品符合规定要求的质量鉴定是某项试验的结果，则试验记录（试验报告）中应列出获取结果所依据的信息。

27.在试验记录（试验报告）发布之后，不得对其正文内容进行修改和变动。

28.不允许在试验记录（试验报告）中，列出消缺或完善试样的总评、意见和建议。

29.试验记录（试验报告）只适用于经过试验的试样。

30.生产分析的目的，是确定制造具有认证时检查稳定特性的产品所需的条件。

31.生产条件稳定性的评定，应在分析生产状况（模式2c和模式4c）或生产或生产质量体系认证(模式5c)的基础上发放证书之前,不早于12个月内进行。

32.认证机构的决定是分析生产状况情况的依据。认证机构可以委托具备在编的该产品认证专家或生产和生产质量体系专家的单位,来对生产状况情况进行检查。在这种情况下,认证机构应进行证据具备而充足的书面委托。

33.在进行生产状况情况分析时,应检查:

(1)工艺工序;

(2)工艺文件;

(3)工艺装备设施;

(4)工艺工况;

(5)工艺装备设施的操纵(控制);

(6)计量设备的操纵(控制);

(7)试验和测量方法;

(8)原料和配套制品的检验程序;

(9)产品在其生产过程中的检验程序;

(10)不合格产品的管理;

(11)索赔工作程序。

34.检查过程中发现的缺陷,作为重要不符合项或非重要不符合项来分类。

35.属于重要不符合项的为:

(1)无产品标准和工艺文件;

(2)未注明工艺装备设施、控制点和检验程序所执行的工序说明;

(3)无所需的技术装备/设施及检验和试验器材;

(4)使用未按规定程序和规定期限进行计量检验的检验和试验器材;

(5)不能保证产品特性稳定或未能使其产品特性实现稳定的检验记录程序。

36.若存在重要不符合项,则证明产品生产状况不合格。

37.在存在一个或几个重要不符合项时,生产单位应按与认证机构商定的期限采取整改/校正措施。

38.对非重要意见的整改/消除,不得晚于例行审定检查之日。

39.根据检查结果,编写经认证的产品生产状况分析结果报告。在报告中应指出:

(1)检查结果;

(2)分析认证产品生产状况分析时,采用的补充材料;

(3)生产状况情况的总评;

(4)实施整改/校正措施的必要性和日期。

40.经认证产品的生产状况分析报告,由认证机构保存,其复印件发送给申请人(生产厂家、销售商)。

41.对于检查过程中所获取的机密性信息,应由被检验单位做出决定。

42.认证机构依据生产状况分析结果和试验记录(试验报告),做出发放证书可能性和发放证书条件的决定。

43.在分析试验记录(试验报告)、生产状况分析结果(如果认证模式对此有规定)、产品符合消防安全要求的其他文件之后,认证机构才能做出准备发放(拒绝发放)证书的决定。

44.根据该产品符合消防安全要求证书的发放决定,认证机构办理证书手续,按规定程序将其记录在统一的目录中,然后发放给申请人(生产厂家、销售商)。

只有具备登记号码的证书,方为有效。

45.在产品符合规定要求的评定结果不合格时,认证机构会做出拒绝发放证书的决定,并注明理由。

46.产品符合该联邦法要求的证书工作,根据俄罗斯联邦法规办理相关手续。

47.产品符合消防安全要求的证书,可以附上证书所适用的具体种类和型号的产品清单。

48.对于批量生产的产品,产品符合消防安全要求的证书,针对不同模式确定如下:

(1)模式 2c,不超过 1 年;

(2)模式 3c,不超过 3 年;

(3)模式 4c 和模式 5c,不超过 5 年。

49.对于单件或成批生产的产品(模式 6c 和模式 7c),所发放的产品符合消防安全要求的证书,有效期规定至上述产品有效期(使用期限)结束。在此期间,根据俄罗斯联邦法规规定,生产厂家有义务保证消费者可以按用途使用产品。上述有效期期满后,产品可以不再符合消防安全要求。如果生产厂家未规定这样的使用期限,则证书的有效期为 1 年。

50.对于生产厂家在批量生产产品证书有效期内销售的产品,在有效(使用)期限内供货、销售之后,证书仍然有效。在此期间,根据俄罗斯联邦法规规定,生产厂家有义务保证消费者可以按用途使用产品。如果生产厂家未规定期限,则对于该产品的证书在其有效期结束之日起 1 年内有效。在此期限内,成批产品的证书依然同样有效。

51.根据模式 4c 和模式 5c 认证的批量生产产品的证书,在有效期期满后,同样产品的证书有效期,可以根据认证机构在该产品审定检查和兼顾之前进行的试验基础上,按照简化大纲进行的试验记录(试验报告)结果合格的基础上做出的决定,来予以延长。

为延长符合性证书的有效期,申请人应向认证机构发出延长符合性证书有效期的申请,包括自实施监督检验时起,未对经认证产品的制作工序和配方进行影响产品安全修改的申请。申请书应附上之前所发放的证书原件。

52.在对产品结构(组成)或其生产工艺进行修改时,生产厂家应将此修改通知发放证书的认证机构。认证机构做出证书适用于改进的产品或对该产品重新进行试验或补充评定的决定。

53.由进行产品认证的认证机构对认证过的产品进行审定检查,必要时需要实施试验的实验室代表来参与。审定检查以定期和不定期检查形式进行,应保证获取具备试验结果和生产状况分析结果形式的经认证产品信息、遵守证书和市场流通符号使用条件和标准的信息，目的是确认产品在证书有效期内仍符合消防安全要求。

54.在证书有效期为1年以上时，应对经认证的产品进行审定检查：

(1)发放期限2年以内(包括2年)的证书，在其有效期限内不超过1次；

(2)发放期限2～4年以内(包括4年)的证书，在其有效期限内不少于2次；

(3)发放期限4年以上的证书，在其有效期限内不少于2次。

55.确定审定检查周期和范围的标准是基于产品潜在危险程度、产品认证结果、生产稳定性、产品产量、具备经认证的产品质量体系以及进行审定检查的价值。

56.在认证机构的发放证书决定中，规定有审定检查的范围、周期、内容和顺序。

57.若收到来自消费者(使用者)、商务组织及对发放证书的产品进行社会或国家鉴查的机构等的产品安全索赔信息时，则需进行非定期审定检验。

58.审定检查通常包括：

(1)分析产品认证材料；

(2)分析收到的经认证产品的信息；

(3)检查经认证产品的文件是否符合该联邦法的要求；

(4)选择和鉴别试样、对试样进行试验及分析得出的结果；

(5)若认证模式有检查生产状况的规定，则执行之；

(6)分析结果及根据检验结果做出的决定；

(7)对消除早先发现的不符合项的整改/校正措施，予以检查；

(8)通过市场流通符号来检查产品标识的正确性；

(9)分析经认证产品的索赔要求。

59.实施审定检查的试验内容、范围和顺序，由实施检查的认证机构来确定。

60.允许使用生产厂家进行或组织的定期试验记录，以及在认证机构代表参与下、依据其制定的大纲并遵守保证结果可靠的条件，由生产厂家进行或组织的试验记录作为证明产品符合规定要求的试验结果。

61.若在认证机构代表参与下，由生产厂家进行或组织的试验得出的结果不合格，则应由经认可的实验室重新采样进行复验。复验结果视为最终结果，并适用于所有经认证的产品。

62.按模式3c认证的产品的审定试验，只能由经认可的实验室来进行。

63.若存在违反该联邦法信息的情况时，则需要进行非定期(计划外)的审定检查。

64.审定检查结果，将形成审定检查结果报告。

65.在审定检查报告中，得出产品符合该联邦法要求、其执行稳定、可以保持所发放的证书有效的结论，或证书有效期暂停(废止)的结论。

66.在实施整改/校正措施时，认证机构：

(1)暂停使用符合该联邦法要求的证书；

(2)按规定程序通知国家监督机构(监督局)暂停或终止使用符合该联邦法要求的证书；

(3)由生产厂家(销售商)确定整改/校正措施的完成期限；

(4)由生产厂家(销售商)监督整改/校正措施的执行。

67.在整改/校正措施执行及其结果公认合格时，认证机构将恢复证书的使用。

68.如果生产厂家(销售商)未实施整改/校正措施或其措施无效时，认证机构终止使用该证书，并且向证书持有者发出取消证书的决定。

69.可以作为审查终止证书使用相关问题的依据，如下：

(1)产品结构(组成)和配套内容的变化；

(2)组织和(或)生产工艺发生变化；

(3)工艺、检验和试验方法、质量保证体系等方面要求的变化(未执行)；

(4)国家政权机构或消费者协会关于产品不符合认证时的检验要求的通知；

(5)火灾调查材料、国家消防监督机构或其他监督机构的检查结果；

(6)经认证产品的审定检验结果不合格；

(7)拒绝或不能按认证机构规定的期限，对经认证的产品进行审定检查；

(8)法人重组，其中包括改制(改变组织等法律形式)。

70.如果通过征得认证机构同意的整改/校正措施方式，生产厂家可以发现消除查明的产品不符合该联邦法要求的原因，并证明无须再经认可的实验室进行重复试验就可以消除该不符合项，则可以暂停使用证书。如果生产厂家(销售商)不能消除产品不符合该联邦法要求的原因，则将终止使用证书，将证书从统一目录中删除，同时，生产厂家(销售方)必须将证书归还给发放证书的认证机构。

71.如果认证机构决定暂停使用证书，则认证机构应在决定中指出查明的缺陷，并规定出将其消除的期限。

72.通过认证机构的决定，办理终止证书使用和收回(取消)手续。

73.暂停使用或终止使用证书的决定书，应凭收条交付或在7天内邮寄给生产厂家(销售商)。

74.按照一般程序，再次提交产品认证。

备注：与我国标准化委员会、国家认证认监委的认可相比较，其要求更详细。

第148条　在委任认证机构、实验室(试验中心)时，需要考虑的补充要求：

1.委任作为实施认证的实验室的单位，应具备自用设备、测量装置以及正确实施试验所需的消耗材料(化学试剂和物质)。试验设备、测量装置应符合俄罗斯联邦法规规定的要求，测量方法应符合试验方法标准文件的要求。在下列情况下，允许实验室使用非其所属的试验设备和测量装置：

(1)使用高价设备或者使用不普及或不要求定期高效服务的设备；

(2)实验室使用的临时设备。利用该设备完成的工作量不得超过1年内完成的总工作量的10%；

(3)实验室的自用设备，在试验期间临时损坏或处于评定或检查阶段。

2.设备应计入符合委任标准要求的相应实验室文件中，并且实验室应具备设备所有者在所需时间内提供试验用设备及保证设备适用于此项目的和可以检查其状况的书面约定(租赁合同、合作协议和其他文件)。

3.不属于实验室的设备和测量装置,只可以在该设备经过鉴定和测量装置—按规定程序—检验过的条件下,予以使用。

4.委任作为符合该联邦法要求的认证机构的单位,应是得到认可的,其前提条件是在该组织中,要具备类似委任范围内经认可的实验室。

第149条　确认物质和材料符合消防安全要求的特点

确认物质和材料是否符合该联邦法的要求,是通过对其进行相应申报或强制鉴定的方法来进行的,且必须将注有该联邦法规定的指数值的试验记录,附在物质和材料符合要求的证明文件上。

第150条　确认防火设施符合性的特点

1.防火设施的符合性是通过认证形式来确认的。

2.认证时,申请人应将含有防火设施主要指标、使用范围和方法的附属文件,按照规定提供给认证机构。

3.实验室的试验记录,应该包含体现防火设施的防火有效指标值,其中应包括附属文件中描述的防火设施的不同使用方案。

4.在证书的证书表格"名称"一栏中,应反映出防火设施的以下特性:

(1)防火设施的名称;

(2)试验时确定的防火有效指标值;

(3)认证试验时,同这些防火设施配套使用的底漆、装饰或抵抗空气(抗大气)涂料的种类、牌号和层厚;

(4)规定防火效果所需的防火设施的防火涂层厚度。

5.生产厂商在产品上作的防火设施标识,反映内容只能包含其在认证时得到确认的信息。

第八部分　尾则

第34章　尾则

第151条　尾则

在相关技术规程生效之前,产品符合消防安全要求的申报模式依据自身证明只能由生产厂家或执行国外生产商职能的法人用于一般用途的产品。另外,在该联邦法生效之前按规定程序向执行认证的机构、实验室(试验中心)发放的文件,以及该联邦法生效之前采用的、确认产品符合消防安全的文件,在其中规定的期限结束之前视为有效。

第152条　生效

该联邦法在其正式公布之日起9个月后生效。

另外,针对田湾核电厂3号和4号机组,俄罗斯设计院遵循于2009年生效的《核电厂消防安全要求》,即СП 13.13130.2009。以下就是其具体内容:

СП 13.13130.2009

《核电厂消防安全要求》

前　言

俄罗斯联邦于 2002 年 12 月 27 日制定了《技术规章法》和《技术规章法》,并于 2008 年 11 月 19 日颁布了《规则规章法》。

规则手册信息

1.由俄罗斯联邦应急管理局开发。

2.TK274 标准化技术委员会提出“消防安全”。

3.2009 年 9 月 7 日,俄罗斯联邦应急管理局命令 N 515 批准并执行。

4.由联邦技术监管和度量学机构注册。

5.首次实施。

《国家标准》每年出版的信息表中都有关于规则手册变化的信息,每月出版的信息表中也有关于变化和修正的文本。如果修改(替换)或取消本规则集,将在每月出版的国家标准信息指示牌上发布适当通知。相关信息、通知和文本也在公共信息系统中(开发者官方网站上)。

未经俄罗斯联邦应急管理局许可,本准则不能完全或部分复制、复制和分发给俄罗斯联邦境内的官方出版物。

1　用途及适用范围

1.1　本法规规定了确保核电厂消防安全的要求,这些要求在整个核电厂寿期的各个阶段都需要遵循使用,适用于各种类型的反应堆(除了运输、研究和特殊用途反应堆之外)。注:与确保氢气安全有关的消防安全系统的技术解决方案,以及使用带有液态金属冷却剂的设备,应基于对气体混合物爆炸浓度的形成、火灾的发生和发展的计算分析来确定。

1.2　根据这套法规的要求,针对现有的核电厂,营运单位根据每个核电厂的特征来确定是否符合规定。

2　术语和定义

在这套法规中,采用了具有相应定义的下列术语:

2.1　核电厂:位于项目定义区域内的,用于以指定使用运行方式和条件产生电力的核装置,在该区域上使用核反应堆和一套必要系统、装置、设备和设施以及必要工作人员建筑物、构筑物。

2.2　核电厂安全:在正常运行和偏离正常运行工况,包括事故(包括火灾)的情况下,为限制对人员、公众和环境的辐射影响,而表现出来的核电厂的状态特性。

2.3　核电机组:作为电厂的一部分,在设计定义的范围内执行电厂的功能。

2.4　机组控制室(主控室):作为电厂的一部分,位于专门提供的房间中,由操纵员和自动化设备对工艺流程实施集中自动化控制。按照本法规要求，需要按照规定的程序为每一种情况指定一个操作组织。

2.5　初始事件：核电厂系统（设备）的单一故障、外部事件或人员失误，导致中断/偏离正常操作，并可能导致偏离运行限值和/或条件。初始事件包括由此产生后果的相关故障。

2.6　灭火：旨在停止燃烧的行动，以及防止火灾复燃的可能性。

2.7　偏离正常运行状态：核电厂偏离了运行，即偏离了规定的运行限值和/或条件（例如操作范围和条件），也可能偏离了设计规定的其他限制值和条件，包括安全运行限值。

2.8　火灾起始阶段：火灾的特征是轰燃前近似线性传播热荷载的燃烧，直至整个室内开始进行充分燃烧。

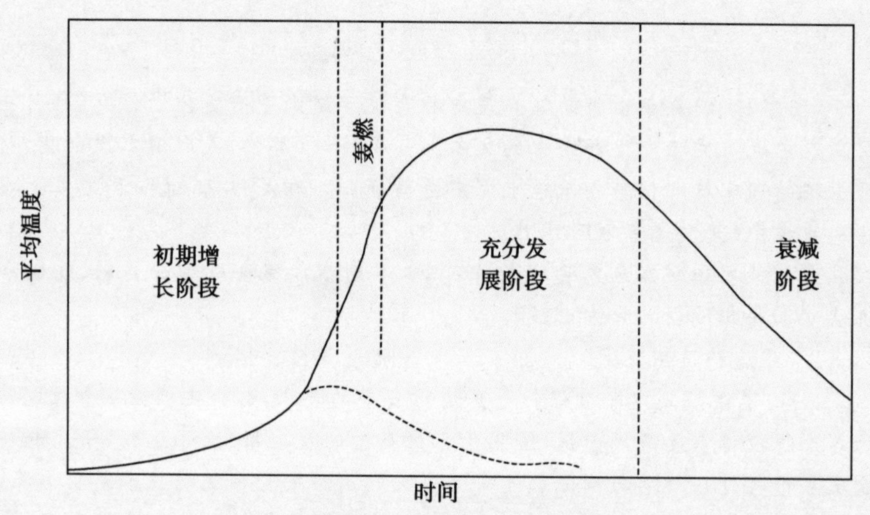

图　建筑室内火灾温度—时间曲线

2.9　独立系统（部件）：一个系统（部件）故障不会导致另一个系统（部件）故障的系统（部件）。

2.10　一般原因故障：由于一个故障或人因失误、外部或内部影响，或者其他内部原因而导致的系统（部件）故障。

2.11　火灾危险因素：一个或多个可能导致人员受伤、中毒或死亡和/或物质损害的火灾因素。

2.12　备用控制室（应急停堆站）：作为机组的一部分，在指定的设施中部署的房间，如果主控室不可用，它可以可靠地将机组状态切换到次临界和安全停堆状态，并尽可能长时间地维持在此状态，从中进行启动安全系统并获取关于反应堆状况的信息。

2.13　保护设施的火灾危险：保护设施的状况，其特点是可能产生火灾和导致火势蔓延，以及对人员和财产引发火灾的危险因素。

2.14 发生火灾区域:指的是房间(房间某一段)、房间区域(某一组房间)、电厂现场某处,该处所经常或定期存有可燃物,与其他房间(房间某一段)、房间区域(某一组房间)、电厂现场某处以安全距离(或防火间距)或防火墙等隔离设施予以隔离。

2.15 防火隔间:指的是由防火楼板和防火墙或防火盖板(或称"围护结构")隔开的一部分建筑物/构筑物、厂房/房间,该隔间建筑的耐火性能使得在火灾持续时间内火势不会扩散到隔间边界以外。

2.16 保护设施的消防安全:保护设施的状况,其特点是防止火灾的发生和发展,以及避免对人员和财产造成火灾影响的危险因素。

2.17 单一故障准则:系统必须在任何给定的初始事件发生时执行所规定的功能,而不论其发生初始事件或任何具有机械部分部件的主动或被动拒绝动作。

2.18 安全运行限值:设计确定的工艺流程参数值,偏离或存在偏差可能会导致事故。

2.19 防火屏障:具有标准耐火极限和结构上火灾危险等级的建筑、立体构件或其他工程解决方案,旨在防止火灾从一个建筑、构件、建筑物/构筑物蔓延至另一个建筑、构件、建筑物/构筑物,或在之间相互蔓延。

2.20 防排烟系统:实施一整套组织活动、大规模规划、工程和技术,旨在防止或限制厂房、建筑物/构筑物在火灾中产生烟气的危险,以及对人员物质财产价值影响的火灾危险因素。

2.21 防火系统:一系列的组织和技术措施,旨在保护人员和财产免受火灾危险因素的影响,并(或)限制危险因素对保护对象(产品)的影响后果。

2.22 厂房、建筑物/构筑物、防火隔间的耐火等级:根据厂房、建筑物/构筑物、防火隔间的分类特征,对上述对象采用的结构具备的耐火极限时间(以分钟为单位标准)。

2.23 安全系统(部件):旨在执行安全功能的系统(部件)。

2.24 安全重要系统(部件):对安全至关重要的系统(部件)。若安全系统(部/元件)和正常运行系统(部/元件)发生故障,则会破坏电厂正常运行或阻碍偏离正常运行的操作,甚至可能导致设计基准事故和超设计基准事故。

2.25 正常运行系统(部件):用于实现正常运行的系统(部件)。

2.26 防火系统:一系列的组织和技术措施,以防止保护对象发生火灾。

2.27 安全运行条件:在数量、特性、性能和安全重要系统(部件)的维护条件(要素)方面,有设计规定的最低限度,以上这些内容对于维护和遵守安全运行限值和/或安全准则至关重要。

2.28 安全功能:确保安全实现的具体目标和行动,旨在防止或限制事故后果的影响。

3 电厂防火安全总要求

3.1 火灾时,如果符合以下内容,则认为核电厂符合防火安全要求:

——对工作人员、居民和环境的辐射影响不超过人员和居民的规定剂量标准,对环境排放和排泄标准、环境中的放射性物质含量不超过规定标准要求；

——保护人员免受火灾危险影响。

火灾应被视为初始事件(或源自另一初始事件引起的关联故障)，从而可能使起火房间内的所有设备失效，应按一起火灾发生的共同原因考虑，而被视为一个单一故障。

3.2 每个核电厂都必须符合2008年7月22日的联邦法律要求，《消防安全技术规程》(№123-ФЗ)(进一步的技术规程)和本法规制度编制一系列关于消防安全的组织和技术措施，其中包括：

——保护核电厂安全重要系统(部件)免受火灾危险影响；

——确保安全系统可以控制，将反应堆切换至次临界状态，并使反应堆处于次临界状态，在火灾条件下能将热量从反应堆中导出；

——火灾期间和之后能控制反应堆装置状态；

——火灾期间和之后，保护消防人员和工作人员，避免辐射剂量超标以及火灾后环境中的放射性物质排放和含量超标；

——保护工作人员免受火灾危险影响。

3.3 核电厂消防安全措施应包括：

——冗余/备用安全系统(部件)，允许它们在火灾中仍然能够发挥作用/执行自身功能；

——使用规定耐火极限防火屏障或安全距离，使得安全系统通道彼此隔离；

——防止火灾的发生，限制火灾和燃烧物的蔓延，以及燃烧物中如果含有放射性成分的，应避免其排放至环境中；

——使用防火系统及时监测、发现、定位、隔离和灭火。

3.4 厂房、建筑物/构筑物和房间的防火保护应作为一个统一的系统来执行，包括一系列技术解决方案，以防止和限制火灾的发生、发展，便于发现和灭火，确保人员安全，并规定如下：

——实在无法避免布置，只能在同一防火区内部署不同安全通道部件以及安全系统和正常运行系统的情况下，在规定的防火区内的灭火时间，相当于防火屏障对应的最低耐火极限计算时间；

——不同安全通道部件、正常运行和安全通道部件，由于无法实现实体隔离，只能布置在同一防火区内时，除了把火灾隔离在一个安全系统通道内之外，还要做到在初始阶段就发现控制并消灭火灾。

3.5 使用冗余/备用安全系统(部件)和防火屏障(防火隔板)及安全距离予以隔离时，根据单一故障的原则，在火灾中应保证有必须数量的安全通道可用，以保护火灾时的机组安全。

3.6 讨论防火措施设置的合理性时，应考虑在任何数量机组的核电厂中只发生一次火灾。

3.7 压水堆(水—水动力反应堆)电厂安全壳内的防火保护，必须尽可能避免反应堆应急冷却系统的喷淋动作。

3.8 在一个防火区内布置有不同的安全通道部件时，应对每个通道的系统（部件）进行防火保护。

3.9 用于灭火的灭火剂不应导致在发生火灾的火场以外使用的部件的运行限值受到损害。

灭火剂的使用必须排除这些物质对核电厂安全重要系统（部件）可能产生的不利影响。在可能发生或运行期间导致放射性物质事故的设施中使用水和泡沫灭火时，应在收集灭火剂排放和排除放射性废物扩散方面采取适当的措施予以考虑。

3.10 防火系统应该提供：

——向核电站工作人员通知火灾的发生情况，并根据工作规程要求，及时采取疏散人员行动，同时采取必要措施以确保核电厂机组安全；

——安全疏散撤离。

3.11 本法规中规定的消防安全要求，对于退役核电厂而言，在反应堆堆芯卸料后，乏燃料组件、放射性液体、废物已从现场地址运出，而且对厂房、建筑物/构筑物去污（清洁）达到最大允许值后，可以不适用于此法规规定。

4 发生火灾时的消防安全要求

4.1 为了确保安全，发生火灾时必须分析火灾及其后果对安全停堆（和余热导出）和冷却、机组周围环境放射性流出物的隔离监测影响。例如对于一台重新投运的机组而言，需要在其物理启动前进行分析；而对于运行机组而言，需要在运行过程中对其进行定期分析（对反应堆系统的使用、对特定参数的监测定位及控制等）。

4.2 分析是根据对核电厂内房间、厂房和建筑物/构筑物的火灾爆炸危险和火灾危险的评估进行的，包括：

——房间、厂房和建筑物/构筑物根据火灾爆炸危险和火灾危险的等级；

——对于包含系统（部件）和工艺设备的房间、厂房和建筑物/构筑物的划分，以确保安全停堆（和余热导出）和冷却、机组周围环境放射性流出物的隔离监测影响可行；

——确定适用于火灾中保障机组安全要求的房间、厂房和建筑物/构筑物的清单；

——计算火灾危险因素的蔓延，证明防火屏障耐火极限或极限安全距离的论证，并确定（用于活动目标、运行期间的对象）划分防火区；

——确定火灾时对机组安全保证要求所适用的防火区的清单，并确定出每个防火区内的房间；

——评估不同防火区内火灾对在火灾中保护机组的核安全和辐射安全的影响。

4.3 为确定房间、厂房和建筑物/构筑物中的防火区（指对火灾时核电厂安全保证所适用的），需要从火灾危险和爆炸危险的厂房和建筑物/构筑物中，结合不同等级A、Б、B火灾危险和火灾爆炸危险的设备，以及A、Б、B1～B3不同等级房间中予以划分出来：

——进行处理放射性物质和材料设施的房间，包括安全停堆和冷却系统（部件）、对放射性流出物的隔离监测控制系统；

——根据工作人员的行动方式，对于执行安全功能时，划分的房间与第一级房间相邻、或与Γ级和Д级房间相邻，在其内布置有安全停堆系统（部件）和冷却系统、放射性流出物的隔离监测系统，可以处理放射性物质及材料。

备注说明：相邻房间指的是通过共同建筑结构、不同的孔洞（门、大门、人孔）及电缆管道和通风通信管道而连接在一起房间。

4.4　划分防火区的规定：

——考虑反应堆安全停堆和冷却、放射性流出物的隔离监测主要和后备选择方案；

——计算指定的反应堆系统停堆和冷却系统（部件）所处建筑物/构筑物，以及相邻的建筑物/构筑物的火负荷；

——确定目标内可能发生的火灾，它们的种类及其蔓延动态，需要的安全防火距离和防火墙、防火门、防火舱门（人孔）以及防止火灾蔓延并限制其传播的设备的耐火极限；

——防火屏障边界结构形式的选择，以执行防火、保证安全距离的布置和工艺方案。

4.5　根据分析结果，要制定一整套系统的组织和技术措施，以确保防火安全。

5　施工阶段防火安全要求

5.1　在安装设备之前，所有厂房和建筑物/构筑物都必须投用室内消防水管，并在必要时，对于在厂房和建筑物/构筑物内外难以达到的区域安装临时消防水管。

5.2　在电缆安装和向特定容量容器供油之前，应规定提前敷设临时线路以启用灭火装置、限制可能发生火灾的范围、防止漏油液位达到较低标记位置，以及保护设备不受可能的灭火剂影响。

5.3　在核电厂实际物理启动之前，必须投运防火系统，并执行火灾时需要实施的防火安全保证组织和技术措施。

5.4　新建核电厂的消防站必须与核电厂建设开始时间同时建造并建成，并在主厂房的±0.00 m以上地上部分开始建造之前投入使用。

6　厂房和建筑物/构筑物内火灾报警及人员疏散的消防安全要求

6.1　火灾报警系统必须符合技术规定。

7　疏散通道和应急出口的消防安全要求

7.1　核电厂的疏散路线和疏散出口必须符合技术规程要求。

7.2　在用于承受外部影响（例如冲击波、飞机坠毁、地震等）的厂房、建筑物/构筑物中，允许在没有自然光的情况下使用所有楼梯间和逃生路线。在这种情况下，要提供应急电源以供给备用照明使用。

7.3　在分成不同防火隔间结构的封闭厂房、建筑物/构筑物中，允许从一个防火隔间疏散到另一相邻的防火隔间中。

8　厂房、建筑物/构筑物防排烟系统要求

8.1　核电厂厂房、建筑物/构筑物可自由活动到达区域内的防火保护必须符合技术规程的要求。

8.2　在没有人员经常停留的构筑物，可以通过机械交换通风系统对火灾时产生的烟雾予以排除。该系统可做到避免燃烧时产生的烟雾进入邻近环境，控制燃烧物行动方向，以及有组织地将燃烧物排放到大气中。

8.3　烟雾必须通过设置排烟阀的烟道、配备敞开气窗不设送风的天窗（必须打开），或通过屋顶天窗进行排放。这里，对于火灾后排除烟雾的换气次数不做规定。

8.4　在受控制的接入区内的核电厂厂房、建筑物/构筑物，应对燃烧物进行隔离，并通过防排烟系统或全方位通风系统进行火灾后烟气的定位与排除。

在没有人员经常停留的构筑物内，可以通过机械交换通风系统对火灾时产生的烟雾予以排除。该系统可做到避免燃烧时产生的烟雾进入邻近环境，控制燃烧物行动方向，以及有组织地将燃烧物排放到大气中。

8.5　进排气通风系统管道设计和进气通风及中间通道（包括通风管道、集管和通风竖井）的结构必须符合技术规定的要求。

8.6　在工作人员持续停留的控制室内，应规定至少 20 Pa 的持续空气正压支持，这需要由建筑和围护结构中的密封性程度经计算来确定。

8.7　核电厂通风和防排烟系统保护参数的实际值（包括耐火极限和烟气穿透阻力）应符合技术规定的要求。

8.8　在没有自然光的封闭楼梯间中，应对火灾期间空气压力增加予以考虑，或者在每层设置门斗装置，使得其具有 20 Pa 的持续空气正压支持。机械加压通风系统必须有备用设备。通风系统启动方式应包括自动、远程和就地。

8.9　为了控制不同防火隔间的进入，允许在第 1 类型防火墙交界风管处安装防火阀，可以统一设置通风系统装置。

8.10　允许一个安全通道内设置火灾危险类别为 B1～B4、Г、Д 的统一通风系统。需满足的条件是：每个防火隔间内的通风系统（利用防火阀等装置）在发生火灾时可以自动切断（通过联锁火灾探测信号），通过进气和排气通风管道设置的防火阀动作，或控制盘远程切断或就地实现切断。在这种情况下，火灾危险类别为 B1～B3 等级的房间必须配备自动灭火装置。

8.11　排气装置应设置在单独的房间（隔间）内。防火屏障的耐火极限至少与服务房间上的防火墙耐火极限相同。

9　厂房、建筑物/构筑物及防火隔间布置方案和结构应符合技术要求

9.1　厂房、建筑物/构筑物及防火隔间的全面规划和结构设计方案应符合技术规程要求。

9.2　厂房、建筑物/构筑物及防火隔间的防火等级应根据技术规程确定。

9.3　建筑结构的耐火极限应与厂房、建筑物/构筑物及防火隔间采用的耐火极限相匹配，并根据技术规程确定。

9.4　对于列入清单内的防火区：

——作为防火区边界的防火屏障和防火安全距离必须保证在防火区内燃烧物

完全自由燃烧时间内不蔓延到防火区外（若灭火系统不满足单一故障准则，则不考虑其对火灾的影响）；

——对防火外罩及设备外壳的结构形式，要求在确保反应堆安全停堆功能执行的必需时间内，保证电缆和设备的耐火性能稳定。

9.5　不含易燃液体/气体的工艺管道竖井及通风管道，应至少在20～25 m的楼层交叉点位置设置第2类型盖板予以隔离。

9.6　门槛的高度应保证可拦截机油供应系统中所有机油的储存量，至少要达到0.15 m。

9.7　延伸的电缆桥架结构应被长度不大于50 m的防火屏障划分为防火隔间。

9.8　在一个厂房内设置回收(可再生)和清理(净化)具有安全重要系统的可燃液体的隔间时，应将其与储存燃料的液体和其他设施隔离开，并按照技术规定的耐火极限要求，设置防火屏障(门应该配备自密封装置和加压装置)。

9.9　在对工艺进行控制的仪控系统布置房间中，例如将电缆铺设在机架上、电气设备机柜之间的通/沟道中以及通/沟道的分支交叉点处时，必须在通/沟道的整个(横)截面中设置由不燃材料制作的防火带，或在所有分支交叉点处使用防火涂料对所有电缆进行处理。

9.10　在金属盒外罩上，沿水平段上每隔30 m，沿垂直段上每隔20 m，以及穿过楼板处安装不(可)燃材料制作的阻火带。

9.11　通常，备用柴油发电机应位于单独的厂房中。若将它们设置在具有其他用途的厂房内时，则至少一面备用柴油发电机房间的墙必须在外面(属于外墙)。

9.12　安全系统各通道的备用柴油发电机连同辅助设备、电力和电缆设施、空气压缩机和启动气瓶等，应位于防火隔间内。

9.13　备用柴油发电机储油供应罐房间应通过防火屏障与其他房间予以隔离。

9.14　备用柴油发电机房必须进行防水处理，以利于其地面可以让溢出的燃油流入应急地下储罐/箱或位于厂房外部的专用储罐/箱。燃料应通过阻燃隔火装置排放清除。

储罐/箱处所必须直接朝外或朝向外部金属楼梯，以提供出口。

不允许将其布置在电气/电力设备场所和经常有人员停留的场所的上部。

9.15　在核电厂厂房中，不允许安装与工艺流程无关的固定注油设备。

9.16　易自燃的固体放射性废物应存放在钢筋混凝土小室(隔室)中。

将废物储存在密封的不燃容器(运输和包装容器)中的小室(隔室)中时，可不设灭火装置。

9.17　汽机厂房地下室楼板上的所有开口(包括侧面的开口)都应以至少0.1 m高的防护板围起。

9.18　在清单中的厂房、建筑物/构筑物、防火隔间(防火区)以及疏散通道(路线)、电气房间场所中，不允许敷设带有可燃液体和可燃气体的输送管道。

9.19 除照明、通信、火灾自动报警线路、通风系统中的防火阀以及消防系统控制线路外，禁止在疏散通道(路线)上敷设电缆。

9.20 在服务工艺技术走廊廊道中的维护间和半维护间设有出口，可以将电缆敷设在整个表面都涂有防火涂料的金属盒中，包括动力电缆、单根控制电缆、顶层铺设多层的控制电缆、外层成束放置的控制电缆。对于燃烧时不蔓延的电缆(燃烧蔓延极限等级满足 ПРГП 1 级)，当管道中聚合材料的体积小于每延长米 0.007 m^3 时，可以不使用防火材料。

9.21 在电缆设施结构中，不允许敷设与消防无关的管线、安装设备和仪器(端子排除外)。在有机柜的电缆设施结构中布置端子排柜时，应采取措施防止自动灭火装置动作产生的水进入机柜。

9.22 在双层地板/面上敷设电缆时，不允许将地下空间用于其他目的(例如设置通风管道和工艺管线等)。

9.23 不允许通过自动化过程控制系统技术设备间、通风控制室和通风室来敷设输送管线和电缆。

9.24 通常，位于受控区域内泵的机油设施的布置如下：对于1～3台泵的情况，应设在单独房间(隔间、隔室)中。

9.25 对于清单中的厂房、建筑物/构筑物及防火隔间(防火区)，以下部位应使用不燃材料：

——用于填充开口孔洞结构，装饰墙、天花板和地板，以及屋顶保温隔热的结构；

——隔热和隔音；

——电缆和管道的贯穿件，通风管和排气管穿过防火屏障的位置(包括通道和竖井内)；

——风道和防火阀的结构设计。

在受控进入区域内，墙壁和天花/楼板不得使用火灾危险性高于 Г2、В2、Д2、Т2 的材料。对于屋顶防水，允许使用火灾危险性不超过 Г2、РП2、В2 的材料。地板应使用不燃材料或火灾危险性不超过 Г2、РП2、В2、Д2、Т2 的材料制成。

9.26 当在同一防火区中，敷设不同安全系统的电缆以及安全和正常运行系统的电缆时，电缆的燃烧蔓延极限等级应满足 ПРГП 1 级，耐火极限不低于 ПО7。在所有其他情况下，扬声器电缆应提供阻燃剂(电缆应为防火不蔓延型)。

10 工艺设备消防安全要求

10.1 对于清单中厂房、建筑物/构筑物及防火隔间(防火区)，包含可燃液体或气体的工艺设备和管道必须密封且抗震。如果包含可燃气体的设备发生事故时无法密封所处房间，则其所在场所必须配备一个相应系统，以确保房间空间内的气体浓度小于爆炸下限并要控制可燃气体和蒸气的积累。在这种情况下，含可燃气体设备应配备紧急切断系统和(或)排气(置换)系统/设备。

10.2　对于核电厂安全重要系统和应急供电系统的电缆，当电缆托盘上聚合材料的体积大于每延长米 0.007 m^3 时，应提供阻燃涂层(防火涂料)。本条款的要求不适用于装有灭火装置的电缆间。

10.3　当排气管和输送温度高于 150 ℃ 的介质以及易燃和可燃液体的管道，穿过建筑物厂房的屋顶时，必须在屋顶与可燃材料的交界衔接部位设置不可/易燃材料制作的防火墙，其距离管壁至少 0.6 m。在这种情况下，排气管应设置在其交界处高于屋顶结构至少 2.0 m，并且排气管应配备火花消除器。

10.4　应将氢气从涡轮发电机和机油箱释放到大气中，并在汽机房屋顶顶板上方提供排气管道，并将管道末端安装在距屋顶顶板穿管处至少 2.0 m 高度处。在排气口上可不安装隔火装置。

10.5　表面温度高于 45 ℃ 且与带有可燃液体的管道和设备之间距离小于 5.0 m的保温隔热结构应为不可燃，并且不可渗透水和油。

10.6　在具有可拆卸的管道连接的充油设备(冷油器、机油泵、滤油器等)且油箱容积大于 0.1 m^3 的情况下，必须在集油托盘上安装防护隔板装置，并要求从托盘和机壳排出的机油能被收集在集油坑/箱中。

应在建筑物厂房外设置集油储罐/坑，以便从集油箱或地坑/地漏中，经具有自动启动功能的油泵，将油品输送出来。

10.7　与容量为 0.5～5 m^3 容器设备经可拆卸连接管道连接的可燃液体设备，应提供下部托盘。可燃液体应通过漏斗从下部托盘排放至集油坑/箱(收集液体罐)。同时，应在相应管线支线上安装限制火势蔓延的设备。

10.8　载有可燃液体且超压值大于 0.1 MPa 的压力管道必须由具有最少法兰连接数量数的无缝钢管制成。压力管道的法兰连接，包括异型接头(如榫—槽、凹—凸)中的连接。在可能发生泄漏的地方(阀门盘根密封、填料盒等处)，有必要提供金属套管外壳保护，以便有组织地将可燃液体排入集油坑/箱(收集槽或地坑/漏)中。

10.9　为了从容积大于 5 m^3 工艺设备中应急排放可燃液体，应提供特殊的应急储罐。这些应急储罐安装在厂房、建筑物/构筑物的外部，其容积应等于一个工艺系统的最大总容量。

10.10　在可燃液体的应急排放管道上，应串联安装液压闸门和两个闸阀(一个带电动执行器和一个带手动控制)。一个闸阀安装在设备位置并固定在打开位置上。第二个闸阀安装在防火区之外的管道上，处于关闭位置。应急排放管道的直径必须确保排放可燃液体的时间不超过 900 s。

10.11　当可燃液体容器设置在地下室时，在容器下方可设置溢出液体自动灭火装置。可以基于容器中保留的全部液体量，将其泵入厂房、建筑物/构筑物外的集油坑/箱(收集槽或地坑/漏)中。

10.12　对于氢冷发电机，应提供氢气和二氧化碳(氮气)的集中供应。

用于存储氢气和二氧化碳(氮气)的储罐应安装在厂房、建筑物/构筑物的外部围栏区域内。

氢气储罐的防火间距应与恒定容量储气罐的防火间距类似。

10.13　供氢和用二氧化碳(氮气)置换氢的装置设备必须配备自动和手动控制系统。为防止发电机(汽轮)着火,应在发电机上的安全位置安装手动控制装置,用于控制供氢和用二氧化碳(氮气)置换氢的系统。

10.14　应设置用于向带有氢气冷却发电机油箱、涡轮发电机轴封系统缓冲油箱、阻尼箱、发电机轴承座和导电母线(与发电机连接的汇流排)供应惰性气体的管道。

11　消防器材的灭火要求

11.1　通过自动灭火装置供应灭火剂的具体消耗量、强度和持续时间,应根据《技术规则》附录 A 的要求确定,或通过试验方法确定。

11.2　对于最不利的火灾类型之一,应确定具有集中存储和分配方案的灭火剂储备,并考虑到 100% 的储备。

11.3　根据附录 A 选择灭火剂和材料。

12　消防水源要求

12.1　核电厂现场应提供一个独立的主消防供水系统。该系统应配有供消防车取水用消火栓。

12.2　在生活饮用水需求量超过消防灭火用水流量的核电厂厂房、建筑物/构筑物中,可以设置生活饮用水和消防用水联合供水系统。

12.3　消防供水系统必须在标准供水时间(消灭最大一次火灾)内向核电厂厂房、建筑物/构筑物内部和外部的灭火以及运行自动灭火系统提供必要的流量和扬程,以扑灭估计的火(最大级别)。消防供水参数的要求是根据附录 Б 确定的。

12.4　在使用外部消防供水系统时,必须采取措施以防止由于管网中的高压而导致机械闸阀和消火栓卡涩、堵塞。

12.5　通常,消防水源可采用天然水系。有了适当论证理由并为之配备了可保证紧急配水储备装置前提下,就可以使用天然水系以及工业供水系统水池,或冷却池,抑或核电厂(正常运行)可循环利用供水系统。

如果不可能使用天然水系,则应至少提供两个水池/箱,每个水池/箱中的储水量均为 100%。容积是根据计算自动灭火装置灭火所需的供水时间(但不少于 1800 s)来估算。

12.6　使用一个天然水系作为供水水源时,应在机组消防供水系统的两个泵站(主水泵站和备用水泵站)中安装消防泵。泵站消防泵的供水应配备独立水源的独立水管。

12.7　设置泵站时,应采取措施排除主泵站和备用泵站因事故(例如泵站遭受洪水被淹等)而导致同时失效。

如果泵流量不足,则可以在两个泵站的每个泵站中安装两个或多个工作泵,并且配备同样数量的备用泵。

12.8　当使用两个水池/箱作为消防供水水源时,允许在每个供水水源上安装一个泵站。

12.9　在核电厂各房间、厂房、建筑物/构筑物中，应提供由外部消防供水管网提供动力的内部消防供水系统。内部消防供水系统具体应包括：

——在汽机厂房内，在零米标高和涡轮汽轮发电机维修保养标高处安装消火栓；

——在反应堆厂房附属建筑物内；

——在专门厂房内；

——在备用柴油发电站中；

——在气动驱动的空气压缩机站(空压站)中。

在压水堆核电厂反应堆厂房的安全壳内，不需设置内部消防用水管道。

其他厂房和构筑物的内部消防供水管道，应按照技术规定的要求予以设置。

12.10　为了使位于核电厂各房间、厂房、建筑物/构筑物以及露天开放的场地上的消防供水管网保持恒定的压力，允许使用正常生产运行系统的工业水泵，前提是内部消火栓工作运行的设计流量和扬程能得到保证。

生产水泵和工业生产供水水源向用户供水保证级别，应符合技术法规中第一级的要求。

在这种情况下，应至少在安装止回阀的两个位置上提供消防水管道与正常运行系统管道的连接。

12.11　核电厂现场以及机组主要厂房和建筑物/构筑物内部的消防供水管网应为环形，它可以提供两条供水管线，由阀门隔开形成维修区，并且可切断不超过5个消火栓。消防用水的管道、闸阀和止回阀材质应为一般工业用钢材。

12.12　若电厂现场管道存在电解腐蚀的条件，则应配备阴极保护措施。

12.13　消防供水系统必须提供换水和再循环条件。

13　对自动灭火系统和火灾自动报警系统的要求

13.1　自动灭火系统和火灾报警器必须符合技术法规的要求。

13.2　清单中的A、Б、B1～B4等级所有房间均应设置火灾报警系统。对于其他房间、厂房和建筑物/构筑物和设备，则应符合技术规范的要求。

13.3　在清单的房间、电缆间和控制系统房间中，应安装火灾报警系统，以便对其性能进行自动监控。

13.4　选择火灾探测器时，应考虑其必须工作的环境参数(空气流速、湿度、爆炸危险性、辐射场、工作温度、有无蒸汽、光线照度、地震强度等)，以保证其可以工作。建议使用双重或组合式火灾探测器，以通过至少两个特征(温度、烟雾、压力等)来探测火灾。

13.5　火灾探测器的布置应根据技术规范要求并结合特定类型探测器的技术条件要求进行。

13.6　在清单中不低于B3等级类别的所有房间中，无论其面积如何，都应设置自动灭火系统，但有固定操作人员停留的房间除外。对于核电厂的其他厂房和建筑物/构筑物，应根据技术规范要求来确定。

汽轮机组油箱、给水泵油箱、涡轮汽轮机大厅钢结构、变压器(自耦变压器,电抗器)、电缆间和电气设备间要求的固定式消防灭火具体要求,可根据附件 A 来确定。

13.7　为了保护列入清单的单个个别房间,出于工艺技术原因,不可能使用自动灭火系统的,可以允许使用被动灭火系统。在这种情况下,必须满足根据分析结果所确定的保证火灾时核电厂安全的条件。

13.8　在清单的防火区和工艺过程控制室内运行自动灭火系统的控制逻辑,应使操作员可以干预装置设备的运行模式,并将其切换为远程控制模式。

13.9　用于控制灭火装置和火警的控制面板(柜)应安装在控制盘上。允许将它们安装在非运行(电气)回路的房间中。同时,运行(电气)回路上必须显示"故障""请注意"和"火灾"声音信号和光信号。

13.10　控制点(总机)[控制面板(柜)、控制盘]的操作运行和信号接收电气回路[往返回路]的组织以及用于此目的的设备应与该总机上使用的设备相类似。

13.11　机组主控室应具有机组厂房、建筑物/构筑物中的火灾报警(信号),并在备用控制室中也具有同样的功能。机组火灾信号应自动传输到消防队接收端。

13.12　应从控制室或中央控制单元(简称"中央控制室")对机组内房间和设备内的灭火装置进行远程控制(泵的启动,阀门开关和启动装置的打开和关闭)。同时,控制室(中央控制室)应提供指示自动灭火装置的启动和锁定的位置信号。

13.13　对于核电厂范围内的消防泵和构筑物启动和关闭装置,应提供从控制室(中央控制室)和现场就地进行遥控启动关闭的功能。同时,中央控制室的控制管理必须相对于其他控制室保持独立。

13.14　在中央控制室,应具有消防泵的状态信号,可发出"№机组火灾"信号,并应提供与消防队的直接电话通信联系。

13.15　变压器(电抗器)自动灭火装置的启动应仅在触发气体(瓦斯保护)和差动保护动作断开电压后,才能在控制盘上遥控进行。

对于变压器上任何形式的灭火装置的启动,必须通过输出继电器断开其所有开关。断路器关闭后或变压器上无电压时,灭火装置得以启动。

在变压器灭火装置中,必须设有发出截止阀(安装在变压器和油枕之间输油管道中的切断阀)关闭的信号,随后手动打开阀门。

13.16　使用灭火剂的集中存储和分配方案,必须满足以下消防安全要求:

——向灭火装置供应灭火剂的管道必须设置在受该装置保护的处所之外。

——保护不同房间各种场所和设备的灭火装置的锁定和启动装置(电动闸阀,阀门等)应分组在单独的控制单元中。控制单元的房间可以布置在任何楼层,但走廊廊道或楼梯间应有出口。在Д、Г和 B4 等级类别房间中,锁定—启动装置可不分组。

——位于受保护房屋内的控制单元必须通过防火屏障与这些房间隔开,其耐火极限不得小于受保护房屋围护结构的耐火极限。可以通过网状隔板将位于受保护房屋外部的控制单元镶嵌玻璃上光,予以隔离。

——控制单元的供水应从主管道通过两条供水管提供(在控制单元内形成呈环形管网)。每个方向的分配管道应通过一条管道与给水管道连接上,在管道上串联安装手动和电动阀(随着水的流动)或使用旁路。

——灭火装置的自动启动应排除在多个方向上同时供应灭火剂。同时,应保持对提供给其他方向的锁定和启动装置予以远程控制的能力,以保证可向其他方向输送灭火剂。

——为了自动启动相应区段(方向)的灭火装置(泵、锁定装置和启动装置),应使用火灾探测器的信号。灭火装置的自动启动应通过控制室远程控制进行,因为该控制室内常有值班人员,还可以通过锁定和启动装置以及泵的就地启动实现。

13.17　对于装有水和泡沫自动灭火系统的房间,应满足:

——在预定设置时间后自动关闭灭火装置;

——根据设计强度,灭火剂的供应时间以及有关消防水排入污水系统可能的设计方案决定,论证计算可能发生的淹没高度(水层高度)的合理性;

——采取措施防止灭火剂溢出房间处所以外(防水措施、设置门槛);

——确定工艺设备安全高度的布置。

13.18　灭火装置的电气控制应包括:

——自动启动工作泵;

——在启动故障失败或工作泵未能在设定的响应动作时间内实施灭火时,备用泵自动启动;

——自动控制电动阀;

——将控制电路由正常工作电源自动切换至备用电源上。

13.19　灭火装置动作后,对于可能有放射性污染的房间,应将房间内部水排至专用的密闭容器中,以免造成放射性污染。该密闭容器应确保可以接收到灭火所需的消防水量。经剂量监测后,容器中的水应送去特殊处理。

14　保护不同安全系统通道部件的自动灭火系统和火灾报警系统

14.1　本部分的要求适用于旨在保护布置不同安全系统通道部件防火区的自动灭火和火灾报警系统,并且防火屏障(实体分隔)的耐火极限和(或)空间分隔不能将火灾限制在单个通道内。在这种情况下,自动灭火系统和火灾报警系统属于确保核电厂安全的系统。

14.2　自动灭火系统和火灾报警系统应成体系、多通道、独立,满足单一故障准则。

14.3　自动灭火系统和火灾报警系统必须在外部极端灾害影响(最大计算地震、飓风、洪水等)和设计基准事故中仍然执行功能、发挥作用。

14.4　布置有安全系统的多个通道所在的防火区万一发生火灾,每个通道应通过操作同一机组安全系统其他通道的自动灭火系统来提供每个通道的灭火功能。同时,该防火区的房间中只设置有一条分配管道。

14.5　在预计的灭火剂供应时间后,应自动关闭锁定—启动装置(从相应的配电盘远程和就地关闭)。必须从主控室(备用控制室、中央控制室)远程关闭泵,或在就地关闭泵。

14.6　通常，不应将安全系统的一个通道的灭火装置的管道敷设在安全系统的其他通道的房间内。管道的贯穿必须符合技术规范的要求。

14.7　应将启动自动灭火系统的火灾报警系统分配在第一级应急供电电源系统。

14.8　自动灭火系统的泵和锁定—启动装置电磁阀(驱动器)的电源应分配在第二级应急供电电源系统。

14.9　由应急电源系统的通道供电的锁定—启动装置，应根据安全系统的通道分组为控制单元，以防止来自不同应急电源系统通道供电的锁定—启动装置的控制单元布置在一个房间中。允许将控制单元布置在相应安全通道的泵房中。

14.10　对于自动水灭火系统，应为每台机组安装消防泵，其数量应等于或大于该单元安全系统的通道数。

安全系统各通道的泵，应保证具有计算出的流量(最大)和扬程。泵应配备带闸阀的再循环管线。

应当向控制室发出有关泵的操作，如运行、停运、停电和闸阀阀门位置的信号。

14.11　灭火装置的消防泵应分别安装在厂房任何楼层的单独房间中。泵房应有采暖，并有一个通往室外或楼梯间的单独出口，该出口直接通往室外或通过大厅的出口。

这些房间的围护结构必须由不燃材料制成，其耐火极限至少应为 EI 90。

对于不同安全系统通道的泵房，允许将房间的出口布置成公共前厅廊道或走廊，以及出口通往外部的楼梯间。

14.12　作为灭火设备的有保证的水源，应使用与安全系统通道数量相同的专用水箱。

每个安全系统通道应用泵从单独的水箱进行取水。

14.13　每个水箱应规定储存水量，以确保最大容积水量，以使一个灭火装置在至少 1800 s 内处理一起火灾[一个灭火装置至少 1800 s 内最大计算流量]。

水箱可由管道实现自动补水。

14.14　应向主控制室发出信号(说明水箱的上下水位)。

14.15　消防监控系统的要求是根据附录 B 制定的。

15　消防队确保战斗行动的要求

15.1　部署消防队保护时，应根据技术规范的要求提供一套复杂的工程结构构筑物。消防车库的类型是根据消防队所需的技术装备进行选择的，该装备是根据消防安全法规文件的要求确定的。技术装备的数量由外部消防灭火的最大流量决定。根据在用消防车的战术和技术数据确定在消防车上工作所需的消防队人员数量。

15.2　对于移动式消防设备的取水，必须提供用于在核电厂冷却系统的露天开放通道上设计安装至少两台消防车的取水装置或栈桥码头(平台)，以及在同一供水系统的封闭通道上设计安装进取水装置(管道)。

冷却系统露天开放通道栈桥码头(平台)设施应距离厂房/建筑物不超过200 m,这需要计算最大的估计消防用水量。

它还应提供消防车的通道以及消防车从冷却水塔水池和正常运行水系统水箱中取水的方法。

15.3　为了确保消防队的战斗行动,应提供:

——消防监控系统;

——发生火灾房间和疏散路线,以及通往燃烧房间通道的照明;

——发生火灾时保证通信系统;

——在厂房/建筑物外墙上安装消防梯;

——使用移动式(便携式)排烟风机;

——手持式水枪接地设备。

15.4　在清单中包括的核电厂所有的厂房、建筑物/构筑物和防火隔间(防火区)以及消防队,在火灾时通信系统可用(火警警报系统应起作用)。通信系统运行的稳定性应由独立供电电源予以保证。

15.5　厂房、建筑物/构筑物消防梯应在沿四周每隔不小于150 m进行布置,距离厂房、建筑物/构筑物中通电并安装在厂房、建筑物/构筑物外的电气设备房间应不小于20 m。

15.6　所有未设计排烟功能的有火灾危险房间,应设置移动式(便携式)排烟机的连接设备,但受控进入区域的场所除外。

15.7　手动龙头(水喉)的接地设备应设置在(所有电气设备和电缆的断开,会对核电厂的安全系统功能实现构成威胁,这些系统对核电厂的安全至关重要)房间内。

15.8　在汽机机房中,应配备通过手动阀可连接到内部环形供水管线的管道,并在方便连接移动消防设备的地方将其引至外壁(水泵接合器)。管道的直径必须至少为0.077 m,并且其数量必须确保以经过计算的水量供应给环形供水管网,以确保固定式灭火装置和内部消防水管道的正常运行。这些管道必须配备连接(喷)头。

15.9　要将消防设备安装在高压消防供水系统上,应在消火栓前设置降压装置。

外部消防供水管网中的水压应为0.6～1.0 MPa。为了确保必要时消防供水系统中的压力大于1 MPa,有必要向增压泵提供足以扑灭大火的水流量,但不得小于0.01 m^3/s。

在需要灭火的水压超过1 MPa的房间中,除了手动启动方式外,当火灾自动报警系统触发动作时(当触发火警时),增压泵必须能够自动开启。

15.10　在压水堆核电厂电缆间中,除了设置在反应堆安全壳内的电缆间外,应为超过0.05 m高度的门槛提供坡道。

附录A
（需要强制执行）

要求消防措施

A.1　灭火剂要求

表 A.1

受保护对象	灭火物质、灭火剂和灭火方法
电缆室、空冷发电机、动力变压器	喷淋水和喷雾水
含有可燃液体的设施和设备	喷淋水和喷雾水、空气—机械泡沫灭火装置
电气设备间、含有可燃固体和可燃液体的密闭隔间和房间	气体灭火剂，其他体积（平均值）类灭火材料
含有镁、钠、锂等金属的房屋及设备	专用粉末化合物灭火剂（特殊目的）
含有可燃气体的房间和设备	粉末化合物灭火剂

A.2　固定灭火装置的使用要求

A.2.1　针对涡轮汽轮机单元油箱和给水泵油箱的自动灭火装置，应采用固定灭火装置设备。应当使用喷淋水作为灭火剂。供水强度为0.2 L/(s·m^2)，流量应结合油箱侧壁和油箱顶部的总表面积计算得出。有必要在汽轮机和给水泵设施安全可靠的地方，提供阀门的手动开关设备，以防止涡轮发电机和给水泵的油系统着火。

A.2.2　用于汽机房钢结构的固定喷淋设施设备

为了对汽机房钢结构实施固定喷淋保护，应经过相应论证。可以使用消防水枪/炮、水—泡沫喷淋管装置、喷水装置（设备）。对钢结构的喷水强度应至少为0.06 L/m^2（取汽机厂房的横截面积）。

A.2.3　变压器（自耦变压器，电抗器）的固定灭火装置

建议使用喷淋水作为灭火剂。喷淋强度应至少为变压器保护表面积的0.2 L/(s·m^2)，包括侧围栏内的高压套管，油冷却器和围栏内回填砾石。应使用喷淋头（雨淋式洒水装置），其位置应确保对被保护表面喷淋均匀。

A.2.4　电缆间自动灭火装置

为了对核电厂电缆间进行灭火，可以使用自动水喷淋系统灭火。建议使用此系统来保护敷设在电缆桥架（托盘）上、具有较高的燃烧传播速率（燃烧传播的线速度超过火荷载的燃尽率）的电缆流（燃烧蔓延速度快速）。

对于不蔓延扩散燃烧的电缆，建议使用自动水喷淋灭火系统，但需要对其有效性进行适当论证。

A.2.5　电子设备间固定式灭火装置

为了保护核电站监控系统的房间，建议使用自动容积式灭火装置。

建议根据保护房间(体积)的可燃结构材料的气体灭火混合物的最低灭火浓度的评价结果,来确定计算灭火系统参数时采用的规范标准灭火浓度值 C_H。

结合它们的结构构造,灭火装置可以使用组合集中和单元模块化形式进行布置。在这种情况下,最好使用单元模块化形式。而保护处所(建筑)的结构,应在设计阶段就确定出来。

对于监控系统房间的防火保护,建议使用容积式灭火方法作为主要方法。建议在灭火期间关闭一般通风(公共交换)。

可以申请允许使用:

——独立气体灭火装置,用于保护仪表柜[其体积不超过 8.5 m^3,泄漏参数不超过 0.5 m^{-1},而被保护设备的强制通风风量(性能)不应超过 0.5 m^3/s];

——局部气体灭火装置,用于保护仪表柜(其泄漏参数不超过 0.25 m^{-1})。

当使用独立和局部的气体灭火装置时,应告知人员其操作注意事项(并注意观察气体损耗情况)。

附录 B

(需要强制执行)

消防水管道参数要求

在确定消防供水系统的性能时,应考虑灭火机制,并考虑最大的计算流量和扬程,必须:

——确保供水管网中为恒定压力时的内部灭火量 q_{BH};

——外部消防用水量 q_{Hap};

——在一个房间(隔间)内自动灭火用水量 q_{arrr};

——主变压器的自动灭火用水量 q_{Tp};

注意:根据第 14 章的要求,保护多个(多于一个)安全系统通道的灭火装置必须拥有自己专用的供水水源和自己的供水管道。

对于以下灭火模式,应确定计算流量和扬程:

室内灭火情况下:$Q = q_{BH}$;室内和室外灭火情况下:$Q = q_{BH} + q_{BHap}$

;防火隔间内自动灭火时的总灭火模式下:$Q = q_{BH} + q_{Hap} + q_{arrr}$;

主变压器自动灭火时的总灭火模式下:$Q = 0.25q_{Hap} + q_{Tp}$。

验证模式用于汽机厂房钢结构的选择(存在可燃油和氢气),其确定公式如下:

$$Q = q_{BH} + q_{M6} + q_{arrr} + q_{op}$$

其中,q_{M6} 指主油箱冷却用水量;

q_{op} 指对汽机厂房钢结构实施喷淋保护所使用的水量。

附录C

（需要强制执行）

消防监控系统（控制与管理系统）要求

应该履行两个主要功能，即信息和控制功能。

信息功能包括：

——收集和处理有关可燃物质和材料的类型、数量和分布方式方法的信息；

——收集和处理有关工艺流程状态的信息，监控可能形成可燃易爆危险介质的房间、厂房、建筑物/构筑物中的环境介质参数，提供有关可燃易爆危险介质产生形成的信息；

——对物质、材料、部件、产品、工艺流程和对象的认证说明书、辅助进行计算，评估其火灾危险性；

——收集和处理有关电气设备和电缆线路的运行状况，以及其运行工作和故障的信息；

——进行计算，以预测火灾不同阶段的发展情况；

——从火灾探测器收集和处理相关信息；

——从传感器收集和处理表征灭火系统设备的运行技术参数的信息；

——发生火灾事故时，应急发出和工艺技术有关的声音和光信号，以及将该信息传输到主控室，相应设备的控制盘台（面板）；

——提交有关火灾探测以及消防灭火设备工作的信息，以及其他有关状况的信息；

——自动记录自动灭火装置（组合和独立）的运行、故障以及修复信息；

——提供有关消防灭火系统准备情况的综合信息，并具有对尚未准备就绪的设备进行诊断/解密的能力；

——提供有关消防供水状态的信息（泵的状态、截止阀门的位置、管网中的压力等）；

——与事故情况时保存记录下的电厂监控系统交换信息（以进行存档、紧急情况登记），以获取有关通风系统和其他系统运行信息，例如与自动灭火系统装置相关的系统运行信息，并在特定房间发生火灾时更改运行工况方式；

——收集和处理有关违反消防安全规定/准则的信息；

——在各个阶段为提供灭火和进行必要的工艺技术操作（紧急排放可燃液体，管线中截止装置的控制、切断电路等）的人员提供信息支持；

——收集和处理有关疏散通道路线和防排烟系统状态的信息，并将其输送至消防队。

火灾监控系统功能包括：

——警告人员着火；

——用于在发生火灾时形成自动和远程控制灭火设备和装置的命令；

——在向多个方向供应灭火物质时，确保优先顺序和闭锁，并按照规定的顺序启动和停止消防设备；

——自动补给水箱；

——发生火灾时自动和远程控制排烟和通风系统；

——灭火后，将消防设备恢复到初始状态。

从以上内容可知，俄罗斯是根据本国国情，并结合国民特性、资源禀赋和工业化水平做出相关规定的。

我国国情与其有较大的差别，不宜全盘接受、应用。只能是随着核电机组运行实践经验的增长，把核电厂防火设施设备投入整个工业界的大海中，才能自由遨游！

3.4 美国核电防火标准及国内应用

以AP1000技术为代表的美国核电厂防火工作是以联邦法规、通用设计导则、部门技术见解以及有关的通告、通知等为依据进行的，而能够直接指导设计工作的主要是美国防防协会的NFPA系列标准。

NFPA是National Fire Protection Association的缩写，指的是美国国家防火协会。NFPA成立于1896年，其制定的标准在国际上技术权威、应用广泛、涉及领域众多，已经成为当今国际普遍使用和参考的消防标准。

NFPA规范标准包括建筑防火设计规范、灭火救援训练、器材相关规范等。由于得到了国内外的广泛认可，因此许多标准纳入了美国国家标准(ANSI)中。

据不完全统计，2004年以后NFPA标准的发布情况如表3-5所示。

表3-5　2004年以后NFPA标准的发布情况表(不完全)

编号	名称
NFPA 730—2005	《场所安全指南》 (Guide for Premises Security)
NFPA 731—2005	《电子场所保卫系统安装标准》 (Standard for the Installation of Electronic Premises Security Systems)
NFPA 73—2005	《现有住所/房屋电气检查规范》 (Electrical Inspection Code for Existing Dwellings)
NFPA 750—2006	《细水雾消防系统标准》 (Standard on Water Mist Fire Protection Systems)
NFPA 77—2006	《关于静电的推荐规程》 (Recommended Practice on Static Electricity)
NFPA 79—2006	《工业机械电气标准》 (Electrical Standard for Industrial Machinery)
NFPA 80—2006	《防火门和其他开启部件的防护标准》 (Standard for Fire Doors and Other Opening Protectives)
NFPA 804—2006	《先进轻水反应堆核电站的防火标准》 (Standard for Fire Protection for Advanced Light Water Reactor Electric Generating Plants)
NFPA 805—2006	《轻水反应堆核电站防火安全基本性能标准》 (Performance-Based Standard for Fire Protection for Light Water Reactor Electric Generating Plants)

续表

编号	名称
NFPA 853—2006	《固定式燃料电池动力系统安装标准》 (Standard for the Installation of Stationary Fuel Cell Power Systems)
NFPA 80A—2006	《建筑物外部免受火灾爆炸影响的推荐作法》 (Recommended Practice for Protection of Buildings from Exterior Fire Exposures)
NFPA 901—2006	《事件报告和防火数据的标准分类》 (Standard Classifications for Incident Reporting and Fire Protection Data)
NFPA 914—2006	《历史建筑防火规范》 (Code for Fire Protection of historic Structures)
NFPA 804—2006	《固定式燃料电池动力系统安装标准》 (Standard for the Installation of Stationary Fuel Cell Power Systems)

可以看出，美国消防协会的规范和标准所涉及的领域众多，其思想和内容已渗透到社会的方方面面。

和许多国家一样，我国消防主管部门在制定颁布部门规章制度时也学习和参考了许多有益的内容。

福建土楼(见图 3-48)的内外分层结构犹如双层安全壳一样。图 3-49 至图 3-51 为某核电厂厂区。

图 3-48　福建土楼的内外分层结构

图 3-49 某核电厂厂区(1)

图 3-50 某核电厂厂区(2)

图 3-51　某核电厂厂区(3)

图 3-52 为某核电厂远眺图。

图 3-52　某核电厂远眺图

图 3-53 至图 3-55 为某核电厂的酒店外景。

图 3-53　某核电厂的酒店外景(1)

图 3-54　某核电厂的酒店外景(2)

图 3-55　某核电厂的酒店外景(3)

图 3-56 为夜幕即将来临的某核电厂。

图 3-56　夜幕即将来临的某核电厂

图 3-57 为华灯初上的某核电厂。

图 3-57　华灯初上的某核电厂

图 3-58 为下班后的某核电厂。

图 3-58　下班后的某核电厂

图 3-59 为某核电厂厂区一瞥。

图 3-59　某核电厂厂区一瞥

图 3-60 为某核电厂变压器区。

图 3-60　某核电厂变压器区

图 3-61 为某核电厂电缆封堵处。

图 3-61　某核电厂电缆封堵处

图 3-62 为踏勘电缆穿墙封堵处。

图 3-62　踏勘电缆穿墙封堵处

下面看看同样作为第三代核电自主化引进机组的另一某核电厂是什么样子的。图 3-63 为某核电厂厂区。

图 3-63　某核电厂厂区

图 3-64 为某核电厂适用于中美管道的多项连接头。

图 3-64　某核电厂适用于中美管道的多项连接头

图 3-65 为某核电厂屏蔽厂房。

图 3-65　某核电厂屏蔽厂房

图 3-66 为某核电厂厂区一角平视图。

图 3-66　某核电厂厂区一角平视图

图 3-67 为某核电厂气瓶间。

图 3-67　某核电厂气瓶间

图 3-68 为某核电厂美式消火栓。

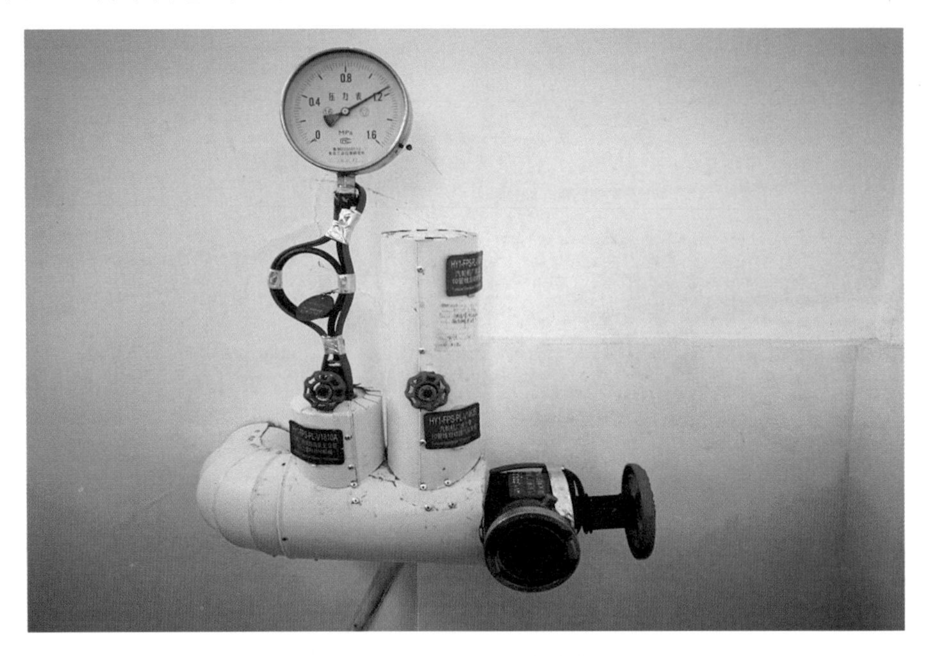

图 3-68　某核电厂美式消火栓

图 3-69 为某核电厂喷头试验升降机构。

图 3-69　某核电厂喷头试验升降机构

图 3-70 为某核电厂厂区一角。

图 3-70　某核电厂厂区一角

图 3-71 为某核电厂专用阀门。

图 3-71　某核电厂专用阀门

作为美国核安全监管机构的美国核管会(NRC),从成立伊始就对火灾这一现实威胁给予了特别关注。其对防火的关注始于布朗斯费里(Browns Ferry)核电厂的火灾。该事件发生于1975年3月22日。该厂的一名员工在与反应堆厂房相邻的连接厂房电缆贯穿件区用明火做耐火封堵(非阻燃材料)的密封性试验时,不慎将电缆点燃,致使火灾从连接厂房蔓延,进入反应堆厂房,历时长达几小时之久。据不完全统计,有26个电缆盘受损,其中与安全相关的电缆有628根,造成主控室失去部分安全监控功能。从那时开始,就形成了许多对防火工作的管理要求。除了常规要求外,核管会还特别关注火灾预防、火灾探测、消防方案、火灾后安全停堆能力。

以RG导则为例,据不完全统计,涉及防火内容的RG导则情况如表3-6所示。

表3-6 涉及防火内容的RG导则列表(不完全统计)

编号	名称	年份
RG1.17	安全壳可燃气体浓集的控制	2007
RG1.28	设计和建造质量保证大纲要求	1985
RG1.29	抗震设计分级	2007
RG1.33	运行质量保证大纲QAP要求	1978
RG1.63	安全壳结构中的电气贯穿件	1987
RG1.68	水冷核电厂初始试验大纲	2007
RG1.78	主控室可居留性的评价	2001
RG1.91	运输路线上发生假想爆炸的评估	1978
RG1.101	应急计划和准备	2005
RG1.120	核电厂火灾防护导则	1977
RG1.137	备用柴油发电机的燃料油系统	1979
RG1.177	电厂特定风险告知决策的技术规格书方法	1998
RG1.181	依照10 CFR 50.71(e)升版的最终安全分析报告的内容	1999
RG1.182	维修活动前的风险评估和管理	2000
RG1.184	核电厂退役	2000
RG1.185	停机后退役活动报告的标准格式与内容	2000
RG1.188	核电厂运行执照延续申请的标准格式和内容	2005
RG1.189	核电厂火灾防护	2009
RG1.191	核电厂退役和永久停机期间的火灾防护大纲	2001
RG1.196	控制室可居留性	2007
RG1.204	核电厂闪电防护导则	2005
RG1.205	已有核电厂的风险告知的基于性能的火灾防护	2009

我国已建造完毕的全球AP1000首堆——三门核电厂1号机组就遵循了以下美国核管会认为适用的规范与标准：

美国联邦法规10 CFR 50.48，消防；

通用设计准则General Design Criterion 3，消防；

美国核管会(NRC)发布的针对非能动型核电厂的一项文件，具体为关于改进演变和先进轻水型反应堆(ALWR)设计技术和许可若干问题有关的政策。即SECY-93-087，Section I.E.消防等。

针对火灾危险等级方面，以AP1000型号核电厂为例，美国就具有独特的分类原则。根据现场可燃物的类型分为A级(轻度危险级)到E级(严重危险级)。火灾危险等级A适用于蓄电池，危险等级C适用于电缆绝缘，危险等级E适用于可燃液体。对于有混合可燃物的防火分区，可取平均等级。如果在防火区或防火小区内含有高度集中的可燃物，适用于此区域内的等级一般应高于相同可燃物平均分布的区域。

还有一个假想火灾的概念，即任何时候在电厂内只考虑发生一起火灾。假想火灾可发生在任何一个防火区(或安全壳内的防火小区)内，无论该区域是否含有可燃物。

假设火灾导致的、妨碍设备正确运行的任何损伤立即发生。除了明确注明的以外，如果没有对假想火灾进行防护，不考虑设备的正确运行或阀门在其正确的位置上动作。

其防火小区是基于确立的、能抑制火灾在各防火小区之间进行蔓延而设立的，分为实体和距离两种形式。

我国大陆目前使用美国标准核电厂的分布情况，如表3-7所示。

表3-7　我国大陆采用美国标准的核电厂分布情况

核电厂	位置
秦山核电厂	浙江省嘉兴市海盐县
海阳核电厂	山东省海阳市
三门核电厂	浙江省台州市三门县
国核示范核电厂	山东省荣成市
陆丰核电厂	广东省陆丰市
徐大堡核电厂	辽宁省葫芦岛市

另外，还有一些拟建核电厂也有采用美国核电防火标准的计划。

下面将NFPA标准和《消防给水及消火栓系统技术规范》中关于消火栓系统的相关内容进行对比，以供我们深入了解。

以三门和海阳这组第三代自主化核电依托项目为例，其现在已经运行的4台机组中都使用了美国的消防产品。国内也有专家质疑，我们自己连灭火器和消火栓都生产不了吗？这可是最基础、最广泛应用的产品呀？

先来说说灭火器。NFPA 10—2010 Edition规定：

Multipurpose Dry Chemical多用途干粉；

Clean AQent 阿肯色州清洁；

Wheeled Carbon Dioxide（CO_2）轮式两氧化碳。

一般认为需要为特殊灾害提供额外的保护或大量额外的灾害时使用轮式两氧化碳灭火器，同时还应考虑它的可移动性。在安装有轮式灭火器的地方，对于室内位置，包括门口、通道和走廊都需要具有足够宽度才方便使用。因此，两氧化碳灭火器的数量较少。

除此类型灭火器外，多用途干粉灭火器用途较广、数量较多。选择最合适的干性化学品灭火器需要进行仔细评估。手提式型号的使用范围为3～9 m，具体距离取决于灭火器的尺寸。相比于两氧化碳或卤化剂灭火器而言，多用途干粉灭火器在有风条件下功能表现会更好。这款磷酸铵基剂（多功能剂）是唯一适用于A类的干性化学药剂保护产品。除了对于B类和C类火灾实施保护外，多用途干性化学品残留物若与金属表面接触，则会停留在接触部位，有时会导致腐蚀。

美国国家标准ANSI/UL 2129，哈龙型灭火剂灭火器标准（Standard for Halocarbon Clean Agent Fire Extinguishers），2005，2007修改；

加拿大国家标准CAN/ULC-S566，哈龙型灭火剂灭火器标准（Standard for Halocarbon Clean Agent Fire Extinguishers），2005，2007修改；

具有以下特点：洁净、不导电，为挥发性或气态的灭火剂，在蒸发时不会留下残留物（Clean Agent. Electrically non-conducting，volatile，or gaseous fire extinguishant that does not leave a residue upon evaporation）；

NFPA 2001，洁净灭火剂灭火器系统标准（Standard on Clean Agent Fire Extinguishing Systems），2008；

ANSI/UL 2129，哈龙洁净型灭火剂灭火器标准（Standard for Halocarbon Clean Agent Fire Extinguishers），2005，2007修改。

其实，NFPA 2001《洁净灭火剂灭火器系统标准》（Standard on Clean Agent Fire Extinguishing Systems）目前已有2018版，其中有相关具体规定。

图3-72为某核电厂洁净气体灭火器。

图3-72 某核电厂洁净气体灭火器

该型号洁净气体灭火器的检查周期为12年，则比我国灭火器的时间周期长多了。我国在《建筑灭火器配置验收及检查规范》(GB 50444—2008)中做出了以下规定：

2.2.1　灭火器的进场检查应符合下列要求：

1.灭火器应符合市场准入的规定，并应有出厂合格证和相关证书；

2.灭火器的铭牌、生产日期和维修日期等标志应齐全；

3.灭火器的类型、规格、灭火级别和数量应符合配置设计要求；

4.灭火器筒体应无明显缺陷和机械损伤；

5.灭火器的保险装置应完好；

6.灭火器压力指示器的指针应在绿区范围内；

7.推车式灭火器的行驶机构应完好(该条款作为强制性条文，必须严格执行)。

3.1.3　灭火器的安装设置应便于取用，且不得影响安全疏散。

3.1.4　灭火器的安装设置应稳固，灭火器的铭牌应朝外，灭火器的器头宜向上。

3.1.5　灭火器设置点的环境温度不得超出灭火器的使用温度范围。

3.2.2　灭火器箱不应被遮挡、上锁或拴系。

4.2.1　灭火器的类型、规格、灭火级别和配置数量应符合建筑灭火器配置设计要求。

检查数量：按照灭火器配置单元的总数，随机抽查 20%，并不得少于 3 个；少于 3 个配置单元的，全数检查。歌舞娱乐放映游艺场所、甲乙类火灾危险性场所、文物保护单位，全数检查。

验收方法：对照建筑灭火器配置设计图进行。

4.2.2　灭火器的产品质量必须符合国家有关产品标准的要求。

检查数量：随机抽查 20%，查看灭火器的外观质量。全数检查灭火器的合格手续。

验收方法：现场直观检查，查验产品有关质量证书。

4.2.3　在同一灭火器配置单元内，采用不同类型灭火器时，其灭火剂应能相容。

检查数量：随机抽查 20%。

验收方法：对照建筑灭火器配置设计文件和灭火器铭牌，现场核实。

4.2.4　灭火器的保护距离应符合现行国家标准《建筑灭火器配置设计规范》(GB 50140)的有关规定。

灭火器的设置应保证配置场所的任一点都在灭火器设置点的保护范围内。

检查数量：按照灭火器配置单元的总数，随机抽查 20%；少于 3 个配置单元的，全数检查。

验收方法：用尺丈量。

5.4.1　下列类型的灭火器应报废：

1.酸碱型灭火器；

2.化学泡沫型灭火器；

3.倒置使用型灭火器；

4.氯溴甲烷、四氯化碳灭火器;

5.国家政策明令淘汰的其他类型灭火器。

5.4.2 有下列情况之一的灭火器应报废:

1.筒体严重锈蚀,锈蚀面积大于等于筒体总面积的1/3,表面有凹坑;

2.筒体明显变形,机械损伤严重;

3.器头存在裂纹,无泄压机构;

4.筒体为平底等结构不合理;

5.没有间歇喷射机构的手提式;

6.没有生产厂名称和出厂年月,包括铭牌脱落,或虽有铭牌,但已看不清生产厂名称,或出厂年月钢印无法识别;

7.筒体有锡焊、铜焊或补缀等修补痕迹;

8.被火烧过。

5.4.3 灭火器出厂时间达到或超过表5.4.3规定的报废期限时应报废。

5.4.4 灭火器报废后,应按照等效替代的原则进行更换。

分别是水基型6年、CO_2型12年,其他类型均为10年。

关于灭火器的配置类型、规格、数量及其设置位置等内容则在《建筑灭火器配置设计规范》(GB 50140—2005)中作出了具体要求。

再来说说消火栓。消火栓分为室外消火栓系统和室内消火栓系统。

关于室外消火栓系统,其布置、流量和压力有各自的规定。

NFPA标准对于室外消火栓系统在布置方面的规定如下:

(1)室外消火栓系统给水干管的管径不应小于150 mm;

(2)消火栓支管上应安装阀门,阀门距离消火栓不应大于6.1 m;

(3)室外消火栓距建筑物外墙不应小于12.2 m,且宜靠近路边,但在装置较多的工厂内,距离要求可以酌情放宽;

(4)消火栓距消防车道路边的距离不应大于3.7 m,且规定消火栓应尽可能设置在方便使用的地方;

(5)对于建筑单体,消火栓距离被保护的建筑单体不应超过76 m,两个消火栓之间的最大间距不应超过152 m。

而我国《消防给水及消火栓系统技术规范》(GB 50974—2014)是这样规定的:

7.2.2 市政消火栓宜采用直径DN150的室外消火栓,并应符合下列要求:

(1)室外地上式消火栓应有一个直径为150 mm或100 mm和两个直径为65 mm的栓口;

(2)室外地下式消火栓应有直径为100 mm和65 mm的栓口各一个。

7.2.5 市政消火栓的保护半径不应超过150 m,间距不应大于120 m。

7.2.6 市政消火栓应布置在消防车易于接近的人行道和绿地等地点,且不应妨碍交通，并应符合下列规定：

(1)市政消火栓距路边不宜小于0.5 m，并不应大于2.0 m；

(2)市政消火栓距建筑外墙或外墙边缘不宜小于5.0 m；

(3)市政消火栓应避免设置在机械易撞击的地点，确有困难时，应采取防撞措施。

7.3.3　室外消火栓宜沿建筑周围均匀布置，且不宜集中布置在建筑一侧；建筑消防扑救面一侧的室外消火栓数量不宜少于2个。

7.3.4　人防工程、地下工程等建筑应在出入口附近设置室外消火栓，且距出入口的距离不宜小于5 m，并不宜大于40 m。

7.3.5　停车场的室外消火栓宜沿停车场周边设置，且与最近一排汽车的距离不宜小于7 m，距加油站或油库不宜小于15 m。

NFPA标准对于室外消火栓系统在流量和压力方面的规定如下：

(1)单个室外消火栓栓口处的剩余压力应不低于20 psi(约0.14 MPa)，以满足消防车取水要求。

(2)消火栓用水量应根据保护对象类型确定。例如对于木材等可燃材料堆场的室外消火栓系统，应至少满足同时使用4个65 mm直径消火栓，每个消火栓出口流量不低于250 gpm(约16 L/s)，4个消火栓合计流量不小于1000 gpm (约63 L/s)，且最不利点消火栓栓口处的余压不低于0.14 MPa。

(3)港口码头工程设计火灾延续时间应不少于4 h。

而我国《消防给水及消火栓系统技术规范》(GB 50974—2014)是这样规定的：

7.2.8　当市政给水管网设有市政消火栓时，其平时运行工作压力不应小于0.14 MPa，火灾时水力最不利市政消火栓的出流量不应小于15 L/s，且供水压力从地面算起不应小于0.10 MPa(该条款作为强制性条文，必须严格执行)。

7.3.2　建筑室外消火栓的数量应根据室外消火栓设计流量和保护半径经计算确定，保护半径不应大于150.0 m，每个室外消火栓的出流量宜按10～15 L/s计算。

关于室内消火栓系统，其类型、等级有各自的规定。

NFPA标准对于室内消火栓系统在类型方面的规定如下：

(1)全自动干式系统：平时系统管道充满压缩空气，并设有像干式报警阀一样的装置，允许水自动进入开启的消火栓，任何时候系统供水能力均满足消防要求。

(2)全自动湿式系统：平时系统管道充满水，任何时候系统供水能力均满足消防要求。

(3)半自动干式系统：干式管道系统，设有类似雨淋阀装置，在每一个消火栓出口处1 m内设一个遥控装置。

(4)手动干式系统：干式管道系统，火灾时需要通过消防车和消防水泵接合器向系统管道供水。

(5)手动湿式系统：湿式管道系统，仅通过低流量供水设备维持系统压力，火灾时需要通过消防车和消防水泵接合器向系统管道供水。

(6)组合系统：室内消火栓和自喷共用一个管道系统。NFPA 标准允许室内消火栓与自喷采取共用一套立管系统方式。组合系统的立管直径最小为 150 mm。

图 3-73 至图 3-75 为某核电厂使用的美制消火栓。

图 3-73　某核电厂使用的美制消火栓(1)

图 3-74　某核电厂使用的美制消火栓(2)

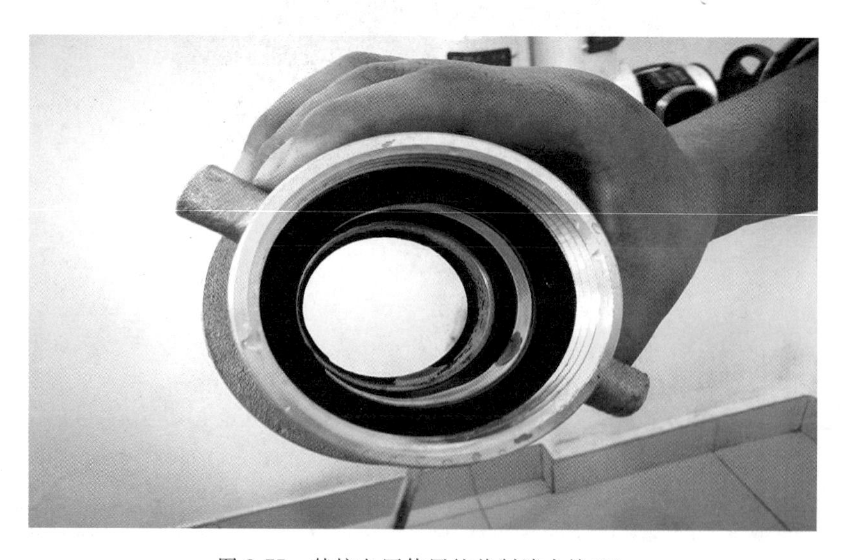

图 3-75　某核电厂使用的美制消火栓(3)

看到这一幕，让人不由得想起20世纪80年代我国引进大亚湾核电站时，也遇到过类似接口不匹配的问题。这都过去多少年了，又不是什么高精尖的产品，难道以后的备品备件永远依靠国外采购吗？

而我国《消防给水及消火栓系统技术规范》(GB 50974—2014)是这样规定的(国内规范仅划分为湿式和干式消火栓系统两种)：

8.1.7　室内消火栓给水管网宜与自动喷水等其他水灭火系统的管网分开设置；当合用消防泵时，供水管路沿水流方向应在报警阀前分开设置。

NFPA标准对于室内消火栓系统在等级方面的规定如下：

Ⅰ级为65 mm的消火栓(仅设栓口)。该消火栓供职业消防队员或专门接受过操作大流量消火栓培训的非职业消防员使用。

Ⅱ级为40 mm的消火栓箱，配有水龙带和水枪，供接受过培训的人员使用；或40 mm消火栓接口，供消防员使用。对于轻危险等级的场所，40 mm消火栓箱可改用25.4 mm的水喉。对于设有自喷系统的场所，可不设40 mm消火栓箱。

我国采用美国AP1000技术的三门核电厂1号、2号机组和海阳核电厂1号、2号机组目前使用的就是以上Ⅰ级和Ⅱ级消火栓。

Ⅲ级为DN65的消火栓和DN40的消火栓箱。

与我国产品比较，美制产品是英制螺纹；接口采用螺纹式连接方式；栓口尺寸为英制21/2英寸。我国通用产品则是公制螺纹；接口采用卡扣式连接方式；栓口尺寸为DN65。

下面再看看我国规范规定的具体内容吧！

在我国《消防给水及消火栓系统技术规范》(GB 50974—2014)中，是这样规定的：

7.4.2 室内消火栓的配置应符合下列要求：

(1)应采用DN65室内消火栓，并可与消防软管卷盘或轻便水龙设置在同一箱体内。

(2)应配置公称直径65有内衬里的消防水带，长度不宜超过25.0 m；消防软管卷盘应配置内径不小于ø19的消防软管，其长度宜为30.0 m；轻便水龙应配置公称直径25有内衬里的消防水带，长度宜为30.0 m。

(3)宜配置当量喷嘴直径16 mm或19 mm的消防水枪，但当消火栓设计流量为2.5 L/s时宜配置当量喷嘴直径11 mm或13 mm的消防水枪；消防软管卷盘和轻便水龙应配置当量喷嘴直径6 mm的消防水枪。

7.4.12　室内消火栓栓口压力和消防水枪充实水柱，应符合下列规定：

(1)消火栓栓口动压力不应大于0.50 MPa。当大于0.70 MPa时必须设置减压装置；

(2)高层建筑、厂房、库房和室内净空高度超过8 m的民用建筑等场所，消火栓栓口动压不应小于0.35 MPa，且消防水枪充实水柱应按13 m计算；其他场所，消火栓栓口动压不应小于0.25 MPa，且消防水枪充实水柱应按10 m。

可见，标准规范的最终要求都要结合国情，并根据本国自己的工业体系来确定。

第4章　我国对核电厂防火的要求

4.1　法律法规依据

1998年4月29日，作为顶层法律的《中华人民共和国消防法》，由第九届全国人民代表大会常务委员会第二次会议审议通过；2008年10月28日，第十一届全国人民代表大会常务委员会第五次会议修订通过；现在实行的是2019年4月23日第十三届全国人民代表大会常务委员会第十次会议通过的新修订版本，自2019年4月23日起施行。与修订前一样，在第四条对于一些特殊设施的消防监督管理内容做出了规定：

> 第四条　国务院应急管理部门对全国的消防工作实施监督管理。县级以上地方人民政府应急管理部门对本行政区域内的消防工作实施监督管理，并由本级人民政府消防救援机构负责实施。军事设施的消防工作，由其主管单位监督管理，消防救援机构协助；矿井地下部分、核电厂、海上石油天然气设施的消防工作，由其主管单位监督管理。

换句话说，作为民用核设施的核电厂，首先应遵守从2019年4月23日执行的《中华人民共和国消防法》第四条："……核电厂、海上石油天然气设施的消防工作，由其主管单位监督管理。"

另外，我们追本溯源，在2004年7月1日起施行的《国务院对确需保留的行政审批项目设定行政许可的决定》（国务院令第412号）中有国务院决定对确需保留的行政审批项目设定行政许可的目录表，其第31项为："核电站建设消防设计、变更、验收审批。实施机关：国防科工委"。但政府机构自2008年改革后，原国防科工委的核电管理职能划归国家能源局。因此，国家能源局对核电厂消防具有监督管理的职责。

国家能源局是根据第十二届全国人民代表大会第一次会议批准的《国务院机构改革和职能转变方案》和《国务院关于部委管理的国家局设置的通知》（国发[2013]15号）设立的副部级单位，为国家发展和改革委员会管理的国家局。

在其主要职责中，有：

> （四）负责核电管理，拟订核电发展规划、准入条件、技术标准并组织实施，提出核电布局和重大项目审核意见，组织协调和指导核电科研工作，组织核电厂的核事故应急管理工作。

> （八）负责电力安全生产监督管理、可靠性管理和电力应急工作，制定除核安全外的电力运行安全、电力建设工程施工安全、工程质量安全监督管理办法并组织监督实施，组织实施依法设定的行政许可。依法组织或参与电力生产安全事故调查处理。

从政府职责上来讲，除了核安全外的核电厂，都由它来管理。

2017 年以来，在国务院原法制办、司法部的指导下，国家发展和改革委员会、国家能源局组织成立了专家组和工作专班对《中华人民共和国能源法（送审稿）》修改稿进一步修改完善。2020 年 4 月 10 日，国家能源局发布关于《中华人民共和国能源法（征求意见稿）》公开征求意见的公告，其中：

> 第四十九条　[核电开发]
>
> 国家坚持安全高效发展核电，遵循安全第一的方针，加强核电规划、选址、前期、设计、建造、运行和退役等环节的管理和监督。
>
> 核电项目的投资经营市场准入由国务院做出规定。
>
> 国务院能源主管部门统筹协调全国核电发展和布局，加强核电厂址资源保护，推进先进核电技术、装备的研发和自主创新，推广先进成熟、安全经济的核电技术，促进核电技术进步和产业化发展，加快培养核电专业化人才。
>
> 第五十条　[核电安全]
>
> 国务院有关部门、相关企业和事业单位应当依照有关法律、行政法规，加强核电安全和应急管理，加强核安全监督，加强核事故应急准备与响应体系和核电厂安全文化建设，确保核电安全高效发展。核设施营运单位对核安全负全面责任。

可见，距离我国大陆地区实现 100 台运行核电机组的目标是越来越近了（就目前厂址全部实现建造运行的前提下）！

4.2　监督管理要求

4.2.1　国家能源局的监督管理要求

2015 年 11 月，国家能源局印发《核电厂消防安全监督管理暂行规定》，自 2016 年 1 月1 日起实施，其适用范围包括核岛工程、常规岛工程、核电厂控制区单围墙内的所有辅助厂房与配套设施。该暂行规定的实施，对于进一步规范核电厂消防管理工作很有意义。

2017 年 4 月 27 日，国家能源局发布《关于进一步加强核电厂消防安全监督管理工作的通知》（国能核电[2017]20 号）。

2019 年 11 月 25 日，国家能源局以国能发核电[2019]84 号文，发布了《关于进一步规范核电厂消防设计和验收审批有关工作的通知》（对于此文件的解读，参见《针对国家能源局〈关于进一步规范核电厂消防设计和验收审批有关工作的通知〉解读分析》）。

根据《中华人民共和国消防法》规定，鉴于国家能源局为核电厂的主管部门，所以其对核电厂负有监督管理职责。

上述规定对我国核电厂未来的消防设计和验收审批的相关工作势必产生深远的影响。

4.2.2 国家核安全局的监督管理要求

作为民用核安全设施的监督管理部门，国家核安全局负责核安全和辐射安全的监督管理；拟定核安全、辐射安全、电磁辐射、辐射环境保护、核与辐射事故应急有关的政策、规划、法律、行政法规、部门规章、制度、标准和规范，并组织实施；负责核设施核安全、辐射安全及辐射环境保护工作的统一监督管理。

单独就核电厂消防工作而言，国家核安全局针对核电厂安全的审评工作，是从对其安全分析报告的审评入手实施的。

首先，应遵循作为部门规章的核安全法规的要求，即《核动力厂设计安全规定》(HAF 102—2016)和《核动力厂运行安全规定》(HAF 103—2004)。

4.2.2.1 HAF 102—2016

以下对核安全和辐射安全的要求，其实也是防火安全工作的宗旨所在。

> 4 主要技术要求
>
> 4.1 基本安全功能
>
> 4.1.1 必须保证在核动力厂所有状态下实现以下基本安全功能：
>
> (1)控制反应性；
>
> (2)排出堆芯余热，导出乏燃料储存设施所储存燃料的热量；
>
> (3)包容放射性物质、屏蔽辐射、控制放射性的计划排放，以及限制事故的放射性释放。
>
> 4.1.2 必须用全面、系统的方法来确定完成基本安全功能所必需的安全重要物项，以及在核动力厂所有状态下用于实现或影响基本安全功能的固有特性。
>
> 4.1.3 必须提供对核动力厂状态进行监测的手段，以保证实现所要求的安全功能。
>
> 4.2 辐射防护
>
> 4.2.1 设计必须保证工作人员和公众在整个寿期内受到的辐射剂量，在运行状态下不超过剂量限值，在事故工况下不超过可接受限值，并可合理达到的尽量低。
>
> 4.2.2 设计必须实际消除可能导致高辐射剂量或大量放射性释放的核动力厂状态，并必须保证发生可能性较高的核动力厂状态没有或仅有微小的潜在放射性后果。
>
> 4.2.3 基于辐射防护目的，必须制定与核动力厂各类状态相对应且符合监管要求的可接受限值。

对于安全评价的规定如下：

4.7　安全评价

4.7.1　必须在核动力厂的整个设计过程中进行全面的确定论安全评价和概率论安全评价，以保证在核动力厂寿期内的各个阶段满足全部设计安全要求，并确认在竣工、运行和修改时交付的设计满足制造和建造的要求。

4.7.2　设计过程中必须尽早开展安全评价。随着设计和确认性分析活动之间的不断迭代，安全评价的范围和详细程度随着设计计划的进展不断地扩大和提高。

4.7.3　必须将安全评价形成文件以便于独立评估。

另外，在5核动力厂总体设计5.1总的设计基准5.1.5内部和外部危险中有如下规定：

5.1.5.4　设计必须适当考虑内部危险，比如火灾、爆炸、水淹、飞射物、结构坍塌和重物坠落、管道甩击、喷射流冲击，以及来自破损系统或现场其他设施的流体释放。必须提供适当的预防和缓解措施，以保证安全不受到损害。

5.1.5.5　设计必须适当考虑在厂址评价过程中识别的自然和人为外部事件（即源于厂外的事件）。在假定可能的危险时，必须考虑其发生的原因和可能性。在短期内，核动力厂的安全不能依赖于诸如电力供应和消防服务等厂外服务。设计必须适当考虑厂址的特定情况，以确定厂外服务就位需要的最大延迟时间。

针对设计规范，它是这么要求的：

5.1.6　设计规范

5.1.6.1　必须规定核动力厂安全重要物项的设计规范，并必须使其符合核安全法规和相关的监管要求，以及经验证的工程实践，同时适当考虑其与核动力厂技术的相关性。

5.1.6.2　设计必须采用保证稳健性设计的方法，必须遵循经验证的工程实践，以保证在所有运行状态和事故工况下执行基本安全功能。

可以看出来，采用根据具体工程进行具体分析的方法。

严格来说，防火系统属于支持和辅助系统，应遵循以下规定：

5.4.7　支持系统和辅助系统

5.4.7.1　支持系统和辅助系统用于保证构成安全重要系统部分的设备可运行性时，必须相应地分级。

5.4.7.2　支持系统和辅助系统的可靠性、多重性、多样性和独立性，以及用于其隔离和功能试验的措施，必须与其所支持的系统的安全重要性相适应。

5.4.7.3　不允许支持系统和辅助系统的任一失效，同时影响安全系统的多重部件或执行多样化安全功能的安全系统。

针对与防火保护工作有关的撤离及通信系统内容，应遵循：

5.7.4 撤离路线

5.7.4.1 核动力厂内必须设置足够数量的撤离路线。这些路线必须具有持久醒目的标识,并配备可靠的应急照明、通风和其他辅助设施。

5.7.4.2 撤离路线必须符合辐射分区、防火、工业安全,以及核动力厂安保方面的有关要求。

5.7.4.3 设计中考虑的内、外部事件或多个事件的组合发生后,必须至少有一条路线可供位于场区内工作场所和其他区域的人员撤离。

5.7.5 通信系统

5.7.5.1 必须在整个核动力厂范围内设置有效的通信手段,以有助于所有正常运行模式下的安全运行,并在所有假设始发事件后和在事故工况下可用。

5.7.5.2 必须设置适当的警报系统和通信手段,以便在各种运行状态和事故工况下,所有在核动力厂现场和厂区的人员都能得到警报和指令。

5.7.5.3 必须设置适当且多样化的通信手段,以满足在核动力厂范围内和毗邻区域的安全所需,以及与相关场外机构进行通信的需要。

关于具体区域的设计内容,应遵循以下规定:

6 核动力厂系统设计要求

6.4.7 控制室

6.4.7.2 必须采取适当的措施(包括在核动力厂控制室和外部环境之间设置屏障),并向控制室人员提供足够的信息,以在较长时间内保护控制室人员免于受到事故工况下形成的高辐照水平、放射性物质的释放、火灾、易爆或有毒气体的危害。

6.4.8 辅助控制室

6.4.8.2 第6.4.7.2中的相关要求,如果适当也可用于核动力厂辅助控制室。

6.7 支持系统和辅助系统

6.7.5 消防系统

6.7.5.1 必须在适当考虑火灾危害分析结果的情况下设置消防系统,包括火灾探测系统、灭火系统、防火封隔屏障以及烟雾控制系统。

6.7.5.2 安装的消防系统应能安全地处理各种类型假设火灾事件。

6.7.5.3 如果适当,灭火系统必须能够自动启动。灭火系统的设计和布置要保证其破裂、误动作或意外操作不会显著影响安全重要物项的性能。

6.7.5.4 火灾探测系统必须能及时为运行人员提供有关火灾位置和火灾蔓延情况的信息。

6.7.5.5 应对假设始发事件发生后可能的火灾所需的探测系统和灭火系统,必须具备抵御假设始发事件影响的适当能力。

6.7.5.6 必须尽可能使用不可燃或阻燃材料和耐热材料,特别是在安全壳和控制室内。

关于防火保护涉及的照明问题,应遵循以下规定:

6.7.6 照明系统

在运行状态和事故工况下，必须为核动力厂内的所有操作区提供充足的照明。

4.2.2.2 HAF 103—2004

对工作人员的质量、数量、职责以及联络渠道作出如下要求：

2.1.6 必须明文规定直接从事运行人员和支持性人员中的人员配备。必须明确规定各级职责权限以处理对核动力厂安全有影响的事项。必须以职能机构图，包括人力安排及关键岗位职责的描述，来说明由核动力厂本身或依靠核动力厂外部机构完成支持性职能。

2.1.7 为保证核动力厂在所有运行状态下安全运行、减轻事故后果并对应急状态作出正确的响应，必须以书面形式明确规定岗位职责、授权级别和内外联络渠道。

2.1.8 营运单位必须配备称职的管理人员和足够数量的合格工作人员，他们应熟知有关安全的技术和管理要求，并具有高度的安全意识。当聘用和提升管理人员时，对待核安全的态度必须是选择的标准之一。对工作人员业绩评价的内容必须包括对待安全的态度。

2.1.10 可能影响安全的所有活动必须由合格而有经验的人员来完成。与安全有关的某些活动可以由核动力厂机构以外(如承包商)的合格人员来完成。这些活动必须以书面形式明确地规定。在厂区内或厂区外实施这些活动必须由核动力厂运行管理者批准。核动力厂工作人员必须有效地控制和监管承包商的工作人员。

作为从事防火安全工作的人员，也应该遵循这些规定：

2.6 防火安全

营运单位必须根据定期更新的防火安全分析来作出保证防火安全的安排。此安排必须包括应用纵深防御、评价核动力厂的修改对消防的影响、对可燃物和点燃源的控制、防火手段的检查、维修和试验、建立人工消防能力以及培训核动力厂工作人员。

2.7.4 应急计划必须考虑到非核危害与核危害同时发生所形成的应急状态，诸如火灾与严重辐射或污染同时发生、有毒气体或窒息性气体与辐射和污染并存等，同时考虑到特定的厂区条件。

4.12 在调试的各阶段，营运单位必须履行其全部的职能。这些职能必须包括如下的责任：管理、人员培训、辐射防护大纲、废物管理、记录的管理、防火安全、实物保护和应急计划。

6.7 必须实施全面的工作计划和管理制度，以保证维修、试验、监督和检查工作得到恰当的授权并按照制定的规程进行。不同的维修组(机械、电气、仪表和控制以及土木工程维修)之间及与运行组和支持组(防火、辐射防护、实物保护和工业安全组)之间必须建立协作关系。

其次,还应与作为指导性文件的核安全导则保持安全水平的一致性。即在实际工作中可以采用不同于该导则的方法和方案,但必须证明所采用的方法和方案至少具有与该导则相同的安全水平。

4.2.2.3　HAD 102/11—2019

相对而言,HAD 102/11 作为审评依据的操作性更强一些。

国家核安全局于 2019 年 12 月 31 日批准发布的《核电厂防火与防爆设计》(HAD 102/11—2019)值得研究。

发布的目的是对《核动力厂设计安全规定》(HAF 102,以下简称《规定》)中有关条款进行说明和细化,为核动力厂设计单位和执照申请者提供关于核动力厂内部防火与防爆设计的指导。

首先,其重审该导则是指导性文件,在实际工作中可以采用不同于该导则的方法和方案,但必须证明所采用的方法和方案至少具有与该导则相同的安全水平。

然后,界定了范围:

1.2.2　该导则只涉及为保护核动力厂安全重要物项而采用的内部防火与防爆设计措施,不包括对核动力厂消防、人员安全防护和财产保护的一般要求。

1.2.3　该导则防爆相关内容为对核动力厂系统和部件释放出的易燃液体和气体所致爆炸的防护,不涉及对系统和部件自身爆炸的防护。系统和部件应通过自身设计解决其防爆问题。

继而,对核动力厂消防系统提出了基本要求:安全重要构筑物、系统和部件的设计和布置中,应尽可能降低内、外部事件引发内部火灾与爆炸的可能性,缓解其后果。应保持停堆、排出余热、包容放射性物质和监测核动力厂状态的能力。应通过采用多重部件、多样系统、实体隔离和故障安全的适当组合实现下述目标:

(1)防止火灾发生;

(2)快速探测并扑灭确已发生的火灾,从而限制火灾的损害;

(3)防止尚未扑灭的火灾蔓延,使其对执行重要安全功能系统的影响减至最小。

2.1.2　核动力厂的防火设计应符合以下要求:

(1)将火灾发生的概率降至最低;

(2)通过自动和/或人工消防的组合达到火灾的早期探测和灭火;

(3)通过防火屏障和实体或空间隔离防止火灾蔓延。

2.1.3　防爆设计应按以下步骤实施:

(1)防止爆炸发生;

(2)如果爆炸环境不可避免,应将爆炸的风险减至最小;

(3)采取设计措施限制爆炸后果。

在步骤(1)(2)都不能实现的情况下,应采用步骤(3)。

2.1.4　在核动力厂设计中，应设置多重安全系统，避免假设始发事件(如火灾或爆炸)妨碍安全系统执行规定的安全功能。当安全系统的多重性和多样性降低时，应强化每一重安全系统免受火灾和爆炸影响的保护措施。火灾方面，一般可通过非能动防护、实体隔离的改进，和/或使用更多的火灾自动报警系统和灭火系统来实现。

2.1.5　应根据以下假设开展防火设计：

(1)火灾可发生在任何有固定或临时可燃物料处；

(2)同一时间只发生一场火灾，随后出现的火灾蔓延应被认为是该单一事件的一部分；

(3)火灾可发生在核动力厂任何正常运行状态下。

另外，应考虑火灾和其他可能独立于火灾的假设始发事件的组合(见2.5节)。

2.1.6　应进行火灾危害性分析，以证明核动力厂设计满足第2.1.1节所述的安全目标。在第3.5节中给出了火灾危害性分析的范围和指导。

2.2　火灾预防

2.2.1　核动力厂的火灾荷载应保持在合理可行的最小值内，应尽可能采用不燃材料，否则应采用阻燃材料。

2.2.2　应将点燃源的数目减至最少。

2.2.3　核动力厂各系统的设计应尽可能保证不会因其失效而引起火灾。

2.2.4　对于功能失效或故障可能引起不可接受的放射性物质，应采取设计措施妥善储存运行中的临时可燃物料，使其远离安全重要物项，或采取必要的保护措施。核动力厂运行阶段防火方面的指导见核动力厂运行防火安全的相关导则。

火灾自动报警和灭火

应设置火灾自动报警系统和灭火系统，以及火灾危害性分析确定的其他必要系统(见第3.5节)。火灾自动报警系统和灭火系统应在发生火灾时及时报警和/或迅速灭火，并把火灾对安全重要物项和工作人员的不利影响降至最低。

灭火系统在必要时应能自动启动。灭火系统的设计和布置应保证其运行、破裂或误操作不影响安全重要构筑物、系统和部件的功能，不损坏临界事故的防护措施，不同时影响多重安全系列，确保为满足单一故障准则而采取的措施有效。

应考虑灭火系统发生故障的可能性。应考虑来自防火区相邻位置或相邻防火小区中系统流出物的影响。

为保证人工灭火行动顺利实施，应设置适当的应急照明和通信设备。

火灾包容和减轻火灾后果

应将安全系统的多重部件充分隔离，以保证火灾只会影响安全系统某一系列，而不会妨碍冗余设置的另一系列执行安全功能。可将安全系统的每个冗余系列置于独立的防火区内，或至少置于独立的防火小区内以实现上述目标(见第3.3、第3.4节)。应将防火区之间的贯穿部件数量减至最少。

应针对包含安全系统的所有区域，以及其他对安全系统构成火灾危害的部位分析假想火灾的后果。分析中应假定假想火灾所处防火区或防火小区内所有安全系统的功能全部失效，除非该安全系统由经鉴定合格的防火屏障保护或能承受火灾后果。对于例外情况，应证明分析的合理性。

每一防火区中的火灾自动报警系统、灭火系统及其支持系统（如通风、排水系统等）应尽可能独立于这些系统在其他防火区中的对应部分，以保持相邻防火区内这些系统的可运行性。

事件组合

如概率安全分析能够证明某种极不可能发生事件的随机组合发生频率低至可以忽略，则这种事件组合可不作为假设事故考虑。

消防系统和设备的设计应考虑火灾和其他可能独立于火灾的假设始发事件的组合，并采取适当应对措施。例如对于失水事故和独立火灾事件的组合，应考虑在事故后的长期阶段发生独立火灾，而不考虑在事故发生和缓解系统启动等短期阶段中叠加发生独立火灾。

一个假设始发事件不应导致危及安全系统的火灾。应在火灾危害性分析中确定可能导致火灾的原因，如严重的地震事件或汽轮发电机解体，必要时应采取特定的应对措施（如使用电缆包覆、火灾自动报警系统和灭火系统等）。在火灾危害性分析中，应特别注意高温设备和输送易燃液体、气体的管路失效的可能。

应识别出在假设始发事件的各种效应下仍需要维持其功能（如完整性，和/或功能性，和/或可运行性）的消防系统和设备，并对其进行适当的设计和鉴定，使其具备抵御假设始发事件影响的适当能力。

对于发生假设始发事件后无须维持其功能的消防系统和设备，其设计和鉴定应保证其失效方式不会危及核安全相关物项。

爆炸危害的防护

核动力厂应通过设计尽可能消除爆炸危害。设计中应优先考虑防止或限制形成爆炸性环境的措施。

应尽可能将可能产生或有助于产生爆炸性混合气体的易燃气体、可燃液体和可燃物料排除在防火区、防火小区、与防火区和防火小区相邻的区域，以及通过通风系统相连的区域之外。如不能实现，则应严格限制这些物料的数量并提供足够的储存设施，并将活性物质、氧化剂和可燃物料相互隔离。易燃气体压缩钢瓶应妥善存放在远离主厂房的专用围场内，并根据所处局部环境条件提供适当保护。应考虑设置火灾自动报警系统、易燃气体自动探测系统和自动灭火系统，以防止火灾引发爆炸影响其他厂房内的安全重要物项。

应针对防火区、防火小区，以及爆炸对这些区域有明显危害的其他区域识别其爆炸危害。在识别爆炸危害中应考虑物理爆炸（如高能电弧引起的快速空气膨胀）、化学爆炸(如气体混合物爆炸、充油变压器爆炸)和火灾引起的爆炸,还应考虑假设始发事件的效应(如易燃气体输送管道破裂)。应选择适当的电气部件(如断路器),并通过设计限制电弧可能出现的概率、大小和持续时间,将物理爆炸的危害减至最小。

如不能避免形成爆炸性环境,则应采用适当的设计或制定必要的运行规程将风险减至最小,相关措施包括限制爆炸性气体的体积、消除点燃源、足够的通风量、选择适用于爆炸性环境的电气设备、惰化、泄爆(如爆破板或其他压力释放装置)以及与安全重要物项隔离等。应识别在假设始发事件后需要维持功能的设备,并对其进行适当的设计和鉴定。

应通过隔离潜在火灾与潜在爆炸性液体和气体,或通过能动措施(如能提供冷却和蒸汽扩散的固定水基灭火系统)将火灾引起爆炸(如沸腾液体膨胀汽化爆炸)的风险减至最低。应考虑由沸腾液体膨胀汽化爆炸产生的冲击波超压和飞射物,以及在远离释放点位置点燃易燃气体导致气云爆炸的可能性。

应识别不能消除的爆炸危害,并采取设计措施限制爆炸后果(如超压、产生飞射物或火灾)。应根据第 2.1.1 节的要求评价假想爆炸对安全系统的影响。还应评价主控室和辅助控制室运行人员的疏散和救援路线。在必要时应采取特定的设计措施。

厂房设计

* 概述

为保证在核动力厂设计中体现第 2 章所述的防火安全目标,本章对必要的设计活动进行说明。

* 布置和建造

在设计初期,应对厂房进行防火分区。防火分区将安全重要物项与高火灾荷载相隔离,并将多重安全系统相互隔离。通过隔离降低火灾蔓延风险,减小火灾的二次效应并防止共模故障。

厂房构筑物应具有适当的耐火能力。对于布置在防火区内或构成防火区边界的厂房结构部件,其耐火稳定性等级(承载能力)应不小于防火区自身的耐火极限要求。

核动力厂全厂(特别是反应堆安全壳和控制室内)应尽可能使用不燃或阻燃和耐热材料。

应在设计初始阶段为可燃物料及其在厂房中的位置建立清单。该清单是火灾危害性分析的重要输入,应在核动力厂整个寿期内不断更新。

应尽可能避免在安全重要物项附近布置可燃物料。

应设置足够的疏散和救援路线(见附件Ⅱ)。

防火区的应用:火灾封锁法。

为体现第 2 章中所述的隔离原则,并将安全重要物项与高火灾荷载及其他火灾危害隔离,应优先考虑将多重安全重要物项布置在相互隔离的防火区内,这种方法称为“火灾封锁法”。

防火区是一个完全由防火屏障包围的厂房或区域。防火区防火屏障的耐火极限应足够高,即使其中的火灾荷载完全燃烧也不应破坏该防火屏障。

应将火灾包容在防火区内,防止火灾及其效应(如烟气和热量)在防火区之间传播,从而避免多重安全重要物项同时失效。

防火屏障提供的隔离应可靠,不能因火灾作用在共用厂房部件(如建筑设备系统或通风系统)上的温度或压力效应而减弱。

鉴于任何贯穿部件都会降低防火屏障可靠性和总的效果,应将贯穿部件的数量减至最少。对于构成防火屏障一部分的通道封闭装置(如防火门、防火阀、安全壳闸门、防火封堵等)和防火区边界,其耐火极限至少应与防火屏障自身所需的耐火极限相同。

对于采用火灾封锁法的防火区,应在火灾危害性分析中确定有高火灾荷载的区域设置灭火系统,以尽快控制火灾。

应在火灾危害性分析中确定构成防火区边界的防火屏障的耐火极限,该耐火极限至少为60 min。附件Ⅲ中提供了关于防火屏障和贯穿部件的相关信息。

防火小区的应用:火灾扑灭法。

在核动力厂设计中,防火要求和其他要求之间的冲突可能会限制火灾封锁法的应用。例如:

在反应堆安全壳、控制室或辅助控制室区域,安全系统的多重系列可能会布置在同一个防火区中且相互靠近;

使用建筑构件构成的防火屏障可能会过度地影响核动力厂正常活动(如核动力厂维修、接近设备和在役检查)的区域。

上述情况中,如不能使用防火区隔离安全重要物项,可将安全重要物项设置于分隔的防火小区中进行防护,这种方法称为"火灾扑灭法"。

防火小区是多重安全重要物项分别布置在其中的分隔区域。防火小区可能不具有完全包围它的防火屏障,因此应采取其他防护措施防止火灾在防火小区间蔓延。这些措施包括:

限制使用可燃物料;

设备之间采用距离分隔,且中间没有可燃物料;

设置就地非能动防火措施,如防火屏或电缆包覆;

设置灭火系统。

可以采用能动和非能动防火措施的组合以达到适当的防护水平,如可同时使用防火屏障和灭火系统。

应通过火灾危害性分析,证明在不同防火小区内防止多重安全重要物项失效的保护措施是充分的。

如防火小区间仅采用距离分隔进行防护,应通过火灾危害性分析证明辐射和对流传热效应不会破坏该分隔作用。

火灾危害性分析

应进行核动力厂火灾危害性分析，特别是要通过火灾危害性分析确定必要的防火屏障耐火极限以及火灾自动报警系统和灭火系统能力，以证明满足第2.1.1节中的所有安全要求。

应在核动力厂初步设计阶段开展火灾危害性分析，在反应堆首次装料前进行更新，并在运行期间定期更新。

火灾危害性分析应以第2.1.5节所述的假设为基础。

对于多机组核动力厂，防火设计中无须考虑在多个机组中同时发生相互无关的火灾，但在火灾危害性分析中应考虑火灾从一个机组蔓延到其他机组的可能性。

火灾危害性分析有以下目的：

识别安全重要物项，确定安全重要物项每个部件在各防火分区内的位置；

分析预计的火灾发展过程及其对安全重要物项造成的后果(应说明分析方法所用的假设和限制条件)；

确定防火屏障(特别是防火区边界)所需的耐火极限；

确定必要的非能动和能动防火措施；

识别需要设置附加防火分隔或防火措施的情况，特别是对于共模故障，确保安全系统在火灾期间及之后仍能保持功能；

确定必要的非能动和能动防火措施的范围，以分隔防火小区。

验证防火设计满足了第2.1.1节的要求。

应在火灾危害性分析中对火灾和灭火系统的二次效应进行评估，确保不会对核安全产生不利影响。

概率安全分析可作为确定论方法的补充。在核动力厂设计阶段，可以用概率安全分析识别火灾风险和对火灾风险分级，并用概率安全分析支持确定论方法得出的核动力厂布置和防火设计。

火灾和灭火系统的二次效应

火灾一次效应是在防火区和防火小区中火灾对安全系统的直接损坏。火灾二次效应是指火灾烟气和热量传播到防火区或防火小区以外的相关效应。本节对二次效应进行概述，减轻火灾二次效应的指导见第6章。

二次效应对安全的影响取决于所分析区域防火设计基础方法的选择(火灾封锁法或火灾扑灭法)。设计合理的防火区的防火屏障可以防止防火区之间二次效应的传播，但在防火小区之间可能发生二次效应的传播。二次效应举例如下：

水喷雾导致液体中子毒物的过度稀释及其对第二停堆系统效果的影响。

水喷雾对储存中的有一定富集度的燃料临界安全的影响。

水喷雾导致放射性物质的扩散而污染其他区域和排水系统。

灭火系统在其正确动作或误动作喷放后的不可用。

误启动一个灭火系统后产生的显著有害效应和其他灭火系统的不可用。在水基灭火系统中，这可能是因第一个系统启动引起管网中压力波动所导致。

热量、烟气、水喷雾、水喷雾蒸发的蒸汽、雨淋或喷淋系统引起的水淹和泡沫液的腐蚀对安全重要物项的有害影响。

电缆绝缘体燃烧产生的腐蚀性产物可能被带到远离初始火灾的潮湿环境区域，在初始火灾后若干小时或数天后导致可能的设备和构筑物腐蚀或电气故障。

干粉化学灭火剂引起电气接头绝缘破裂或腐蚀，导致电气开关装置的故障。

二氧化碳灭火系统的喷放使温度突然下降或压力冲击，引起敏感电子设备误动作。

水喷放到高温金属部件上，造成温度突然下降。

水侵入电气系统，引起短路或接地导致的故障。

设备或管道损坏导致的电气回路断路、短路、接地错误、电弧放电和附加能量输入。

由构筑物变形或坍塌引起的，并可能由爆炸（二次）产生飞射物而加重的机械损坏，以及对安全重要物项产生的附加荷载和高温流体释放。

烟气汇集和热量累积妨碍工作人员有效执行必要的职责（如在控制室）。

疏散和救援路线受阻。

火灾预防措施和爆炸危害控制

＊概述

核动力厂内包含一系列可燃物料，如部分构筑物、设备、电缆线路或储存的各种物料。由于假设在核动力厂内任何存在可燃物料的区域都可能发生火灾，因此应在设计中对所有固定或临时的火灾荷载采取火灾预防措施。这些措施包括将固定可燃物料的火灾荷载减至最小、防止临时可燃物料的积累、控制或消除点燃源等。

应在核动力厂设计初期开始火灾预防措施的设计，并在核燃料到达厂区之前完成实施。

＊可燃物料控制

为了减少火灾荷载并将火灾危害降至最低，应尽可能考虑以下方面：

建筑材料（如结构材料、绝热层、覆盖层、涂层和楼板材料）和固定设施尽可能使用不燃材料。

使用不燃或难燃构造的空气过滤器和过滤器框架。

润滑油管线采用保护套管或双层管设计。

汽轮机和其他设备的控制系统使用难燃液压控制液。

厂房内部选用干式变压器。

大型充油式变压器设置在不会因火灾而导致过度危害的外部区域。

电气设备（如开关、断路器）和控制隔间、仪表隔间中使用不燃或阻燃材料。

多重系列开关柜之间、开关柜与其他设备之间通过防火屏障或防火区隔离。

使用阻燃电缆或耐火电缆（电缆火灾的防护见附件Ⅳ）。

设置防火屏障或防火区，将包含高火灾荷载电缆的区域（竖井或电缆敷设间）与其他设备隔离。

脚手架和工作台使用不燃材料制作。

应采取措施防止绝热材料吸收易燃液体(如油),设置适当的保护性覆盖或防滴落措施。

电气系统设计应尽可能不引发或助长火灾。

电缆应敷设在钢制桥架、电缆配管中,或其他可接受结构形式的不燃电缆支架上。动力电缆之间及电缆桥架之间的距离应足够大,以防止电缆过热。电气保护系统的设计应避免电缆在正常负荷和暂时短路情况下过热。安全重要物项的电缆应尽可能避免穿过高火灾危害的区域。

核动力厂厂房内易燃液体和气体的允许储存量应最小化。包含安全重要物项的区域或厂房内不应储存大量的易燃或可燃物料。

易燃液体或气体的包容系统应具有高度完整性以防止泄漏,并应保护它们免受振动和其他效应的破坏。应设置安全装置(如限流、过流和/或自动切断装置以及围挡装置),限制发生故障时可能的溢流。

*爆炸危害控制

氢气瓶、氢气专用容器以及供应管线应设置在与包含安全重要物项区域相隔离的室外风良好区域。若布置在室内,设备应设置在外墙处,且与包含安全重要物项的区域隔离,并在储存处设置通风系统,以保证在发生气体泄漏时维持氢气浓度远低于爆炸下限。应设置能在适当的低氢气浓度水平下报警的氢气探测设备。

应在氢气冷却汽轮发电机组处设置监测装置,以指示冷却系统中氢气的压力和纯度。在充、排气前应使用不活泼气体(如二氧化碳或氮气)清扫充氢气部件、相关管道和风管系统。

在核动力厂运行中存在氢气潜在危害处,应采取使用氢气监测设备、复合器、适当的通风、受控氢气燃烧系统、适用于爆炸性气体环境的设备等适当措施控制危害。在采用惰化措施的场所,应考虑在维修和换料期间火灾危害性的上升,并注意保证气体混合物在不可燃限值范围内。

适用时,应按照上述规定储存和使用运行中大量需要的任何其他易燃气体,包括用于维护和维修工作的储气(如乙炔、丙烷、丁烷和液化石油气)钢瓶。

应在运行中可能产生氢气的蓄电池间设置独立的排风系统,直接排风至厂房外,使氢气浓度保持在低于燃烧下限的安全水平。蓄电池间应设置氢气探测系统和通风系统传感器,相关的氢气浓度接近燃烧下限水平、通风系统故障等应能在控制室报警和显示。应在蓄电池间布置和通风系统设计中防止氢气局部积聚。若蓄电池间通风系统中设有防火阀,控制室报警和显示。应在蓄电池间布置和通风系统设计中防止氢气局部积聚。若蓄电池间通风系统中设有防火阀,应考虑其关闭对氢气积聚的影响。应考虑使用氢气释放量较少的蓄电池,但不能因此认为可以消除产生氢气的风险。

* 可燃物料控制的附加考虑

应迅速探测出固定装置内易燃液体或气体的显著泄漏，以便及时采取纠正行动。可使用固定式易燃气体探测器、鉴定合格的液位报警器或压力报警器，以及其他适当的自动或手动措施探测泄漏。

在核动力厂可能存在大量易燃液体的场所，应采取措施限制破裂、泄漏或喷溅造成易燃液体释放。应采用不燃墙体或堤围挡易燃液体罐、储存区域或储存库，该围挡应具有足够的容积，以容纳该场所易燃液体的所有储量和预计的消防泡沫或消防水量。在适用时，油管应包裹在连续的同心钢套管内或布置在混凝土槽中，以防止管道破裂时油的泄漏。应设置排放沟，将溢出的物料排放到安全位置，以限制向环境的释放并防止火灾蔓延。

应设置有适当耐火极限的储存间，以容纳核动力厂运行所需的少量易燃液体。

* 防雷

包含安全重要物项的厂房或区域应设置防雷系统。防雷系统的相关建议和指导见核动力厂应急动力系统、仪表和控制系统的相关导则。

* 点燃源的控制

应控制源自系统和设备的潜在点燃源，尽可能通过设计使系统和设备不产生任何点燃源。若存在点燃源，应将其封闭或与可燃物料相隔离以保证安全。应根据工作环境对电气设备进行选择和分级。应使输送可燃液体或气体的设备正确接地。对无法布置在其他位置的可燃物料附近的高温管网，应进行屏蔽和/或绝热。

* 多机组核动力厂

在多机组核动力厂的建造或运行中，应采取措施保证一个机组发生的火灾不会对邻近运行机组造成安全影响，必要时应采用临时防火隔离措施保护运行机组。

应考虑机组间共用设施发生火灾的可能性。

火灾自动报警和灭火

* 概述

为保护安全重要物项，核动力厂应随时具备火灾自动报警和有效控制火灾的能力，并可通过固定灭火系统与人工灭火能力的组合实现火灾控制。为保证防火区和防火小区有足够的防火安全水平，核动力厂设计中应考虑以下因素：

火灾自动报警系统和灭火系统作为防火区或防火小区安全防火必需的能动部件，应严格控制其设计、采购、安装、验证和定期试验，以保证其可用性。灭火系统应包含在其所保护的安全功能的单一故障准则评价中；

用于应对假设始发事件（如地震）后潜在火灾的火灾自动报警系统或固定灭火系统应能抵御该假设始发事件的影响；

灭火系统的正常运行或误操作应不影响安全功能。

在核燃料到达厂区之前，所有火灾自动报警系统均应可用，并有充分可用的灭火设备保护核燃料在储存和运输过程中不受火灾影响。在反应堆首次装料之前，所有灭火系统均应可用。

火灾自动报警系统和灭火系统的可靠性应与其在纵深防御中所起的作用相匹配。

火灾自动报警系统和灭火系统应易于接近，以便检查、维修和试验。

应将火灾自动报警系统和灭火系统的误报警和误喷放减至最少。

*火灾自动报警系统

每个防火区或防火小区均应配备火灾自动报警系统（火灾探测器的具体指导见附件Ⅴ）。

应在火灾危害性分析中确定火灾自动报警系统的特性、布置、所需的响应时间和探测器特性。

火灾自动报警系统应通过声光报警在控制室中指示火灾位置。对于通常有人员活动的区域，还应设置就地声光报警。火灾报警信号应是独特的，不与厂内其他报警信号相混淆。

应为所有的火灾自动报警系统设置不间断应急供电，并在必要处设置耐火供电电缆，以确保在失去正常供电时不丧失功能。

应合理布置探测器，避免正常运行所需风量和压差造成的气流将烟气或热量带离探测器，从而使探测器报警的启动过度滞后。火灾探测器的布置应避免通风系统气流引发误报警。

在选择和安装火灾自动报警系统探测设备时，应考虑其工作环境（如辐射、湿度、温度和气流）。若由于环境原因（如强辐射水平或高温）不宜将探测器放置在需要保护的区域内，应考虑替代方法，例如用自动运行的远距离探测器对需保护区域进行气体采样分析。

自动灭火系统的启动应有信号指示。

若由火灾自动报警系统控制的消防设施（消防泵、水喷雾系统、通风设备和防火阀等）的误动作对核动力厂存在不利影响，应使用串联的两个探测信号控制这些消防设施运行。如果发现误动作，可操作停止系统运行。

火灾自动报警系统和灭火启动系统的配线应是：

通过适当选择电缆类型、正确布线、环路结构或其他方法保护其不受火灾的影响；

保护其不受机械损坏；

连续监测其完整性和功能。

固定灭火系统

*概述

核动力厂应设置固定灭火设备，其中包括人工灭火设备（如消火栓等）。

火灾危害性分析应确定自动灭火系统（如自动喷水系统，水喷雾系统，泡沫、细水雾或气体系统，干式化学系统）的需求。灭火系统的设计应基于火灾危害性分析的结果，以保证设计与需要防护的火灾危害相匹配。

在选择需要安装的灭火系统类型时，应按火灾危害性分析中的要求，考虑必需的响应时间、火灾抑制特性(如热冲击)和系统运行对人员和安全重要物项的影响(如水或泡沫淹没核燃料储存区域可能达到临界条件)。

在含有高火灾荷载的场所(有深部火灾可能性的位置和需要冷却的位置),通常应优先选用水系统。在电缆敷设间和储存区,应采用自动水喷淋或水喷雾灭火系统。对于含油量大的设备(如汽轮发电机和油冷变压器)的灭火,可采用自动水喷淋灭火系统、水喷雾灭火系统或泡沫灭火系统。细水雾系统具有喷放少量水就可以控制火灾的优势。气体灭火系统通常用于包含控制柜和其他易受水损坏的电气设备场所。

为保证灭火系统在紧急火情时能够迅速启动,应优先选择自动灭火系统。除湿式自动喷水系统外,其他自动灭火系统应具有手动启动措施。所有自动灭火系统均应设置可以终止误喷放的手动停止措施。

只有在手动启动灭火系统的延迟不会导致不可接受的损害的情况下,才可采用手动操作灭火系统。

对于仅可手动启动的固定灭火系统,应能在一段时间内承受火灾影响,以便有充分的时间手动启动。

对灭火系统的所有电气启动系统及供电部件(除探测装置本身),都应进行防火保护或将其布置在该灭火系统保护的防火区之外。灭火系统的供电故障应能引发报警。

应编制维修、试验和检查大纲,以保证消防系统及部件可正确运行和满足设计要求。相关建议和指导见核动力厂运行防火安全的相关导则。

水基灭火系统

水基灭火系统应能够永久性连接到可靠、充足的消防水源。

水基自动灭火系统包括自动喷水、水喷雾、雨淋、泡沫和细水雾系统。这些系统特性的概述见附件Ⅵ。根据火灾危害性分析,应在存在以下任一特征的场所设置自动水喷淋(或水喷雾)系统:

存在高火灾荷载;

可能出现火灾的快速蔓延;

火灾可能损害多重安全系统;

火灾对消防队员可能产生不可接受的危害;

不可控火灾会导致难以接近灭火位置。

若火灾危害性分析表明仅使用水不能有效地处置危害(如对含有可燃液体的装置),则应考虑采用泡沫灭火系统。

除了假想火灾,水喷淋系统的设计还应该考虑多种因素。这些因素包括喷头的间距和位置、闭式或开式喷头系统的选择、喷头和执行部件的额定温度和热响应时间、灭火所需的喷水流量等。对这些因素的进一步讨论见附件Ⅵ。

为避免电化学腐蚀,水喷淋和水喷雾系统零部件的材料应相互匹配。

消火栓、消火栓立管和水龙带系统

反应堆厂房应设置干式或无压湿式管网和水龙带系统。反应堆厂房消火栓系统应能就地或远程操作。

室外消火栓供水环路应覆盖核动力厂所有室外区域,室内消防立管系统应覆盖核动力厂所有室内区域。室内消防立管系统应配有针对火灾的充分数量和长度的消防水龙带、足够的接口和附件。

消火栓水龙带接口和消防立管接口应与核动力厂内、外的灭火设备相匹配。

在厂区内的所有关键位置上均应配置适用的灭火器材附件,如消防水龙带、水带接口、泡沫混合器和水枪等。这些附件应可以与厂外消防装置相匹配。

通向独立厂房的每条消防支管上,至少应有两个独立的消火栓布置点。应在每条支管上设置指示型隔离阀。

消防供水系统

消防供水系统的主环路应按照最大供水水量进行设计。灭火设备的供水应通过主环路分配,使水能从两个方向达到每个连接处。

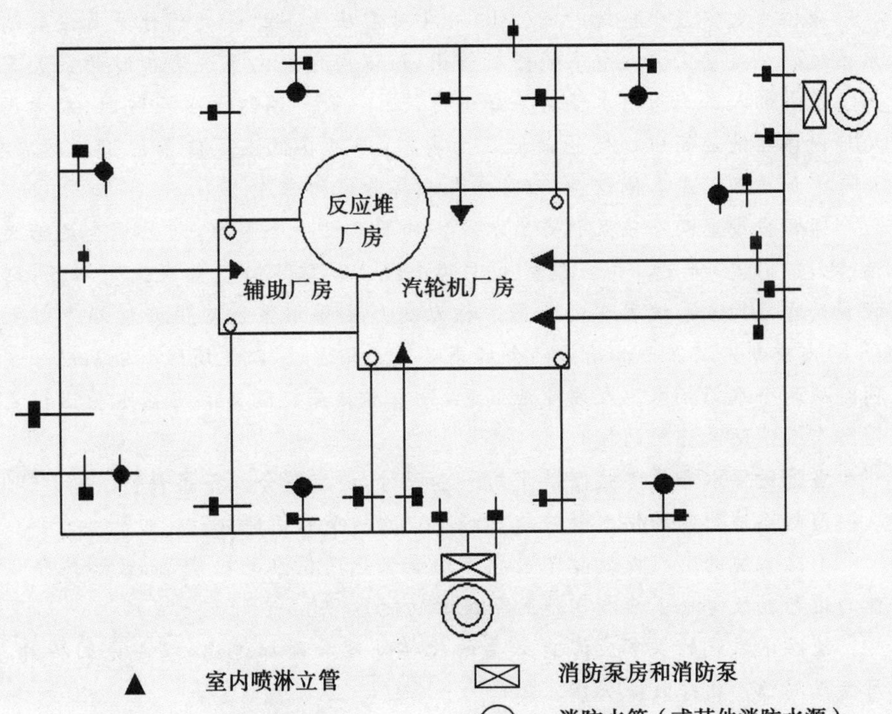

图　消防供水系统示意图

消防水主环路的各部分之间应设置隔离阀门，并设置能显示阀门状态的就地指示。对于火灾危害性分析确定必需的防火分区灭火系统，均不应因主环路上单个阀门的关闭而完全丧失能力。消防水环路上的阀门应远离其保护范围内的火灾，以保持不受该区域内火灾的影响。

灭火系统的供水系统通常应仅用于消防。该系统不得与生产用水或生活用水系统的管线相连接，除非这些系统的水可作为消防供水的备用水，或消防供水可执行缓解事故工况的安全功能。在上述情况下，应为这种连接设置常闭隔离阀，并在正常运行期间提供阀门开闭状态监视。

在多机组场址中，多个机组可共用供水设施，消防用水主环路也可在一定范围内用于多个机组。

在由消防泵运行提供必要消防水的厂区，消防泵应多重设置并相互隔离，以保证可靠、适当的供水能力。消防泵应能独立控制、自动启动和手动关闭，并由核动力厂应急供电系统和独立发动机提供多样化动力驱动，或由满足系统分级要求的柴油机供电系统中不同的系列分别进行供电。在控制室中应能够显示消防泵运行、供电故障或消防泵失效。在有冰冻危险的区域，应设置低温报警。

应根据火灾最小持续时间(2 h)及在所需压力下的最大预计流量设计消防供水系统。该流量由火灾危害性分析得出，应以固定灭火系统运行时的最大需水量加上适当的人工消防用水量为基础进行计算。设计消防供水系统时，应考虑核动力厂内该系统最高出口处的最低压力要求，以及在低温气候条件下的防冻要求。应考虑加热保温或其他措施，以防止易损坏管段的冰冻。

通常应设置两个独立的可靠水源。如果只设一个水源，则必须是足够大的湖泊、池塘、河流等水体，并应设置至少两个独立的取水口。如果采用水箱，则必须设置两个100%系统容量的水箱。核动力厂主供水系统应保证能在足够短时间(8 h)内重新充满任一水箱。两个水箱必须互相连通，以便消防泵能从任一水箱或同时从两个水箱抽水。在发生泄漏时，每个水箱应能隔离。应在水箱上设置可与消防车或消防泵连接的接口。

当消防供水和最终热阱共用同一水源时，还应符合以下条件：

消防系统所需的供水量应是总水量中的一个专用部分。

消防系统的运行或故障不应损害向最终热阱供水的功能，向最终热阱供水功能的运行或故障也不应损害消防系统的功能。

消防水系统的供水应考虑必要的化学处理和附加过滤，以避免因碎片、生物污垢或腐蚀产物导致喷头堵塞。

应采取措施检查喷水设备(如过滤器、连接头和喷头)。应定期通过喷放试验检查水流，以保证灭火系统在核动力厂整个寿期内能持续执行功能。试验中应采取预防措施，防止水对电子设备的损坏。

气体灭火系统

二氧化碳及其他不消耗臭氧的气体（如氩气和氩氮混合气和氯氟烃等）可用于气体灭火系统。由于二氧化碳可能引起对工作人员的严重危害，人员正常工作区域不应采用二氧化碳系统灭火。

对气体灭火系统应考虑：

在确定气体灭火系统的需求时，应考虑火灾的类型、灭火剂与其他物质可能的化学反应、对活性炭吸附器的影响，以及热分解产物和灭火剂本身的毒性和腐蚀性。

气体灭火剂对火灾没有明显的冷却效应，需要冷却的场所（如包含电缆材料的高火灾荷载区域的深部火灾）不应使用气体灭火剂。当需要气体灭火剂扑灭油表面火灾时，应考虑在燃料冷却之前若灭火剂浓度降至低于所需最低水平后燃料重新点燃的可能性。

使用气体灭火系统的场所，应确认在所需时间段内能维持灭火剂气体所需的灭火浓度。

气体灭火系统设计应避免导致构筑物或设备损坏的超压。

气体灭火系统的喷嘴布置应避免初始喷放时吹扫火焰。

对于可能对工作人员产生危害的二氧化碳灭火系统和其他气体灭火系统，应设置启动前早期报警，以便工作人员在系统喷放前从受影响区域快速疏散。

对于可能因二氧化碳或其他有害气体从灭火系统中意外泄漏或喷放导致危险环境的场所，应采取适当的安全预防措施保护进入的工作人员。这些安全预防措施应包括：

设置当工作人员位于或可能位于系统保护区域内时防止系统自动喷放的装置；

在保护区域外设置可手动操作系统的装置；

火灾自动报警系统应在环境恢复为正常状态前持续运行（避免在火灾仍然进行时人员过早进入，并保护人员免受有毒气体危害）；

灭火气体喷放后，从厂房入口到系统保护的包容结构应持续报警，直到环境已恢复到正常状态。

应采取预防措施，防止危险浓度的二氧化碳或其他有害灭火气体泄漏至相邻的可能有人员的区域。

应设置措施在气体灭火系统喷放灭火后为受保护封闭区域通风。通常需要对受保护封闭区域进行强制通风，以保证排出对工作人员有害的空气且不转移到其他区域。

应考虑安全重要物项在气体灭火系统喷放期间或之后发生局部冷却的后果。

附件Ⅶ提供了气体灭火系统的进一步指导。

干粉和化学灭火系统

干粉和化学灭火系统包括一定量的干粉和化学灭火剂、压缩气体推进剂、相关的分配管网、喷头以及探测和/或启动装置。发生火灾时，系统可通过手动启动，或通过探测系统控制自动或远程启动。该系统通常用于防护易燃液体火灾和某些电气设备火灾。由于干粉灭火后通常会留下腐蚀性残余物，因此对于敏感电气设备区域灭火不应使用干粉灭火剂。

所选择的干粉或化学灭火剂应与可燃物料和/或火灾危害相适应。对于金属火灾应使用特定的干粉灭火剂。

由于干粉灭火系统喷放后的受污染干粉残余物可能难于去污，应慎重考虑对可能受污染的区域使用干粉灭火系统。使用干粉灭火系统还应考虑可能带来的通风系统过滤器堵塞。

应考虑干粉灭火系统和其他灭火系统（如泡沫灭火系统）一起使用时可能出现的不利影响。

干粉灭火系统不能提供冷却和惰性环境，且只能最低程度地防护火灾危害，应采取预防措施消除或降低火灾复燃的可能性。

干粉灭火系统不易于维护。应采取预防措施防止干粉在储存容器中结块和在喷放期间堵塞喷嘴。

* 移动式灭火器

应为核动力厂工作人员灭火提供适当的移动式灭火器，其类型和规格应与所防护的火灾危害相适应。

核动力厂应装备足够数量、适当类型的移动式灭火器，以及相应的配件或设施。应清楚标明所有灭火器的位置。

灭火器宜布置在靠近水龙带的位置，并沿着疏散和救援路线布置。

应考虑使用灭火器可能带来的不利后果，如使用干粉灭火器之后的清洁问题。

对于存在潜在可燃液体火灾危害的区域，应配备适用于扑灭该类火灾的泡沫浓缩液和便携设备。

在核燃料储存、装卸或运输通道处，不应使用水基或泡沫以及其他含有中子慢化能力灭火剂的移动式灭火器，除非核临界安全评价已证明其安全性。

* 人工灭火

人工灭火是防火纵深防御策略中的重要部分。在设计阶段就应确定厂内和厂外消防队的救援能力。厂区内火灾的位置和厂外消防队的响应时间将影响人工灭火效果。人工灭火相关指导见核动力厂运行防火安全的相关导则。

核动力厂设计应能允许消防队及相关重型车辆进入。

所有防火区应设置合适的应急照明。

应在选定的位置安装可靠供电的固定式有线应急通信系统。

应在控制室和其他选定场所设置如双向无线电装置等替代通信设备。消防队应配备便携式双向无线电通信设备。在首次装料之前，应通过试验验证这些无线电装置的频率和发送功率不会引起核动力厂保护系统和控制装置误动作。

应在适当的位置设置自持式呼吸装置（包括备用储气钢瓶和再充气设备），以供应急响应人员使用。

核动力厂设备及物品的储存布置应尽可能便于消防通行。

对于包容安全重要物项的场所，应制定详细的灭火预案。

*排烟和排热

为降低温度和有利于人工灭火，应通过评价确定是否需要排出烟气和热量(包括是否需要专门的排烟和排热系统)。

在排烟系统的设计中，应考虑以下因素：火灾荷载、烟气传播特性、能见度、毒性、消防通道、固定灭火系统的类型和放射性释放。

排烟和排热系统的排出能力应取决于对防火区和防火小区中假想火灾所释放烟气和热量的评价。应在以下位置设置排烟和排热措施：

包含电缆的高火灾荷载区域；

包含易燃液体的高火灾荷载区域；

包含安全系统且通常有人员活动的区域(如主控室)。

减轻火灾的二次效应

*概述

火灾的二次效应是产生烟气(可能扩散到未受初始火灾影响的其他区域)、热量和火焰。这些效应可能导致火灾进一步蔓延、设备损坏、功能失效甚至引发爆炸。灭火系统的二次效应在第 3.6.2 节中给出，火灾危害性分析应评价这些效应。在评价中还应考虑由源自外部火灾和临时火灾荷载产生的二次效应。

减轻火灾二次效应的主要目的如下：

将火焰、热量和烟气限制在有限空间内，将火灾蔓延和对周边的后续影响减至最小；

为工作人员提供安全的疏散和救援路线；

为工作人员提供通道，以便人工灭火、手动启动固定灭火系统和人工操作必要的其他系统；

控制灭火剂的扩散，以防止损坏安全重要物项；

必要时，在火灾期间或之后提供措施排出烟气和热量。

*厂房布置

核动力厂厂房、设备、通风系统和固定灭火系统的布置应考虑减轻火灾后果。

应为消防队和现场操作人员设置具备适当保护的疏散和救援路线。这些路线上应没有可燃物料。应防止火灾和烟气从附近的防火区和防火小区传播到疏散和救援路线，详见附件Ⅱ。

*通风系统

通风系统不应损害厂房分隔要求和多重安全系统的可用性。

为不同安全系列防火区设置的通风系统宜相互独立并完全隔离。当包含安全系统一个系列的防火区发生火灾导致其通风系统失效后，服务其冗余系列的通风系统应能够正常执行功能。通风系统处于防火区之外的部分(风管、风机房和过滤器)应具有与防火区相同的耐火极限，或由相同耐火极限的防火阀对防火区贯穿部件进行隔离。

如果通风系统用于多个防火区,应采取措施保持防火区之间的隔离。应在每个防火区边界上适当设置防火阀或耐火风管,以防止火灾、热量或烟气传播到其他防火区。

活性炭吸附器具有高火灾荷载。吸附器火灾可能导致放射性物质的释放。应采取非能动和能动的防护措施保护活性炭吸附器免受火灾危害。这些措施可包括:

将吸附器布置在防火区内;

监测空气温度和自动隔离气流;

通过水喷淋冷却吸附器箱体外部的自动保护装置;

在吸附器箱体内部设置带人工水龙带接口的固定灭火装置。设计该系统时,应考虑到在水流量过低时过热活性炭和水可能发生反应产生氢气,应采用大流量供水以防止这种情况发生。

通风系统的过滤器被可燃物料(如油)污染时,其失效和故障可能导致不可接受的放射性释放,因此应采取以下预防措施:

通过适当的防火屏障将过滤器和其他设备隔离;

应采取适当措施(如上游和下游设置防火阀)保护过滤器免受火灾影响;

应在过滤器上游和下游的风管内安装火灾探测器。其中燃烧产物探测器宜设置在过滤器下游,温度探测器宜设置在过滤器上游。

防火区新风口的布置应远离其他防火区的排风和排烟口,距离设计应可以防止吸入烟气或燃烧产物,避免安全重要物项的失效。

*火灾与潜在放射性释放

在火灾危害性分析中,应识别出在火灾情况下可能释放放射性物质的设备。应将该设备布置在隔离的防火区内,并将该防火区内的固定或临时火灾荷载减至最小。

为满足安全要求,可能需要对包容放射性物质的防火区设置通风排烟措施。尽管通风排烟可能导致放射性物质释放到外部环境,但消防条件的改善可能防止更大量放射性物质的最终释放。以下两种情况应加以区分:

能够证明可能的放射性释放量低于可接受限值;

放射性释放量可能超过可接受限值。在这种情况下应采取措施关闭通风或防火阀。

在上述每种情况下,都应进行排风监测。

应采取设计措施保持放射性物质释放量可合理达到的尽量低。设计措施应包括监测过滤器状态等,以帮助操作人员做出操作决定。

*电气设备的布置

多重安全系统的电缆应敷设在各自的专用保护路径中,宜设置在相互隔离的防火区内,且电缆不宜穿过安全系统的多重系列。在某些特定部位(如控制室和反应堆安全壳等)的例外情况,可使用经鉴定具有一定耐火极限的防火屏障(如电缆包覆)保护电缆,或根据火灾危害性分析采用灭火系统等适当方法。

* 火灾引起爆炸的防护

应尽可能消除在防火区内或相邻位置发生与火灾相关的二次爆炸的可能性。如果这种爆炸仍然可能发生，应评估火灾和爆炸的联合效应，并在设计中采取措施保证既不危害核安全功能，也不危害核动力厂工作人员的安全。

* 特殊场所

核动力厂主控室内不同安全系统的设备可能位置相邻。应特别注意确保在控制室中所有的电气柜、房间结构、固定家具、地板和墙面涂层使用不燃或阻燃材料。执行相同安全功能的多重设备应分别设置在独立的电气柜中，且应具有该位置最大可能的实体隔离，否则应设置防火屏障，提供必要的隔离。应尽可能将控制室的火灾荷载控制在最低水平。

核动力厂主控室与其他可能发生火灾的场所之间应进行充分隔离。为保证主控室可居留性，应防止烟气和火灾热气流的侵入，并防止火灾和灭火系统运行引起的其他二次效应。

辅助控制室的防火应与主控室的相同。应特别注意对灭火系统运行产生的水淹和其他后果的防护。辅助控制室与主控室应在不同防火区内，不应与主控室共用通风系统。主控室、辅助控制室及其相关的通风系统之间的隔离应在任何假设始发事件(如火灾或爆炸)之后能够满足本导则第2.1.3节的要求。

核动力厂安全壳是一个防火区，其中的安全系统多重系列的设备物项可能相邻。在该防火区内的结构材料、安全系统间的防火隔断和防火屏障应为不燃材料。安全系统的多重系列应尽可能相互远离。

如果反应堆冷却剂泵电机装有大量可燃润滑油，应为其设置火灾自动报警系统、固定灭火系统(通常为手动控制)和集油系统。集油系统应能从所有潜在泄漏点和喷放点收集油和水，并将其排放到可排气的容器或其他安全场所。

汽轮机厂房可能包含安全重要物项，且存在大量火灾荷载，对其进行防火区划分通常较为困难。在汽轮机的润滑、冷却和液压系统以及发电机内的氢气环境中，存在大量可燃物料。因此，除设置灭火系统之外，还应为所有包含易燃液体的设备设置足够的集油系统。应将易燃的碳氢基润滑液体的用量减至最小。如果必须使用易燃液体，应选用满足运行要求的高闪点液体。

安全分级和质量保证

* 安全分级

防火设施对防火安全目标的贡献取决于核动力厂的设计和布置，以及防火措施的具体方案。在设计阶段应确定防火设施的安全分级。

在采用火灾封锁法的场所，安全系统设备由具备抵御防火区中可燃物料完全燃烧能力的防火屏障包围。对于在火灾时失效无法执行功能会导致第2.1.1节中目标不能满足的防火屏障，可将其确定为“安全相关物项”。

在采用火灾扑灭法的场所，通过材料限制、距离分隔、防火屏障或其他就地非能动防火措施、灭火系统或这些措施的组合，实现防止火灾在多重安全系列之间的蔓延。对于在火灾时失效会导致第2.1.1节中目标不能满足的火灾自动报警系统或灭火系统，可根据核动力的设计和布置将其确定为“安全相关系统”或“安全系统”。

鉴于火灾对核安全的潜在后果，在消防系统和设备的设计中应对其质量保证、鉴定试验和在役试验予以特殊考虑。

*质量保证

应从核动力厂设计的初始阶段开始，对消防设施实施质量保证措施，并贯穿整个设计、建造、调试、运行和退役过程。

质量保证大纲应保证：

设计满足所有的防火要求；

所有消防设备和材料应满足基于消防要求和图纸要求的采购技术规格书，火灾自动报警、灭火设备和部件应经鉴定适于完成预期功能，且优先选用经过验证的产品，新开发的火灾自动报警、灭火设备和部件应进行鉴定；

火灾自动报警系统和灭火系统的设备、部件和材料应按设计要求进行制造和安装，灭火系统和设备应完成所要求的运行前和启动试验程序；

在建造、调试、运行或退役期间，一旦发生影响安全重要物项的火灾，应进行评价以保证受影响物项能保持或恢复到设计要求的能力；

发布实施防火规程，火灾自动报警和灭火的系统、设备和部件应经过测试且可运行，核动力厂工作人员对于这些系统、设备和部件的运行和使用应接受适当的培训。

应在书面程序中明确实施质量保证大纲的控制措施。

名词解释

下列术语适用于本导则，其他术语可见《规定》中的名词解释。

燃烧 Combustion

物质与氧气进行的放热反应，通常伴随产生火焰，和/或发光，和/或产生烟雾。

火灾 Fire

以发出热量为特征并伴随着烟气或火焰或两者，以不可控的形式在时间或空间上传播的燃烧过程。

爆炸 Explosion

导致温度或压力升高或两者同时升高的急剧氧化或分解反应。

防火阀 Fire Damper

在一定条件下为防止火灾通过风管蔓延而设计的自动关闭装置。

防火隔断 Fire Stop

用于将火灾限制在厂房建筑单元内部或建筑单元之间的实体屏障。

防火屏障 Fire Barrier

用于限制火灾后果的屏障，包括墙壁、地板、天花板或者用于封堵门洞、闸门、贯穿部件和通风系统等通道的装置。

防火区 Fire Compartment

为防止火灾在规定的时间内蔓延而构筑的厂房或部分厂房。防火区可由一个或多个房间组成，其边界全部用防火屏障包围。

防火小区 Fire Cell

为保护安全重要物项，设置防火设施(如限制可燃物料的数量、空间分隔、固定灭火系统、防火涂层或其他设施)以隔离火灾的区域。通过该设置使被隔离的系统不会受到显著损坏。

可燃物料 Combustible Material

可以燃烧的固体、液体或气体物质。

非可燃物料 Non-Combustible Material

在使用形态和预计条件下，当经火烧或受热时不会点燃、助燃、燃烧或释放易燃气体的材料。

火灾荷载 Fire Load

空间内所有可燃物料(包括墙壁、隔墙、地板和天花板的面层)全部燃烧可能释放热量的总和。

耐火极限 Fire Resistance

建筑结构构件、部件或构筑物在标准燃烧试验条件下保持承受所要求的荷载，保持完整性，和/或热绝缘，和/或所规定的其他预计功能的时间长度。

阻燃 Fire Retardant

物体对某些物料的燃烧起到熄灭、减少或显著阻滞作用的性质。

误动作 Spurious Action

未想到和未预计(错误的或无意的)的火灾自动报警系统和灭火系统的运行状态。

附件

附件Ⅰ 火灾封锁法和火灾扑灭法的应用

下图显示了火灾封锁法和火灾扑灭法的应用。

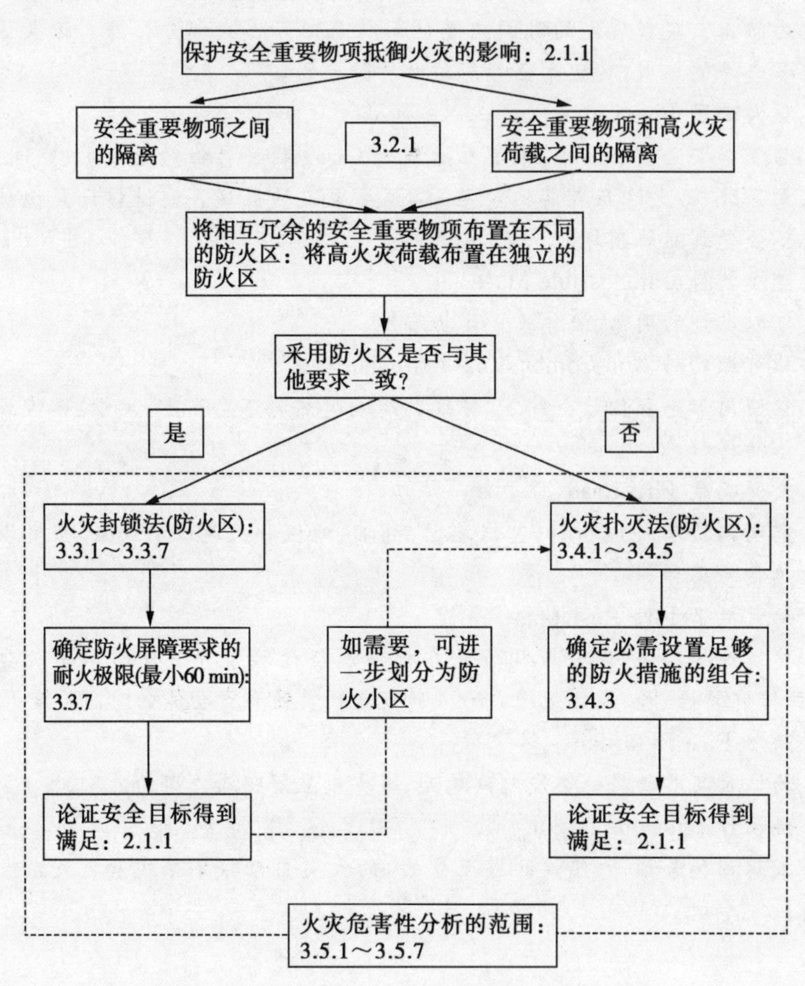

图 两种方法的应用

附件Ⅱ 疏散和救援路线

Ⅱ.1 考虑到国家建筑规范、预防事故的消防法规和规定以及核安全方面的要求，应为工作人员设置足够的疏散和救援路线。每个厂房至少设置两条疏散路线。对于每条路线应符合以下要求：

应保护疏散和救援路线不受火灾和烟气的影响。受保护的疏散和救援路线包括从厂房通向外部出口的楼梯和通道。

疏散和救援路线上不应该存放任何物料。

应按国家法规要求在疏散和救援路线的适当部位设置灭火器。

疏散和救援路线上应当设置清晰、易于辨认的永久性标识。标识应指向最近的安全通道。

在所有的楼梯间内应清楚标明楼层。

在疏散和救援路线上应设置应急照明。

在火灾危害性分析中确定的所有场所、所有疏散路线和厂房的出口处，应设置适用的报警措施（如火灾报警按钮）。

应具有通过机械系统或其他方法为疏散和救援路线提供通风的能力，以防止烟气聚集，便于人员通行。

用于疏散和救援路线的楼梯间应保持没有任何可燃物料。为保持楼梯间无烟气，可能需要设置正压送风。应采取措施排除通往楼梯的走廊和房间的烟气。对于高的多层楼梯间应分段考虑上述措施。

通往楼梯间的路线和疏散、救援路线上应设置自闭型常闭门，且应朝疏散方向开启。

应采取措施允许从安全壳气闸门快速撤出反应堆厂房。这些措施应能应对预计在维修期间和换料大修期间停留在安全壳内最大数量工作人员的疏散。

应为所有的疏散和救援路线设置可靠的通信系统。

附件Ⅲ　防火屏障

Ⅲ.1　核动力厂中防火屏障的总目标是为某一空间（如防火区）提供非能动边界。此屏障具备可论证的承受和包容预计火灾的能力，并且防止该火灾蔓延到防火屏障背火面的材料和物项，或不引起这些材料和物项的直接或间接损坏。在规定的时间长度内，防火屏障应在没有任何灭火系统动作的条件下能完成这种功能。

Ⅲ.2　防火屏障耐火极限的特征是火灾条件下的稳定性、完整性和隔热性。相应的准则是：

机械承载力；

防御火焰以及热气流或易燃气体的能力；

隔热性。当背火面温度保持低于预定值（如平均温度低于 140 ℃和任意一点温度低于 180 ℃）时，则认为满足要求。

Ⅲ.3　应验证防火屏障的背火面不释放易燃气体。

Ⅲ.4　根据非能动防火系统在火灾中的特定功能和可能作用，可以按三个性能准则进行分类：

承载能力（稳定性）。承载部件试样支撑试验荷载的能力，变形量或变形率或两者均不超过特定准则。

完整性。隔离部件试样按照特定准则包容火灾的能力，该准则是针对火灾引起的坍塌、孔洞和裂缝，以及背火面的持续火焰。

隔热性。隔离部件试样限制背火面的温升低于特定水平的能力。

Ⅲ.5　在每一分类中，部件的防火等级以耐火极限(分钟或小时)表示，对应根据国际标准化组织(ISO)标准或其他标准的热试验程序中该部件可以持续执行其功能或起作用的时间段。

Ⅲ.6　在火灾危害性分析中，应确定用作防火屏障的部件(墙、天花板、地板、门、风阀、贯穿部件封堵和电缆包裹)的特定功能(承载能力、完整性和隔热性)和耐火极限。

附件Ⅳ　电缆火灾的防护

Ⅳ.1　防火措施

Ⅳ.1.1　除了用作燃料以及用作润滑和绝缘液体的液态碳氢化合物之外，大量有机绝缘电缆构成了核动力厂中重要的可燃物料来源。在火灾危害性分析中应确定电缆火灾对安全重要物项的影响。

Ⅳ.1.2　应采取多种设计方法限制电缆火灾的影响，包括：防止电路过载或短路；在电缆敷设安装中限制可燃物料的总量；降低电缆绝缘层的可燃性；设置防火措施限制火灾蔓延；在安全系统多重系列电缆之间，以及在动力电缆和控制电缆之间进行隔离。

Ⅳ.2　电缆量的控制

Ⅳ.2.1　应控制安装在电缆桥架和电缆敷设路径上的聚合物绝缘电缆数量，防止火灾荷载超过防火区防火屏障耐火极限的包容范围，并降低火灾沿电缆桥架的传播速率。这些控制措施可能包括对电缆桥架数量和规格的限制和/或对敷设在其上的绝缘体填装量的控制，且应与所采用电缆的燃烧特性相对应。

Ⅳ.3　燃烧试验

Ⅳ.3.1　尽管阻燃电缆鉴定试验的具体要求有所不同，但电缆的大尺度火焰传播试验通常包括火焰点燃源烧垂直电缆试件的项目。电缆火灾试验相关的重要变化因素如下：

作为点燃源的电缆量；

电缆布置；

阻燃性；

火灾蔓延的范围；

空气流量；

包容结构的隔热性；

烟气的毒性和腐蚀性。

Ⅳ.4　电缆防火

Ⅳ.4.1　在某些情况下，电缆防火应设置特定的非能动保护措施，包括：

降低点燃和火焰传播可能性的电缆涂层；

与其他火灾荷载和其他系统隔离的电缆包覆；

限制火焰传播的防火隔断。

在使用材料的选择中应考虑这些非能动措施可能导致电缆过热和许用电流的降低。

Ⅳ.4.2　经验表明用水可以迅速扑灭多数电缆火灾,因此自动水基系统(如水喷淋系统)应作为电缆火灾的主要灭火系统。成束电缆可能产生深部火灾,不易被气体灭火剂扑灭。如果采用气体系统,在设计中应考虑深部火灾的可能性。对电缆火灾通常优先选用水基灭火系统。

Ⅳ.4.3　在电缆高度集中需要人工消防作为固定灭火系统补充的场所,消防队员应针对所采用的技术和设备接受培训。

Ⅳ.4.4　在设置固定水灭火系统的场所,应屏蔽可能被水损坏的设备,或将其布置位置远离火灾危害和水。应设置排水设施排出灭火用水,以确保水的聚集不会使安全重要物项失效。

Ⅳ.4.5　通过设置适当的隔离,采用火灾封锁法或火灾扑灭法可降低电缆火灾的潜在影响。

Ⅳ.4.6　在某些情况下,单独使用空间隔离(隔离空间内无可燃物)或与其他防火安全措施联合使用可以提供充分隔离,以防止多重安全重要物项因单一火灾而损坏。不可能规定一个对所有情况都能提供充分安全分隔的最小距离,应通过对具体情况的详细分析确定隔离的适当性。

Ⅳ.4.7　应优先采用设置无贯穿部件防火屏障的方法对安全系统的多重系列进行隔离。

附件Ⅴ　火灾探测器

Ⅴ.1　本附件针对特定应用中选用火灾探测器需考虑的因素提供进一步指导。

Ⅴ.2　火灾探测器的类型火灾探测器的主要类型有:

感温探测器:A)用作喷水系统触发装置的易碎玻璃球和易熔联结;B)用于电气触发探测系统的屋顶安装探测器、线型感温电缆、测温敏感元件、热电偶和电阻温度计探测器。

感烟探测器(或燃烧产物探测器):离子型和光电感烟探测器。吸气式感烟探测系统利用管道连续从不同位置将气体样品引至中央感烟探测器。

火焰探测器(红外和紫外探测器):通常用于探测火焰。

易燃气体探测器:用于监测可能出现易燃气体与空气混合的区域或包容结构。

早期报警火灾探测器。

Ⅴ.3　探测器特性

Ⅴ.3.1　感温探测器一般设置在火灾危险设备临近的上方或周围,也用于空气条件可能引起感烟探测器误报警的场所(如可能存在油烟的场所)。 感温探测器也用于易燃液体温度上升到危险水平的早期报警。线型感温电缆布置在靠近危险源的位置(如电缆桥架内),沿电缆长度方向上任意一点达到一定温度时动作,线型感温电缆动作可触发其周围的灭火系统。

Ⅴ.3.2　感烟探测器通常比感温探测器更早探测到早期阶段的火情,因此在多数场所优先采用。在具有高电离辐射水平的场合,不应使用离子型探测器,除非针对使用环境进行了鉴定并具有可以验证其持续灵敏度的维修大纲。感烟探测器的布置点应保证其性能不会受到通风系统的不利影响。

Ⅴ.3.3　红外线和紫外线探测器能迅速探测火灾。它们应用于火灾可能快速发展的场所,如柴油机房(转动机械、高热及易燃液体的组合可能导致快速发展的火灾)。选择此类探测器应注意保证其他红外或紫外线源(如热管道或阳光)不会引起误报警。

Ⅴ.3.4　针对特定气体的易燃气体探测器应安装在正常和事故情况下可能出现易燃气体和空气混合物的场所(如室内氢气储存区)。

Ⅴ.3.5　基于空气取样和烟雾颗粒高灵敏度探测的探测器系统用于早期报警。某些应用光学比较方法的探测器也可比常规探测器提供更早期报警。

Ⅴ.3.6　所有类型的探测器都可用作灭火系统的启动装置。具有高可靠性的感温探测器通常用于启动水基灭火系统。对于需要快速响应的高火灾危害区域(如易燃液体储存区),通常选择感烟或光学探测器。感烟或光学探测器通常也用于启动气体灭火系统。

Ⅴ.4　探测器类型和位置的选择

Ⅴ.4.1　火灾探测器类型和布置点的选择应保证探测器按预计对火灾做出响应。影响火灾探测器对火势增长响应的因素有:

燃烧速率;

燃烧速率的变化率;

燃烧物料的特性;

天花板高度;

探测器的布置点;

墙的位置;

气流障碍物的位置;

房间的通风;

探测器的响应特性。

Ⅴ.4.2　应分析评价所选火灾探测器类型和位置的有效性。

附件Ⅵ　自动水喷淋和水喷雾系统

Ⅵ.1　对于普通固体可燃物料和易燃液体火灾,一般认为水是最有效的灭火剂。已经证实水喷淋和水喷雾系统对易燃液体火灾(包括池式火灾和压力喷射火灾)的灭火是有效的。正确设计的水喷雾系统还可安全应用于带载电气火灾(如变压器)。

Ⅵ.2　水喷淋和水喷雾系统包括所有释放水以控制和扑灭火灾的消防系统,

包括闭式或开式喷头系统。对于闭式喷头系统，在达到某一最低温度前，单个喷头的易熔或易碎元件可防止水喷出。对于开式喷头系统，当管道系统的阀门用手动或自动方式开启后，水将直接释放。

Ⅵ.3 细水雾系统使用超高水压和具有特殊内部设计的螺旋和涡流喷嘴，或两相喷嘴（如水和加压空气），在喷嘴喷放口处产生非常小的水滴。细水雾系统最主要的优点在于使用相对少的水量就能达到灭火的目的。由于需要较高压力，细水雾系统较为复杂。对于具体设备和设计，该系统应按照严格的预试验安排进行安装。

Ⅵ.4 所用喷头或喷嘴的类型和特性，以及系统本身的布置应针对特定危害进行选择。

Ⅵ.5 除了要考虑火灾危害性分析中确定的预计火灾以外，在设计水喷淋和水喷雾系统时应考虑多种因素，包括喷头的间距和位置、启动装置或喷头的额定温度和热响应时间，以及灭火所需喷水流量等。

Ⅵ.6 应当根据具体装置的喷放特性和火灾危害性分析中所确定需防护的火灾危害严重程度来确定喷头的间距。仅根据相关标准确定的喷头间距，不一定能适当防护所有的火灾危害。

Ⅵ.7 喷头的布置位置应对火灾有最佳响应和最佳喷水分布，并将影响水分布的障碍减至最小。

Ⅵ.8 喷水喷头的额定启动温度应适当高于正常最高环境温度。

Ⅵ.9 在火灾危害性分析中确定需快速启动水喷淋系统的场所应采用快速响应喷头，如由火灾自动报警系统中感烟探测器联动的雨淋系统。

Ⅵ.10 喷水流量和喷水强度是确定喷头对扑灭特定火灾是否有效的关键参数。水喷淋系统的喷水强度是喷头的孔口尺寸、消防给水系统的容量和压力、喷水系统管道尺寸和布置的函数。可以通过水力学计算确定预计的喷水强度。设计喷放强度应与预计的火灾强烈程度相匹配。

Ⅵ.11 水喷淋系统由于真实火灾或喷头误动作引起的喷水可能导致对湿气敏感的电气系统误动作。应在火灾危害性分析中评价喷头误喷放的可能性和喷放后果。可能需要对安全重要系统的敏感部件设置防水侵入的特殊遮蔽。

Ⅵ.12 在使用水基灭火系统的场所，应当采取措施控制可能受污染的水，应设置数量充分布置适当的疏水设施以防止放射性物质向环境的任何不可控释放。

Ⅵ.13 为了快速响应火灾，水喷淋系统应优先采用自动启动。只有在火灾危害性分析中明确论证在火灾紧急情况下水喷淋系统的延迟运行不会损害核动力厂安全的场所，才可使用手动操作的水喷淋系统。

附件Ⅶ 气体灭火系统

Ⅶ.1 气体灭火剂灭火后不会留下任何残余物，通常被称为“清洁灭火剂”。气体灭火剂不导电，其综合特性适合于保护电气设备。清洁灭火剂系统的不足在于灭火时需要维持一定的灭火剂浓度、系统复杂、不能提供冷却以及一次性使用等。

Ⅶ.2 使用气体灭火剂通常有两种方法提供保护：(1)局部应用，灭火剂朝火灾或设备的特定部件喷放；(2)整体淹没，灭火剂喷入一个防火区或一个封闭的设备(如开关柜)。有些灭火剂不适合局部应用。

Ⅶ.3 气体灭火剂的总量应足够灭火。除卤素灭火剂外的气体灭火剂通常是通过对氧气的稀释达到灭火目的。在确定所需的灭火剂用量时，应考虑包容结构的泄漏量、对于特定火灾所需的灭火浓度、灭火剂流量和设计浓度需维持的时间。

Ⅶ.4 应评价受保护包容结构因气体灭火剂喷放导致压力上升的结构效应，必要处应设置安全排气。在排气布置中应注意不要将超压或环境条件转移到缓解区域。

Ⅶ.5 应考虑气体灭火系统直接喷放到设备上造成热冲击而带来损坏的可能性。这可能在对电气柜的局部手动操作和自动喷放期间产生。

Ⅶ.6 卤代烃灭火剂通过抑制化学反应进行灭火。这类灭火剂在灭火之前或灭火期间蒸发气化，不会留下任何残余微粒。某些卤代烃灭火剂(如哈龙)由于会释放对地球臭氧层有破坏作用的挥发性溴而应禁止使用。

Ⅶ.7 气体灭火剂的整体淹没方法要求灭火剂气体快速和均匀分布至整个淹没空间。这通常通过使用特殊喷嘴和适当的系统设计在启动后的10～30 s内实现。当气体灭火剂比空气重时，为了尽量减少空间内的气体分层和灭火剂气体可能的更快泄漏，灭火剂气体的快速分配是特别重要的。

Ⅶ.8 对于气体灭火系统，应在调试中通过实际喷放试验或使用等效方法来实施运行试验。

4.2.2.4 HAD 103/10—2004

HAD 103/10—2004 的内容如下：

1 基本情况

1.1 概述

1.1.1 根据各国核动力厂发生事件的总结中得出的运行经验，证明火灾及其影响对安全系统易造成损害。按现代标准和按早期标准建造的核动力厂的运行防火安全都应采取系统的方法。

1.1.2 《核动力厂设计安全规定》中给出了设计核动力厂时对防火安全的要求，相关的核安全导则《核动力厂防火》提供了有关满足这些要求的指导。

1.1.3 在核动力厂从设计、建造、调试、运行到退役的整个过程中，防火安全都是重要的。在《核动力厂运行安全规定》中制定了核动力厂运行防火安全的要求。本导则对为实现和维持满意的防火安全所必需的核动力厂的管理和运行要素提出建议，从而提供了如何满足这些要求的指导。

1.2 目的

本导则对核动力厂管理者、运行人员、安全评价人员和安全监管人员提供了在核动力厂整个寿期内为保证维持足够的防火安全水平采取合适措施的指导。

1.3　范围

1.3.1　本导则适用于新建和已建的热中子堆核动力厂，如轻水堆、重水堆和气冷堆核动力厂。总的指导也可应用于更广范围的其他类型的核设施，但具体的应用将取决于特定的技术和相关的火灾风险。

1.3.2　本导则适用于其设计符合核安全导则《核动力厂防火》中建议的防火措施的核动力厂。如不符合，还应根据这些建议做全面的评价，并应充分考虑偏离这些建议的影响(见第2.2.2节)。

1.3.3　本导则包括了在核动力厂防火安全方案中应考虑的各种要素。这些要素为：纵深防御原则的应用；个人职责明确的组织机构；消防大纲(包括控制可燃物料和点燃源的管理程序)；火灾危害性分析的更新；核动力厂修改的管理；所有已安装的防火设施(非能动和能动的)的定期检查、维修和试验(适用时)；质量保证大纲；核动力厂人员的培训和人工消防能力。

1.3.4　在本导则中，不带限定词的术语"安全"用于核动力厂的核安全方面(见名词解释)，以区别于术语"防火安全"。

2　纵深防御原则的应用

2.1　纵深防御

2.1.1　核设施设计要贯彻纵深防御原则，防火安全应考虑纵深防御。纵深防御概念是提供一系列多层次的防御，并应扩展到所有的安全活动中(包括组织机构、行为或有关设备)。这些多重层次防护的目的是消除人因失误或核动力厂故障的影响，并应包括辐射防护及事故的预防和缓解。火灾有可能引起共因故障，应提供预防火灾和减轻火灾后果的措施。

2.1.2　为了充分保证运行核动力厂的防火安全，应在核动力厂整个寿期内保持足够的纵深防御水平。为此应满足在核安全导则《核动力厂防火》中确定的如下三个主要目标：

防止发生火灾；

快速探测并扑灭确已发生的火灾，从而限制火灾的损害；

防止尚未扑灭的火灾蔓延，从而将火灾对核动力厂安全重要功能的影响降至最低。

2.1.3　用上述方法应保证：

火灾发生的概率降至合理可行尽量低；

考虑《核动力厂设计安全规定》中所要求的单一故障准则，安全系统应得到充分地保护，以保证单一火灾的后果不会妨碍安全系统执行其需要的功能。

2.1.4　应通过消防系统的设计、安装和运行，防火安全的管理，消防措施，质量保证和应急安排的组合来达到第2.1.2节中列出的纵深防御的三个主要目标。

2.1.5　纵深防御的一个重要方面是人工灭火的能力。例如下述情况应进行人工灭火：

如果一个或更多已有的能动及非能动系统未能扑灭火灾或封锁火灾；

如果火灾发生在一个没有安装固定灭火系统的可达区域。

此外，应把人工灭火考虑成支持自动灭火系统提供的主要防火系列的补充措施。使用或依靠人工消防应在火灾危害性分析中确定和验证。

2.2 设计

2.2.1 在核动力厂设计中应做出各种努力把火灾风险降至最小。通常，优先采用火灾封锁方法，以强调非能动保护，使安全系统的保护不依赖于固定式灭火系统的运行。

2.2.2 对新建核动力厂和已运行核动力厂（可能时），防火设计应满足核安全导则《核动力厂防火》中规定的建议。对未根据这些建议设计的已运行核动力厂，应在这些建议的基础上对现有的防火措施作全面的评价，并应充分考虑任何偏差所造成的影响。在确定了偏差后，应增强核动力厂的防火安全，或者就不修改现有状态提出技术论证[①]。当确定消防设施的设计需要改进时，应在实际可行的程度上遵循核安全导则《核动力厂防火》中的建议。

2.3 防火安全管理

2.3.1 营运单位应以书面方式明确规定在消防大纲中以及消防活动和缓解措施（见第3章）中涉及的所有人员的职责。

2.3.2 参与防火安全有关活动的核动力厂人员应具有适当的资格，并得到培训，以便清楚地了解他们具体的职责范围以及与其他人员职责的相互关系，并了解失误的可能后果。

2.3.3 在消防活动和履行职责时应采用严格的方法，并在工作中鼓励人员采取质疑的态度，以促使不断的改进。

2.3.4 应查明可能影响安全的任何火灾或消防设备故障或误操作的原因，并采取纠正行动，以预防其再次发生。应从其他核动力厂发生的火灾中吸取消防方面的经验教训。核动力厂之间（并与国家核安全监管部门）在防火安全的有关方面应保持联络，并交换信息。

2.4 消防

2.4.1 应制定程序，以保证在包含安全重要物项的区域和可能使安全重要物项遭受火灾风险的邻近区域内把可燃物料（火灾荷载）的数量和点燃源的数量降到最小。

2.4.2 在核动力厂整个寿期内应制定和实施有效的检查、维修和试验程序，以保证始终把火灾荷载降到最小，并保证安装的探测、灭火和减轻火灾影响的装置（包括建立的防火屏障）的可靠性。

2.4.3 应对核动力厂进行全面的火灾危害性分析，以便：

验证现有的防火措施（非能动和能动）的充分性，以便在所有运行状态和设计基准事故下保护安全重要的区域；

确定防火水平不充分而必须采取纠正措施的特定区域；

---

① 该技术论证必须由国家核安全监管部门批准。

对任何与《核动力厂防火》中规定的建议有偏差而又不采取纠正行动的情况，提供技术论证。

在核动力厂整个寿期内应定期更新火灾危害性分析(见第 4 章)。

2.4.4　可能会直接或间接影响已制定的防火安全措施(包括人工消防的能力)的任何修改应遵循控制修改的程序。在为维持安全而确定需要防火设施的区域内，此修改程序应保证对已采取的防火安全措施或提供有效的人工消防的能力将不会有不利影响。

2.5　质量保证

在核动力厂整个寿期内应制定特别针对防火的质量保证大纲(见第 10 章)。制定质量保证大纲的要求和建议参见有关法规和导则。

2.6　应急安排

2.6.1　应制定书面应急程序，明确规定人员在核动力厂火灾响应时的职责和行动，并使其保持最新的版本。

2.6.2　一旦发生火灾报警，应急程序应为运行人员采取立即行动给出明确的指令。这些行动的主要目的是保证核动力厂的安全，包括必要时核动力厂停运。应急程序应规定运行人员与快速行动消防组、核动力厂消防队以及地方消防队等外部应急力量的作用和相互关系。

2.6.3　应特别注意火灾中有释放放射性物质风险的情况。应保证这样的情况已经包括在核动力厂的应急安排中。应对消防人员的辐射防护采取适当的措施。

2.6.4　应定期举行消防演习，以保证一旦发生火灾，人员对他们的职责有充分的了解。应保存所有消防演习和从消防演习中得到的教训的记录。应与厂外负责消防的单位保持充分的协商和联络。

3　组织机构和职责

3.1　营运单位应制定全面的消防大纲，以保证在核动力厂整个寿期内防火安全所有方面的措施都已确定、实施、评价并形成文件。

3.2　应确定参与消防大纲的制定、实施和管理的厂区人员的职责，包括对职责授权的管理并形成文件。文件应确定在防火安全活动中所涉及人员的岗位、具体的职责、权力和指挥系统，包括与核动力厂组织机构的关系。所确定的职责范围应包括：

可燃物料和点燃源的控制程序的制定；

消防设施的检查、维修和试验；

人工消防能力的确定；

应急计划制定，包括与负责消防的厂外单位的联络；

核动力厂防火安全安排与有关各方之间的联络的总体协调；

核动力厂修改的审查，以评价对防火安全的影响；

防火安全培训和应急演习；

有关防火安全问题的质量保证；

记录管理系统，包括对火灾事件记录分析和形成文件的方法；

火灾危害性分析的审查和更新；

火灾事件调查中得出建议的跟踪。

3.3 核动力厂管理者应建立一个厂内小组，该小组专门负责保证防火安全安排的连续有效性。应指派一个专职岗位人员（防火安全协调员），负责协调防火安全活动。

3.4 防火安全活动可以由专职防火安全人员实施、委派给核动力厂其他组（如工程、维修、质量保证、培训和记录管理）或承包给厂外机构或承包商来进行。防火安全的组织机构取决于上述这些不同方面实施的程度。这些不同的防火安全资源可以成功地结合起来使用。然而，防火安全协调员应保留其保证所有防火安全活动和核安全所需的功能得到有效协调的责任，以实现消防大纲的目标。

3.5 担任具体防火安全活动职责的人员应有足够的权力和资源，以允许他们采取迅速和有效的行动来保证安全。这应包括当可能会影响安全时有权发出“停止工作”的指令。

3.6 在核动力厂应急计划中应考虑能影响安全的可能的火灾场景，它应包括对机构、职责、权力、指挥系统、通信以及火灾所涉及的不同组之间的协调方法的描述。应适当考虑厂内和厂外的资源。

4 火灾危害性分析的定期更新

4.1 在火灾危害性分析中应反映核动力厂在其整个寿期内的变动。在会影响防火安全的核动力厂任何修改以后、定期[①]或按照国家核安全监管部门规定的时间，都应进行审查和更新火灾危害性分析。审查应包括可能会影响防火安全的核动力厂任何变动，如消防系统的变动，安全重要的核动力厂其他物项、厂房、构筑物的修改以及能影响防火安全的程序或工艺的修改，无论变动和/或修改是临时的或永久的。作为定期安全审查过程的一部分，还应审查火灾危害性分析，必要时要进行更新。

4.2 当火灾危害性分析更新时，如发现与所推荐的实践（见核安全导则《核动力厂防火》）有偏差，则应进行技术论证。该技术论证应包括讨论按该实践本来必须有的核动力厂修改以及实施这样的修改不是合理可行的理由。适用时，技术论证也应描述用来提供维持可接受的安全水平的补充设施。

4.3 如果在初始火灾危害性分析的基础上已经确定了对核动力厂修改的具体建议或运行改进，对涉及的核动力厂区域应重复进行火灾危害性分析，以确认所建议的修改或改进的适宜性。

5 核动力厂修改对防火安全的影响

5.1 应仔细审查所有提出的核动力厂修改对区域火灾荷载和防火设施可能的影响，这是由于即使非安全相关部件的修改也可能会改变区域火灾荷载或能够使那些主要用于保护安全系统的消防设施的性能下降[②]。

---

① 一般认为，每五年至十年和在核动力厂有重大修改后进行这种审查和更新是恰当的。

② 例如：如果装有非安全相关电缆的电缆托架要直接安装在保护安全相关电缆的喷淋头下面，喷淋系统的有效性就会降低。

5.2　对下述核动力厂的修改，包括设计变更，应进行防火安全方面的审查：

消防设施的修改；

被保护的安全系统或安全重要物项或可能不利于消防设施性能的系统的修改；

任何其他可能不利于消防设施性能的修改，包括影响区域火灾荷载的修改。

5.3　为评价对防火安全的影响，修改的正式审查制度应纳入整体修改程序中。或者，应专门对防火审查制定和实施一个单独的程序。审查完成以后才能开始修改。

5.4　授权执行审查防火安全问题的人员应具有适当的资格来评价修改对防火安全可能的影响，并在必要时应有足够的权力来阻止或暂停修改工作，直到已发现的问题得到满意的解决。

5.5　修改只应根据由通晓消防安全的主管人员颁发的工作许可证来进行。

5.6　如果修改需要使任何消防设施停用，应仔细考虑对由此而降低的安全系统保护水平，并且应做出适当的临时性安排以保持足够的防火水平。在完成修改以后，应检查修改后的核动力厂，以确认其符合修改设计。对于能动系统的修改，修改后的核动力厂应进行调试，并恢复正常运行(可行时)。

5.7　应审查和更新火灾危害性分析，以反映修改的情况(见第4章)。

6　可燃物料和点燃源的管理

6.1　可燃物料的管理

6.1.1　应建立和实施在整个核动力厂中有效控制可燃物料的管理程序。书面程序应规定对可燃固体、液体和气体的发送、储存、装卸、运输和使用的控制。应考虑在安全重要区域的内部或其附近防止与火灾有关的爆炸。对安全重要的区域，程序应规定对与正常运行有关的可燃物料和在维修或修改活动中可能会引入的可燃物料进行控制。

6.1.2　对安全重要的区域应制定和实施书面程序，以使该区域中临时的可燃物料(非永久性的)，特别是包装材料的量减到最少。当活动一结束(或以固定的时间间隔)，就应把这种物料移走或暂时储存在批准的容器或储存区域内。

6.1.3　安全重要的每一区域中可燃物料的总火灾荷载应保持合理可行尽量低，同时考虑防火区边界的额定耐火极限。应保存用文件记载的在每个区域中估计的或计算的现有火灾荷载以及最大容许火灾荷载的记录。

6.1.4　在配置核动力厂家具和用品时，可燃物料的使用应降至最少。在安全重要的区域中，可燃物料不应用于装饰或其他不重要的方面。

6.1.5　应制定和实施管理性控制，以保证为评价总的火灾荷载和核动力厂厂房管理状况而对安全重要区域进行定期检查，并保证人工消防的进出通道不受阻塞和把实际的火灾荷载保持在允许的限值以内。

6.1.6　在安全重要区域内的维修和修改活动中，应制定和实施对临时性火灾荷载提供有效控制的管理程序。 这些程序应包括可燃固体、液体和气体、它们的包装物及其相对于其他危险物料(如氧化剂)的储存位置。还应包括一个颁发工作许可证的程序,该程序要求在开始工作以前需要对所建议的工作活动进行核动力厂内的审查和批准,以确定对防火安全可能的影响。负责审查可能的临时性火灾荷载工作活动的厂内人员应确定所建议的工作活动是否是允许的,并应规定所需要的任何附加的防火措施(如提供便携式灭火器,或必要时安排监火员)。

6.1.7　在安全重要的区域内应制定和实施控制易燃和可燃固体与液体的储存、装卸、运输和使用的管理程序。应根据实际情况制定管理程序,并应对下列固体和液体提供控制。

对固体:

应限制使用可燃物料(如木制脚手架)。在允许使用木制物料处,木制物料应经化学处理或有涂层,以使其成为阻燃材料。

应限制储存如活性炭过滤器和干的未使用过的离子交换树脂之类的可燃物料。这类物料的大量库存应放置在具有适当耐火等级并提供防火措施的指定储存区域内。

应限制储存如纸和防护服这样的可燃物料。这类物料的大量库存应放置在具有适当耐火等级并提供防火措施的指定区域内。

应禁止储存所有其他的可燃物料。

对液体:

在维修或修改活动中引入防火区域的易燃或可燃液体的量应限制在每天使用所需的数量。必要时应提供适当的防火措施(如手提式灭火器)。

在运输和使用易燃或可燃液体时,应使用批准的容器和配量器。容器应安装有弹簧加载的封盖。易燃或可燃液体的运输应避免装在敞开容器内。

如果有必要在工作区域储存少量的易燃或可燃液体,应使用已批准设计的易燃液体箱。

应在所有易燃或可燃液体容器的显著位置上贴上能清楚标明其内容物的标签。

储存大量易燃和可燃液体时,应以不损害安全的方式放置和保护,这种大量的储存区域应由额定耐火极限的防火区或必要时采取适当的防火措施的空间分隔来与其他的核动力厂区域分开。

应在易燃和可燃液体的储存区域设置警示标志。

6.1.8　应制定和实施控制在整个核动力厂内易燃气体发送、储存、装卸、运输和使用的管理程序。应根据实际情况制定和实施该程序,以保证:

对诸如氧气这种助燃的压缩气体钢瓶应有足够的防护,应与可燃气体分开储存,并远离可燃物料和点燃源;

在厂房内需要长期使用的易燃气体源时,易燃气体源由易燃气体钢瓶或在厂房外专设的安全储存区域提供,以使得影响储存区域的火灾不会损害安全。

6.2　点燃源的管理

6.2.1　应制定和实施在整个核动力厂内控制可能的点燃源的管理程序。管理程序应包括控制以下方面：

规定除指定的区域外，禁止在所有其他区域吸烟；

禁止把明火用于试验感热或感烟装置（如火灾探测器）或用于泄漏试验；

禁止在安全重要的区域使用便携式加热器、厨房用具和其他类似装置；

限制使用临时性的接线。

6.2.2　应制定和实施管理程序，以控制有必要使用潜在点燃源，或者本身也许会产生点燃源的维修和修改活动。实施此类工作应用正式的书面程序的方法，即前面讨论的工作许可证制度或专门的动火证制度来控制。在所采用的动火证制度中，应制定包括工作的管理、监督、工作的授权和执行、工作区域的检查、指定监火员（如有要求）和消防通道的程序。所有涉及准备、发布和使用动火证的人员都应在正确使用该制度方面得到培训，并应对其目的和应用有清楚的理解。不管是否提供监火员，至少有一个从事该工作的人员应在使用所提供的防火安全设施方面得到培训。

6.2.3　在包含安全重要物项的区域，涉及使用潜在点燃源或可能会产生点燃源的工作，都应在考虑可能的安全后果之后才能允许进行。例如，可能禁止在安全重要功能的多重部件上或在包含这些部件的区域同时做这样的工作。

6.2.4　应制定程序，以保证在试图做任何动火工作前，要检查直接的工作区域和邻近区域是否存在可燃物料，并保证已确认了必要的防火措施的可运行性。如果工作区域的布置和设计会使火星和熔渣的散布超出原有的工作区域，就应核查该工作区域的上下空间，并且应把可燃物料移到安全区域或者加以适当的防护。

6.2.5　在动火工作时，应做例行检查，以保证遵守动火证条件、没有暴露的可燃物料存在和监火员在岗（如果在动火证中已经规定了监火员）。

6.2.6　在动火证确定了需要监火员的情况下，应遵循如下程序：

在做任何动火工作前，监火员应在最接近处值班，如果监火员离开工作区域，就应停止工作，并且在明火工作完成以后，监火员应在工作区域留守一段适当的时间；

在整个工作过程中，监火员不应执行其他任务；

应容易获得足够的专用消防设备，如果必要，还应有迅速获得辅助设备的手段，应保持消防队员适当的出入通道。

6.2.7　在可能释放易燃气体的区域使用的设备或车辆都应经过相应的防爆合格鉴定。

6.2.8　在切割或焊接操作或其他动火工作中压缩气体钢瓶的使用，应依据在6.1.6、6.2.2 和 6.2.6 中描述的动火证制度来控制。

6.2.9　在包含可燃物料区域的入口处应设立警示标志，提醒对人员的限制或进入的要求及永久性地控制点燃源的必要性。

7　消防措施的检查、维修和试验

7.1　为了对所有安全重要的消防措施（非能动和能动的，包括人工消防设备）进行适当的检查、维修和试验，应制定和实施一个全面的大纲。应确定大纲中专用的消防系统、设备、部件和应急程序并形成文件。当得不到这种文件时（例如，火灾危害性分析还没有进行，且其他文件又不完整时），应假定所有的消防措施对安全是重要的，除非相反的假定能够得到证明。

7.2　检查、维修和试验大纲应覆盖下述消防措施：

非能动防火区屏障和厂房结构部件，包括屏障贯穿件的密封；

防火屏障封闭物（诸如防火门和防火阀）；

局部应用的分隔件（诸如阻燃涂层和电缆封套）；

火灾探测和报警系统，包括易燃气体探测器；

应急照明系统；

消防水灭火系统；

供水系统，包括水源、供水和分配管道、切断阀和隔离阀及消防泵组件；

气体、泡沫和干粉等灭火系统；

便携式灭火器；

排烟和排热系统以及空气压缩系统；

在火灾事件中使用的通信系统；

人工消防设备，包括应急车辆；

放射性应用的呼吸器和防护衣；

消防人员进入和疏散途径；

应急程序。

在附录中提供了应对消防措施进行检查、维修和试验的更多信息。

7.3　对安全重要的所有消防设施应确定其可用率的最低可接受水平并形成文件。对以该方式确定的每个消防设施都应确定临时补偿措施。在不能保持给定消防设施的可用率的最低可接受水平时，或者确定消防设施不能运行时，就应临时实施这些补偿措施。应确定和审查要执行的补偿措施及其实施所允许的时间安排并形成文件。如果没有规定消防设施可用率的最低可接受水平，就应假定为100%。

8　人工消防能力

8.1　对确定为安全重要的核动力厂每个区域（包括给安全重要区域带来火灾危险的区域）应制定人工消防策略。这些策略应提供资料来补充在核动力厂总的应急计划中已提供的资料。策略应为消防队员提供所需的在每个防火区使用安全有效消防技术相应的所有资料。策略应不断更新完善并应用于日常课堂培训和核动力厂的实际消防演习中。对核动力厂每个防火区制定的消防策略应包括如下方面：

消防队员进出通道；

确定为安全重要的构筑物、系统或部件的位置；

火灾荷载；

特定的火灾危险，包括由于外部事件可能降低的消防能力；

特殊的放射性、毒性、高电压和高压力危险，包括爆炸的可能性；

所提供的消防设施（包括非能动和能动的）；

由于关系到核临界或对其他特定事项的影响限制使用特定灭火剂，而用其他灭火介质替代；

安全重要的热和/或烟敏感部件或设备的位置；

固定和便携式灭火设备的位置；

人工消防的水源；

由消防人员使用的通信系统（不影响安全系统）。

8.2　核动力厂文件中应清楚地描述安全重要的那些区域的人工消防能力，人工消防能力可以由适当培训过的和已装备的厂内消防队、合格的厂外服务或两者的协调结合来提供，这可根据核动力厂的需要和实际情况进行。

8.3　如果依靠厂外响应，对每个班指定的核动力厂人员应规定其与厂外消防机构协调和联络的职责，并规定在火灾实况下明确的权限，即使厂外响应是对合格的厂内消防队的主要响应作补充的情况下，也应指定相应的核动力厂人员。

8.4　人工消防能力全部或部分依靠厂外资源时，在核动力厂人员和厂外响应组之间应有适当的协调，以便确保后者熟悉核动力厂的危险。在消防计划中应用文件规定消防人员的职责和授权权限。

8.5　如果由厂内消防队来提供人工消防能力，应以文件形式规定消防队的组织机构、最少人员配置、设备（包括自持呼吸器）和培训，并应由主管人员确认。

8.6　厂内消防队人员的体格应能执行消防任务，并在分配到核动力厂消防队前参加正式的消防培训。对所有厂内消防队人员都应提供正规培训（定期课堂培训、消防实践和消防演习）。对消防队领导应提供特殊的培训，以保证他们有能力来评价火灾潜在的安全后果，并对控制室人员提出建议。

8.7　如果人工消防提供首要的消防措施，一旦发生火灾，应根据辐射防护要求尽可能保证安全地实施必要的行动。

9　核动力厂人员的培训

9.1　所有核动力厂人员和临时指派到核动力厂的承包商人员在开始工作以前都应接受核动力厂防火安全方面的培训（包括在火灾事件时他们的职责）。该培训应包括下述内容：

核动力厂的防火安全政策；

特殊火灾危险，包括对区域火灾荷载的限制并在必要时结合考虑放射性影响；

可燃物料和点燃源控制的重要性及其对该区域内允许火灾荷载的潜在影响；

报告火灾的方法和要采取的行动；

辨别视听火警信号；

火灾时撤离的方法和应急疏散路线；

所提供的不同类型的灭火设备及其在灭火初期的使用。

9.2　对涉及核动力厂运行、维修和消防的指定人员，必要时包括临时指派到核动力厂的承包商人员，应制定专门的防火安全培训大纲。培训大纲应提供保证工作人员具有足够的技能并熟悉要遵循的详细程序的内容。培训应充分保证，每个人都了解他们的职责的重要性和失误的后果。专门的培训大纲应包括：

通过进行设备定期检查、设备日常的和非计划的维修以及设备和系统的定期功能试验来保持核动力厂消防设施（非能动的和能动的）的完整性和可运行性的重要性；

安装在核动力厂内的消防设施的设计和操作细则，以便对设备进行有效维修来保证其可运行性；

设计变更和核动力厂修改对防火安全方面的影响[包括对防火安全的直接和间接影响，以及由于计划修改的结果引起对消防设施（非能动和能动）的完整性和可运行性的任何影响]；

需要保证负责审查计划的设计变更和核动力厂修改的人员有足够的知识去辨别可能对消防设施有影响的问题，这就需要详细了解如在火灾危害性分析或类似的文件中规定的消防设备的设计和试验要求以及在核动力厂每个防火区域的消防设施的特定设计目的；

培训可能授权或实施动火作业和可能指派为监火员的人员，以确保他们了解如切割和焊接这类活动可能带来潜在点燃源的危险；

对工作许可证制度、需要动火证的特定情况以及把潜在点燃源引入包含有安全重要部件的防火区所带来的危险所做的规定；

培训在工作许可证制度或动火证制度中可能涉及的人员，这些人员应接受关于进行工作和总的防火安全教育的培训，以便他们能容易地认识核动力厂中各种火灾危险，并能了解把可燃物料或点燃源引入安全相关区域的影响；

熟悉安全系统的实际位置（最好通过巡视核动力厂）；

熟悉核动力厂防火设施的实际位置。

9.3　核动力厂人员选择和任用的程序应对涉及消防职能和可能影响安全活动所有有关人员规定一个最低的初始资格。这一最低的资格应基于对所参与工作的必需的教育、技术能力和实际经验的评价。

9.4　核动力厂防火安全培训大纲应形成文件，并应包括：

对特定人员确定专门培训的需要；

编制培训教材和教案；

定期评价。

9.5　应将对受训人员技术能力的评价考虑作为培训大纲的重要因素。应包括初始培训和必要时的定期再培训。培训活动应根据质量保证大纲来进行,并应在记录管理系统中形成文件。

9.6　应定期审查防火安全培训大纲的内容、完整性、有效性和整体适宜性。在考虑有关的运行经验和核动力厂修改时,审查应包括是否修改培训大纲。

10　有关防火安全问题的质量保证

10.1　消防设施通常不归入安全系统,因而它们可不需要遵循应用于安全系统的严格的质量合格鉴定要求和用于安全系统的质量保证大纲。但是火灾有可能产生共因故障而对安全产生威胁,应将安装的能动和非能动消防设施考虑为安全有关的。因此,适当的质量保证水平应适用于消防设施。

10.2　对影响在安全重要区域内防火安全的活动和有关资料应建立和实施质量保证体系并形成正式文件。

10.3　应把质量保证的规定应用到防火安全的如下方面①:

火灾危害性分析;

工程设计依据,设计计算和计算机软件的验证,任何设计变更和修改的说明及图纸;

与采购有关的文件,包括新设施或修改后设施、供应物资和设备的合格证书;

新工作和修改工作的调试和安装记录;

设计变更和核动力厂修改的技术审查;

防火安全程序和应急计划及程序;

更换的防火材料、系统和设备的储存和使用;

在每个防火区内可燃物料火灾荷载的记录;

对可燃物料和点燃源的管理;

使完成的检查、维修和试验程序形成文件以及应急安排的确认;

监察、检查和调查报告,包括确定的缺陷和纠正行动;

在完成最终纠正行动之前的对不符合防火安全要求和为弥补缺陷所采取的临时性行动的技术论证;

人员的技术资格和培训记录;

所有大、小火灾事件的记录,包括调查报告;

触发火灾探测器和/或消防系统:

(1)对实际火灾状况的响应;

(2)误报警和其他非火灾的响应。

消防设施的运行故障,包括计算机软件故障;

防火安全的组织机构和职责。

10.4　根据适用的质量保证体系的相应规定,对防火安全上述方面的任一改变,都应控制到与原文件的技术审查和批准相同的水平。

① 对某些现有核动力厂,与设计、采购和调试有关的原始文件和其他文件也许不能获得。在这样的情况下,质量保证大纲应该尽可能多地应用于所列出的方面,并应特别重视核动力厂防火安全的定期审查方面。

附录　在防火安全检查、维修和试验大纲中包括的消防措施

本附录提供了在防火安全检查、维修和试验大纲中包括的设施、系统、设备和部件的实例表。它给出了关于实际应用本安全导则中提出建议的资料。执行所建议活动的频度将根据制造商的建议、国家的实际情况和具体的运行经验确定。

表22　消防措施的检查、维修和试验

消防措施	检查	维护	功能试验
1　非能动防火设施			
1.1　防火屏障和厂房的结构件，包括防火墙、地板和天花板以及防火屏障贯穿件密封（机械的和电气的）：			
（1）总的状况以及损坏或性能下降的征兆，没有未密封的开口。	+		
1.2　防火屏障封闭物（如防火门和防火阀）：			
（1）总的状况以及损坏或性能下降的征兆，包括可能阻碍封闭的障碍物；	+		
（2）部件可运行性；			+
（3）自动封闭和锁紧机构。		+	+
1.3　局部应用的分隔件（包括耐火涂层、电缆包套和套管）：			
（1）总的状况以及损坏或性能下降的征兆。	+		
1.4　在一个区域内对火灾荷载有影响的暂时的或储存的可燃物料；			
（1）总的储存状况，遵守该区域允许火灾荷载。	+		
2　火灾探测和报警系统			
2.1　火灾探测器（包括热、烟、火焰、气体取样以及易燃气体探测器）：			
（1）总的状况以及损坏或性能下降的征兆；	+		
（2）灵敏度调整和定期清洗；		+	
（3）设备可运行性和自动功能。			+

续表

消防措施	检　查	维　护	功能试验
2.2　人工火警呼叫点：			
(1)总的状况，包括可达性及损坏或性能下降的征兆；	+		
(2)设备可运行性和报警功能。			+
2.3　火警控制盘：			
(1)总的状况，包括可达性和损坏或性能下降的征兆；	+		
(2)设备可运行性和声光报警功能，包括自动功能。			+
2.4　电路：			
(1)总的状况以及电缆绝缘及连接盒损坏或性能下降的征兆；	+		
(2)电路完整性；			+
(3)正常和备用电源。	+	+	
3　应急照明			
(1)总的状况以及损坏或性能下降的征兆；	+		
(2)光的照度和分布；			+
(3)设备可运行性；			+
(4)蓄电池(适用时)。	+	+	
4　水基灭火系统			
4.1　喷水灭火系统，包括湿管、干管、雨淋灭火和预动作系统：			
(1)总的状况以及损坏或性能下降的征兆；	+		
(2)管道和支承件的完整性；	+		
(3)阀位置和可达性；	+		
(4)阀和系统可运行性以及报警功能；		+	+
(5)喷水受阻；	+		
(6)管道或喷头的堵塞(如可能时用空气加压)。		+	+

续表

消防措施	检　查	维　护	功能试验
4.2　泡沫—水灭火系统			
(1)对机械部件,参看第4.1节(适用时);	+		
(2)泡沫浓缩液的数量;	+		
(3)泡沫浓缩液的品质;			+
(4)对电气部件,参看第2.1节至第2.4节(适用时);	+	+	+
(5)人工启动方法的可达性;	+		
(6)喷洒分布;	+		
(7)管道或喷头的堵塞(如可能时用空气加压)。			+
5　气体灭火系统			
(1)总的状况以及损坏或性能下降的征兆;	+		
(2)管道和支承件的完整性;	+		
(3)系统可运行性和报警功能;			+
(4)有关部件(特别是喷放时间延迟)、通风联锁和非能动屏障封闭物(门和防火阀)的可运行性;			+
(5)人工启动的可达性;	+		
(6)被保护的隔间的密封;	+		+
(7)气体量和压力;	+		
(8)对电气部件,参看第2.1节至第2.4节(适用时);	+	+	+
(9)管道或喷头的堵塞(用空气或气体加压);		+	+
(10)排出流受阻和喷头堵塞。	+		
6　干粉灭火系统			
(1)总的状况以及损坏或性能下降的征兆;	+		
(2)干粉的量、质量、状况和压力;	+	+	

续表

消防措施	检 查	维 护	功能试验
(3)系统可运行性及报警功能；			+
(4)对机械部件,参看第4.1节(适用时)；	+	+	+
(5)对电气部件,参看第2.1节至第2.4节(适用时)；	+	+	+
(6)人工启动的可达性；	+		
(7)管道或喷头堵塞(如用空气加压)。			+
7 供水			
7.1 水源			
(1)总的状况以及损坏或性能下降的征兆(适用时)；	+	+	
(2)水质和容量、阀；	+		
(3)低水位报警功能(适用时)；			+
(4)预防结冰的措施(适用时)。	+		
7.2 供水分配管道以及消防栓			
(1)总的状况以及损坏或性能下降的征兆(适用时)；	+		
(2)可获得的水压和流量；			+
(3)消火栓和阀的可达性和可运行性；	+	+	
(4)阀位置和报警功能(适用时)；	+		+
(5)预防管道内部堵塞的措施；	+		+
(6)消除水生物或生物的生长；	+	+	
(7)预防结冰的措施(适用时)。	+		
7.3 消防泵组件			
(1)总的状况以及损坏或性能下降的征兆；	+		
(2)消防泵组件,包括电源；		+	
(3)消防泵组件(人工和自动)的可运行性,包括电源和报警功能；		+	+

续表

消防措施	检　查	维　护	功能试验
(4)消防泵的性能特性，包括流量和压力；			+
(5)消防泵蓄电池(适用时)；	+	+	+
(6)非电驱动动力源的燃料数量和质量；	+		+
(7)报警功能；			+
(8)对电气部件，参看第 2.1 节至第 2.4 节(适用时)。	+	+	+
7.4　出水管和水龙带卷筒/盘			
(1)总的状况以及损坏或性能下降的征兆；	+		
(2)设备的可达性；	+		
(3)管道和支承件的完整性；	+		
(4)系统压力和流量；			+
(5)阀和系统的可运行性和报警功能；		+	+
(6)消防水龙带压力试验；			+
(7)密封垫和水龙带重新装架(适用时)；	+	+	
(8)水龙带和水枪的可达性；	+		
(9)预防内部堵塞的措施；	+		
(10)水龙带直径和长度。	+		
8　便携式灭火器			
(1)总的状况以及可达性以及损坏或性能下降的征兆；	+		
(2)灭火介质的量和压力；	+	+	
(3)对该场所灭火器类型的适宜性；	+		
(4)灭火器容器的压力完整性。			+
9　排烟以及增压系统			
(1)总的状况以及损坏或性能下降的征兆，包括管道系统；	+		
(2)风机以及防火阀的可运行性及报警功能；		+	+
(3)电源(适用时)；			+

续表

消防措施	检 查	维 护	功能试验
(4)压力和流量；			+
(5)人工启动的可达性；	+		
(6)对电气部件，参看第2.1节至第2.4节。	+	+	+
10 在火灾事件中使用的通信系统			
(1)总的状况以及损坏或性能下降的征兆；	+		
(2)系统可运行性；			+
(3)对电气部件，参看第2.4节(适用时)；	+	+	+
(4)电源(适用时)。			+
11 应急车辆和设备			
(1)总的状况以及损坏或性能下降的征兆；	+		
(2)可运行性；		+	+
(3)设备的存量。	+		
12 消防人员进入和撤离路线			
(1)总的状况和损坏或堵塞的征兆；	+		
(2)出入门的可用性；		+	+
(3)进入及撤离路线的标识。	+		
13 火灾应急程序的确认			
(1)现行程序；	+	+	
(2)用模拟方法进行应急程序的测试。			+

名词解释

下列术语适用于本导则。

可燃物料：当遇如火或热的特殊条件下能够着火、燃烧、支持燃烧或释放出可燃蒸汽的固态、液态或气态的材料。

防火屏障：用于限制火灾后果的屏障，包括墙壁、地板、天花板或封堵像门洞、闸门、贯穿件和通风系统等通道的装置。防火屏障用额定耐火极限来表征。

防火阀：在规定条件下，为防止火灾通过风管蔓延所设计的自动操作装置。

火灾荷载：计算空间内所有可燃物料(包括墙壁、隔墙、地板和天花板的面层)全部燃烧可能释放出的总热能。耐火极限：建筑结构构件、部件或构筑物在规定的时间范围内、标准燃烧试验条件下承受所要求荷载、保持完整性和(或)热绝缘和(或)所规定的其他预计功能的能力。

阻燃：物体对某些物料的燃烧起熄灭、减少或显著阻滞作用的性质。

监火员：为了探测火灾或确定存在潜在火灾风险的活动和条件而负责对核动力厂活动或区域提供额外的（如在热工作时）或补偿的（如系统损坏时）服务的一个或一个以上的人员。这些人员应在确定存在潜在火灾风险的条件和活动方面以及在使用消防设备和恰当的火警通知程序方面得到培训。

动火工作：有可能引起火灾的工作，特别是涉及使用明火、钎焊、焊接、火焰切割、研磨或金刚石砂轮切割等工作。

点燃源：用来点燃可燃物料的（外部的）热源。

安全：实现适当的运行条件，预防事故或减轻事故后果，以保护厂区人员、公众和环境免受不适当的辐射危害。

4.2.2.5　HAD 103/11—2006

定期安全审查指的是以规定的时间间隔对运行核动力厂的安全性进行的系统性再评价，以应对老化、修改、运行经验、技术更新和厂址方面的积累效应，目的是确保核动力厂在整个使用寿期内具有高的安全水平。

在《核动力厂运行安全规定》(HAF 103—2004)第10章，规定了“在核动力厂整个运行寿期内考虑到运行经验和从所有相关来源得到的新的重要安全信息，营运单位必须根据管理要求对核动力厂进行系统的安全重新评价”，并且规定这种评价“必须采用定期安全审查的方式”。

对核动力厂运行的安全审查有常规安全审查和专项安全审查，它们是安全验证的主要手段。常规安全审查包括对核动力厂硬件和程序的修改、安全重要事件、运行经验、核动力厂运行管理、人员资格等的审查。专项安全审查是在核动力厂发生安全上的重大事件之后进行的审查。

定期安全审查用以评价核动力厂老化、修改、运行经验、技术更新和厂址方面的积累效应。这种审查包括对按照现行安全标准和实践对核动力厂设计和运行进行评价比较，目的在于确保核动力厂在整个使用寿期内具有高的安全水平。定期安全审查是对常规安全审查和专项安全审查的补充，而不是替代。

该导则适用于运行核动力厂的定期安全审查。这种审查是对所有安全重要方面定期（一般为10年）进行的综合性安全审查。

该导则强调，自从20世纪50年代第一代商用核动力厂投运以来，由新的科学技术知识、更好的分析方法以及从运行经验得到的教训导致在安全标准和实践以及技术方面已经获得重大的发展。然而，这些发展并不意味着现有运行核动力厂是不安全的，核动力厂总的安全记录是好的。

根据已有的经验，第一次定期安全审查应在核动力厂开始运行后大约第10年时进行，以后每10年进行一次，直至运行寿期终了。在10年期间内预计安全标准、技术以及作为基础的科学知识和分析方法可能会显著改变；核动力厂修改和老化的积累效应需要评价；核动力厂营运单位以及国家核安全监管部门在人员配备、管理结构上可能有显著变化。

为了便于审查，可以把整个核动力厂定期安全审查任务划分为若干项安全要素。

同时，定期安全审查的持续时间应不超过3年。营运单位应对定期安全审查的实施负全面责任。

在安全要素中，将灾害分析列入第7项内容。

根据国际经验，选择了14项定期安全审查的安全要素。为了方便审查，把这些要素分为以下五个方面。此外，还有汇总各个安全要素审查结果的总体评价。

14项定期安全审查的安全要素是：核动力厂设计；构筑物、系统和部件的实际状态；设备合格鉴定；老化安全分析；确定论安全分析；概率安全分析；灾害分析性能和经验反馈；安全性能；其他核动力厂经验及研究成果的应用管理；组织机构和行政管理；程序；人因；应急计划环境；辐射环境影响。

虽然定期安全审查要就每一项安全要素确定该核动力厂与现行的安全标准和实践的差异，但要用反映所有安全要素的组合效应的总体评价来确定核动力厂的安全性。对核动力厂的单个弱项本身而言可能是可以接受的，但是多个弱项的组合效应的可接受性还应采用概率安全分析（如适用）进行审查。另外，一安全要素上的弱项有时可被另一安全要素上的强项所弥补。例如在设计或设备做适当修改前，可以暂时地利用人因上的强项去补偿设计或设备上的薄弱环节。具体例子是用适当程序指引的操纵员行动去补偿对假设的概率极低、变化缓慢的反应堆故障的自动保护的暂时不足。在这种情况下，应通过安全分析来确认这种临时安排的可接受性。

我们需要关注的就是它对灾害分析的要求，其中就涉及火灾。

4.2.7　灾害分析

4.2.7.1　目的

该项审查的目的是要确定核动力厂防御内部和外部灾害的充分性，应在考虑核动力厂的实际设计，厂址的实际特征，构筑物、系统和部件的实际状态及在本次定期安全审查所覆盖的周期末它们的预计状态、现行的分析方法、安全标准和经验的基础上作这种确定。

4.2.7.2　说明

4.2.7.2.1　为了保证所要求的安全功能和操纵员行动得以实现，安全重要的构筑物、系统和部件包括控制室和应急控制中心应该充分地防御相应的内部和外部灾害。该项审查应在考虑核动力厂的实际设计，构筑物、系统和部件的实际状态以及厂址特征的基础上，建立起可能影响核动力厂安全的内部和外部灾害的清单。其中，应考虑核动力厂设计、气候、潜在洪水以及厂址附近交通运输和工业活动的变化。

4.2.7.2.2　对于相应的灾害，该项审查应该利用现行分析技术和数据证明，或者这些灾害的概率足够低或后果足够小，以致不需要任何特殊的防护措施，或者预防和缓解这些灾害的措施是充分的。

并对作为营运单位和国家核安全监管部门的职责予以界定，具体如下：

5.1　核动力厂营运单位对进行定期安全审查和向核安全监管部门报告审查

结果负责。核动力厂营运单位还应尽早向国家核安全监管部门报告审查过程中的任何重要发现。

5.2 国家核安全监管部门对定期安全审查负如下责任:规定或认可定期安全审查的要求;审查定期安全审查的执行情况;审查定期安全审查所得出的结论;审查定期安全审查产生的纠正行动和(或)安全改进;采取相应的批准或认可措施。

5.3 营运单位可以借助外部援助来进行定期安全审查,但所承担的责任不转移。营运单位应有足够的技术力量对外单位在执行合同方面进行有效管理。

5.4 为了保证审查的客观性,在定期安全审查中营运单位进行的某些工作,比如对核动力厂营运单位的“组织机构和行政管理”“人因”这样一些要素的审查,可以由外部专家独立承担。尽管营运单位对实施定期安全审查负全面责任,但为了提供必要的客观性,应进行这种独立审查。

关于定期安全审查工作的流程,可参考以下的图 118 至图 122(第 1.4.2.5 节)深入了解。

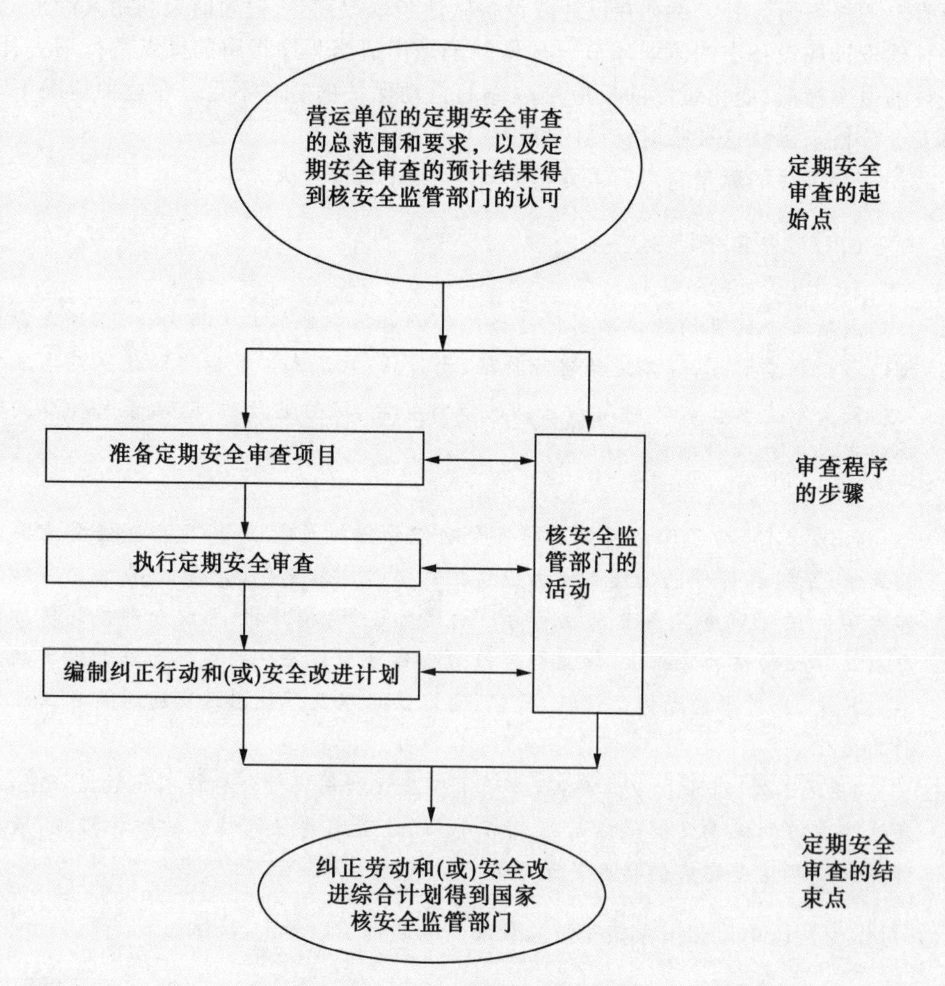

图 118 核动力厂定期安全审查流程图

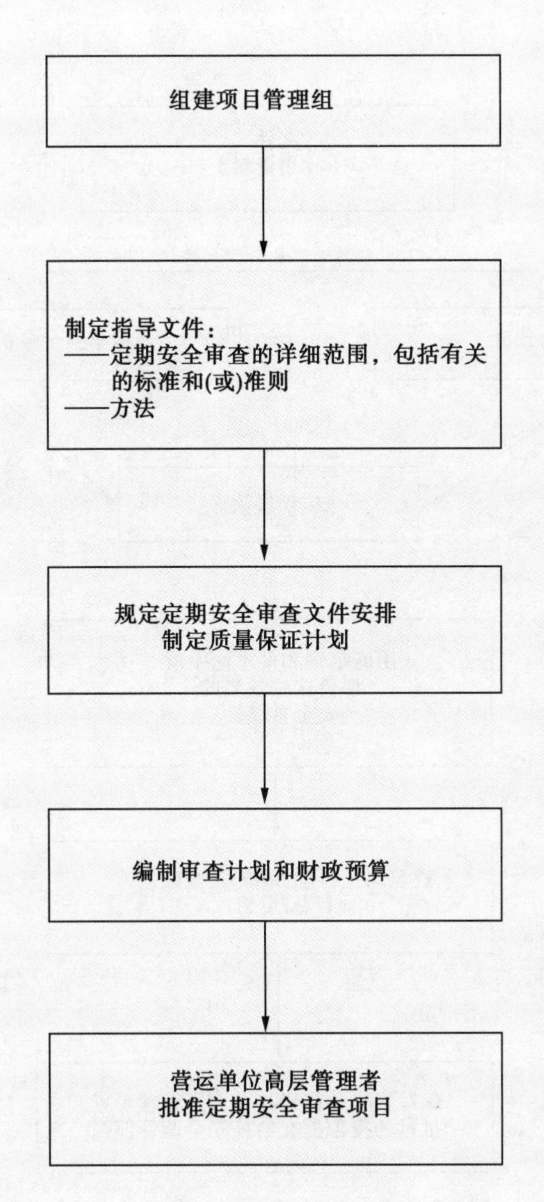

图 119　准备定期安全审查项目的流程图

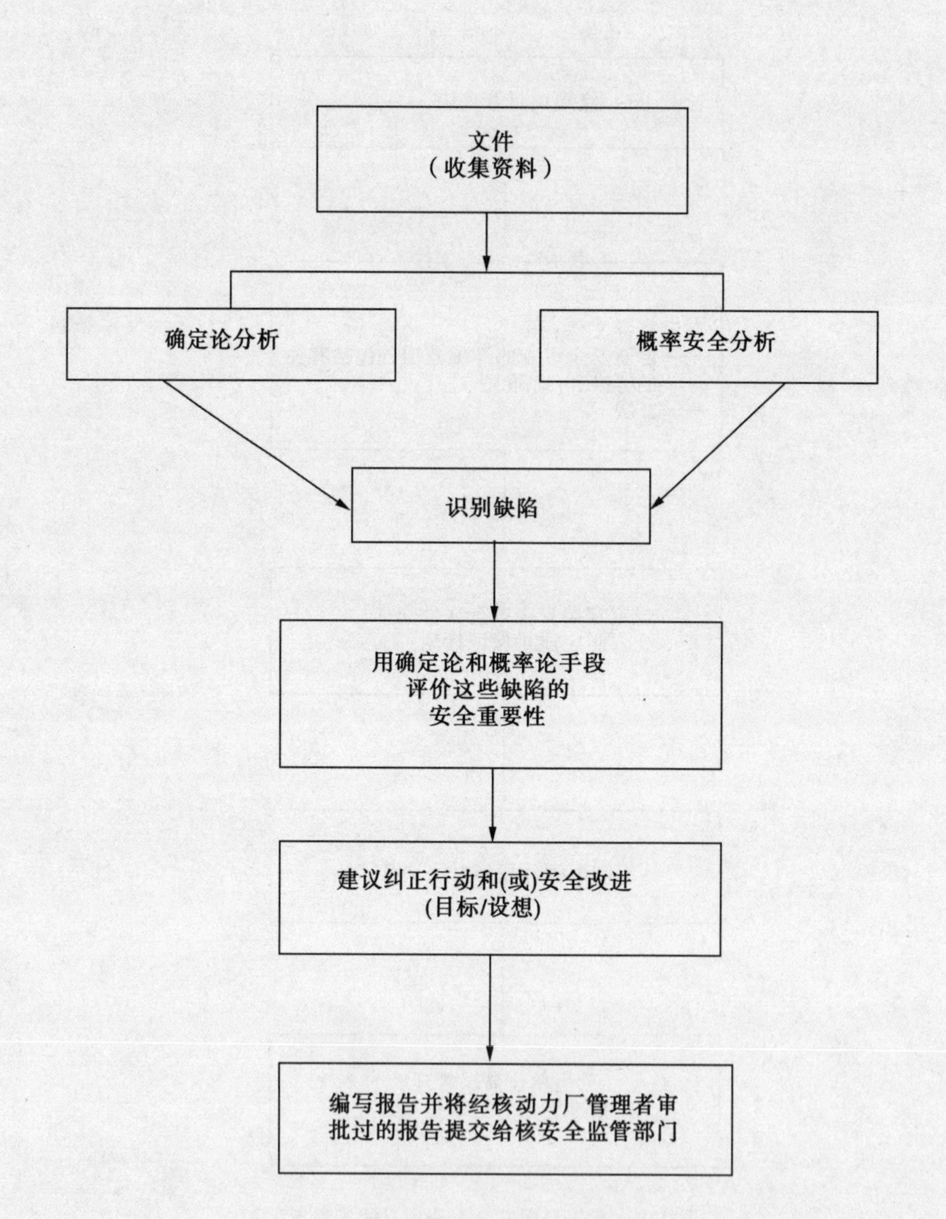

图120　执行定期安全审查的流程图

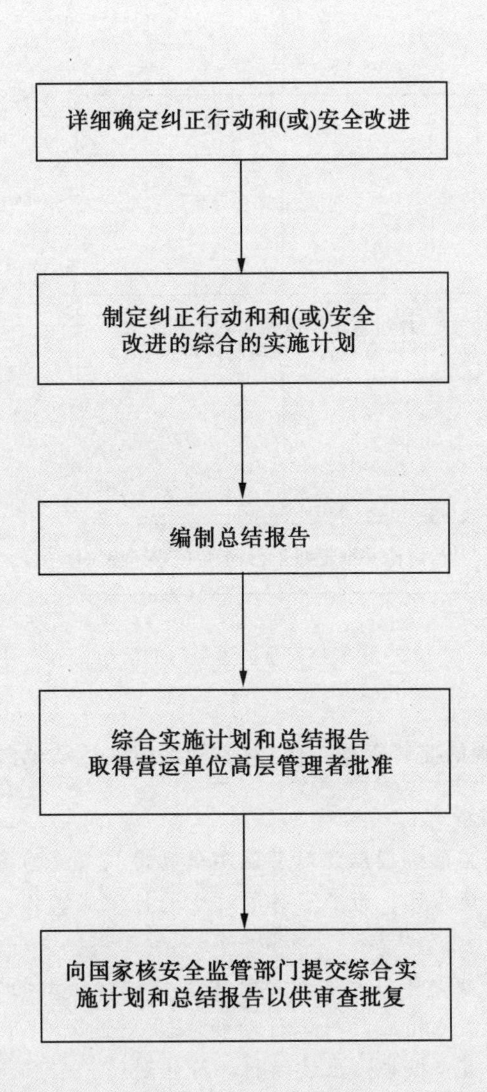

图 121　编制纠正行动和(或)安全改进计划

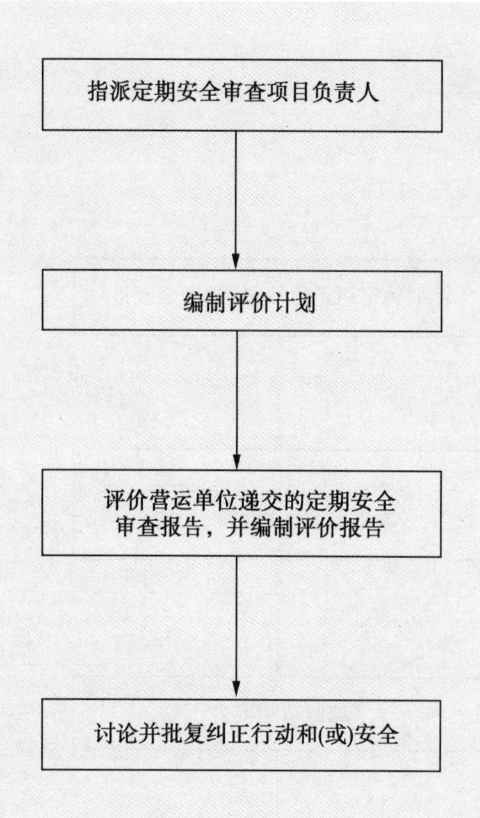

图122　国家核安全监管部门的活动

另外，作为独立、客观的监督管理工作，对监管部门的活动也做出了细致的规定：

6.3　核安全监管部门的活动

6.3.1　核安全监管部门组织对营运单位的定期安全审查工作进行审查，包括与营运单位保持交换意见。为了富有成效地进行上述工作，核安全监管部门应指派专人负责。

6.3.2　核安全监管部门为了监督营运单位执行全面的定期安全审查及其在认可的时间范围内实施相应的纠正行动和(或)安全改进(其中，主要评价营运单位递交的定期安全审查报告)，应该编制评价计划。

6.3.3　审评技术专家应完成评价报告。该报告应明确地指出这些专家认为需要解决的有重要安全意义的事项。评价报告还应对营运单位所提出的纠正行动和(或)安全改进的目标和(或)设想的可接受性给出初步评价。

6.3.4　核安全监管部门应与营运单位就评价报告进行正式讨论，并批复营运单位的纠正行动和(或)安全改进综合实施计划。

6.3.5　在极少数情况下，定期安全审查识别出会对公众和工作人员直接造成重大风险的安全缺陷。这时，核安全监管部门应督促营运单位立即采取纠正行动，不必等到定期安全审查结束后再行动。这可能涉及在问题解决之前，建议或强制实施运行限制或暂时停堆。

话归原题，我们还是看看关于灾害分析内容吧！

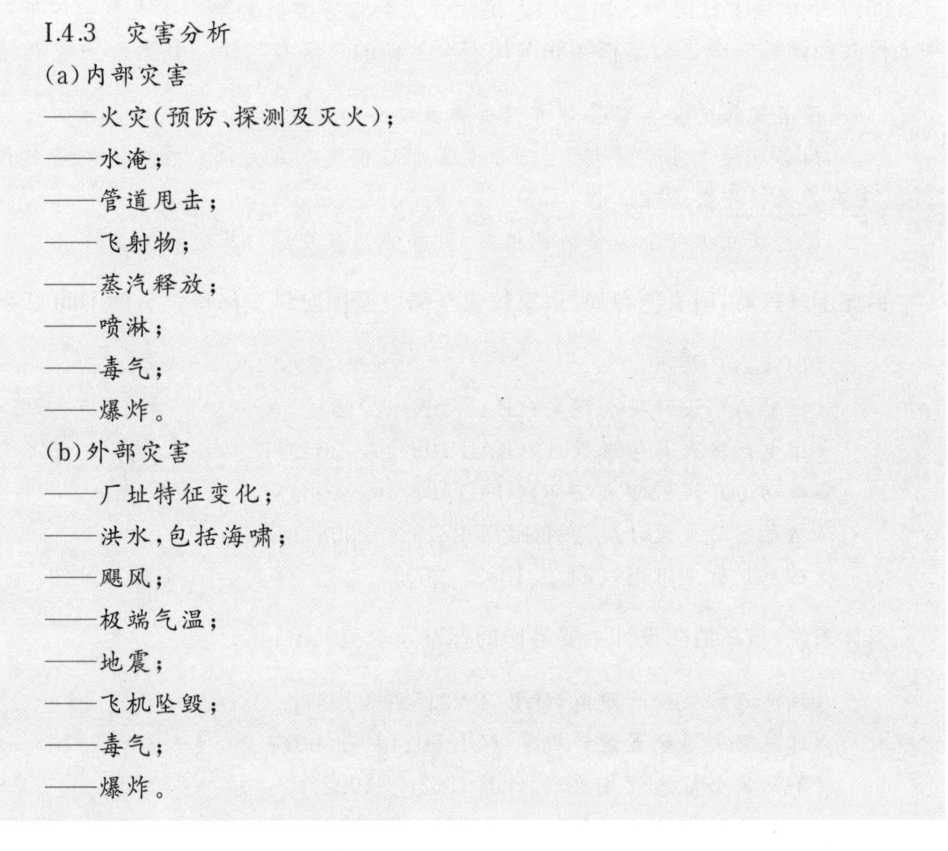

I.4.3　灾害分析

(a)内部灾害

——火灾(预防、探测及灭火)；

——水淹；

——管道甩击；

——飞射物；

——蒸汽释放；

——喷淋；

——毒气；

——爆炸。

(b)外部灾害

——厂址特征变化；

——洪水，包括海啸；

——飓风；

——极端气温；

——地震；

——飞机坠毁；

——毒气；

——爆炸。

4.2.3　国家国防科工局的监督管理要求

国家国防科技工业局(简称“国家国防科工局”)的前身是 1998 年成立的中华人民共和国国防科学技术工业委员会。根据第十一届全国人大一次会议 2008 年 3 月 11 日第四次全体会议精神，《国务院机构改革方案》(简称“《方案》”)出台。国务院拟组建国家国防科技工业局，由新组建的工业和信息化部管理，不再保留国防科学技术工业委员会。国防科技工业作为国家战略性高技术产业，涵盖核、航天、航空、兵器、船舶、电子六大行业，肩负着强军和富国的双重使命。

国防科工局作为中国主管国防科技工业的行政管理机关，其主要职责是为国防和军队建设服务、为国民经济发展服务、为涉军企事业单位服务。同时，国防科工局还负责组织协调政府和国际组织间原子能和航天活动方面的交流与合作。该局具体负责组织管理国防科技工业计划、政策、标准及法规的制定与执行情况监督。

因为核工业为国防科技工业的组成部分，而国防科工局是国防科技工业的行业主管部门，所以作为原子能事业发展的核电厂，也在其职责管辖范围内。

具体来说，它负责核材料管制、核能开发科研申报、乏燃料后处理科研项目申报等与核工业有关的工作。另外，在核能利用上发挥着越来越大影响力的中国核能行业协会，也作为国防科工局局管行业协会，受其指导。

最后谈一下，作为民用核设施的核电厂还需遵循的法规和标准。

2017年9月1日第十二届全国人民代表大会常务委员会第二十九次会议通过的《中华人民共和国核安全法》，是指导我国核安全工作的一部专门法。其第六条规定：

> 国务院核安全监督管理部门负责核安全的监督管理。
>
> 国务院核工业主管部门、能源主管部门和其他有关部门在各自职责范围内负责有关的核安全管理工作。
>
> 国家建立核安全工作协调机制，统筹协调有关部门推进相关工作。

由此不难理解，国家能源局、国家核安全局以及国防科工局所担负的不同职责了！

> (1)核岛厂房
>
> 《核动力厂设计安全规定》(HAF 102—2016)；
>
> 《核电厂防火与防爆设计》(HAD 102/11—2019)；
>
> 《核动力厂运行防火安全》(HAD 103/10—2004)；
>
> 《核电厂防火设计规范》(GB/T 22158—2008)；
>
> 《核电厂防火准则》(EJ/T 1082—2005)。

具体来说，核岛消防设计主要遵循的标准及规范如下：

> 《核电厂防火设计规范》(GB/T 22158—2008)；
>
> 《建筑灭火器配置设计规范》(GB 50140—2005)；
>
> 《消防安全标志设置要求》(GB 15630—1995)；
>
> 《建筑物防雷设计规范》(GB 50057—2010)；
>
> 《电力工程电缆设计标准》(GB 50217—2018)；
>
> 《建筑钢结构防火技术规范》(GB 51249—2017)；
>
> 《建筑防烟排烟系统技术标准》(GB 51251—2017)；
>
> 《爆炸危险环境电力装置设计规范》(GB 50058—2014)；
>
> 《火灾自动报警系统设计规范》(GB 50116—2013)；
>
> 《门和卷帘的耐火试验方法》(GB/T 7633—2008)；
>
> 《防火门》(GB 12955—2015)；
>
> 《建筑构件耐火试验方法》(GB/T 9978—2008)；
>
> 《电缆和光缆绝缘和护套材料通用试验方法》(GB/T 2951—2008)；
>
> 《电线电缆电性能试验方法》(GB/T 3048—2007)；

《阻燃和耐火电线电缆通则》(GB/T 19666—2005)；
《取自电缆或光缆的材料燃烧时释出气体的试验方法》(GB/T 17650—1998)；
《电缆或光缆在特定条件下燃烧的烟密度测定》(GB/T 17651—1998)；
《电缆和光缆在火焰条件下的燃烧试验》(GB/T 18380—2008)。

(2)常规岛厂房

《建筑设计防火规范》(GB 50016—2014)(2018 版)；
《核电厂常规岛设计防火规范》(GB 50745—2012)；
《消防给水及消火栓系统技术规范》(GB 50974—2014)；
《火力发电厂和变电站设计防火标准》(GB 50229—2019)；
《泡沫灭火系统设计规范》(GB 50151—2010)；
《气体灭火系统设计规范》(GB 50370—2005)；
《电力设备典型消防规程》(DL 5027—2015)等。

(3)BOP 厂房

《建筑设计防火规范》(GB 50016—2014)(2018 版)；
《消防给水及消火栓系统技术规范》(GB 50974—2014)；
《自动喷水灭火系统设计规范》(GB 50084—2017)；
《水喷雾灭火系统技术规范》(GB 50219—2014)；
《建筑灭火器配置设计规范》(GB 50140—2005)；
《泡沫灭火系统设计规范》(GB 50151—2010)；
《火灾自动报警系统设计规范》(GB 50116—2013)；
《民用建筑电气设计规范》(JGJ 16—2008)等。

第5章　防火研究的意义及FHA工作要求

5.1　核电厂防火研究的意义

在20世纪70年代至90年代国外核电厂发生的火灾事故中，我们选取了其中的10个作为案例。

(1)1975年3月22日，美国Browns Ferry核电厂在与反应堆厂房相邻的连接厂房电缆贯穿件区用明火做耐火封堵(非阻燃材料)的密封性实验时，电缆被点燃，造成火灾从连接厂房一直烧进反应堆厂房，达7 h之久，使26个电缆盘受损，其中与安全相关的电缆有628根，造成主控室失去部分安全监控功能。

(2)1985年7月7日，台湾马鞍山压水堆核电厂汽轮发电机突发大火，停机14个月。

(3)1987年8月，法国CATTENON核电厂2号机组核辅助厂房中盛有塑料手套、衣服、纸片等杂物的废物箱着火，造成250万法朗经济损失。

(4)1988年4月，法国格拉芙林1号机组主变压器油枕爆炸起火，顶盖飞出，造成2000万法朗经济损失。

(5)1989年，西班牙Vandellos-1由于应力腐蚀造成高压缸(汽轮机)叶片飞出，强烈的振动导致润滑油管线(路)断裂，造成汽轮机运行层以下发生特大火灾，汽轮机和核岛厂房都受淹，使有17年优良运行记录的核电厂被迫提前退役。

(6)1991年，乌克兰切尔诺贝利2号机组电路故障导致励磁绕组线圈和护圈出现故障，氢气管泄漏引起火灾，厂房屋顶垮塌损及主给水和辅助给水泵，使机组不能重新启动。

(7)1992年8月，法国St Alban核电厂由于发电机氢冷管路漏氢发生火灾，发电机损坏，造成9000万法郎经济损失。

(8)1993年，印度Narora-I(1989年7月投运)核电厂因疲劳引起低压缸叶片受损折断，机身强烈振动，氢密封泄漏，引起油大火，导致全厂断电，电厂停运1年多。

(9)1996年，美国Palo Verde核电厂(1986年5月投运)2号机组主控室(MCR)后部机柜电气失火，可居留性条件丧失，启动应急计划。

(10)1986年，苏联切尔诺贝利核电厂4号机组发生反应堆爆炸的严重事故，引起火灾，造成10余名消防队员牺牲，活化放射性烟雾扩散。这是核安全直接与火灾事件紧密联系在一起的事故。在由核事故引起的火灾中，大量的飞灰和烟尘作为一种载体，把堆熔事故中释放出的放射性物质传播到电厂外围，构成了区域性的大面积核泄漏，造成了有史以来最大的核电厂灾难性事故。

表 5-1 是国外核电厂在 1971～1993 年发生过的火灾情况。

表 5-1　国外核电厂 1971～1993 年火灾统计情况

国家	时间	机组类型	类型
瑞士	1971 年 7 月 28 日	PWR	汽轮发电机
瑞士	1971 年 7 月 28 日	PWR	—
美国	1975 年 3 月 22 日	PWR	电缆
德国	1975 年 12 月 7 日	—	电缆
瑞典	1979 年 4 月 13 日	PWR	电缆
苏联（现乌克兰）	1986 年 4 月 26 日	PWR	反应堆爆炸
法国	1985 年 5 月 8 日	PWR	废物
法国	—	PWR	反应堆厂房溶剂
法国	1988 年 4 月 15 日	PWR	—
法国	1988 年 12 月 15 日	PWR	—
西班牙	1989 年 10 月 19 日	PWR	氢爆
乌克兰	1991 年 10 月 10 日	—	氢爆
美国	1992 年 4 月 29 日	PWR	氢爆
法国	1992 年 8 月 24 日	PWR	氢爆
法国	1992 年 9 月 9 日	PWR	废料烘干机
美国	1993 年 12 月 25 日	BWR	氢爆
美国	1993 年 1 月 27 日	BWR	氢爆
印度	1993 年	—	—

我国大陆的核电厂也发生过一些火灾事件。通过表 5-2，可以了解某核电厂在 2013 年发生的与防火有关的情况。

表 5-2　国内某核电厂与防火有关的情况

序号	事件内容
1	汽轮机高压缸保温层发生阴燃
2	位于 +18 m 平台的设备闸门右方火灾报警盘，多次触发火灾误报警
3	某消防雨淋阀不可用
4	位于生产培训中心一楼的配电间起火

续表

序号	事件内容
5	在冷却泵房间内屋顶上电缆，发现火花
6	机组大修期间，火灾报警频繁
7	102#火灾报警系统多点，触发火警、手动报警、故障报警
8	3#循环水管坑送电跳闸，电气回路冒火花
9	外网生活水、消防水地下管道腐蚀渗漏
10	由于某厂房内进行切割作业，引发火灾报警
11	15#循环泵电机接线盒电缆某相起火
12	25#循环水泵电机的接线盒起火
13	电气仪控楼两楼发生火险
14	12#凝结泵起火
15	主泵B泵局部的保温层，发生阴燃
16	违反切割作业操作程序，导致管道内衬胶燃烧
17	办公大楼发生火险事件，导致几个相关系统不可用
18	某冷却泵的接线盒着火并自动跳闸
19	20#工业水泵的轴承，冒烟起火
20	12#锅炉房附近着火
21	电动环形轨起重机的供电导轨易打火
22	K厂房某房间顶部的照明电缆起火
23	检修人员拆除顶轴油泵电缆过程中，造成10#顶轴油泵电缆头烧毁
24	05#循环泵电缆接线盒，起火爆炸
25	由于12#循环泵电缆接头过热，引起电缆短路、爆炸
26	05#厂房10号消防雨淋阀误动作跑水
27	发电机13#整流柜风机电机烧毁
28	07#厂房屋顶填料燃烧事件
29	09#厂房14号消防雨淋阀误动作跑水

以上案例，都是活生生的事实，真是令人触目惊心！国内外核电厂发生的火灾，其直接和间接经济损失无疑是巨大的。从另一个角度看，我们可以认为火灾是对核电厂最直接的威胁之一，这些案例也在时时刻刻提醒着我们要引起重视。而对于核电厂的防火技术情况，作为技术人员，应消化、吸收尤其是熟悉其技术特点，并结合已有的工程实践经验，找出其防火弱项内容，这对于持续改进核电厂的防火水平是大有裨益的。

工业建筑发生火灾时造成的生命财产损失与建筑物内的物质、工艺及操作的火灾危险性和采取的措施有直接关系。所以在进行防火设计时,必须首先判断建筑物厂房或仓库内火灾危险程度的高低,进而制定出行之有效的防火对策。对此,在《建筑设计防火规范》(GB 50016—2014)(2018 版)中有详细规定,具体内容如下:

一、火灾危险性评定的主要指标

1.气体:爆炸极限和自燃点

可燃气体的爆炸极限范围越大,爆炸下限越低,越容易与空气或其他助燃气体形成爆炸性气体混合物,其火灾爆炸危险性也越大。可燃气体的自燃点越低,遇有高温表面等热源引燃的可能性越大,火灾爆炸的危险性也越大

2.液体:闪点

评定可燃液体火灾危险性最直接的指标是蒸汽压,蒸汽压越高,越易挥发,闪点也越低。而闪点越低的液体,越易挥发而形成爆炸性气体混合物,引燃也越容易。对于可燃液体,通常还用自燃点作为评定火灾危险性的指标,自燃点越低的液体,越易发生自燃。

3.固体:熔点和燃点

熔点低的固体易蒸发或汽化,燃点也较低,燃烧速度也较快。许多熔点低的易燃固体还有闪燃现象。

粉状可燃固体:以爆炸浓度下限为指标。

遇水燃烧固体:以与水反应速度的快慢和放热量的大小为指标。

自燃性固体:以自燃点作为指标。

受热分解可燃固体:以分解温度作为评定指标。

二、生产火灾危险性的确定

同一座厂房或厂房的任一防火分区内有不同火灾危险性生产时,厂房或防火分区内的生产火灾危险性类别应按火灾危险性较大的部分确定;当生产过程中使用或产生易燃、可燃物的量较少,不足以构成爆炸或火灾危险时,可按实际情况确定;当符合下述条件之一时,可按火灾危险性较小的部分确定:

(1)火灾危险性较大的生产部分占本层或本防火分区建筑面积的比例小于5%或丁、戊类厂房内的油漆工段小于10%,且发生火灾事故时不足以蔓延至其他部位或火灾危险性较大的生产部分采取了有效的防火措施;

(2)丁、戊类厂房内的油漆工段,当采用封闭喷漆工艺,封闭喷漆空间内保持负压、油漆工段设置可燃气体探测报警系统或自动抑爆系统,且油漆工段占所在防火分区建筑面积的比例不大于20%。

三、储存火灾危险性的确定

同一座仓库或仓库的任一防火分区内储存不同火灾危险性物品时,仓库或防火分区的火灾危险性应按火灾危险性最大的物品确定。

注:当数种火灾危险性不同的物品存放在一起时,建筑的耐火等级、允许层数和允许面积均要求按最危险者的要求确定。如同一座仓库存放有甲、乙、丙三类物

品，仓库就需要按甲类储存物品仓库的要求设计。

丁、戊类储存物品仓库的火灾危险性，当可燃包装重量大于物品本身重量的1/4或可燃包装体积大于物品本身体积的1/2时，应按丙类确定。

由于核电工程属于特殊工程，国标对此不适用。那么，核电厂的火灾危险性是怎么的呢？

火灾危险性在核电厂中约定俗成地被叫作“火灾危害性”，以分析报告形成，并被作为附件接受国家核安全局的审查。

5.2 核岛火灾危害性分析报告的编制

从大亚湾核电厂开始，我国国家核安全局结合国际关注，逐步推进了对核电厂火灾危害性分析报告的审查工作。正规编制工作还要从岭澳核电厂1号、2号机组开始说起。

根据我国核电厂相关法规标准的要求，需要开展火灾危害性分析工作。

《核动力厂设计安全规定》(HAF 102—2004)第5.2.4.1条规定；

《核电厂防火》(HAD 102/11—1996)第3.4.1条规定；

《核电厂防火准则》(EJ/T 1082—2005)第4.3.1条规定；

《核电厂消防安全监督管理规定》(科工法[2006]1191号)；

《核动力厂运行防火安全》(HAD 103/10—2004)；

《压水堆核电站防火设计和建造规则》(RCC-I)(1983版和1987版的应用部分，及1997版的适用部分)；

《核电厂防火设计规范》(GB/T 22158—2008)；

《核电厂火灾危害性分析评价》(HAF J 0071—1998)；

《核动力厂火灾危害性分析指南》(EJ/T 1217—2007)。

经过对比大陆地区核电厂报告的格式与内容，建议按照以下形式编制火灾危害性分析报告(Fire Hazard Analysis，FHA)，能够把防火工作需要的技术内容表达清楚。具体内容如下：

核电厂火灾危害性分析报告
标准格式与内容

环境保护部
核与辐射安全中心

××××年××月

说 明

核电厂的运行经验表明火灾是可以对核安全构成直接威胁的。对核电厂进行火灾危害性分析工作,有利于提高核电厂总体安全水平。针对我国引进不同国家的核电技术的现实,火灾危害分析工作的范围、内容、深度存在不一致、不便于审评工作开展的情况。将火灾危害性分析工作标准化,有利于执照申请单位的火灾危害性分析工作的开展,也有利于提高相关核安全审评的工作效率。

目　录

第一部分　主报告

第五章　火灾危害性分析

5.1　反应堆厂房

5.1.1　火灾危害的分布

5.1.2　各防火空间火灾危害性分析

5.1.3　防火措施

5.2　安全厂房

5.2.1　火灾危害的分布

5.2.2　各防火空间火灾危害性分析

5.2.3　防火措施

5.3　控制厂房

5.3.1　火灾危害的分布

5.3.2　各防火空间火灾危害性分析

5.3.3　防火措施

5.4　应急柴油发电机厂房

5.4.1　火灾危害的分布

5.4.2　各防火空间火灾危害性分析

5.4.3　防火措施

5.5　核辅助厂房

5.5.1　火灾危害的分布

5.5.2　各防火空间火灾危害性分析

5.5.3　防火措施

5.6　储存厂房

5.6.1　火灾危害的分布

5.6.2　各防火空间火灾危害性分析

5.6.3　防火措施

5.7　核服务厂房

5.7.1　火灾危害的分布

5.7.2　各防火空间火灾危害性分析

5.7.3　防火措施

5.8　蒸汽间厂房

5.8.1　火灾危害的分布

5.8.2　各防火空间火灾危害性分析

5.8.3　防火措施

5.9　安全厂用水泵房

5.9.1　火灾危害的分布

5.9.2　各防火空间火灾危害性分析

5.9.3　防火措施
5.10　燃料厂房

第六章　其他安全区域的火灾危害性分析

6.1　废物辅助厂房
6.1.1　火灾危害的分布
6.1.2　各防火空间火灾危害性分析
6.1.3　防火措施
6.2　废物暂存库
6.2.1　火灾危害的分布
6.2.2　各防火空间火灾危害性分析
6.2.3　防火措施
6.3　设备运输闸门龙门架
6.3.1　火灾危害的分布
6.3.2　各防火空间火灾危害性分析
6.3.3　防火措施
6.4　消防水泵房
6.4.1　火灾危害的分布
6.4.2　各防火空间火灾危害性分析 6.4.3 防火措施
6.5　核岛废液储罐
6.5.1　火灾危害的分布
6.5.2　各防火空间火灾危害性分析
6.5.3　防火措施
6.6　常规岛废液储罐
6.6.1　火灾危害的分布
6.6.2　各防火空间火灾危害性分析
6.6.3　防火措施
6.7　停堆用更衣室
6.7.1　火灾危害的分布
6.7.2　各防火空间火灾危害性分析
6.7.3　防火措施

第七章　其他区域的火灾危害性分析

7.1　汽轮机厂房
7.2　冷却水泵房厂房
7.3　水处理厂房

第八章　重要的BOP厂房火灾危害性分析

8.1　变压器
8.2　开关站
8.3　网控楼
8.4　蓄电池间

第九章　火灾自动报警系统

9.1　火灾自动报警系统描述
9.1.1　火灾自动报警系统功能
9.1.2　火灾自动报警系统结构
9.1.3　主泵的火灾探测和报警
9.1.4　主控室的火灾探测和报警
9.1.5　主变压器的火灾探测和报警
9.2　核岛火灾自动报警系统
9.3　核岛氢气监测系统
9.4　辅助火灾探测和报警

第十章　核岛灭火系统

10.1　消防水生产系统
10.2　消防水分配系统
10.3　室外消火栓系统
10.4　室内消火栓系统
10.5　水喷雾灭火系统
10.6　水喷淋灭火系统
10.7　气体消防系统
10.8　手提式和移动式灭火器系统
10.9　其他特殊的消防系统

第十一章　其他重要区域的灭火系统

11.1　消防水生产系统
11.2　消防水分配系统
11.3　室外消火栓系统
11.4　室内消火栓系统
11.5　水喷雾灭火系统
11.6　水喷淋灭火系统
11.7　气体消防系统

11.8　手提式和移动式灭火器系统
11.9　其他特殊的消防系统

第十二章　可燃物的管理

第十三章　人工干预与消防应急

13.1　消防通道
13.2　应急照明
13.3　消防通信
13.4　消防应急组织
13.5　手提式及推车式灭火器的分布位置图

第十四章　火灾对核安全影响的分析与评估

14.1　简述与分析假设
14.2　反应堆保护系统的防火分隔
14.3　反应堆冷却系统及其相关系统的防火分隔
14.4　应急电源的防火分隔
14.5　潜在放射性烟气的监测与排放

第十五章　结论

15.1　防火空间设置
15.2　防火屏障
15.3　火灾自动报警系统
15.4　消防水生产和分配系统
15.5　灭火系统(包括固定灭火系统和灭火器)
15.6　排烟和烟气的放射性监测
15.7　消防通道
15.8　应急照明
15.9　应急通信

第二部分　防火分区分析表

附件目录(示例)
附件 1　反应堆厂房火灾危害性分析表
附件 2　安全厂房火灾危害性分析表

附件 3　控制厂房火灾危害性分析表
附件 4　应急柴油发电机房火灾危害性分析表
附件 5　核辅助厂房火灾危害性分析表
附件 6　储存厂房的火灾危害性分析表
附件 7　核服务厂房的火灾危害性分析表
附件 8　蒸汽间的火灾危害性分析表
附件 9　安全厂用水泵房的火灾危害性分析表
附件 10　其他安全区域的火灾危害性分析表
附件 11　消防水生产系统和分配系统流程图
附件 12　火灾自动报警系统图
附件 13　固定灭火系统流程图
附件 14　火灾人工干预条件与应急组织流程图
附件 15　核岛通风和排烟系统流程图
附件 16　核岛应急照明供电与通信系统流程图
附件 17　核岛设计假设火灾分布图
附件 18　灭火器位置分布图
附件 19　消火栓位置分布图

第一部分　主报告

第一章　引　言

1.1　概述

阐述开展“核电厂火灾危害性分析报告工作”的意义，以及本工程中在防火设计上所采用及参考的法规标准的考虑。

1.2　火灾危害性分析的必要性

根据我国核电厂相关法规标准的要求，需要开展火灾危害性分析工作。

1.3　火灾危害性分析的目的

根据《核电厂防火》(HAD 102/11—1996)第3.4.1条规定，火灾危害性分析应验证防火设计达到如下六个目的：

▶确定安全重要物项；

▶分析预计的火灾发展过程和火灾对安全重要物项造成的后果；

▶确定防火屏障所需耐火极限；

▶确定要设置的火灾探测类型和采用的防火手段；

▶就各种因素特别是共模故障确定需设置附加火灾分隔或防火设施的场所，以确保安全重要物项在可信火灾期间及以后仍能保持其功能；

▶防止火灾对执行反应性控制、余热排出和放射性物质包容三项核安全功能的影响。

1.4　防火设计采用的法规、标准

根据工程实际情况，列出实际采用的法规、标准。

1.5　差异项内容

1.6　火灾薄弱环节分析报告

针对经分析梳理出的薄弱环节部分，予以说明。必要时，须编制火灾薄弱

环节分析报告，作为“核电厂火灾危害性分析报告”的附属报告。

第二章　防火术语

给出报告中所出现的各类定义与术语。

第三章　火灾危害性分析方法及过程

叙述开展分析工作的流程、耐火极限及火灾持续时间的计算方法、可燃物火灾荷载热值的计算方法。

3.1　火灾危害性分析方法

详细叙述所采用方法的具体内容，同时应鼓励数值模拟技术的应用，例如美国 NRC 认可的、包括 MAGIC、CFAST 在内的五种软件程序。

3.2　计算方法

计算方法包括防火空间边界耐火极限的确定与验证方法在内的方法阐述。

3.3　可燃物火荷载的确定及火灾发展过程

宜分类别进行阐述，然后单独对电缆火荷载专用计算程序及相关火灾荷载计算模块进行重点说明；还需要有对包括固定火灾荷载与临时火灾荷载的描述，对临时可燃物的控制（将核电厂分为正常运行和停堆检修期间两个时间段进行描述）的内容。

所有可燃物料要确定下列数值：

（1）燃烧热量（焦耳）；

（2）可燃物料的燃点和/或闪点；

（3）处于水平/垂直位置电缆的质量燃烧速率，露天区域或密闭区域油的质量燃烧速率，露天区域或密闭区域其他可燃物料的质量燃烧速率；

（4）释热率；

（5）支持燃烧的氧含量；

（6）易燃液体和气体的爆炸限值；

（7）质量燃烧速率与氧含量的关系；

（8）如果多重电缆托架仅有最小水平分隔距离，或仅有最小垂直分隔距离，那么是否假定了火焰蔓延的可能性；

（9）是否总是假定可燃物料的点燃是可能的，或者是否阐述例外情况（例如与外部事件相联系）；

(10)垂直位置/水平位置单根电缆或电缆束的、可燃液体表面的及其他情况下的火焰传播数据。

应根据不同类型分析火势增长,做出判断与分析。

若使用计算机进行计算,就应做到:

(1)验证存在所用计算机程序的说明,该说明包括主要输入数据、输出数据、模型假设以及数据库所需的有关数据;

(2)保证进行了生效研究的讨论和与实验数据的比较;

(3)确认计算机计算包括质量燃烧速率参数的详细研究;质量燃烧速率是最重要的,也是最难计算的参数值。

(4)不管在分析火势增长中使用何种方法,分析的结果应当将确定的火灾荷载与可用的非能动和能动防火措施进行比较。

第四章　防火空间的划分

叙述工程中所使用的防火区、防火小区、疏散区的类型;开展防火分区划分设计的原则、各个厂房内防火分区划分的总体情况、防火分区边界耐火极限内容;包括但不限于墙壁、地板和天花板的建筑材料;采暖、通风和空调系统的详细资料;包括入口和出口在内的排放系统以及包容液体泄漏物的系统的详细资料;现场的任何放射性材料的详细资料;每个防火区的入口和出口;所有含有可燃物料的机械和设备;所有可燃和易燃液体和气体的种类和数量,包括它们的布置和容器的类型;所有其他可燃材料(如木料和液压流体),包括它们的布置;电缆的位置,以及其他有关的详细资料(如托架的类型和装填密度、所用阻燃试验标准、绝缘层和走向);电气和电子设备包括照明在内的详细资料,以及这些设备要满足的防火标准;所有墙壁、地板和天花板的面层;应用于非能动防火措施的局部所用的分隔部件的详细资料;反映墙壁、天花板或其他热阱的各种物理性质,诸如防火屏障和热阱(如混凝土墙或砖墙、轻构件、门、管道和栅栏)的热容量、吸热率和传热所采用的数值。

4.1　防火空间的划分原则

4.2　核岛防火空间的划分

4.3　非核岛防火空间的划分

若存在,应增加对常规岛和重要BOP厂房防火空间的划分内容。

4.4　防火空间的耐火极限

4.4.1　防火空间墙体、贯穿孔封堵的耐火极限

4.4.2　密封材料的耐火极限

4.4.3　防火门的耐火极限

4.4.4　通风防火阀的耐火极限

4.4.5　其他部件/范围的耐火极限

4.5　防火分区图

第五章　重要安全区域火灾危害性分析

叙述核岛厂房内主要火灾危害的分布情况，并对厂房内各个防火分区内的防火设计、火灾探测措施、消防灭火措施进行详细描述。

应至少包括以下厂房的分析内容。节名称可以在前面用电厂编码系统罗列，但后面必须描述出厂房的中文名称。例如 UJA 厂房(反应堆厂房)，以此类推。

开展火灾分析时若采用保守假设，将直接认为相关设备失效，并分析其可能产生的后果。火灾危害性分析的程度，应做到：

(1)规定可能造成安全系统/部件例如电子仪器设备、电缆和机械部件故障的温度和其他有关阈值；

(2)考虑油喷射火灾的可能性；

(3)考虑爆炸危险的可能性；

(4)考虑通风的影响。

针对保守的主观分析方法，应提供：

(1)明确说明进行了哪些可以比较的试验性验证；

(2)验证用于防火区或防火小区的清单，必要时，包括火灾对设备的可能损坏和火灾对实体分隔质量的危害；

(3)应对防火分隔距离的充分性进行验证，以证实对防火区或防火小区内的多重安全相关物项已明确出相隔多大的距离(空间分隔)是足够的。

应对照采用的升温曲线，验证在不同类型可燃物料(例如油和电缆)之间其耐火极限图/表是否有区别；是否这些图/表还随防火区换气率/通风条件改变。

5.1　反应堆厂房

5.1.1　火灾危害的分布

5.1.2　火灾自动报警系统

5.1.3　防火措施

5.2　安全厂房

同5.1各节内容。

5.3　控制厂房

同5.1各节内容。

5.4　应急柴油发电机厂房

同5.1各节内容。

5.5　核辅助厂房

同5.1各节内容。

5.6　储存厂房

同5.1各节内容。

5.7　核服务厂房

同5.1各节内容。

5.8　蒸汽间厂房

同5.1各节内容。

5.9　安全厂用水泵房

同5.1各节内容。

第六章　其他安全区域的火灾危害性分析

叙述废物辅助厂房、废物暂存库、核岛废液储罐、常规岛废液储罐、停堆用更衣室等厂房内火灾危害的分布情况，并对其防火设计、火灾探测措施、消防灭火措施进行详细描述。

6.1　废物辅助厂房

6.1.1　火灾危害的分布

6.1.2　火灾自动报警系统

6.1.3　防火措施

6.2 废物暂存库

同6.1各节内容。

6.3 设备运输闸门龙门架

同6.1各节内容。

6.4 消防水泵房

同6.1各节内容。

6.5 核岛废液储罐

同6.1各节内容。

6.6 常规岛废液储罐

同6.1各节内容。

6.7 停堆用更衣室

同6.1各节内容。

第七章 常规岛火灾危害性分析

7.1 汽轮机厂房

7.2 冷却水泵房厂房

7.3 水处理厂房

若还有其他厂房,可以增加相关分析描述。

第八章 重要的BOP厂房火灾危害性分析

8.1 变压器

8.2 开关站

8.3 网控楼

8.4　蓄电池间

若还有其他厂房，可以增加相关分析描述。

第九章　火灾自动报警系统

叙述火灾自动报警系统的功能和结构、主泵火灾探测、主变压器火灾探测、主控制室火灾探测、核岛氢气探测系统、辅助火灾探测与报警系统内容。

9.1　火灾自动报警系统描述

9.1.1　火灾自动报警系统功能

9.1.2　火灾自动报警系统结构

9.1.3　主泵的火灾探测和报警

9.1.4　主控室的火灾探测和报警

9.1.5　主变压器的火灾探测和报警

9.2　核岛火灾自动报警系统

鉴于通风火灾自动报警系统的重要性，应在此段中进行描述。

9.3　核岛氢气监测系统

鉴于日本福岛核事故的教训，防止氢气爆炸的重要性，应在此段进行描述。

9.4　辅助火灾探测和报警

第十章　核岛灭火系统

叙述该系统的设计基准、系统功能与组成，并对灭火器的选择、设置、配置等内容进行描述。

10.1　消防水生产系统

叙述消防水生产系统的设计基准、系统功能与组成，并对系统总体运行工况、消防水源、消防泵等内容进行描述。

10.2　消防水分配系统

叙述消防水分配系统以及 BOP 厂区消防水分配系统的设计基准、系统功能与组成等内容。

10.3 室外消火栓系统

叙述室外消火栓系统的设计基准、系统功能与组成，并对系统总体运行工况、消防水源、消防泵等内容进行描述。

10.4 室内消火栓系统

叙述室内消火栓系统的设计基准、系统功能与组成，并对系统总体运行工况、消防水源、消防泵等内容进行描述。

10.5 水喷雾灭火系统

叙述水喷雾灭火系统的系统功能与结构，并对其重点保护的区域及对象进行描述。

10.6 水喷淋灭火系统

叙述水喷淋灭火系统的系统功能与结构，并对其重点保护的区域及对象进行描述。

10.7 气体消防系统

叙述气体灭火系统的系统功能与结构，并对其重点保护的区域及对象进行描述。

10.8 其他特殊的消防系统

叙述该特殊灭火系统的系统功能与结构，并对其重点保护的区域及对象进行描述。

第十一章　常规岛灭火系统

第 11.1 节至第 11.8 节同第十章第 10.1 节至第 10.8 节。

第十二章　可燃物的管理

临时可燃物的管理是核电厂运营单位运行管理范畴的工作。有许多在确定火灾危害时不能忽略的临时性活动，例如可燃物料的临时储存、垃圾堆积和维修工作。需要验证已经考虑了这些活动以及有关的可燃物料。尤其是停堆换料期间，检查、试验和更换备品备件各种工作交叉平行进行，众多承包商参与其中，加强这期间的防火工作，尤为必要。从 PSA 分析结果来看，低功率运行和停堆期间情况应予以关注。

对于能动防火系统，还应提供设计能动系统所用具体标准的详细资料；固定式水灭火系统的详细资料(例如系统的类型、覆盖面积、手动/自动)，包括系统排放可产生的最大水量，并与可利用的排水和/或包容手段相比较；烟气控制系统和爆炸控制系统的详细资料。

还要提供须验证的普遍性信息，包括：

(1)消火栓和消防主干管的数量、位置和类型；(2)应急电话的位置；

(3)消防供水压力、流量和水源；

(4)厂内及厂外人工消防能力的详细资料。

第十三章　人工干预与消防应急

叙述各厂房内主要消防及应急通道分布、应急照明、消防通信、核电厂消防应急组织、消火栓、手提式及推车式灭火器的情况。

13.1　消防通道

消防通道包括疏散通道和四级干预队伍的救援通道。

13.2　应急照明

13.3　消防通信

13.4　消防应急组织

13.5　消火栓的分布位置图

13.6　手提式及推车式灭火器的分布位置图

第十四章　火灾危害对核安全影响的分析与评估

应含有对三个安全功能的验证过程及结论，如共模分析(薄弱环节分析)或者火灾安全停堆评价，并须对所有确保核安全三大安全功能的系统及支持性系统都进行评估。综合以上信息，对反应堆保护功能的防火分隔、反应堆冷却系统设备的防火分隔、应急电源的防火分隔、潜在放射性烟气的监测和排放作综合分析和评估。

火灾危害性分析验证是否达到以下效果：

(1)假想火灾的后果不会危及核安全系统所在的防火区，并对每个这类防火区从技术上证实了这种鉴定是合理的；

(2)已进行进一步分析的那些防火区,并对每个这类防火区防火措施的充分性作了相应评价。

14.1 简述与分析假设

至少应该进行以下的假设:

• 在核岛范围只有一个防火空间发生火灾;

• 发生火灾的防火空间内的全部设备失去功能(设置防火保护装置的设备除外)。

14.2 反应堆保护系统的防火分隔

14.3 反应堆冷却系统及其相关系统的防火分隔

14.4 应急电源的防火分隔

14.5 潜在放射性烟气的监测与排放

第十五章 结论

经过火灾危害性分析后,在防火分区设置、防火屏障、火灾探测报警、消防水生产和分配、灭火、排烟和烟气放射性监测、消防通道、应急照明、应急通信等方面给出总体性结论。

15.1 防火空间设置

15.2 防火屏障

15.3 火灾探测与报警系统

15.4 消防水生产和分配系统

15.5 灭火系统(包括灭火器和固定灭火系统)

15.6 排烟和烟气的放射性监测

15.7 消防通道

15.8 应急照明

15.9 应急通信

第二部分　防火分区分析表

表　FHA 报告不同分析范围的对照表

类型	M310+系列	VVER 系列	AP1000 系列	采用重水堆的秦山三电站
详细范围	反应堆厂房、电气厂房和连接厂房、核燃料厂房、柴油发电机厂房、联合泵房和重要厂用水廊道、核辅助厂房、水压试验泵柴油发电机组，废液储存罐、停堆用更衣室	反应堆厂房、安全厂房、控制厂房、应急柴油发电机房、核辅助厂房、储存厂房、核服务厂房、蒸汽间、安全厂用水泵房	放射性控制区—安全壳厂房、屏蔽厂房、辅助厂房、放射性废物厂房；非放射性控制区—汽轮机厂房、附属厂房、柴油发电机厂房	核岛厂房、汽机厂房及附属建筑、水处理厂房、循环水泵房、外场区域
分类区域	包括核岛、常规岛和部分重要的 BOP 厂房	包括核岛和部分重要的 BOP 厂房	包括核岛、常规岛和部分重要的 BOP 厂房	包括核岛、常规岛和部分重要的 BOP 厂房

关于火灾危害性分析报告的标准格式与内容（分析表），经过对比我国大陆各核电厂FHA报告的防火区分析表，结合各方的意见，建议采纳以下标准格式与内容。

分析表附件

附件目录

附件1　反应堆厂房火灾危害性分析表
附件2　安全厂房火灾危害性分析表
附件3　控制厂房火灾危害性分析表
附件4　应急柴油发电机房火灾危害性分析表
附件5　核辅助厂房火灾危害性分析表
附件6　储存厂房的火灾危害性分析表
附件7　核服务厂房的火灾危害性分析表
附件8　蒸汽间的火灾危害性分析表
附件9　安全厂用水泵房的火灾危害性分析表
附件10　其他安全区域的火灾危害性分析表
附件11　消防水生产系统和分配系统流程图
附件12　火灾自动报警系统图
附件13　固定灭火系统流程图
附件14　火灾人工干预条件与应急组织流程图
附件15　核岛通风和排烟系统流程图
附件16　核岛应急照明供电与声力电话系统流程图
附件17　核岛设计假设火灾分布图
附件18　灭火器位置分布图
附件19　消火栓位置分布图

若是AP1000系列电厂，可参考以下目录开展该项工作。

分析表附件

附件目录

附件1　核岛厂房（安全壳厂房、屏蔽厂房以及辅助厂房）火灾危害性分析表
附件2　汽轮机厂房火灾危害性分析表
附件3　附属厂房火灾危害性分析表
附件4　柴油发电机厂房火灾危害性分析表

附件 5　放射性废物厂房火灾危害性分析表
附件 6　常规岛各厂房的火灾危害性分析表
附件 7　BOP 各厂房的火灾危害性分析表
附件 8　火灾自动报警系统图
附件 9　核岛消防供水系统的流程图
附件 10　核岛固定灭火系统流程图
附件 11　核岛应急照明供电与声力电话系统的流程图
附件 12　灭火器位置分布图
附件 13　消火栓位置分布图

需要注意的是,AP1000 系列电厂应遵照 HAF 102 的要求,参照 HAD 102/11 的要求提供火灾危害性分析报告,并宜举例说明:如何根据火灾危害性分析结果,在特殊地区场所设置火灾探测器;在特殊地区场所设置自动灭火系统。

火灾危害性分析报告附件1
×××厂房火灾危害性分析表

×××	××	××××	××	××××××××	P/FR	××××	×

■概　述■

本文件为 10×××、20×××—某某厂房火灾危害性分析表。

某某厂房包括 M 个防火区，编号为 1001、1002……101×。每个防火区均按照标准格式编制各自附表 1 至附表 11。

其中，表 6.3 灭火器配置中标注为“无”的，表示灭火器均设置在该防火区涉及的房间之外；表 8.3 边界孔洞封堵中，A 表示气密，F 表示防火，W 表示水密，C 表示电、气管线，P 表示工艺管道，V 表示通风管道。

◆FW——封堵材料在满足防火要求的同时要满足防水的要求。

◆FA——封堵材料在满足防火要求的同时要满足防气体泄漏的要求。

◆FE——封堵材料在满足防火要求的同时要起到生物屏障的作用。

或按照岭澳核电站 3 号、4 号机组的下列形式进行罗列：

- V——通风孔洞；
- E——电气孔洞；
- I——仅用于控制或仪表的电缆和/或管道的孔洞；
- K——仅用于照明/电话和/或内部通信线缆的孔洞；
- T——管道孔洞；
- R——预留孔洞；
- P——门洞。

封堵要求为：

A——气密；

W——水密；

F——防火；

B——生物防护；

P——承压；

AW——气密和水密；

AF——气密和堵塞的耐火等级为 2 h；

AB——气密和生物防护堵塞；

AWP——气密、水密和耐压。

目　录

1. 防火区 1001 火灾危害性分析表

1.防火空间特性

机组	（阿拉伯数字）号机组
厂房	XXX 厂房（——某某厂房）
防火区编号	某某厂房 1001（包括 YYY-NNNN）
标高（m）	
房间号	所有房间号均应罗列出来
安全相关系统	首先确定有/无：若有的话，需要一一罗列；或者无
设计假设火灾	电缆火灾/油类火灾（或者按照我国标准规范中的 A、B、C、D、E 类分别分类描述）

2.安全级设备清单

房间号	房间名称	电厂编码/类别	设备 中文名称	安全级别	型号及规格	位置	数量

3.防火区内各房间尺寸

房间号	房间名称	面积(m^2)	
		地面(m^2)	墙面+天花板(m^2)
XXX-NNNN			
YYY-NNNN			
ZZZ-NNNN			
AAA-NNNN			
BBB-NNNN			
CCC-NNNN			

4.防火区内可燃物及火灾荷载

可燃物名称		质量(kg)	等效 PVC 质量(kg)	潜热量 Q(MJ)
电缆	高压			
	中压			
	低压			
电气设备	电动机			
	电气柜			
	继电器柜			
	变送器等仪表			
	XX 盘柜			
	YY 机柜			
	其他类型			

续表

油漆	设备的漆			
	其他漆类			
油类	润滑油			
	变压器油			
	液压油			
	其他类			
油脂				
碘吸附器活性炭(含碳量)				
木材/头,纸张,布,塑料				
其他易燃材料				
总计				

5. 火灾荷载密度、火灾历时时间及火灾可达到的最高温度

项目	计算值
地面面积 A(m^2)	
火灾荷载密度(MJ/m^2)	
火灾历时时间 t(min)	
预期可达最高温度 T(℃)	
设计要求防火屏障具备的耐火极限(h)	

6.火灾探测

房间号	火灾探测器			就地控制器		主控室报警及显示方式	
	类型	回路号	数量	设备编码	位置	报警盘号	显示方式
XXX 厂房-NNNN	感烟探测器						
	感烟探测器						
YYY 厂房-NNNN	感烟探测器						
	感烟探测器						
ZZZ 厂房-NNNN	感烟探测器						
	感烟探测器						
AAA 厂房-NNNN	感烟探测器						
	感烟探测器						
BBB 厂房-NNNN	感烟探测器						
	感烟探测器						
CCC 厂房-NNNN	感烟探测器						
	感烟探测器						

7. 消防设施

7.1 固定灭火系统

固定喷雾系统：设置（XXX 厂房 00110、YYY-NNNN、YYY-NNNN、YYY-NNNN）	
电厂编码系统-XXX 码	
系统名称	
系统类型	

续表

灭火剂类型	
供水压力	
释放强度	
启动监控方式	

7.2　消火栓配置

类别	型号及规格/压力	位置	数量

7.3　灭火器配置

类别	型号及规格	位置	数量

8.补充性屏障识别

8.1 防火门

房间号(内)	房间号(外)	防火门编号	防火门类别	耐火极限(h)
XXX-NNNN	AAA-NNNN			
YYY-NNNN	BBB-NNNN			
ZZZ-NNNN	CCC-NNNN			
AAA-NNNN	XXX-NNNN			
BBB-NNNN	YYY-NNNN			
CCC-NNNN	ZZZ-NNNN			

8.2 防火阀

类别	型号及规格	耐火能力	位置	数量

8.3　边界孔洞封堵

孔洞编号	孔洞类型	房间 1	房间 2	耐火极限	基本密封准则

8.4　消防水排放/地漏

房间号	地漏			集水坑		围堰
	密封方式	类型	数量	编号	潜水泵	尺寸（长×宽×高）

9.排烟功能识别

房间号	数量	类型	启动方式

10.人工干预条件识别

10.1　通道

区域类别	非辐射控制区	辐射控制区						进出口
		0(白)	Ⅰ(绿)	Ⅱ(兰)	Ⅲ(黄)	Ⅳ(橙)	Ⅴ(红)	
逃生通道								
进攻通道								

若该防火区内的房间均处于非辐射控制区,可按照下表进行:

区域类别	非辐射控制区	进出口
疏散通道		
救援通道		
疏散通道		
救援通道		

10.2　应急照明

应急照明系统代码		上游供电盘代码	(描述分布位置)		位置
应急照明	光源类型		数量(只)		

续表

安全照明	光源类型		数量(只)		

10.3　电话通信

本防火区内通信手段			相邻区内通信手段		
电厂编码系统 设备×××编码	位置	电话号码	电厂编码系统 设备×××编码	位置	电话号码

11.结论

防火设计是否符合防火要求：

是	√	
否	×	

若符合，请划“√”；若不符合，请划“×”，并提出整改建议。宜提出具体的要求，以及达到标准，不宜笼统概括。

目前，国家能源局和相关设计院正在推进 FHA 格式与内容的相关工作，但从其形式和内容上来看，相对较简单，未有突破和创新内容。

第6章　某核电厂防火弱项的实践

本章旨在以目标核电厂核岛防火技术为研究对象，通过对其防火领域内不同方面的分析、对照，梳理出其防火技术可能存在的弱项内容。

6.1　研究范围

该机组情况如下：采用单堆布置方案，双层安全壳。内层安全壳墙体是预应力混凝土结构，密封的钢衬里连续覆盖在墙体、穹顶和底板的内表面，起到了防泄漏的作用。外层安全壳是钢筋混凝土结构，起到了防护外部灾害的作用，如飞机撞击、爆炸冲击波等。内、外层安全壳之间环形空间的宽度是 1.8 m。环形空间保持负压，用来收集内层安全壳内部可能产生的泄漏。任何泄漏物质必须经过滤后才能排向周围环境。机组专设安全系统按三列配置，并布置在三个实体隔离的安全厂房中。机组堆芯额定热功率为 3150 MW，发电机终端输出电功率为 1180 MW。

确定对在核岛区域的下列厂房：反应堆厂房、安全厂房、核辅助厂房、燃料厂房、核废物厂房开展研究。

总体防火情况是这样的：

(1)反应堆厂房。具有双层安全壳的反应堆厂房为钢筋混凝土结构，用墙分隔成许多隔间，从而减轻传播火灾的风险。该厂房结构内部喷涂油漆。三台电动反应堆冷却剂泵的油储存槽和润滑油管路为主要可燃物，平均分配在小隔间内，与第二代加改进型核电厂的灭火措施相似，对其设置有两级水喷雾灭火系统予以保护。双层安全壳的环形空间设置有独立通风系统。拟采用中速水喷雾灭火系统对反应堆厂房双层安全壳环形空间的动力电缆贯穿件区予以防火保护。假使该厂房发生火灾，为防止火灾发展蔓延，首先应关闭处于运行状态的安全壳空气净化系统防火阀和安全壳大气监测系统安全壳隔离阀，以便停运系统，同时停运安全壳连续通风系统。火灾后，采用安全壳换气通风系统排出安全壳内大气空间中的烟气，以便运行人员进入、实施后续工作任务。

(2)安全厂房。钢筋混凝土结构围成的安全厂房用墙分隔成许多隔间。顶层涂防水卷材以防水。主要的可燃物为：中压安注泵的油箱和润滑油管路；安全壳喷淋系统泵、低压安注系统泵和堆腔注水冷却系统泵的电动机；电缆层；蓄电池区域；盘柜间；反应堆保护系统两组机柜间；某系列仪控电子设备间。采用包括消火栓、固定式水喷雾及水喷淋灭火系统对安全厂房可能发生火灾的部位予以防火保护。同时，还在疏散楼梯间设置了防烟(加压)送风系统,可满足火灾时维持疏散楼梯间 40～50 Pa 的正压、前室 25～30 Pa 的正压,为人员撤离和消防灭火人员进入创造了条件。

(3)核辅助厂房。核辅助厂房也是钢筋混凝土结构,分隔成许多隔间。主要的可燃物为:上充泵的油箱和润滑油管路、废气处理系统的衰变箱、废气处理系统的碘吸附器(在其上下游设置温感探测器、烟感探测器和防火阀以及小室内设水喷淋装置)、重要厂用水管廊内敷设的与核安全相关的电缆、三废系统仪控电子设备间、核岛冷冻水系统的冷冻机组及其压缩机以及该厂房通风系统的每台碘吸附器(各自设置在单独的钢筋混凝土小室内并于上下游设置感烟探测器、温度传感器和防火阀以及水喷淋灭火装置)。当该厂房的电气间发生火灾时,通风和排烟系统会发挥作用,将烟气处理后排至室外。

(4)燃料厂房。同样,钢筋混凝土结构的燃料厂房也分隔成许多隔间。主要的可燃物为:水压试验泵、安全壳大气监测系统和双层安全壳环形区通风系统的碘吸附器(碘吸附器箱体上下游设置温度传感器、感烟探测器和防火阀,对活性炭装载量超过 100 kg/台的碘吸附器设固定消防设施)、设备冷却水系统的设备。另外,水压试验泵间采用固定式水喷淋系统进行防火保护。

(5)核废物厂房。核废物厂房也是钢筋混凝土结构,并分隔成许多隔间。主要的可燃物为:该厂房冷冻机组、重要厂用水管廊内与安全相关的电缆、衣物储存区域、固体废物处理系统控制室内设备、中央通道电缆主托盘、混凝土小室内碘吸附器(碘吸附器箱体上下游设置感烟探测器、温度传感器和防火阀,对活性炭装量超过 100 kg/台的碘吸附器设固定消防设施)。对该厂房内电缆通道采用水喷淋系统进行防火保护。

6.2 遵循标准

该压水堆核电厂将核岛部分的规范标准确定为某国际标准当时的最新版,即国外标准。据了解,全世界尚未有使用该规范标准的先例。而作为具体灭火系统的规范,则需要遵循我国已有的国家标准。

6.3 国内外研究现状

本研究目标核电厂属于一种新型的压水堆核电厂。经调研,国内外的研究现状情况如下:

6.3.1 国内研究现状

就国内研究现状而言,鉴于该核电厂属于新生事物,基于处于知识产权保护以及发展完善状态的原因,除了报纸对其进展情况予以报道外,关于其防火的内容在各级期刊和搜索引擎中鲜有涉猎。

结合中国知网等权威学术引擎进行搜索的结果,可以看到涉及技术层面,尤其是本书所关注的防火方面则是空白的。因此,我们只能从学术交流等其他途径获得其防火技术内容。具体到个人,只能结合本职工作——核安全审评的进展,通过对其涵盖范围、合法合规性进行审查,才能从微观技术层面找出其弱项内容。

6.3.2 国外研究现状

由于该型号核电厂是我国自己研发的、具有自主知识产权的核电机型,因此从目前来看,国外的研究内容尚处于缺失状态。但随着该技术逐渐走出国门,有理由相信,该型号核电厂会逐渐引起国际同行的关注。

6.4 采纳的方法

概括地说,本研究目标型号核电厂属于一种新型号的压水堆核电厂。

鉴于本示范工程属于首堆工程,据不完全统计,公安部和其他部门制定了近 20 部主管部门规章。国家能源局负责批准《初步设计》和《消防专篇》。国家核安全局则对《初步安全分析报告》和《最终安全分析报告》中涉及消防领域的系统、设备和物项予以重点关注,并进行安全审评和监督管理。

虽然在《核动力厂设计安全规定》(HAF 102—2004)中对防火内容有原则性要求,但是对于民用核设施的核安全审评工作,还是以核安全导则内具有操作指导性的条款为参考进行的。

具体可参见标准升温程序公式。

$$T - T_0 = 345\lg(8t + 1)$$

其中:t 的国际单位为 s,在这里取 min;T 的单位为℃;T_0 一般取室温,即 20 ℃。

火载荷与火灾历时时间的关系参见图 3-1。

综上,将采取两步法进行研究:首先,逐项对照我国核安全导则《核电厂防火》(HAD 102/11)的要求,对目标核电厂的防火内容进行审查,就其符合性做出判断。然后,结合我国大陆已建和在建核电厂工程的实践经验,以及《建筑设计防火规范》(GB 50016—2014)中对厂房的新要求,尤其是防火分区图纸反映出来的问题,重点识别弱项并给出建议。

第7章　目标核电厂的典型防火弱项内容

7.1　对照 HAD 102/11 发现的问题

首先，根据 HAD 102/11—1996 逐项对该工程防火内容进行审查，即只能是从宏观方面着手，总体审查其反映的技术内容。经逐条对照我国核安全导则 HAD 102/11 的要求，除了符合要求的条款外，发现的问题如表 7-1 所示。

表 7-1　对照 HAD 102/11 发现的问题

条款编号	符符合情况	描述
2.1.5　纵深防御的三个主要目标	基本符合	需补充防止火灾蔓延的内容
2.2.3　安全重要物项保护(雷击)	基本符合	需将防雷要求在后续施工图设计文件中予以落实
2.2.4　制定可燃物料管程序并有效执行	基本符合	只在初步安全分析报告的个别相关章节中提出竣工验收和火灾警戒内容，应在业主管理程序中落实
2.2.5　作业许可证(动火许可)要求	应符合	应在业主管理程序中体现
2.3.2　误动作和遭受临近影响考虑	应符合	需通过专题报告形式予以分析论证
2.4　火灾后果的缓解	尚待后续工作补充	仅对火灾后果评价，包括烟气和热气体控制消除，排水充裕度论进行描述。未见到具体分析内容及后果评价
2.4.1　防止对三大功能影响(单一故障准则)	应符合	就余排和安全停堆内容进行了阐述，后续将对较少放射性物质外泄内容进行具体阐述
2.4.2　假想火灾后果分析	应符合	仅笼统就安全停堆内容进行描述。后续将对此予以分析研究

续表

条款编号	符符合情况	描述
2.4.3　独立小区隔离布置,贯穿件尽量少	应该符合	未详细描述。结合火灾模拟技术研究开发进展,对"这些防火分区/防火小区及其边界将在以后细化"
2.4.4　附属设施(探测/排烟/通风/排水)独立设置	应该符合	未见到独立设置的内容。需在后续施工图设计文件中予以落实
3.2.1　可燃物料储量清单	应该符合	工作进度尚未达到该阶段
3.3.2　防火封堵耐火极限	应该符合	在文件中无"贯穿最小化"内容,需在后续施工图设计文件中予以落实
3.8.5　火灾封锁法与火灾扑灭法比较,较好(但防止烟气—热量——腐蚀产物间接影响多重安全系统等因素须考虑)	应该符合	未表述。需在后续施工图设计文件中予以落实
3.9.1　两次效应,12 个例子	尚待后续工作补充	未表述完整 12 个例子的内容
3.9.2　电厂设计应保证火灾二次效应不对电厂安全有不利影响。	尚待后续工作补充	补充工作
4.6.1　建造和运行,不会对邻近运行的反应堆有重大影响	基本符合	通过专题报告形式分析论证
6.1.2　减轻火灾两次效应的主要目的如下:(1)将火焰、热量和烟限制在核动力厂的有限空间内,把火灾蔓延和对周围核动力厂的后续影响减至最小;(2)为工作人员提供安全的撤离和进出路线;(3)为核动力厂工作人员提供通道以便人工灭火、手动启动固定式灭火系统,以及操作所必需的系统达到和维持安全停堆;(4)可控排烟手段	基本符合	仅进行原则性表述,未详细描述。后续还要逐项落实

总体而言,其初步安全分析报告基本符合 HAD 102/11 的要求。

图 7-1 为核电厂剖面图。

图 7-1　核电厂剖面图

但在对每个厂房的防火分区图纸进行分析的过程中，发现除了防火分区图纸未达到施工图阶段的要求水平外，还存在一些弱项内容。现分别以反应堆厂房、安全厂房、核辅助厂房和其他厂房为例，予以说明。

7.2　其他典型防火弱项内容

7.2.1　反应堆厂房

一旦反应堆厂房发生火灾，反应堆厂房中正在运行（如果运行）的安全壳空气净化系统防火阀将关闭，正在运行（如果运行）的安全壳大气监测系统的安全壳隔离阀将关闭并停运系统，同时停运安全壳连续通风系统。在火灾发生之后、运行人员进入之前，用安全壳换气通风系统排出安全壳内大气空间中的烟气。

通过对防火分区图的研究，发现以下问题：

在对两张图审查中，发现编号为 01M、02M、03M 分别为 1、2、3 环路蒸汽发生器隔间，怀疑有误，因为从图上看应为内外层安全壳之间的环形区域；图示处的固定灭火系统未定型，为什么存在于 D 列区域？针对电缆和贯穿件进行灭火保护的固定灭火系统应在某高度处布置，而系统设计则应遵循《水喷雾灭火系统规范》规定要求进行后续工作。

7.2.2　安全厂房

通过对防火分区图的研究，发现以下问题：

3 个辅助给水系统的电动泵泵房而言，其每一个泵房划分为一个安全防火区，但在其内部均仅仅设置为干预防火区范畴，而未设置固定灭火系统。对比 M310 + 型号机组的经验反馈，应予以设置，以加强防火灭火水平。

23 个电梯井仅划分为非功能性防火区，对耐火极限无要求。不符合《建筑设计防火规范》(GB 50016—2014)中的以下要求："7.3.3　建筑高度大于 32 m 且设置电梯的高层厂房(仓库)，每个防火分区内宜设置 1 台消防电梯。""7.3.6　消防电梯井、机房与相邻电梯井、机房之间应设置耐火极限不低于 2 h 的防火隔墙，隔墙上的门应采用甲级防火门。7.3.7　消防电梯的井底应设置排水设施，排水井的容量不应小于 2 m^3，排水井的排水量不应小于 10 L/s。消防电梯间前室的门口宜设置挡水设施。"

而 3 个电梯机房也仅划分为非功能性防火区，对耐火极限无要求。

包含在 1 个安全防火区内部的冷冻水泵房，未设置固定灭火系统。

4 个蓄电池间和 1 个 LAZ 配电间包含在 1 个安全防火区内，未设置固定灭火系统。

4 个电气一次机柜间、4 个电气二次机柜间包含在 1 个安全防火区内，虽然设置有专用防排烟系统，但未设置固定灭火系统。

2826ZRE 蓄电池间、2827ZREJDT 机柜间、2826ZRE 蓄电池间、2827ZREJDT 机柜间包含在 1 个大 SFS 内，未设置固定灭火系统。

2824ZRE 远程停堆站、2823ZRE 电气机柜间、2825ZRE 电气一次机柜间、2826ZRE 电气二次机柜间包含在 1 个大 SFS 内，设有专用防排烟系统，未设置固定灭火系统。

2831ZRE 蓄电池间未设置固定灭火系统。

2832ZRE 电气二次机柜间仅设置专用防排烟系统，未设置固定灭火系统。

2833ZREJDT 机柜间包含在 1 个大 SFS 内，未设置固定灭火系统。

4025ZRM 初效过滤器、4026ZRM 中效过滤器、4027ZRM 加热器室、4034ZRM 初效过滤器、4035ZRM 中效过滤器、4036ZRM 加热器室、4131ZRM 加热器室、4132ZRM 中效过滤器、4133ZRM 初效过滤器、4135ZRM 初效过滤器、4136ZRM 中效过滤器、4137ZRM 加热器室包含在 1 个大 SFS 内，未设置固定灭火系统。

4622ZRE/4629ZRE 通信设备间仅设为 SFI 干预放火区，设有专用防排烟系统，未设置固定灭火系统。

4623ZRE/4630ZRE 通信蓄电池间包括在 1 个大 SFS 内，未设置固定灭火系统。

总体来说，主要聚焦于以下几点：

(1)鉴于不同国家对防火分区概念中防火区与防火小区关系有不同理解的现实情况：防火分区中的防火区与防火小区之间的关系尚未明确，它们之间是否存在嵌套关系，以及对于未完全隔离的防火小区，如何验证其火灾不会蔓延至其他部位的问题，都值得关注与探讨。

(2)辅助给水系统作为对安全重要的系统，起到辅助给予供水的作用。在电站正常启动和停堆过程中可代替启动给水系统传递一回路热量，为反应堆建立起两次热阱，导出堆芯衰变热，并将主回路系统冷却到余热排出可以投运或更低的温度水平。以前的核电厂在主给水系统无法发挥作用下，由辅助给水系统给蒸汽发生器供水。但在后来的核电厂中，增加了启动给水系统，在核电厂正常启动时提供给水。但之后及停堆过程中，则可由辅助给水系统代替启动给水系统实现有关功能。因此，对辅助给水系统进行适当的防火保护则显得具有重要意义。

秦山核电厂使用的是2个汽动泵和1个柴油机泵，作为较早的设计，它在一定时期发挥出应有的作用。

而参考我国引进法国技术的多个核电厂的设计，对于辅助给水系统(按照电厂编码系统要求，简称“ASG”)，其水源单独由除盐水箱供应，一般情况下备有2台电动泵和1台汽动泵，泵的流量可以保证在一个环路蒸汽或给水管道发生断裂事故时，不会使其他2台蒸汽发生器出现蒸干的情况。

防火分区图反映出ASG电动泵泵房包含在A、B、C各1个SFS安全防火区内部，且均设为SFI干预防火区的情况。按照遵循的国外标准规定，对SFS、SFI分别有2 h和1 h的耐火极限时间要求。对各个泵却未设置固定灭火系统予以防火保护。这与我国以往核电建造的成功实践是不一致的。A1023ZRM位置截图如图7-2所示，B1023ZRM和C1023ZRM位置截图如图7-3所示。

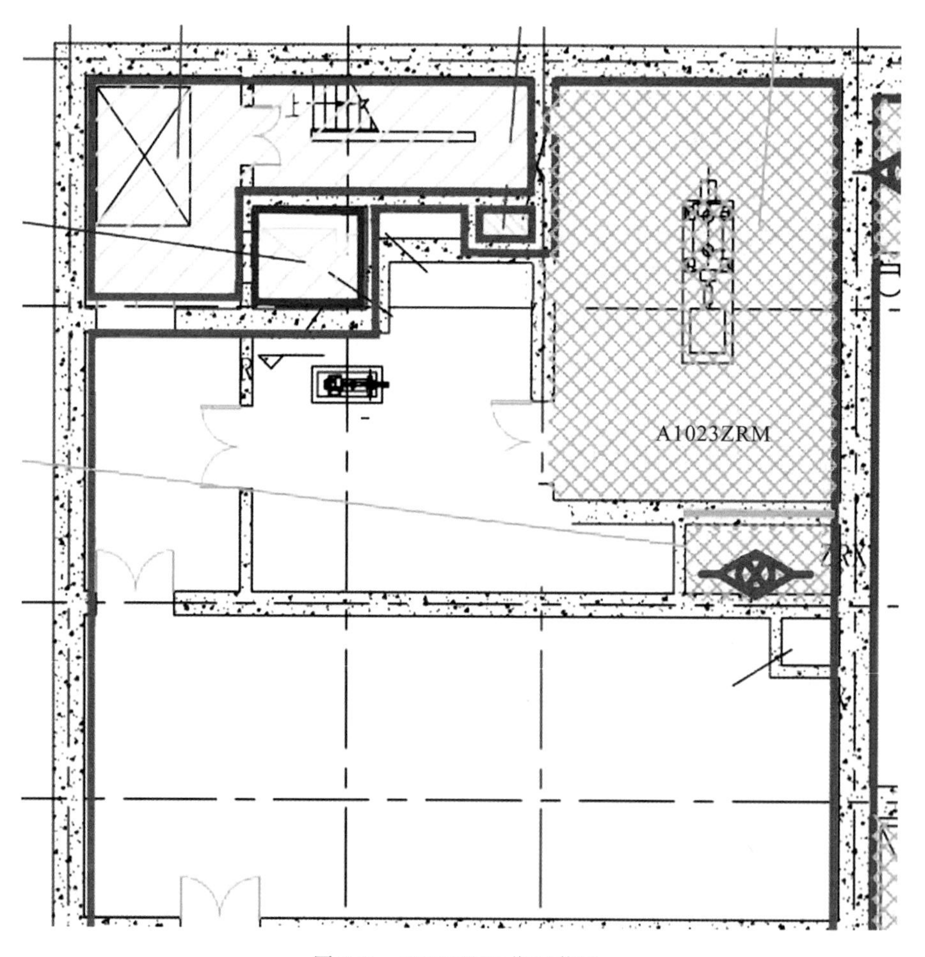

图7-2 A1023ZRM位置截图

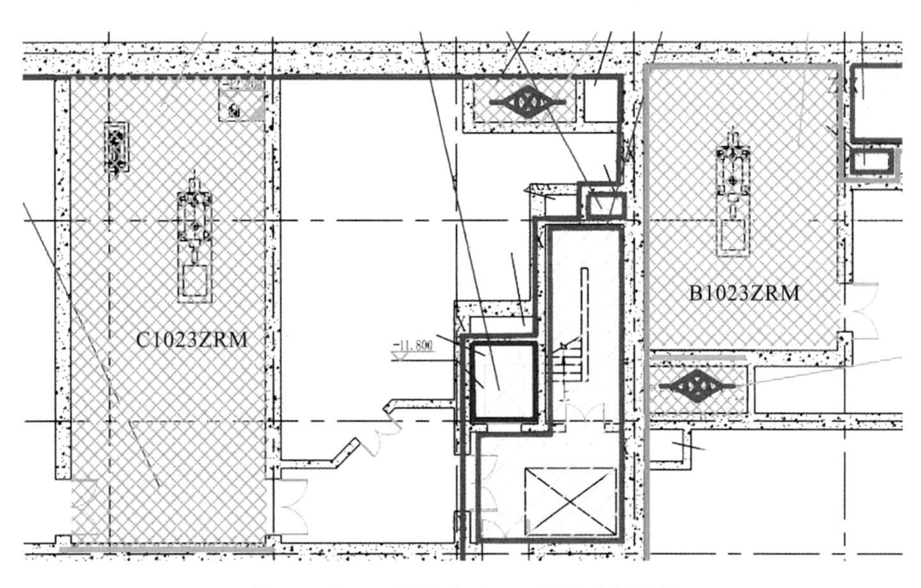

图7-3　B1023ZRM和C1023ZRM位置截图

经比较我国不同核电厂对辅助给水系统即ASG系统的防火保护情况发现，秦山核电厂采用七氟丙烷固定灭火系统予以防火保护，秦山第二核电厂采用闭式水喷雾系统予以防火保护。HAF 102对此也无明确的要求，而最明确的要求是在法国RCC-I 1997版的“3.6 ISMP和ASG泵”中：“泵的消防由雨淋灭火系统保证”。我国大陆自岭澳核电厂3号、4号机组起，所有的第二代加改进型核电厂均有类似的设置。

(3)1503ZRX等电梯井仅划分为VNS非功能性防火区，按照遵循的国外标准对VNS的定义，作为非功能性防火区，对其耐火极限时间无具体数值要求。而在我国《建筑设计防火规范》(GB50016—2014)中，表3-2-1不同耐火等级厂房和仓库建筑构件建筑构件的燃烧性能和耐火极限针对电梯井的墙、疏散走道两侧的隔墙、非承重外墙房间隔墙均有耐火极限时间要求(见表7-2)。由此可见，我国对于通用工业厂房和仓库的建筑构件的要求比对应的国外标准要求更具体，更具有操作性。

表7-2　不同耐火等级厂房和仓库建筑构件的燃烧性能和耐火极限对比

构件名称		耐火等级			
		一级	两级	三级	四级
墙	防火墙	不燃性 3.00	不燃性 3.00	不燃性 3.00	不燃性 3.00
	承重墙	不燃性 3.00	不燃性 2.50	不燃性 2.00	难燃性 0.50

续表

构件名称		耐火等级			
		一级	两级	三级	四级
墙	楼梯间、前室的墙，电梯井的墙	不燃性 2.00	不燃性 2.00	不燃性 1.50	难燃性 0.50
	疏散走道两侧的隔墙	不燃性 1.00	不燃性 1.00	不燃性 0.50	难燃性 0.25
	非承重外墙 房间隔墙	不燃性 0.75	不燃性 0.50	难燃性 0.50	难燃性 0.25

(4)4603ZRX、4615ZRX、5003ZRX、5003ZRX 电梯机房仅划分为 VNS 非功能性防火区，对耐火极限无要求。在消防设备用房布置上，与我国对电梯机房有应与普通电梯机房之间采用耐火极限不低于 2 h 的隔墙分开(如开门，应设甲级防火门)的要求不符。

而在我国《建筑设计防火规范》(GB 50016—2014)中，第 9.3 节通风和空气调节就有对干式除尘器和过滤器宜布置在厂房外的独立建筑内，以及对具备连续清灰功能或具有定期清灰功能且风量不大于 15000 m^3/h、集尘斗的储尘量小于 60 kg 的干式除尘器和过滤器可布置在厂房的单独房间内的要求内容，但还需要采用不低于 3 h 耐火极限隔墙和 1.5 h 耐火极限的楼板分别与其他部位分隔的具体要求。经对照防火分区图纸所反映出的平面布局，与我国《建筑设计防火规范》(GB 50016—2014)的要求是不符的。

具体情况是：4025ZRM 等过滤器间和 4137ZRM 加热器室包含在 1 个大 SFS 内，未设置固定灭火系统，具体情况如图 7-4 和图 7-5 所示。

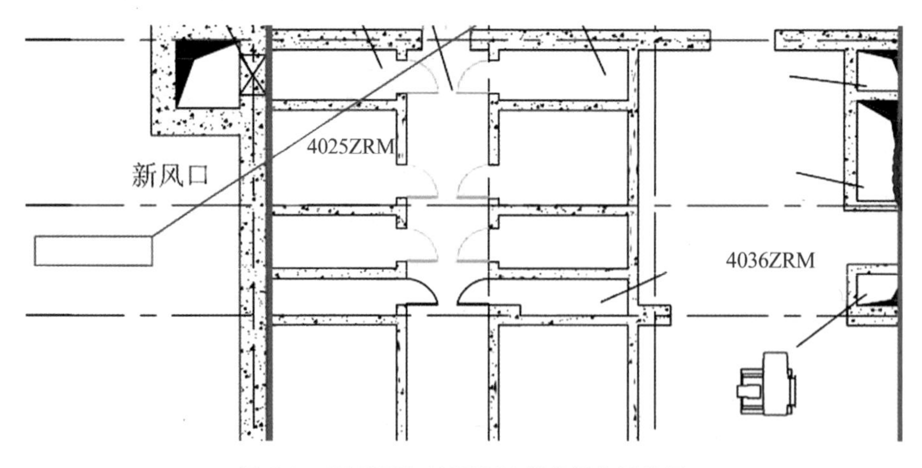

图 7-4 4025ZRM、4036ZRM 等房间位置截图

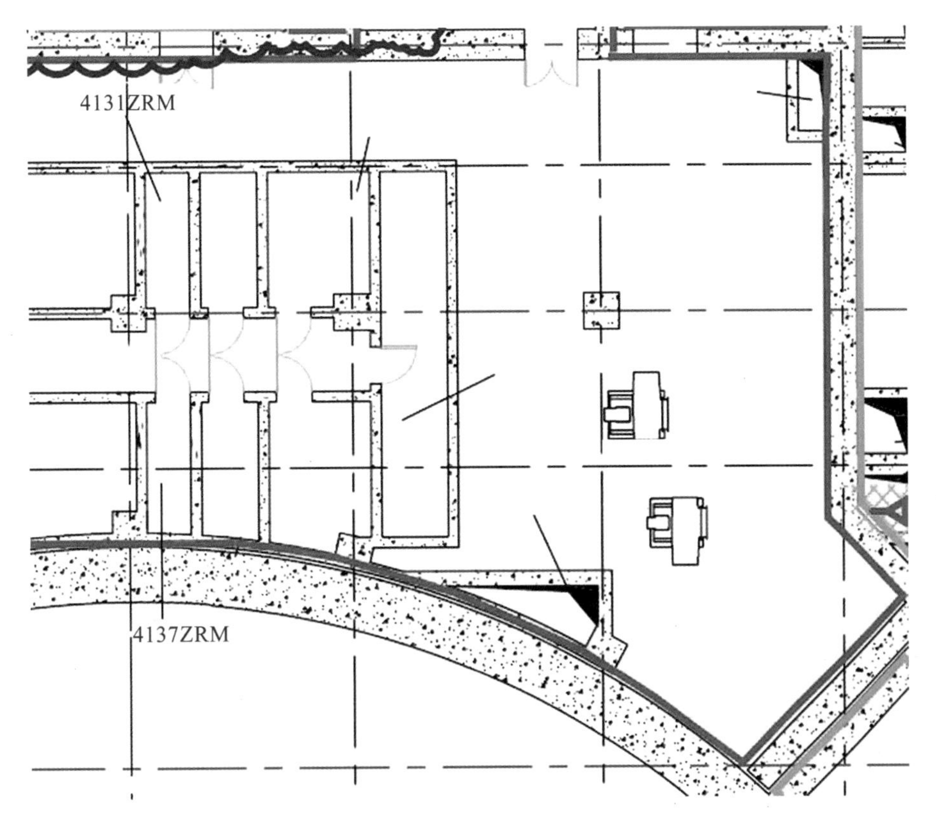

图 7-5　4131ZRM、4137ZRM 等房间位置截图

7.2.3　核辅助厂房

核辅助厂房内部设置的上充泵的油箱和润滑油管路、废气处理系统的衰变箱和碘吸附器、重要厂用水管廊内敷设的核安全相关的电缆、三废系统仪控电子设备间、核岛冷冻水系统的冷冻机组及其压缩机、核辅助厂房通风系统的每台碘吸附器为高火荷载物项，不仅仅可能会发生电气火灾，还存在可能引起固体燃烧的点火源——活性炭，是需要重点关注的处所。

通过对核辅助厂房防火分区图的研究，除了“防火区与防火小区之间的关系尚未明确，以及如何验证防火小区火灾不蔓延至其他部位的问题”外，还发现以下问题：

防火防辐射区作为一种防火区，该防火分区图中有图例和名词，但在防火分区图中尚未发现这种防火区，是遗漏还是本身就没有值得去探讨。

1372 应急逃生通道无防火保护措施。火灾下是否能够成功实现逃生的功能，是个疑问。

1385/6 电缆廊道仅设置为 SFI 干预防火区，而且 1385 未设置固定灭火系统，1386 设置固定灭火系统。

1395 电缆廊道仅设置为 SFI 干预防火区，并未设置固定灭火系统。

在图上未找到1394/1396/1397(楼梯间—楼梯间—电缆井)。

1631技术废物间无耐火极限要求。

1641过滤器隔间内存有RPE、RCV等系统15个过滤器,间距小,火荷载大,无任何防火措施。

1685电缆井在图上未找到。

1688/1689DER泵房仅设置为VNS非功能性防火区,对耐火极限无要求。

2012TEP高流量除气循环泵及除气电加热器间仅设置为SFI干预防火区,未设置固定灭火系统。

2013/2304屏蔽间有何特殊防火要求。

2031技术废物间未设置固定灭火系统。

2041过滤器隔间内存有多系统15个过滤器及TES废滤芯转运容器,间距小,火荷载大,无任何防火措施。

2077树脂装载间无任何防火措施。

2312TEP电柜间仅设置为SFI干预防火区,未设置固定灭火系统。

2343/2743电梯间仅划分为VNS非功能性防火区,对耐火极限无要求。

2354仪控机柜仅设置为SFI干预防火区,设置有专用防排烟系统,但未设置固定灭火系统。

2781/2785的电梯间/电梯井在图上未找到。

3124/3125/3126/3127/3128/3129初效/中效过滤器间未设置固定灭火系统。

3130/3167/3141/3142/3158/3159 DWN加热器间未设置固定灭火系统。

3154/3180/3181/3187/3189电气机柜间仅设置为SFI干预防火区,设置有专用防排烟系统,但未设置固定灭火系统。

3190电气机柜间仅设置为SFS安全防火区,设置有专用防排烟系统,但未设置固定灭火系统。

3613电柜间仅设置为SFI干预防火区,设置有专用防排烟系统,但未设置固定灭火系统。

3620DWN排风过滤器间未设置固定灭火系统。

3631/3632DWN通风过滤器间未设置固定灭火系统。

3636/3637/3684/3685/3656/3657初效/中效过滤器间未设置固定灭火系统。

4032DWN通风机及通风过滤器间未设置固定灭火系统。

4033应急钢梯间在图上未找到。

就主要性而言,聚焦于以下问题:

(1)与安全厂房相似,在核辅助厂房防火分区图中,0943ZRM电梯间仅划分为VNS非功能性防火区,对耐火极限亦无要求,详情如图7-6所示。

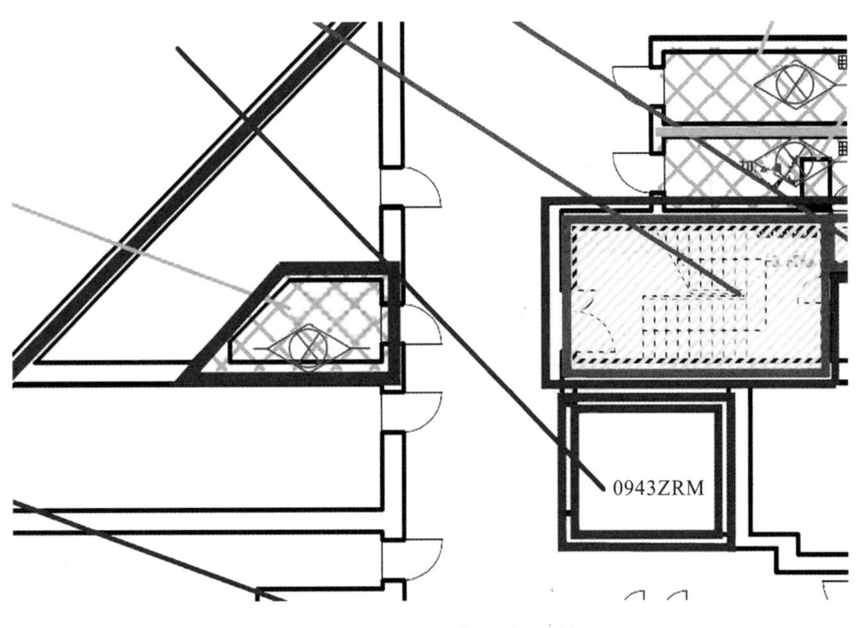

图 7-6　0943ZRM 房间位置截图

(2)1372 应急逃生通道无防火保护措施。火灾下是否能够实现功能,值得怀疑,如图 7-7 所示。从表 7-2 可以看出,对疏散走道两侧的隔墙有耐火极限时间要求。应急逃生通道与疏散走道属于同一性质,其周围材料和耐火极限应满足一定要求。

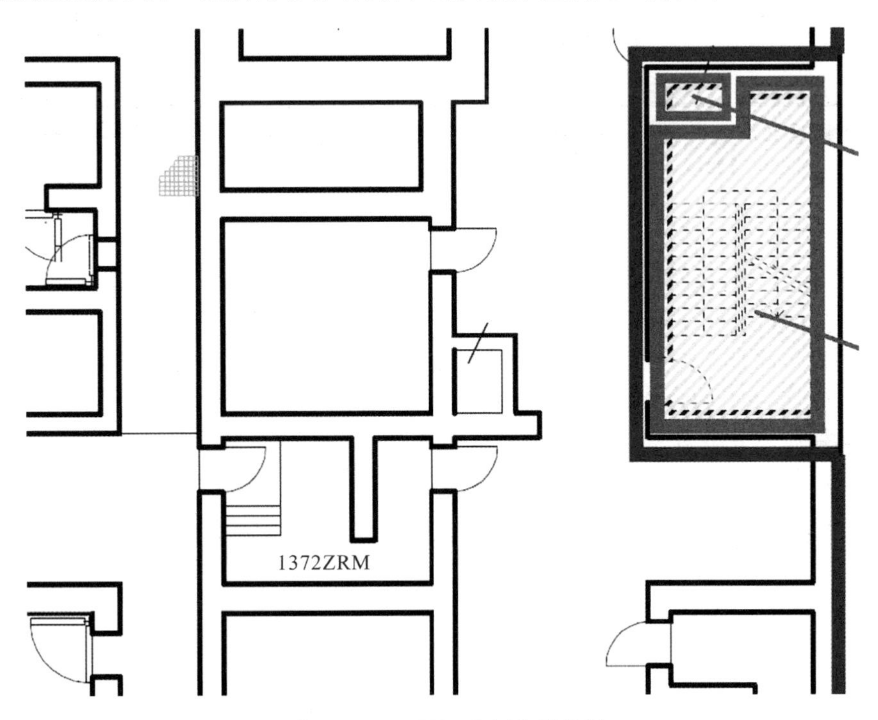

图 7-7　1372ZRM 房间位置截图

(3)2354 仪控机柜仅设置为 SFI 干预防火区,设置有专用防排烟系统,但未设置固定灭火系统。与以往核电工程布置情况(在一般情况下设置了极早期火灾探测系统,并有气体灭火系统予以保护)对比可以看出,还应增加防火保护措施,如图 7-8 所示。

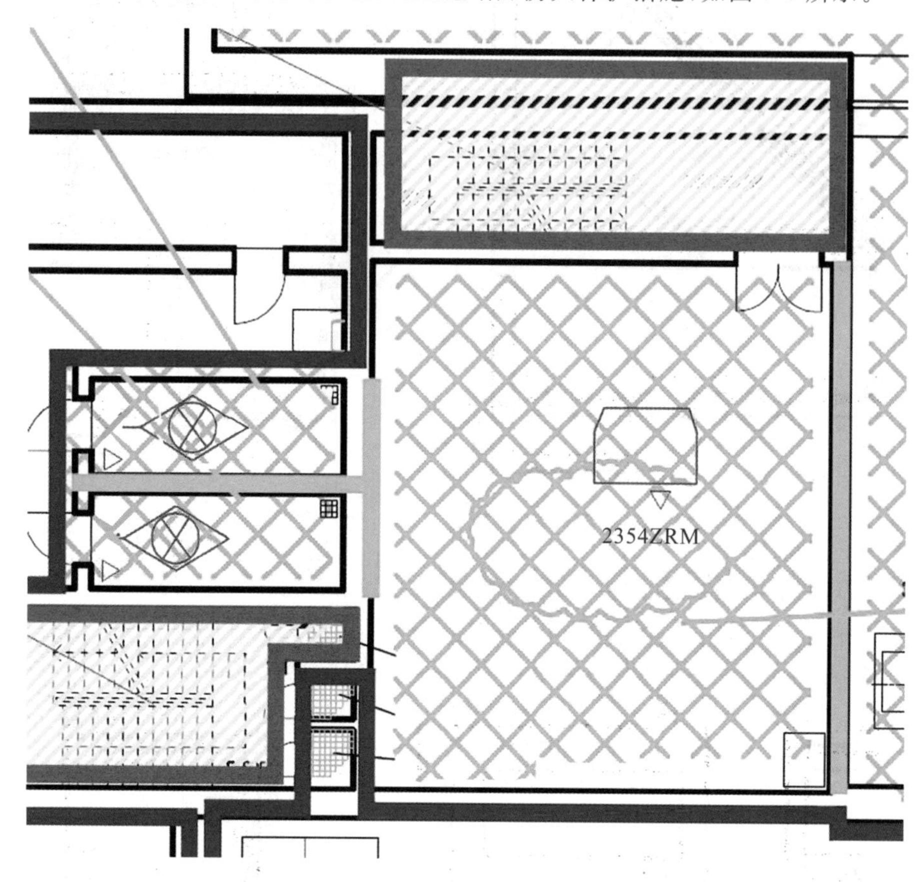

图 7-8　2354ZRM 房间位置截图

(4)3180 电气机柜间虽然设计为 SFS 安全防火区,并配置有专用防排烟系统,但未设置固定灭火系统。同理,3613 电柜间仅设置为 SFI 干预防火区,虽然设置有专用防排烟系统,也未设置固定灭火系统。具体如图 7-9 和图 7-10 所示。

根据以往核电工程经验,考虑到发热的电气设备众多,火荷载密度常常超过 400 MJ/m^2 的标准水平,而尤其重要的是,作为安全防火区,其内部一定分布有安全级的物项,维持和保证其核安全功能的实现是高于防火要求的。虽然消防策略与核安全保护策略有所不同,但宜设置专门灭火系统予以防火保护。

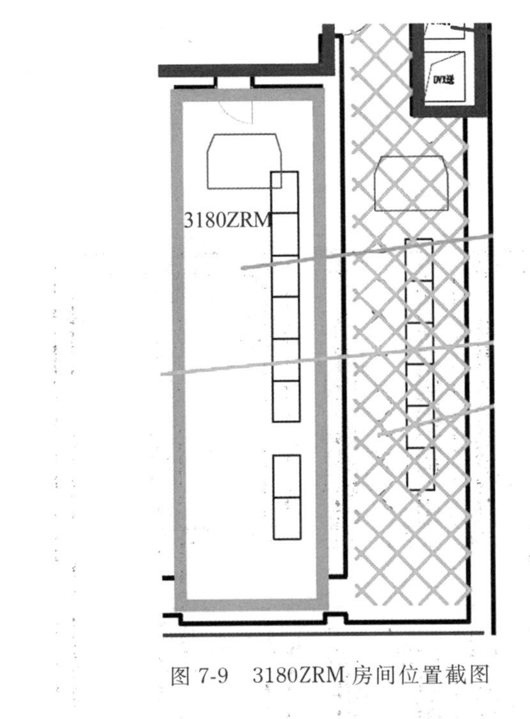

图7-9 3180ZRM房间位置截图

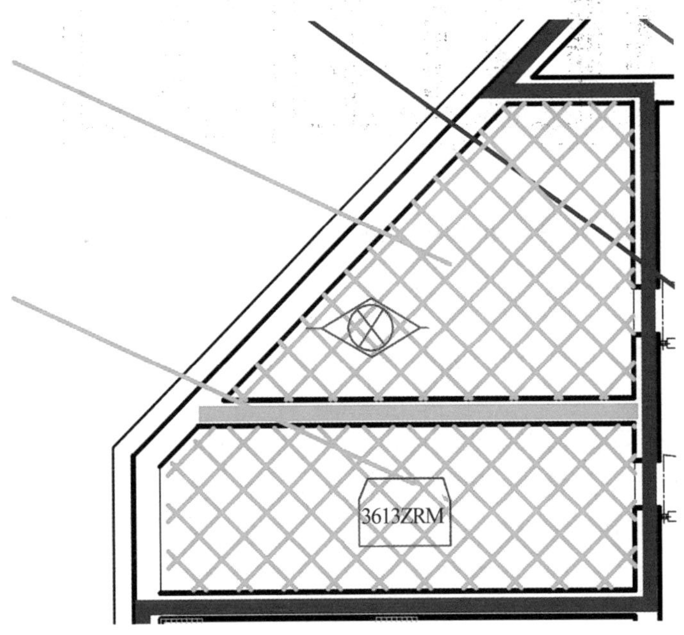

图7-10 3613ZRM房间位置截图

(5)对于2561/2562、2554/2555DWQ过滤器间，虽然每台设置在单独的钢筋混凝土小室内的碘吸附器在其上下游都有感烟探测器、温度传感器、防火阀以及水喷淋灭火装置，但由于不作为防火屏障边界的门不具有防火性能，所以各个房间相互之间门对门布置。若控制火灾不力，火势极容易蔓延。同理，2559/2560、2552/2553 各个 DWQ 加热间亦缺失专门防火设施，对于仅起隔离功能的门没有耐火要求，各个房间相互之间也是门对门布置，在火灾情况下，也有利于火势的蔓延。上述 8 个房间属于 1 个 VNS 防火区内，无耐火极限时间要求。针对这一区域，也需要设置专门的灭火系统予以防火保护。

各房间的具体平面分布情况如图 7-10 和图 7-11 所示。

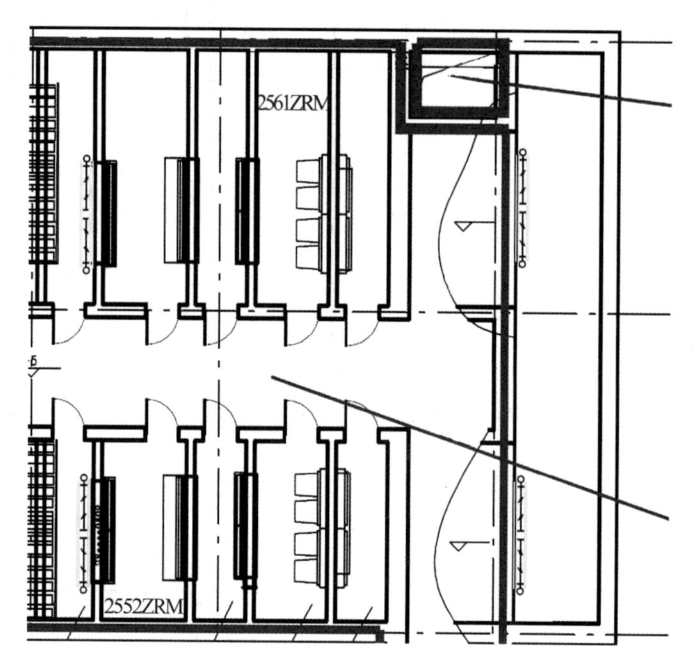

图 7-11　2561ZRM、2552ZRM 等房间位置图纸截图

(6)2507 废树脂暂存槽间和 2508 浓缩液罐间一样，处于四面密封的空间，需要统计可燃物料量。针对燃烧性质，为防止液体流淌，应制定出具有针对性的防火保护方案，如图 7-12 所示。

另外，与其他厂房一样，编号为 3006 的电梯机房(井)仅划分为 VNS 非功能性防火区，对耐火极限也无要求。

除了以上几个问题外，在防火分区图上未找到图例所示的标号为 4033 的应急钢梯间。若遗漏，则需要后续设计工作予以增加。

7.2.4　核废物厂房

针对核废物厂房，发现以下问题：

在防火分区分法中，防火防污染区作为一种防火区，其防火分区图中有图例和名词，但在防火分区图中尚未发现这种防火区，是遗漏还是本身就没有值得探讨。

0937ZRM TEU 冷凝器泵须核实可燃物料量尤其是油量，未设置固定灭火系统。

0935TEU 再循环泵须核实可燃物料量尤其是油量，未设置固定灭火系统。

0929/1529/2029/2529 电梯井仅划分为 VNS 非功能性防火区，对耐火极限无要求。

0918TES 废树脂装运泵间须核实可燃物料量尤其是油量，未设置固定灭火系统。

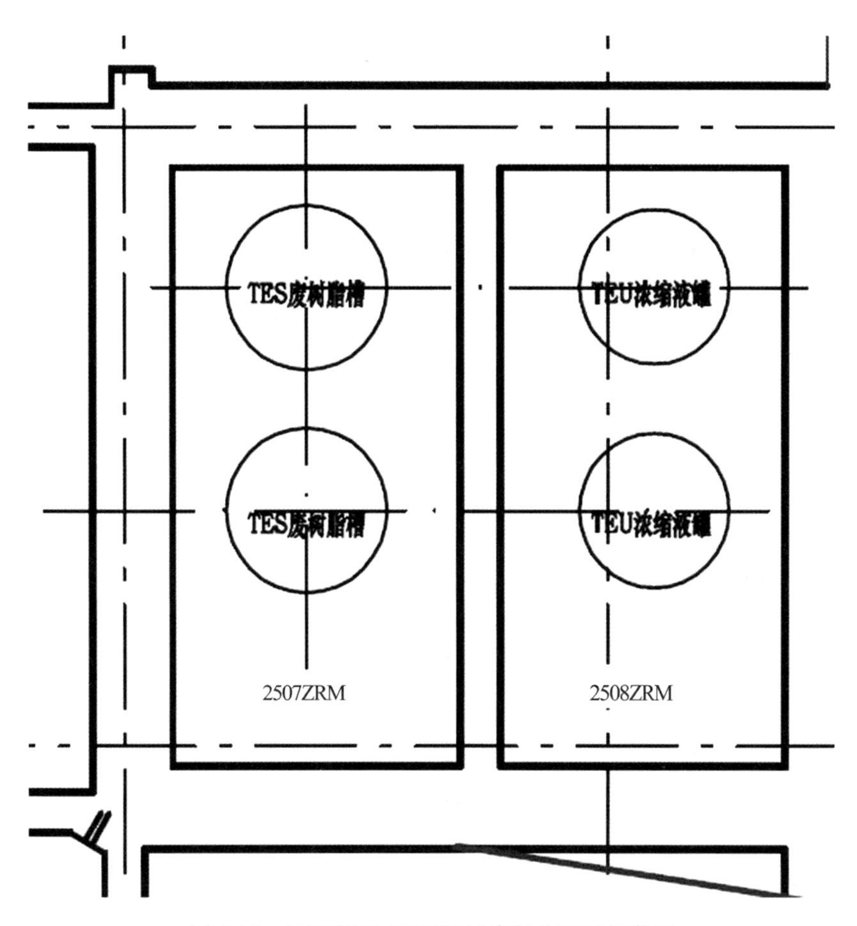

图 7-12　2507ZRM、2508ZRM 房间位置图纸截图

0909/0910/0913/0914TEU 蒸发器进料泵/冷凝液泵等泵间须核实可燃物料量尤其是油量，未设置固定灭火系统。

1553～1558 TEU 过滤器间未设置固定灭火系统。

1543 SBE 过滤器间(热洗衣房)未设置固定灭火系统。

1537 TEU 电加热器间未设置固定灭火系统。

2039 SBE 衣物烧干间(5 台烘鞋机、3 台干衣机)未设置固定灭火系统。

2016/2017 TES 机柜间仅设置为 SFI 干预防火区未设置固定灭火系统。

2008 TEU 废滤芯更换大厅(9 个桶)无固定防火措施。

2561/2562、2554/2555 DWQ 过滤器间无防火措施，相互之间门对门，利于火势蔓延。

2559/2560、2552/2553 DWQ 加热间无防火措施，相互之间门对门，利于火势蔓延。

上述 8 房间属于 1 个 VNS 防火区内，无耐火极限时间要求。

2541 配电间无防火措施。

2535 配电间仅设置为 SFI 干预防火区，未设置固定灭火系统。

2517 控制柜间仅设置为 SFI 干预防火区，未设置固定灭火系统。

2516 控制室与 2517 形成 1 个 SFI，未设置固定灭火系统。

2507 废树脂暂存槽间四面密封，需要统计可燃物料量，研究针对性防火措施。

2508 浓缩液罐间四面密封，需要统计可燃物料量，研究针对性防火措施。

3006 电梯机房(井)仅划分为 VNS 非功能性防火区，对耐火极限无要求。

主要聚焦以下问题：

(1)TEU 冷凝器泵房间、TEU 再循环泵房间、TES 废树脂装运泵间、TEU 蒸发器进料泵/冷凝液泵等泵间，以及废树脂暂存槽间、浓缩液罐间均处于四面密封状态，须核实可燃物料量尤其是油量大小，从而对是否需要设置固定灭火系统予以参考。并且从辐射安全角度看，还需要采取防止放射性液体四处流淌的措施。

(2)5 个电梯井仅划分为非功能性防火区，对耐火极限无要求。

(3)6 个 TEU 过滤器间、1 个过滤器间(热洗衣房)、1 个 TEU 电加热器间、1 个 TEU 废滤芯更换大厅(9 个桶，无固定防火措施)，均未设置固定灭火系统。

(4)2039 SBE 衣物烧干间(5 台烘鞋机、3 台干衣机)，定性判断其火荷载较大，未设固定灭火系统。

(5)2 个 TES 机柜间、1 个配电间、1 个控制柜间仅设置为干预防火区，未设置固定灭火系统。

(6)4 个相互之间门对门的 DWQ 过滤器间火灾情况下有利于火势蔓延，无防火措施。4 个相互之间门对门的 DWQ 加热间火灾情况下有利于火势蔓延，无防火措施。上述共 8 个房间属于 1 个非功能性防火区内，无耐火极限时间要求。

(7)1 个配电间无防火措施。

7.2.5 燃料厂房

在防火分区分法中，防火防污染区作为一种防火区，其防火分区图中有图例和名词，但在防火分区图中尚未发现这种防火区，是遗漏还是本身就没有值得探讨。另外，防火区与防火小区关系不清晰。

2002ZRM、2042ZRM、2802ZRM、2942ZRM、3202ZRM、33342ZRM、3802ZRM、3842ZRM、4202ZRM、4242ZRM、4642ZRM 仅设为 VNS 非功能性防火区，无耐火极限要求。

3354ZRM 总送风竖井包含在 1 个大的 SFS 安全防火区内，未设置固定灭火系统。

4251ZRM/4651ZRM EUF 过滤器间包含在 1 个大的 VNS 非功能性防火区，无耐火极限要求，未设置固定灭火系统。而且 4651ZRM EUF 过滤器间只能够人员通过爬梯进入，需要核实火荷载数量，找出针对性防火方案。

电气厂房等其他厂房尚未完成防火分区图纸绘制工作，因此不能梳理出弱项内容。

另外需要指出的是，要对核电厂内的消防系统进行定期试验，对与国内外已经出现并将在未来时间有可能出现的消防灭火系统的干管堵塞情况和供水量、压力能否满足要求情况进行定期检查。检查所有的消火栓和水泵接合器与消防车辆和设施的能力是否匹配，而且从首次完成的试验开始，定期检查设备运行能力。

此外，还应该对火灾自动报警系统误报率、消防水水质保持良好、扩大闭路电视系统、实施对一些重点部位的实时监测等问题予以关注，并拟定针对性措施解决问题。

第 8 章　总结和建议

8.1　研究总结

以《建筑设计防火规范》(GB 50016—2014)(2018 年)为参照,结合火灾科学近年来的研究成果,对比其对厂房的防火思路、方法、规定要求,借鉴通用工业厂房防火理念,对核岛区域部分厂房防火设计内容进行比较与思考,发现某些方面值得借鉴。

通过横向比对与分析研究,尤其是对某型号核电厂安全分析报告和防火分区图纸的研究,得出以下结论:

(1)作为能源供应方式之一的核电厂除了具有一般通用厂房的特点外,由于对核安全和辐射安全的异常敏感性,具有独特的工艺特点。在防火的同时,还必须防止放射性物质外泄,防止人和物被污染。防火灭火工作是建立在保持核与辐射安全的基础上的。

(2)一些核电厂的规范和标准并不一定比通用工业的要求水平高,其对具体工作的指导性还亟待提高。以我国为例,虽然针对核电厂有核安全法规 HAF 102—2004 及核安全导则 HAD 102/11(1996 版)等内容要求,但具体到操作层面,则尚需制定实施细则以便规范各个核电厂的实际工作。

(3)针对防火安全水平,尚存在改进和提高的空间。由于该工程属于首堆示范性质,目前掌握的图纸资料尚未能够完全覆盖全部施工图范围。由于进度投资等原因,还存在着边设计、边施工的现象,部分弱项内容可以予以加强并优化。

8.2　对该型号核电厂应用的展望

由于我国具有连续三十多年的核电厂建设经验,国内已经形成了三大核电集团,在技术研发上也取得了一系列的专利、发明成就,而且各个设计院都配备了涉及防火领域的专业人员。他们有的已经具备了丰富的设计经验,有的经过数个核电厂现场安装和调试实践考验,已经成长为独当一面的技术骨干。我们有理由相信:在国家的统一领导、部门的严格监管以及各建设单位的努力下,该型号核电技术将会应用得更广泛,我国实现引领国际核电厂防火安全技术发展的日子会很快到来。

8.3 有关建议

8.3.1 电气火灾

根据统计数据可知，电气火灾在电厂全部火灾中占有很大的比重。作为研究对象的该核电厂，其电缆敷设工作尚未完全开展。鉴于参考的资料很有限，而核电厂内火灾危险区域和高发位置不能完全涉及，结合电气火灾高频率发生的实际情况，给出以下建议。

根据以往核电厂的建造经验，针对 A 系列和 B 系列电缆线路，需要额外采取下列措施以达到不影响核安全功能实现的目的：

(1)对交叉区域的处置方式：要求在 A 系列和 B 系列的电缆通道之间尽量减少交叉。当由于布置位置等原因而不可避免产生交叉时，采用直角方式敷设电缆，并在交叉处、两个通道之间用耐火极限不低于 2 h 的防火屏障隔开。在存在电气线路敷设的房间，将 A 系列和 B 系列使用防火墙进行分隔。针对存在共模失效的危险隐患，则通过专用的电缆敷设软件，沿电缆敷设路径梳理出精确部位，然后采取在其中之一的一个系列的电缆桥架周围包覆耐火材料的方法予以防火保护。

(2)在保护通道方面：将反应堆保护系统的测量和仪表电缆分成 4 个通道。各个通道中采用互相隔离的方式敷设电缆。通过将冗余保护系统分别设置在 4 个不同安全防火区的方式实现隔离。

其他还包括对电缆间或廊道采取了如下措施，以确保电缆间的消防安全：

(1)该类房间的电缆采用低烟无卤电缆，从本质上降低了火灾风险；

(2)电缆均分布在独立的防火区，并且防火分区边界上的防火门、防火阀和防火封堵的耐火极限均为 2 h，与防火边界的耐火极限相同，确保了防火边界的完整性；

(3)电缆间设置火灾自动报警、水喷雾灭火系统、干粉灭火器、防排烟系统和通风系统等消防系统；

(4)电缆穿越防火区边界时，采用防火封堵进行有效防护，并且相关电缆涂刷了防火涂料；

(5)消防监督检查：针对防火区、防火封堵等，采用定期检查和日常巡检相结合的检查方式，编制了《防火区、防火封堵及防火涂料定期检查文件》《灭火器》《水喷雾灭火系统定期检查文件》等消防系统定检文件，进行有效的消防监督检查。

在电厂正式运行后，结合对消防系统的定期试验工作，做好以下工作：

(1)对消防灭火系统的干管堵塞情况和供水量、压力是否能满足要求等保障功能性要求内容要进行定期检查；

(2)检查所有的消火栓和水泵接合器与消防车辆和设施的能力是否匹配；

(3)从首次做过的试验开始，定期检查设备运行能力，并将相关数据纳入电厂正式运行、维修工作规程中。

另外，还应该对火灾自动报警系统误报率、消防水水质保持良好、扩大闭路电视系统覆盖范围、实施对一些重点部位的实时监测等内容予以足够重视。

假设火灾事件会导致直流电流表热脆现象,而直流电流表发生热脆则会对安全停堆设备产生一些不利影响 ,具体内容如下:

2013 年 10 月 4 日,美国 PALO VERDE 和 COMANCHE PEAK 核电厂分别向 NRC 报告了“假设火灾事件导致的直流电流表热脆对安全停堆设备的不利影响”。根据工业界的运行经验反馈,在控制室没有设置熔断器的直流电流表在某些工况下可能存在不利影响。对照 10 CFR 50 附件 R,这种不利影响在 PALO VERDE 和 COMANCHE PEAK 核电厂属于没有分析过的情况。在电厂 1E 级蓄电池和充电器控制室系列 B 和 D 原来的布线设计和相关安全分析中,没有包括过电流保护装置来限制故障电流。

在假设的控制室火灾事件中,可能导致电流表接线出现热脆而接地,同时火灾也可能导致同一蓄电池组另一极电流表接线热脆而接地,直流电源两点接地,这样通过未加保护的电流表接线形成接地环路,将导致电流表接线过电流(过热),从而在布线槽内发生次生火灾。次生火灾对安全停堆设备(10 CFR 50 附件 R 中要求的)产生不利影响,可能使安全停堆设备失去确保安全停堆的能力。

由于直流电源系列 B 和 D 是控制室火灾事件后保证安全停堆能力的备用设备,所以在最初就已经进行检查。直流电源系列 A 和 C 以及其他类似电路设计正在展开进一步排查。

对于此未经分析的工况,电厂已经对厂内可能受影响的区域提交补偿性的措施(火灾监视)。

假设火灾事件导致的直流电流表热脆对安全停堆设备的不利影响

2007 年 7 月 16 日,在 6.6 级的新岛中越冲地震中,坐落在 19 km 外的日本新潟柏崎—刈羽(Kashiwazaki-Kariwa)核电厂受到了影响。地震发生后,柏崎—刈羽核电厂 3 号机组的电力变压器起火。变压器地基的地面大位移引起的短路火花造成了火灾的发生。火花引燃从变压器中泄漏的变压器油。地震损坏了现场的消防设施,导致 1 号、2 号、3 号、4 号机组的消防水系统多重失效;一个消防水储存箱失效和其他的灭火系统失效。电厂消防队的灭火尝试均遭失败。当地的市政消防局最终在火灾发生 2 h 后将其熄灭。火灾被控制在防火墙内,没有涉及其他电厂安全设备。

该事件应引起人们对地震引发火灾的薄弱点的重要认识,并对泵的电机、电气设备间、直流发电机组、含油的冷冻机间等非传统防火安全内容予以重点关注。

8.3.2 核电厂防火工作实施细则

为了更加明确地指导防火工作,很有必要制定一份实施细则,以便直接可以指导核电厂的防火工作,亦对在役机组的防火改造具有指导意义。

第9章　心得体会

9.1　对消防技术服务机构的设想

2019年8月29日，应急管理部发布了《应急管理部关于印发〈消防技术服务机构从业条件〉的通知》（应急[2019]88号），其中：

> 二、加强对消防技术服务活动的监督管理。各级消防救援机构应当结合日常消防监督检查工作，对消防技术服务机构的从业条件和服务质量实施监督抽查，在开展火灾事故调查时倒查消防技术服务机构责任，依法惩处不具备从业条件的机构，以及出具虚假或失实文件等违法违规行为，依据相关规定记入信用记录，协同相关部门实施联合惩处。
>
> 三、督促消防技术服务机构落实主体责任。要组织、指导消防技术服务机构应用全国统一的社会消防技术服务信息系统，按要求录入和更新相关信息，落实主体责任，规范从业行为，提高服务质量。

我们可以借鉴一下消防技术服务机构从业条件的具体内容，其应用于对核电厂提供消防技术服务的社会机构的要求如下：

> 第一条　为了规范消防技术服务机构从业活动，提升消防技术服务质量，根据《中华人民共和国消防法》和有关规定，制定本从业条件。
>
> 第二条　消防技术服务机构是指从事消防设施维护保养检测、消防安全评估等社会消防技术服务活动的企业。
>
> 消防技术服务从业人员是指在消防技术服务机构中执业的注册消防工程师，以及取得消防设施操作员国家职业资格证书、在消防技术服务机构中从事消防技术服务活动的人员。
>
> 第三条　从事消防设施维护保养检测服务的消防技术服务机构，应当具备下列条件：
>
> （一）企业法人资格；
>
> （二）工作场所建筑面积不少于200 m^2；
>
> （三）消防技术服务基础设备和消防设施维护保养检测设备配备符合附表1和

附表2的要求；

（四）注册消防工程师不少于2人，且企业技术负责人由一级注册消防工程师担任；

（五）取得消防设施操作员国家职业资格证书的人员不少于6人，其中中级技能等级以上的不少于2人；

（六）健全的质量管理体系。

第四条　从事消防安全评估服务的消防技术服务机构，应当具备下列条件：

（一）企业法人资格；

（二）工作场所建筑面积不少于100 m^2；

（三）消防技术服务基础设备和消防安全评估设备配备符合附表1和附表3的要求；

（四）注册消防工程师不少于2人，且企业技术负责人由一级注册消防工程师担任；

（五）健全的消防安全评估过程控制体系。

第五条　同时从事消防设施维护保养检测、消防安全评估的消防技术服务机构，应当具备下列条件：

（一）企业法人资格；

（二）工作场所建筑面积不少于200 m^2；

（三）消防技术服务基础设备和消防设施维护保养检测、消防安全评估设备配备符合附表1、附表2和附表3的要求；

（四）注册消防工程师不少于2人，且企业技术负责人由一级注册消防工程师担任；

（五）取得消防设施操作员国家职业资格证书的人员不少于6人，其中中级技能等级以上的不少于2人；

（六）健全的质量管理和消防安全评估过程控制体系。

第六条　注册消防工程师不得同时在2个（含本数）以上消防技术服务机构执业。在消防技术服务机构执业的注册消防工程师，不得在其他机关、团体、企业、事业单位兼职。

第七条　消防技术服务机构承接业务，应当明确项目负责人。项目负责人应当由注册消防工程师担任。

第八条　消防技术服务机构应当将机构和从业人员的基本信息，以及消防技术服务项目情况录入社会消防技术服务信息系统。

附表1　消防技术服务基础设备配备要求

序号	设备名称	单位	配备数量	备注
1	计算机	套	3	每套中包括光盘刻录机、移动存储器各1个
2	打印机	台	1	激光打印机

续表

序号	设备名称	单位	配备数量	备注
3	传真机	台	1	适用普通纸
4	照相机	台	3	不低于800万像素
5	录音录像设备	个	2	用于现场记录,记录时间不少于10 h
6	对讲机	对	2	通话距离不小于1000 m,含防爆型一对
8	个人防护和劳动保护装备	按照实际需要配备		

注:打印机、传真机等可配备同时满足相应要求的一体机。

附表2 消防设施维护保养检测设备配备要求

序号	设备名称	单位	配备数量	备注
1	秒表	个	3	量程不小于15 min;精度,0.1 s
2	卷尺	个	4	量程不小于30 m;精度,1 mm;2个量程不小于5 m;精度,1 mm;2个
3	游标卡尺	个	3	量程不小于150 mm;精度,0.02 mm
4	钢直尺	个	3	量程不小于50 cm;精度,1 mm
5	直角尺	个	3	主要用于对消防软管卷盘的检查
6	电子秤	个	1	量程不小于30 kg
7	测力计	个	1	量程:50~500 N;精度,±0.5%
8	强光手电	个	4	警用充电式,LED冷光源
9	激光测距仪	个	3	量程不小于50 m;精度,3 mm
10	数字照度计	个	3	量程不小于2000 Lx;精度,±5%
11	数字声级计	个	3	量程:30~130 dB;精度,1.5 dB。
12	数字风速计	个	3	量程:0~45 m/s;精度,±3%
13	数字微压计	个	1	量程:0~3000 Pa;精度,±3%,具有清零功能,并配有检测软管
14	数字温湿度计	个	1	用于环境温湿度检测
16	数字坡度仪	个	1	量程:0°~±90°;精度,±0.1°
17	垂直度测定仪	个	1	量程:0~500 mm;精度,±0.2 m
18	消火栓测压接头	套	3	压力表量程:0~1.6 MPa;精度,1.6级。

续表

序号	设备名称	单位	配备数量	备注
19	喷水末端试水接头	套	3	压力表量程:0~0.6 MPa;精度,1.6级
20	接地电阻测量仪	个	2	量程:0~1000 Ω;精度,±2%
21	绝缘电阻测量仪	个	2	量程:1~2000 MΩ;精度,±2%
22	数字万用表	个	3	可测量交直流电压、电流、电阻、电容等
23	感烟探测器功能试验器	个	3	检测杆高度不小于2.5 m,加配聚烟罩,内置电源线,连续工作时间不低于2 h
24	感温探测器功能试验器	个	3	检测杆高度不小于2.5 m,内置电源线,连续工作时间不低于2 h
25	线型光束感烟探测器滤光片	套	1	减光值分别为0.4 dB和10.0 dB各一片,具备手持功能
26	火焰探测器功能试验器	套	1	红外线波长大于或等于850 nm,紫外线波长小于或等于280 nm。检测杆高度不小于2.5 m
27	漏电电流检测仪	个	1	量程:0~2 A;精度,0.1 mA
28	便携式可燃气体检测仪	个	1	可检测一氧化碳、氢气、氨气、液化石油气、甲烷等可燃气体浓度
29	数字压力表	个	1	量程:0~20 MPa;精度,0.4级;具有清零功能
30	细水雾末端试水装置	套	1	压力表量程:0~20 MPa;精度,0.4级

注:其他常用五金工具、电工工具等,按实际需要配备。

附表3 消防安全评估设备配备要求

序号	设备名称	单位	配备数量	备注
1	计算机	套	2	满足评估业务需要
2	评估软件	套	2	满足评估业务需要[评估需要的软件包括而不仅限于:人员疏散能力模拟分析软件、烟气流动模拟分析软件(CFD)、结构安全计算分析软件等]
3	烟气分析仪	台	1	满足评估业务需要
4	烟密度仪	台	1	满足评估业务需要
5	辐射热通量计	台	1	满足评估业务需要

9.2 《社会消防技术服务管理规定》(征求意见稿)

近日,《社会消防技术服务管理规定》(征求意见稿)发布,内容如下:

《社会消防技术服务管理规定》

（征求意见稿）

（文中标注表阴影部分示删除，标注**黑体字部分**表示修改）

现行条文	修改条文	修改理由和依据
第一章 总 则	第一章 总 则	
第一条 为规范社会消防技术服务活动，建立公平竞争的消防技术服务市场秩序，促进提高消防技术服务质量，根据《中华人民共和国消防法》，制定本规定。	**第一条** 为规范社会消防技术服务活动，建立公平竞争的**维护**消防技术服务市场秩序，促进提高消防技术服务质量，根据《中华人民共和国消防法》，制定本规定。	建立公平竞争的市场秩序，不仅靠政府部门，而且靠充分发挥市场作用。《关于深化消防执法改革的意见》提出，要发挥市场在资源配置中的决定性作用。本条借鉴《房地产估价机构管理办法》调整了原有表述。 **《房地产估价机构管理办法》第一条** 为了规范房地产估价机构行为，维护房地产估价市场秩序，保障房地产估价活动当事人合法权益，根据《中华人民共和国城市房地产管理法》《中华人民共和国行政许可法》和《国务院对确需保留的行政审批项目设定行政许可的决定》等法律、行政法规，制定本办法。

续表

第二条 在中华人民共和国境内从事社会消防技术服务活动、对消防技术服务机构实施资质许可和监督管理，适用本规定。 本规定所称消防技术服务机构是指从事消防设施维护佩养检测、消防安全评估等消防技术服务活动的社会组织。	**第二条** 在中华人民共和国境内从事社会消防技术服务活动、对消防技术服务机构实施资质许可和监督管理，适用本规定。 本规定所称消防技术服务机构是指从事消防设施维护佩养检测、消防安全评估等消防技术服务活动的社会组织**企业**。	《关于深化消防执法改革的意见》明确，取消消防技术服务机构资质许可制度，企业在办理营业执照后即可开展经营活动。本条删除资质许可表述，并明确消防技术服务机构为企业。 **《关于深化消防执法改革的意见》**（三）取消消防技术服务机构资质许可。取消消防设施维护保养检测、消防安全评估机构资质许可制度……企业办理营业执照后即可经营活动。消防部门制定消防技术服务机构从业条件……
第三条 消防技术服务机构及其从业人员开展社会消防技术服务活动应当遵循客观独立、合法公正、诚实信用的原则。 本规定所称消防技术服务从业人员，是指依法取得注册消防工程师资格并在消防技术服务机构中执业的专业技术人，以及按照有关规定取得相应消防行业特有工种职业资格，在消防技术服务机构中从事消防设施维护保养检测的一般操作人员。	**第三条** 消防技术服务机构及其从业人员开展社会消防技术服务活动应当遵循客观独立、合法公正、诚实信用的原则。 本规定所称消防技术服务从业人员，是指依法取得注册消防工程师资格并在消防技术服务机构中执业的专业技术人，以及按照有关规定取得相应消防行业特有工种职业资格，在消防技术服务机构中从事**社会**消防设施维护保养检测**技术服务活动**的一般操作人员。	《应急管理部关于印发〈消防技术服务机构从业条件〉的通知》（应急[2019]88号）对消防技术服务从业人员作出定义。同时，考虑《中华人民共和国职业分类大典》定期修订，可能对职业名称作出调整，不对职业名称及其从业具体范围作出限定。本条调整相关表述，确保更加准确。 **《消防技术服务机构从业条件》第二条**……消防技术服务从业人员是指在消防技术服务机构中执业的注册消防工程师，以及取得消防设施操作员国家职业资格证书，在消防技术服务机构中从事消防技术服务活动的人员。

续表

第四条 国家对消防技术服务机构实行资质许可制度。消防技术服务机构应当取得相应消防技术服务机构资质证书(以下简称“资质证书”),并在资质证书确定的业务范围内从事消防技术服务活动。	**删除**	《关于深化消防执法改革的意见》明确,取消消防技术服务机构资质许可制度。删除本条。 **《关于深化消防执法改革的意见》**(三)取消消防技术服务机构资质许可,取消消防设施维护保养检测、消防安全评估机构资质许可制度……企业办理营业执照后即可经营活动。消防部门制定消防技术服务机构从业条件……
第五条 鼓励依托消防协会成立消防技术服务行业协会。消防技术服务行业协会应当加强行业自律管理,组织制定并公布消防技术服务行业自律管理制度和执业准则,弘扬诚信执业、公平竞争、服务社会理念,规范执业行为,促进提升服务质量,反对不正当竞争和垄断,维护行业、会员合法权益,促进行业健康发展。 消防协会、消防技术服务行业协会不得从事营利性社会消防技术服务活动,不得从事或者通过消防技术服务机构进行行业垄断。	**第四条** 鼓励依托消防协会成立消防技术服务行业**组织**协会。消防技术服务行业协会应当加强行业自律管理,组织制定并公布消防技术服务行业自律管理制度和社执业准则,弘扬诚信执业、公平竞争、服务会理念,规范执**从**业行业,促进提升服务质量,反对不正当竞争和垄断,维护行业、会员合法权益,促进行业健康发展。 消防协会、消防技术服务行业协会**组织**不得从事营利性社会消防技术服务活动,不得从事或者通过消防技术服务机构进行行业垄断。	《关于深化消防执法改革的意见》明确,消防部门与行业协会、中介组织彻底脱钩。目前各地消防救援机构与消防行业协会均已脱钩,一些地方还注销了消防行业协会。本条删除了依托消防协会开展行业自律的表述,同时将消防技术服务行业协会的表述调整为行业组织,删除了行业自律的具体形式和拖沓表述。 同时,消防技术服务机构人员既包括执业管理的注册消防工程师,也包括非执业管理的注册消防行业特有工种职业资格。将“执业”修改为“从业”。 **《关于深化消防执法改革的意见》**消防部门与行业协会、中介机构彻底脱钩。取消消防部门与消防行业协会的主办、主管、联系和挂靠关系,做到职能、人员、财务完全分离。

续表

第二章　资质条件	**第二章　[资质]从业条件**	《关于深化消防执法改革的意见》明确，取消消防技术服务机构的资质许可制度，消防部门制定消防技术服务机构从业条件。本章将资质条件修改为从业条件。 **《关于深化消防执法改革的意见》**（三）取消消防技术服务机构资质许可，取消消防设施维护保养检测、消防安全评估机构资质许可制度……企业办理营业执照后即可经营活动。消防部门制定消防技术服务机构从业条件……
第六条　消防设施维护保养检测机构的资质分为一级、二级和三级，消防安全评估机构的资质分为一级和二级。	**删除**	取消消防技术服务机构的资质许可制度，删除本条。
第七条　消防设施维护保养检测机构三级资质应当具备下列条件： （一）企业法人资格； （二）维修用房满足维修灭火器品种和数量的要求，且建筑面积一百平方米以上； （三）与灭火器维修业务范围相适应的仪器、设备、设施； （四）注册消防工程师一人以上，具有灭火器维修技能的人员五人以上； （五）健全的质量管理制度； （六）法律、行政法规规定的其他条件。	**删除**	取消消防技术服务机构的资质许可制度，删除本条。

续表

	新增作为第五条　从事消防设施维护保养检测的消防技术服务机构，应当具备下列条件： （一）取得企业法人资格； （二）工作场所建筑面积不少于二百平方米； （三）消防技术服务基础设备和消防设施维护保养检测设备配备符合有关规定要求； （四）注册消防工程师不少于两人，其中一级注册消防工程师不少于一人； （五）取得消防设施操作员国家职业资格证书的人员不少于六人，其中中级技能等级以上的不少于两人； （六）健全的质量管理体系。	《应急管理部关于印发〈消防技术服务机构从业条件〉的通知》（应急[2019]88号）明确了消防设施维护保养检测机构的从业条件。 《消防技术服务机构从业条件》第三条从事消防设施维护保养检测服务的消防技术服务机构，应当具备下列条件：（一）企业法人资格；（二）工作场所建筑面积不少于200平方米；（三）消防技术服务基础设备和消防设施维护保养检测设备配备符合附表1和附表2的要求；（四）注册消防工程师不少于2人，且企业技术负责人由一级注册消防工程师担任；（五）取得消防设施操作员国家职业资格证书的人员不少于6人，其中中级技能等级以上的不少于2人；（六）健全的质量管理体系。 考虑到本规章对设立技术负责人、技术负责人资格要求有专门条文和对应罚则，将从业条件中的“技术负责人由一级注册消防工程师担任”调整到技术负责人条文中明确，本条保留“一级注册消防工程师不少于一人”的表述。这样，基层在执法实践中，就能区分未达到从业条件、未设立技术负责人、技术负责人未具备相应资格等违法情形。

续表

<table>
<tr>
<td>第八条　消防设施维护保养检测机构二级资质应当具备下列条件：
（一）企业法人资格，场所建筑面积二百平方米以上；
（二）与消防设施维护保养检测业务范围相适应的仪器、设备、设施；
（三）注册消防工程师六人以上，其中一级注册消防工程师至少三人；
（四）操作人员取得中级技能等级以上建（构）筑物消防员职业资格证书，其中高级技能等级以上至少占百分之三十；
（五）健全的质量管理体系；
（六）法律、行政法规规定的其他条件。</td>
<td>删除</td>
<td>取消消防技术服务机构的资质许可制度。删除本条。</td>
</tr>
</table>

续表

第九条 消防设施维护保养检测机构一级资质应当具备下列条件： （一）取得消防设施维护保养检测机构二级资质三年以上，且申请之日前三年内无违法执业行业记录； （二）场所建筑面积三百平方米以上； （三）与消防设施维护保养检测业务范围相适应的仪器、设备、设施； （四）注册消防工程师十人以上，其中一级注册消防工程师至少六人； （五）操作人员取得中级技能等级以上建（构）筑物消防员职业资格证书，其中高级技能等级以上至少占百分之三十； （六）健全的质量管理体系； （七）申请之日前三年内从事过至少二十项设有自动消防设施的单体建筑面积二万平方米以上的工业建筑、民用建筑的消防设施维护保养检测活动； （八）法律、行政法规规定的其他条件。	**删除**	取消消防技术服务机构的资质许可制度，删除本条。

续表

第十条 消防安全评估机构二级资质应当具备下列条件： （一）法人资格，场所建筑面积一百平方米以上； （二）与消防安全评估业务范围相适应的设备、设施和必要的技术支撑条件； （三）注册消防工程师八人以上，其中一级注册消防工程师至少四人； （四）健全的消防安全评估过程控制体系； （五）法律、行政法规规定的其他条件。	**删除**	取消消防技术服务机构的资质许可制度，删除本条。
	新增作为第六条　从事消防安全评估的消防技术服务机构，应当具备下列条件： **（一）取得企业法人资格；** **（二）工作场所建筑面积不少于一百平方米；** **（三）消防技术服务基础设备和消防安全评估设备配备符合有关规定要求；** **（四）注册消防工程师不少于两人，其中一级注册消防工程师不少于一人；** **（五）健全的消防安全评估过程控制体系。**	《应急管理部关于印发〈消防技术服务机构从业条件〉的通知》（应急[2019]88号）明确了消防安全评估机构的从业条件。 **《消防技术服务机构从业条件》第四条**　从事消防安全评估服务的消防技术服务机构，应当具备下列条件：（一）企业法人资格；（二）工作场所建筑面积不少于100平方米；（三）消防技术服务基础设备和消防安全评估设备配备符合附表1和附表3的要求；（四）注册消防工程师不少于2人，且企业技术负责人由一级注册消防工程师担任；（五）健全的消防安全评估过程控制体系。 考虑到本规章对设立技术负责人、技术负责人资格要求有专门条文和对应罚则，将从业条件中的“技术负责人由一级注册消防工程担任”调整到技术负责人条文中明确，本条保留“一级注册人”的表述。这样，基层在执法实践中，就能区分未达到从业条件、未设立技术负责人、技术负责人未具备相应资格等违法情形。

续表

第十一条 消防安全评估机构一级资质应当具备下列条件： （一）取得消防安全评估机构二级资质三年以上，且申请之日前三年内无违法执业行为记录； （二）场所建筑面积二百平方米以上； （三）与消防安全评估业务范围相适应的设备、设施和必要的技术支撑条件； （四）注册消防工程师十二人以上，其中一级注册消防工程师至少八人； （五）健全的消防安全评估过程控制体系； （六）申请之日前三年内从事过至少十项单体建筑面积三万平方米以上的工业建筑、民用建筑的消防安全评估活动； （七）法律、行政法规规定的其他条件。	**删除**	取消消防技术服务机构的资质许可制度，删除本条。
第十二条 一个消防技术服务机构可以同时取得两项以上消防技术服务机构资质。同时取得两项以上消防技术服务机构资质的，应当具备下列条件： （一）场所建筑面积三百平方米以上； （二）注册消防工程师数量不少于拟同时取得的各单项资质条件要求的注册消防工程师人数之和的百分之八十，且不得低于一单项资质条件的人数； （三）拟同时取得的各单项资质的其他条件。	**删除**	取消消防技术服务机构的资质许可制度，删除本条。

续表

<table>
<tr>
<td></td>
<td>新增作为第七条　同时从事消防设施维护保养检测、消防安全评估的消防技术服务机构,应当具备下列条件:
(一)取得企业法人资格;
(二)工作场所建筑面积不少于二百平方米;
(三)消防技术服务基础设备和消防设施维护保养检测、消防安全评估设备配备符合规定的要求;
(四)注册消防工程师不少于两人,其中一级注册消防工程师不少于一人;
(五)取得消防设施操作员国家职业资格证书的人员不少于六人,其中中级技能等级以上的不少于两人;
(六)健全的质量管理和消防安全评估过程控制体系。</td>
<td>《应急管理部关于印发〈消防技术服务机构从业条件〉的通知》(应急[2019]88号)明确同时从事消防设施维护保养检测、消防安全评估的消防技术服务机构的从业条件。
《消防技术服务机构从业条件》第五条　同时从事消防设施维护保养检测、消防安全评估的消防技术服务机构,应当具备下列条件:(一)企业法人资格;(二)工作场所建筑面积不少于200平方米;(三)消防技术服务基础设备和消防设施维护保养检测、消防安全评估设备配备符合附表1、附表2和附表3的要求;(四)注册消防工程师不少于2人,且企业技术负责人由一级注册消防工程师担任;(五)取得消防设施操作员国家职业资格证书的人员不少于6人,其中中级技能等级以上的不少于2人;(六)健全的质量管理和消防安全评估过程控制体系。
考虑到本规章对设立技术负责人、技术负责人资格要求有专门条文和对应罚则,将从业条件中的“技术负责人由一级注册消防工程师担任”调整到技术负责人条文中明确,本条保留“一级注册消防工程师不少于一人”的表述。这样,基层在执法实践中,就能区分未达到从业条件、未设立技术负责人、技术负责人未具备相应资格等违法情形。</td>
</tr>
</table>

续表

<table>
<tr>
<td>第十三条　在本规定实施前已经从事消防设施维护保养检测、消防安全评估活动三年以上，且符合本规定第九条、第十一条规定的资质条件的(二级资质从业时间除外)，可以自本规定实施之日起六个月内申请临时一级资质。
临时一级资质有效期为二年，期限届满后，可以依照本规定申请相应的资质。</td>
<td>删除</td>
<td>取消消防技术服务机构的资质许可制度，删除本条。</td>
</tr>
<tr>
<td>第十四条　一级资质的消防安全评估机构可以在全国范围内执业。其他消防技术服务机构可以在许可所在省、自治区、直辖市范围内执业。</td>
<td>第八条　[一级资质的消防安全评估机构] 消防技术服务机构可以在全国范围内[执]从业。[其他消防技术服务机构可以在许可所在省、自治区、直辖市范围内执业]。</td>
<td>《关于深化消防执法改革的意见》明确，取消消防技术服务机构资质许可制度。原先按照资质等级设置从业地域的规定相应取消。删除本条从业地域的规定，明确消防技术服务机构可以在全国范围内从业。
《关于深化消防执法改革的意见》(三)取消消防技术服务机构资质许可，取消消防设施维护保养检测、消防安全评估机构资质许可制度……企业办理营业执照后即可经营活动。消防部门制定消防技术服务机构从业条件……</td>
</tr>
</table>

续表

第十五条　具备下列条件的一级资质的消防设施维护保养检测机构可以跨省、自治区、直辖市执业，但应当在拟执业的省、自治区、直辖市设立分支机构： （一）取得一级资质二年以上，申请之日前二年内无违法执业行为记录； （二）注册消防工程师十人以上，其中一级注册消防工程师至少八人，不包括拟转到分支机构执业的注册消防工程师及已设立的分支机构的注册消防工程师。 拟设立的分支机构注册消防工程师数量，应当不少于所申请的消防技术服务机构资质条件要求的注册消防工程师人数的百分之八十，且符合相应消防技术服务机构资质的其他条件。 消防技术服务机构的分支机构应当在分支机构取得的资质范围内执业。	**删除**	《关于深化消防执法改革的意见》明确，取消消防技术服务机构的质许可制度。原先按照资质等级设置从业地域、跨省设立分支机构的规定相应取消。删除本条。 **《关于深化消防执法改革的意见》**（三）取消消防技术服务机构资质许可，取消消防设施维护保养检测、消防安全评估机构资质许可制度……企业办理营业执照后即可经营活动。消防部门制定消防技术服务机构从业条件……
第三章　资质许可	**整章删除**	《关于深化消防执法改革的意见》明确，取消消防技术服务机构的质许可制度。删除本章。 **《关于深化消防执法改革的意见》**（三）取消消防技术服务机构资质许可，取消消防设施维护保养检测、消防安全评估机构资质许可制度……企业办理营业执照后即可经营活动。消防部门制定消防技术服务机构从业条件……

续表

第十六条　消防技术服务机构资质由省级公安机关消防机构审批；其中，对拟批准消防安全评估机构一级资质的，由公安部消防局书面复核。	删除	
第十七条　申请消防技术服务机构资质的，应当向机构所在地的省级公安机关消防机构提交下列材料： （一）消防技术服务机构资质申请表； （二）营业执照等法人身份证明文件复印件； （三）法人章程，法定代表人身份证复印件； （四）从业人员名录及其身份证、注册消防工程师资格证书及其社会保险证明、消防行业特有工种职业资格证书、劳动合同复印件； （五）场所权属证明复印件，主要仪器、设备、设施清单； （六）有关质量管理文件； （七）法律、行政法规规定的其他材料。 申请一级资质的，还应当提交二级资质证书和申请之日前三年内承担的消防技术服务项目目录。	删除	

续表

第十八条　消防技术服务机构申请设立分支机构，应当向拟设立分支机构地的省级公安机关消防机构提交下列材料： （一）设立消防技术服务分支机构申请表； （二）资质证书复印件； （三）所属注册消防工程师情况汇总表、注册消防工程师资格证书及其社会保险证明和身份证复印件； （四）分支机构的从业人员名录及其身份证、注册消防工程师资格证书及其社会保险证明、消防行业特有工种职业资格证书、劳动合同复印件； （五）分支机构的场所权属证明复印件，主要仪器、设备、设施清单； （六）有关质量管理文件，对分支机构的管理办法； （七）法律、行政法规规定的其他材料。	**删除**	

续表

第十九条　省级公安机关消防机构收到申请后，对申请材料齐全、符合法定形式的，应当出具不予受理凭证并载明理由；申请材料不齐全或者不符合法定形式的，应当当场或者在五日内一次告知申请人需要补正的全部内容，逾期不告知的，自收到申请材料之日起即为受理。	**删除**	
第二十条　省级公安机关消防机构受理申请后，应当自受理之日起二十日内做出行政许可决定。二十日内不能做出决定的，经省级公安机关消防机构负责人批准，可以延长十日，并将延长期限的理由告知申请人。 对拟颁发消防安全评估机构一级资质证书的，省级公安机关消防机构应当自受理申请之日起二十日内审查完毕，并将审查意见以及申请材料报公安部消防局。公安部消防局应当自收到审查意见之日起十日内完成复核工作。 做出许可决定的，应当自做出决定之日起十日内向申请人颁发、送达资质证书；不予许可的，应当出具不予许可决定书并载明理由。	**删除**	

续表

第二十一条　公安机关消防机构在审批期间应当组织专家评审，对申请人的场所、设备、设施等进行实地核查。 专家评审时间不计算在审批时限内，但最长不得超过三十日。专家评审的具体办法由公安部消防局制定并公布。	**删除**	
第二十二条　资质证书分为正本和副本，式样由公安部统一制定，正本、副本具有同等法律效力。资质证书有效期为三年。 申请人领取消防设施维护保养检测、消防安全评估一级资质证书时，应当将二级资质证书交回原发证机关予以注销。	**删除**	
第二十三条　消防技术服务机构的资质证书有效期届满需要续期的，应当在有效期届满三个月前向原许可公安机关消防机构提出申请。原许可公安机关消防机构应当按照本规定第十九条、第二十条规定的程序进行复审；必要时，可以进行实地核查。 经复审，消防技术服务机构不再符合资质条件，或者在资质证书有效期内有三次以上违反本规定第四十七条、第五十条第一款规定行为的，不予办理续期手续。	**删除**	

续表

第二十四条 消防技术服务机构的名称、地址、注册资本、法定代表人等发生变更的，应当在十日内向原许可公安机关消防机构申请办理变更手续。 消防技术服务机构遗失资质证书的，应当向原许可公安机关消防机构申请补发。 原许可公安机关消防机构受理变理、补发资质证书申请后，应当进行审查，并自受理之日起五日内办理完毕。	**删除**	
第四章　消防技术服务活动	**第三章　消防技术服务活动**	

续表

第二十五条 消防技术服务机构及其从业人员应当依照法律法规、技术标准和执业准则，开展下列社会消防技术服务活动，并对服务质量负责： （一）三级资质的消防设施维护保养检测机构可以从事生产企业授权的灭火器检查、维修、更换灭火药剂及回收等活动；一级资质、二级资质的消防设施维护保养检测机构可以从事建筑消防设施检测、维修、保养活动；	**第九条** 消防技术服务机构及其从业人员应当依照法律法规、技术标准和执**从**业准则，开展下列社会消防技术服务活动，并对服务质量负责： （一）三级资质的消防设施维护保养检测机构可以从事生产企业授权的灭火器检查、维修、更换灭火药剂及回收等活动；一级资质、二级资质的消防设施维护保养检测机构可以从事建筑消防设施检测、维修、保养**维护保养、检测**活动；	消防技术服务机构人员既包括执业管理的注册消防工程师，也包括非执业管理的注册消防行业特有工种职业资格。将“执业”修改为“从业”。 消防技术服务机构取消资质许可制度，取消关于不同资质等级的从业范围限制。鉴于灭火器检查、维修、更换灭火药剂及回收等活动需要生产企业授权，属于产品质量售后服务范围，不应属于消防技术服务机构从业范围。同时，实践中建筑消防设施“检测、维修、保养”不是三类业务，而是“维护保养、检测”两类业务。综上，修改第一项的相关表述。 考虑到消防建审验收职责已经移交住建部门，特殊消防设计方案安全评估不再纳入消防技术服务机构从业范围。同时，为服务消防安全现实斗争，扶持消防技术服务机构发展，参照注册消防工程师的执业范围，将火灾事故技术分析、消防安全管理咨询、消防宣传教育咨询纳入消防安全评估机构从业范围。 **《注册消防工程师管理规定》第二十七条** 一级注册消防工程师的执业范围：（一）消防技术咨询与消防安全评估；（二）消防安全管理与技术培训；（三）消防设施检测与维护；（四）消防安全监测与检查；（五）火灾事故技术分析；（六）公安部规定的其他消防安全技术工作。 为发挥消防技术服务机构作用，按照国务院“双随机、一公开”监管要求、安全评价检测检验机构管理办法，明确机构的结论文件可作为消防救援机构实施消防监督管理和单位（场所）开展消防安全管理的依据。增加第二款。

续表

（二）消防安全评估机构可以从事区域消防安全评估、社会单位消防安全评估、大型活动消防安全评估、特殊消防设计方案安全评估等活动，以及消防法律法规、消防技术标准、火灾隐患整改等方面的咨询活动。	（二）消防安全评估机构可以从事区域消防安全评估、社会单位消防安全评估、大型活动消防安全评估、**火灾事故技术分析**特殊消防设计方案安全评估等活动，以及消防法律法规、消防技术标准、火灾隐患整改、**消防安全管理、消防宣传教育**等方面的咨询活动。 **消防技术服务机构出具的结论文件，可以作为消防救援机构实施消防监督管理和单位（场所）开展消防安全管理的依据。**	**《国务院关于在市场监管领域全面推行部门联系“双随机、一公开”监管的意见》**（国发［2019］5号）对特定领域的抽查，可在满足执法检查人数要求的基础上，吸收检测机构、科研院所和专家学者等参与，通过听取专家咨询意见等方式辅助抽查，满足专业性抽查需要。 **《安全评价检测检验机构管理办法》**第十六条 应急管理部门、煤矿安全生产监管理部门以安全评价报告、检测检验报告为依据，做出相关行政许可、行政处罚决定的，应当对其决定承担相应法律责任。
第二十六条　一级资质、临时一级资质的消防设施维护保养检测机构可以从事各类建筑的建筑消防设施的检测、维修、保养活动。一级资质、临时一级资质的消防安全评估机构可以从事各类类型的消防安全评估以及咨询活动。 二级资质的消防设施维护保养检测机构可以从事单体建筑面积四万平方米以下的建筑、火灾危险性为丙类以下的厂房和库房的建筑消防设施的检测、维修、保养活动。二级资质的消防安全评估机构可以从事社会单位消防安全评估以及消防法律法规、消防技术标准、一般火灾隐患整改等方面的咨询活动。	**删除**	取消消防技术服务机构的资质许可制度，相应取消关于不同资质等级的从业范围规定。删除本条。
第二十七条　消防设施维护保养检测机构应当按照国家标准、行业标准规定的工艺、流程开展检测、维修、保养，保证经维修、保养的建筑消防设施、灭火器的质量符合国家标准、行业标准。	**第十条**　消防设施维护保养检测机构应当按照国家标准、行业标准规定的工艺、流程开展**维护保养**、检测、维修、保养，保证经维修、**护**保养的建筑消防设施、灭火器的质量符合国家标准、行业标准。	根据修改后的第九条，鉴于灭火器检查、维修、更换灭火药剂及回收等活动需要生产企业授权，属于产品质量售后服务范围，不应属于消防技术服务机构从业范围。同时，实践中，建筑消防设施“检测、维修、保养”不是三类业务，而是“维护保养、检测”两类业务。综上，调整本条文字表述。

续表

第二十八条 消防技术服务机构应当依法与从业人员签订劳动合同，加强对所属从业人员的管理。注册消防工程师不得同时在两个以上社会组织执业。 消防技术服务机构所属注册消防工程师发生变化的，应当在五日内通过社会消防技术服务信息系统予以备案。	**第十一条** 消防技术服务机构应当依法与从业人员签订劳动合同**或者聘用文件**，加强对所属从业人员的管理。注册消防工程师不得同时在两个以上社会组织执业。**已在消防技术服务机构执业的注册消防工程师不得在其他机关、团体、企业、事业单位兼职。** 消防技术服务机构所属注册消防工程师发生变化的，应当在五日内通过社会消防技术服务信息系统予以备案。	实践中，社会消防技术服务机构聘用了部分退休人员，这部分人员无法签订劳动合同，只能签订聘用文件。同时，《注册消防工程师管理规定》明确了劳动合同、聘用文件两种形式的注册材料。 **《注册消防工程师管理规定》**第十八条　申请初始注册应当提交下列材料……（四）与聘用单位签订的劳动合同或者聘用文件复印件…… 《应急管理部关于印发〈消防技术服务机构从业条件〉》（应急[2019]88号）明确已在机构执业的注册消防工程师不得在其他单位兼职。增加第一款兼职的限制性规定。 **《消防技术服务机构从业条件》**第六条　注册消防工程师不得同时在2个（含本数）以上消防技术服务机构执业。在消防技术服务机构执业的注册消防工程师，不得在其他机关、团体、企业、事业单位兼职。 考虑到规章体例，将本第二款的信息变更录入系统要求，并入修改后的第二十条。
第二十九条 消防技术服务机构应当设立技术负责人，对本机构的消防技术服务实施质量监督管理，对出具的书面结论文件进行技术审核。技术负责人应当具备注册消防工程师资格，一级资质、二级资质的消防技术服务机构的技术负责人应当具备一级注册消防工程师资格。	**第十二条** 消防技术服务机构应当设立技术负责人，对本机构的消防技术服务实施质量监督管理，对出具的书面结论文件进行技术审核。技术负责人应当具备一级注册工程师资格，一级资质、二级资质的消防技术服务机构的技术负责人应当具备一级注册消防工程师资格。	消防技术服务机构的资质许可制度已取消，删除本条不同资质机构的人员资格要求。同时，《应急管理部关于印发〈消防技术服务机构从业条件〉的通知》（应急[2019]88号）明确企业技术负责人由一级注册消防工程师担任。 **《消防技术服务机构从业条件》**……注册消防工程师不少于2人，且企业技术负责人由一级注册消防工程师担任……

续表

第三十条 消防技术服务机构承接业务，应当与委托人签订消防技术服务合同，并明确项目负责人。项目负责人应当具备相应的注册消防工程师资格。 消防技术服务机构不得转包、分包消防技术服务项目。	**第十三条** 消防技术服务机构承接业务，应当与委托人签订消防技术服务合同，并明确项目负责人。项目负责人应当具备相应的注册消防工程师资格。 消防技术服务机构不得转包、分包消防技术服务项目。	消防技术服务机构从业条件并未对项目负责人的注册消防工程师资格等级作出限制，即一级、二级注册消防工程师均可担任项目负责人。删除有关表述。
第三十一条 消防技术服务机构出具的书面结论文件应当由技术负责人、项目负责人签名，并加盖消防技术服务机构印章。 消防设施维护保养检测机构对建筑消防设施、灭火器进行维修、保养后，应当制作包含消防技术服务机构名称及项目负责人、维修保养日期等信息的标识，在消防设施所在建筑的醒目位置、灭火器上予以公示。	**第十四条** 消防技术服务机构出具的书面结论文件应当由技术负责人、项目负责人签名，并**加盖执业印章，同时**加盖消防技术服务机构印章。 消防设施维护保养检测**机构**对建筑消防设施、灭火器进行维修、**护**保养后，应当制作包含消防技术服务机构名称及项目负责人、维修护保养日期等信息的标识，在消防设施所在建筑的醒目位置、灭火器上予以公示。	本规章已经明确技术负责人、项目负责人由注册消防工程师担任。根据《注册消防工程师管理规定》，对于消防安全技术文件，应当由担任技术负责人、项目负责人的注册消防工程师签名，加盖执业印章。增加本条第一款有关表述。 **《注册消防工程师管理规定》第三十条　下列消防安全技术文件应当以注册消防工程师聘用单位的名义出具，并由担任技术负责人、项目负责人或者消防安全管理人的注册消防工程师签名、加盖执业印章……** 根据修改后的第九条，鉴于灭火器检查、维修、更换灭火药剂及回收等活动需要生产企业授权，属于产品质量售后服务范围，不应属于消防技术服务机构从业范围。同时，实践中，建筑消防设施“检测、维修、保养”不是三类业务，而是“维护保养、检测”两类业务。综上，调整本条第二款文字表述。
第三十二条 具有消防设施维护保养检测资质的施工企业为其施工项目出具的竣工验收前的消防设施检测意见，不得作为建设单位申请建设工程消防验收的合格证明文件。	**删除**	消防审验职能已移交住建部门，删除申请验收的相关规定。 **《中华人民共和国消防法》第十四条　建设工程消防设计审查、消防验收、备案和抽查的具体办法，由国务院住房和城乡建设主管部门规定。**

续表

第三十三条 消防技术服务机构应当在消防技术服务项目完成之日起五日内，通过社会消防技术服务信息系统将消防技术服务项目目录以及出具的书面结论文件予以备案。	**删除**	相关内容并入修改后的第二十条，删除本条。
第三十四条 消防技术服务机构应当对服务情况作出客观、真实、完整记录，按消防技术服务项目建立消防技术服务档案。 特殊消防设计方案安全评估档案保管期限为长期，灭火器维修档案保管期限为五年，其他消防技术服务档案保管期限为二十年。	**第十五条** 消防技术服务机构应当对服务情况作出客观、真实、完整记录，按消防技术服务项目建立消防技术服务档案。 特殊消防设计方案消防安全评估档案保管期限为长期，灭火器维修档案保管期限为五年，其他消防技术服务档案保管期限为二十六年。	考虑到特殊消防设计方案消防安全评估、灭火器维修不再纳入消防技术服务机构从业范围，删除相应档案保管期限规定。同时，参考《检验检测机构资质认定管理办法》中关于检验检测原始记录和报告归档保存期限的规定，将所有消防技术服务档案保管期限规定为六年。 **《检验检测机构资质认定管理办法》第三十条** 检验检测机构应当对检验检测原始记录和报告归档留存，保证其具有可追溯性。原始记录和报告的保存期限不少于6年。
第三十五条 消防技术服务机构应当在其经营场所的醒目位置公示资质证书、营业执照、工作程序、收费标准、收费依据、执业守则、注册消防工程师资格证书、投诉电话等事项。	**第十六条** 消防技术服务机构应当在其经营场所的醒目位置公示资质证书、营业执照、工作程序、收费标准、收费依据、执业守则、注册消防工程师资格**注册**证书、投诉电话等事项。	考虑到消防技术服务机构资质许可制度取消，消防技术服务收费由市场调节，注册证书既能证明注册消防工程师资格，也能证明注册消防工程师在机构执业情况，删除本条“资质证书”“收费依据”，并将“资格证书”修改为“注册证书”。
第三十六条 消防技术服务机构收费应当遵守价格管理法律法规的规定。	**保留作为第十七条**	

续表

<table>
<tr>
<td>**第三十七条**　消防技术服务机构在从事社会消防技术服务活动中，不得有下列行为：
（一）未取得相应资质，擅自从事消防技术服务活动；
（二）出具虚假、失实文件；
（三）涂改、倒卖、出租、出借或者以其他形式非法转让资质证书；
（四）泄露委托人商业秘密；
（五）指派无相应资格从业人员从事消防技术服务活动；
（六）法律、法规、规章禁止的其他行为。</td>
<td>**第十八条**　消防技术服务机构在从事社会消防技术服务活动中，不得有下列行为：
（一）未取得相应资质**具备从业条件**，擅自从事消防技术服务活动；
（二）出具虚假、失实文件；
（三）涂改、倒卖、出租、出借或者以其他形式非法转让资质证书**消防设施维护保养检测机构的项目负责人和消防设施操作员未到现场实际地点开展工作；**
（四）泄露委托人商业秘密；
（五）指派无相应资格从业人员从事消防技术服务活动；
（六）**冒用其他社会消防技术服务机构名义从事社会消防技术服务活动的；**
（七）法律、法规、规章禁止的其他行为。</td>
<td>考虑到消防技术服务机构资质许可制度取消，企业达到从业条件即可开展消防技术服务活动。将本条第一项未取得资质表述调整为未具备从业条件的表述，删除第三项有关资质证书的禁止性行为。
实践中消防设施维护保养检测机构的项目负责人和消防设施操作员未到现场实际地点开展工作的问题比较突出，严重影响了消防技术服务质量，根据基层需求，新增第三项规定。安全领域机构监管也有类似要求。
《安全评价检测检验机构管理办法》第二十二条
安全评价检测检验机构及其从业人员不得有下列行为……（八）安全评价项目组组长及负责勘验人员不到现场实际地点开展勘验等有关工作的……
实践中存在社会技术服务机构冒用其他机构名义从事技术服务活动的现象，且原规章也设定了相应罚则。相应增加第六项规定。</td>
</tr>
<tr>
<td>**第五章　监督管理**</td>
<td>**第四章　监督管理**</td>
<td></td>
</tr>
<tr>
<td>**第三十八条**　县级以上公安机关消防机构依照有关法律、法规和本规定，对本行政区域内的社会消防技术服务活动实施监督管理。
消防技术服务机构及其从业人员对公安机关消防机构依法进行的监督管理应当协助和配合，不得拒绝或者阻挠。</td>
<td>**第十九条**　县级以上公安机关消防救援机构依照有关法律、法规和本规定，对本行政区域内的社会消防技术服务活动实施监督管理。
消防技术服务机构及其从业人员对公安机关消防**救援**机构依法进行的监督管理应当协助和配合，不得拒绝或者阻挠。</td>
<td>机构名称调整。</td>
</tr>
</table>

续表

	修改原第四十四条，作为第二十条 省级公安机关消防机构**应急管理部消防救援局**应当建立和完善**全国统一的**社会消防技术服务信息系统，公布消防技术服务机构及其注册消防工程师**从业人员**的有关信息，发布执**从**业、诚信和监督管理信息，并为社会提供有关信息查询服务。 **消防技术服务机构应当在开展消防技术服务活动前，将从业条件录入社会消防技术服务信息系统。从业条件发生变化的，应当在变化之日起十日内录入系统。签订消防技术服务合同之日起十日内，应当将合同和项目基本情况录入系统。** **消防技术服务机构应当通过社会消防技术服务信息系统生成消防技术服务项目结论文件。**	《应急管理部关于印发〈消防技术服务机构从业条件〉的通知》(应急[2019]88号)对应用全国统一的社会消防技术服务信息系统、录入和更新相关信息提出了要求。参考《安全评价检测检验机构管理办法》对系统开发使用的类似规定，规定了系统开发使用和机构录入要求。同时，为便于机构执行，将有关录入期限统一规定为十日内。形成修改后的第一款、第二款。 为充分发挥社会消防技术服务信息系统的效能，减少消防技术服务机构在系统内重复录入结论文件的工作量，增加第三款。同时，实践中如发现消防技术服务机构未具备从业条件，在改正期间是不能从业的，应当有技术手段进行制约，增加第三款也有现实需求。 **《应急管理部关于印发〈消防技术服务机构从业条件〉的通知》**(应急[2019]88号)要组织、指导消防技术服务机构应用全国统一的社会消防技术服务信息系统，按要求录入和更新相关信息，落实主体责任，规范从业行业，提高服务质量。 **《消防技术服务机构从业条件》**第八条　消防技术服务机构应当将机构和从业人员的基本信息，以及消防技术服务项目情况录入社会消防技术服务信息系统。 **《安全评价检测检验机构管理办法》**第三条　国务院应急管理部门负责指导全国安全评价检测检验机构管理工作，建立安全评价检测检验机构信息查询系统，完善安全评价，检测检验标准体系。

续表

第三十九条 县级以上公安机关消防机构应当结合日常消防监督检查工作，对消防技术服务质量实施监督抽查。 公民、法人和其他组织对消防技术服务机构及其从业人员的执业行为进行举报、投诉的，公安机关消防机构应当及时进行核查、处理。	**第二十一条** 县级以上公安机关消防**救援**机构应当**对社会消防技术服务活动开展监督检查的形式有：** **(一)**结合日常消防监督检查工作，对消防技术服务质量实施监督抽**检**查。； **(二)根据需要实施专项检查；** **(三)发生火灾事故后实施倒查；** **(四)**公民、法人和其他组织对**举报投诉和交办移送的**消防技术服务机构及其从业人员的**违法**执从业行为进行举报、投诉的，公安机关消防机构应当及时进行核查、处理。 **开展前款第一项、第二项、第三项检查时抽查方式进行。** **开展社会消防技术服务活动监督检查可以根据实际需要，通过网上核查、服务单位实地核查、机构办公场所现场检查等方式实施。**	根据《关于深化消防执法改革的意见》《国务院关于在市场监管领域全面推行部门联合“双随机、一公开”监管的意见》(国发[2019]5号)《应急管理部门关于印发〈消防技术服务机构从业条件〉的通知》(应急[2019]88号)，设置了四类监督检查形式。第一类是结合日常消防监督检查工作，对消防技术服务质量实施监督抽查。第二类是对消防技术服务机构开展的重点监管。第三类是在开展火灾事故调查时倒查消防技术服务机构责任。第四类根据原条文第二款设置。 **《关于深化消防执法改革的意见》**强化大火事故倒查追责，逐起组织调查造成人员死亡或重大社会影响的火灾，倒查工程建设、中介服务、消防产品质量、使用管理等各方面主体责任、依法给予相关责任单位停业整顿、降低资质等级、吊销资质证书和营业执照、相关责任人员暂停执业、吊销资格证书、一定时间内直至终身行业禁入等处罚。 **《国务院关于在市场监管领域全面推行部门联合“双随机、一公开”监管的意见》**(国发[2019]5号)在市场监管领域健全以“双随机、一公开”监管为基本手段，以重点监管为补充，以信用监管为基础的新型监管机制。 **《应急管理部关于印发〈消防技术服务机构从业条件〉的通知》**(应急[2019]88号)加强对消防技术服务活动的监督管理，各级消防救援机构应当结合日常消防监督检查工作，对消防技术服务机构的从业条件和服务质量实施监督抽查。 根据实践需要，在第二款明确有关监督检查的实施方式。第三款明确了监督检查的实施方式。

续表

	新增作为第二十二条　消防救援机构在对单位（场所）实施日常消防监督检查时，可以对为该单位（场所）提供服务的消防技术服务机构的服务质量实施监督检查。检查内容为： （一）是否冒用其他社会消防技术服务机构名义从事社会消防技术服务活动； （二）从事相关消防技术服务活动的人员是否具有相应资格； （三）是否按照国家标准、行业标准维护保养、检测建筑消防设施，或者经维护保养的建筑消防设施是否符合国家标准、行业标准； （四）消防设施维护保养检测机构的项目负责人和消防设置操作员是否到现场实际地点开展工作； （五）是否出具虚假、失实文件； （六）出具的书面结论文件是否由技术负责人、项目负责人签名、盖章，并加盖消防技术服务机构印章； （七）是否与委托人签订消防技术服务合同，并按照规定将合同和项目基本情况录入社会消防技术服务信息系统； （八）是否通过社会消防技术服务信息系统生成消防技术服务项目结论文件； （九）是否在经其维护保养的消防设施所在建筑的醒目位置公示消防技术服务信息。	本条对第一类监督检查形式进行了明确。主要包括消防监督人员在单位（场所）现场检查的九项内容。 第一项，根据修改后的第十八条第六项设置。 第二项，根据修改后的第十八条第五项设置。 第三项，根据修改后的第十条设置。 第四项，根据修改后的第十八条第三项设置。 第五项，根据修改后的第十八条第二项设置。 第六项，根据修改后的第十四条第一款设置。 第七项，根据修改后的第十三条第一款和第二十条第二款设置。 第八项，根据修改后的第二十条第三款设置。 第九项，根据修改后的第十四条第二款设置。

续表

	新增作为第二十三条　消防救援机构根据消防监督管理需要，可以对辖区内从业的消防技术服务机构进行专项检查。专项检查应当随机抽取检查对象，随机选派检查人员，检查情况及查处结果及时向社会公开，检查内容为： （一）是否具备从业条件。是否按照规定将从业条件录入社会消防技术服务信息系统； （二）所属注册消防工程师是否在两个以上社会组织执业，已在消防技术服务机构执业的注册消防工程师是否在其他机关、团体、企业、事业单位兼职； （三）从事相关消防技术服务活动的人员是否具有相应资格； （四）是否转包、分包消防技术服务项目； （五）是否出具虚假、失实文件； （六）是否设立技术负责人，明确项目负责人，出具的书面结论文件是否由技术负责人、项目负责人签名、盖章，并加盖消防技术服务机构印章； （七）是否与委托人签订消防技术服务合同，并按照规定将合同和项目基本情况录入社会消防技术服务信息系统；（八）是否通过社会消防技术服务信息系统生成消防技术服务项目结论文件； （九）是否在经营场所公示营业执照、工作程序、收费标准、执业守则、注册消防工程师注册证书、投诉电话等事项。 （十）是否建立和保管消防技术服务档案。	本条对第二类监督检查形式进行了明确。主要包括消防监督人员在消防技术服务机构现场检查的十项内容。同时明确专项检查应当以“双随机，一公开”方式实施。 第一项，根据修改后的第十八条第一项和第二十条第二款设置。 第二项，根据修改后的第十一条设置。 第三项，根据修改后的第十八条第五项设置。 第四项，根据修改后的第十三条第二款设置。 第五项，根据修改后的第十八条第二项设置 第六项，根据修改后的第十二条和第十三条第一款以及第十四条第一款设置。 第七项，根据修改后的第十三条第一款和第二十条第二款设置。 第八项，根据修改后的第二十条第三款设置。 第九项，根据修改后的第十六条设置。 第十项，根据修改后的第十五条设置。

续表

	新增作为第二十四条　消防救援机构组织调查造成人员死亡或者有重大社会影响的火灾，应当对为起火单位（场所）提供服务的消防技术服务机构实施倒查。 **消防救援机构组织调查其他火灾，可以根据需要对为起火单位（场所）提供服务的消防技术服务机构实施倒查。** **倒查内容按照本规定第二十二条、第二十三条执行。**	本条对第三类监督检查形式进行了明确。根据《关于深化消防执法改革的意见》，对造成人员死亡或重大社会影响的火灾，应当逐起实施倒查。对其他火灾可以根据需要实施倒查。同时，对倒查的内容进行了明确。 《关于深化消防执法改革的意见》强化火灾事故倒查追责，逐起组织调查造成人员死亡或重大社会影响的火灾，倒查工程建设、中介服务、消防产品质量、使用管理等各方面主体责任，依法给予相关责任单位停业整顿、降低资质等级、吊销资质证书和营业执照，相关责任人员暂停执业、吊销资格证书、一定时间内直至终身行业禁入等处罚。
第四十条　公安机关消防机构对发现的消防技术服务机构违法执业行为，应当责令立即改正或者限期改正，并依法查处，将违法执业事实、处理结果、处理建议及时通知原许可公安机关消防机构。	**删除**	对消防技术服务机构违法行为的查处，修改后的第五章作出了具体规定，同时消防技术服务机构资质许可制度取消，无须将有关内容通知原许可机关。删除本条。
第四十一条　公安机关消防机构发现消防技术服务机构取得资质后不再符合相应资质条件的，应当责令限期改正，改正期间不得从事相应社会消防技术服务活动。	**删除**	取消消防技术服务机构的资质许可制度，删除本条。

续表

第四十二条 公安机关消防机构的工作人员滥用职权、玩忽职守作出准予消防技术服务机构资质许可的，作出许可的公安机关消防机构或者其上级公安机关消防机构，根据利害关系人的请求或者依职权，可以撤销消防技术服务机构资质。 公安机关消防机构及其工作人员不得设立消防技术服务机构，不得参与消防技术服务机构的经营活动，不得指定或者变相指定消防技术服务机构，不得滥用行政权力排除、限制竞争。	**第二十五条** 公安机关消防机构的工作人员滥用职权、玩忽职守作出准予消防技术服务机构资质许可的，作出许可的公安机关消防机构或者其上级公安机关消防机构，根据利害关系的人请求或者依职权，可以撤销消防技术服务机构资质。 公安机关消防**救援**机构及其工作人员不得设立消防技术服务机构，不得参与消防技术服务机构的经营活动，不得指定或者变相指定消防技术服务机构，**不得利用职务接受有关单位或者个人财物**，不得滥用行政权力排除，限制竞争。	取消消防技术服务机构资质许可制度，删除原本条第一款内容。 同时，将原本条第二款的禁止性规定、原第五十四条的责任追究内容作了相互对应，修改形成本条。
第四十三条 消防技术服务机构有下列情形之一的，作出许可的公安机关消防机构应当注销其资质： （一）自行申请注销的； （二）自行停止执业一年以上的； （三）自愿解散或者依法终止的； （四）资质证书有效期届满未续期的； （五）资质被依法撤销或者资质证书被依法吊销的； （六）法律、行政法规规定的其他情形。	**删除**	取消消防技术服务机构的资质许可制度，删除本条。

续表

第四十四条 省级公安机关消防机构应当建立和完善社会消防技术服务信息系统，公布消防技术服务机构及其注册消防工程师的有关信息，发布执业、诚信和监督管理信息，并为社会提供有关信息查询服务。	**内容调整至第二十条**	
第六章 法律责任	**第五章 法律责任**	
第四十五条 申请人隐瞒有关情况或者提供虚假材料申请资质的，公安机关消防机构不予受理或者不予许可，并给予警告；申请人在一年内不得再次申请。 申请人以欺骗、贿赂等不正当手段取得资质的，原许可公安机关消防机构应当撤销其资质，并处二万元以上三万元以下罚款；申请人在三年内不得再次申请。	**删除**	取消消防技术服务机构的资质许可制度，删除本条。
第四十六条 消防技术服务机构违反本规定，有下列情形之一的，责令改正，处二万元以上三万元以下罚款： （一）未取得资质，擅自从事社会消防技术服务活动的； （二）资质被依法注销，继续从事社会消防技术服务活动的； （三）冒用其他社会消防技术服务机构名义从事社会消防技术服务活动的。	**第二十六条** 消防技术服务机构违反本规定，有下列情形之一的，责令改正，处二万元以上三万元以下罚款： （一）未取得资质**具备从业条件**，擅自从事社会消防技术服务活动的； （二）资质被依法注销，继续从事社会消防技术服务活动的； （三）冒用其他社会消防技术服务机构名义从事社会消防技术服务活动的。 **消防技术服务机构未具备从业条件从事社会消防技术服务活动的，改正期间，不得从事相应社会消防技术服务活动，停止使用社会消防技术服务信息系统。**	取消消防技术服务机构的资质许可制度，相应修改原第一项，调整为对未具备从业条件从事社会消防技术服务活动的罚则，同时删除原第二项。 考虑到消防技术服务机构未具备从业条件，在改正完毕、达到从业条件前仍然不能从业，参考原第四十一条，追加了改正期间不得从事相应社会消防技术服务活动、停止使用社会消防技术服务信息系统的规定。

续表

第四十七条 消防技术服务机构违反本规定，有下列情形之一的，责令改正，处一万元以上二万元以下罚款； （一）超越资质许可范围从事社会消防技术服务活动的； （二）不再符合资质条件，经责令限期改正未改正或者在改正期间继续从事相应社会消防技术服务活动的； （三）涂改、倒卖、出租、出借或者以其他形式非法转让资质证书的； （四）所属注册消防工程师同时在两个以上社会组织执业的； （五）指派无相应资格从业人员从事社会消防技术服务活动的； （六）转包、分包消防技术服务项目的。 对有前款第四项行为的注册消防工程师，处五千元以上一万元以下罚款。	**第二十七条** 消防技术服务机构违反本规定，有下列情形之一的，责令改正，处一万元以上两万元以下罚款； [（一）超越资质许可范围从事社会消防技术服务活动的；] [（二）不再符合资质条件，经责令限期改正未改正或者在改正期间，继续从事相应社会消防技术服务活动的；] [（三）涂改、倒卖、出租、出借或者以其他形式非法转让资质证书的；] （[四]**一**）所属注册消防工程师同时在两个以上社会组织执业的； **（二）已在消防技术服务机构执业的注册消防工程师在其他机关、团体、企业、事业单位兼职的；** （[五]**三**）指派无相应资格从业人员从事社会消防技术服务活动的； 转包，分包消防技术服务项目的。 （[六]**四**）对有前款第[四]**一项、第二**项行为的注册消防工程师，处五千元以上一万元以下罚款。	根据修改后的第十一条，新增第二项情形。 《消防技术服务机构从业条件》第六条　注册消防工程师不得同时在2个（含本数）以上消防技术服务机构执业，在消防技术服务机构执业的注册消防工程师，不得在其他机关、团体、企业、事业单位兼职。

续表

第四十八条　消防技术服务机构违反本规定,有下列情形之一的,责令改正,处一万元以下罚款: (一)未设立技术负责人、明确项目负责人的; (二)出具的书面结论文件未签名、盖章的; (三)承接业务未依法与委托人签订消防技术服务合同的; (四)未备案注册消防工程师变化情况或者消防技术服务项目目录、出具的书面结论文件的; (五)未申请办理变更手续的; (六)未建立和保管消防技术服务档案的; (七)未公示资质证书注册消防工程师资格证书等事项的。	**第二十八条**　消防技术服务机构违反本规定,有下列情形之一的,责令改正,处一万元以下罚款; (一)未设立技术负责人、明确项目负责人的; (二)出具的书面结论文件未**经技术负责人、项目负责人**签名、盖章,**或者未加盖消防技术服务机构印章的;** (三)承接业务未依法与委托人签订消防技术服务合同的; (四)未备案**机构从业条件及其**注册消防工程师变化情况或者消防技术服务**合同**、项目**基本情况**目录、出具的书面结论文件**未按照规定录入社会消防技术服务信息系统**的; (五)未申请办理变更手续**按照规定通过社会消防技术服务信息系统生成消防技术服务项目结论文件的;** **(六)消防设施维护保养检测机构的项目负责人和消防设施操作员未到现场实际地点开展工作的;** **(七)**未建立和保管消防技术服务档案的; (七八)未公示资质证书、**营业执照、工作程序、收费标准、执业守则**、注册消防工程师资格证书、**注册证书、投诉电话**等事项的。	根据修改后的第十四条第一款,调整原条文第二项的表述,形成修改后的第二项。 根据修改后的第二十条第二款,调整原条文第四项的表述,形成修改后的第四项。 取消消防技术服务机构的资质许可制度,删除原条文第五项关于资质变更的情形。同时,根据修改后的第二十条第三款,增加未通过社会消防服务项目结论文件的情形,形成修改后的第五项。 根据修改后的第十八条第三项,形成修改后的第六项。 根据修改后的第十六条,调整原条文第七项的表述,形成修改后的第八项。

续表

第四十九条 消防技术服务机构出具虚假文件的，责令改正，处五万元以上十万元以下罚款，并对直接负责的主管人员和其他直接责任人员处一万元以上五万元以下罚款；有违法所得的，并处没收违法所得；情节严重的，由原许可公安机关消防机构责令停止执业或者吊销相应资质证书。 消防技术服务机构出具失实文件，造成重大损失的，由原许可公安机关消防机构责令停止执业或者吊销相应资质证书。	**保留作为第二十九条**	
第五十条 消防设施维护保养检测机构违反本规定，有下列情形之一的，责令改正，处一万元以上三万元以下罚款： （一）未按照国家标准、行业标准检测、维修、保养建筑消防设施、灭火器的； （二）经维修、保养的建筑消防设施、灭火器质量不符合国家标准、行业标准的。 消防设施维护保养检测机构未按照本规定在经其维修、保养的消防设施所在建筑的醒目位置或者灭火器上公示消防技术服务信息的，责令改正，处五千元以下罚款。	**第三十条** 消防设施维护保养检测机构违反本规定，有下列情形之一的，责令改正，处一万元以上三万元以下罚款： （一）未按照国家标准，行业标准检测、维修、**护**保养、**检测**建筑消防设施、灭火器的； （二）经维修、**维护**保养的建筑消防设施、灭火器质量不符合国家标准、行业标准的。 消防设施维护保养检测机构未按照本规定在经其维修、**护**保养的消防设施所在建筑的醒目位置或者灭火器上公示消防技术服务信息的，责令改正，处五千元以下罚款。	根据修改后的第十条和第十四条第二款，调整原条文表述。

续表

	新增作为第三十一条 消防救援机构对消防技术服务机构及其从业人员违反本规定的行为，除依法给予行政处罚外，实行累积积分信用管理制度，及时向社会公开信息。具体办法由应急管理部消防救援规定。 **对消防技术服务机构及其从业人员的违法行为查处信息，及时归集至信用信息共享平台，按照有关规定实施联合惩戒。**	为强化对消防技术服务机构的监管，借鉴《中华人民共和国道路交通安全法》，在本条第一款建立累积积分信用管理制度。 **《中华人民共和国道路交通安全法》**第二十四条 公安机关交通管理部门对机动车驾驶人违反道路交通安全法律、法规的行为，除依法给予行政处罚外，实行累积记分制度。公安机关交通管理部门对累积记分达到规定分值的机动车驾驶人，扣留机动车驾驶证，对其进行道路交通安全法律、法规教育，重新考试；考试合格的，发还其机动车驾驶证，对遵守道路交通安全法律、法规，在一年内无累积记分的机动车驾驶人，可以延长机动车驾驶证的审验期。具体办法由国务院公安部门规定。 借鉴相关法律，按照《应急管理部关于印发〈消防技术服务机构从业条件〉的通知》(应急[2019]88号)，在第二款明确将机构违法行为查处信息归集至信用信息共享平台，实施联合惩戒。 **《中华人民共和国药品管理法》**第一百零五条 药品监督管理部门建立药品上市许可持有人、药品生产企业、药品经营企业、药物非临床安全性评价研究机构、药物临床试验机构和医疗机构药品安全信用档案，记录许可颁发、日常监督检查结果、违法行为查处等情况，依法向社会公布并及时更新；对有不良信用记录的，增加监督检查频次，并可以按照国家规定实施联合惩戒。 **《应急管理部关于印发〈消防技术服务机构从业条件〉的通知》(应急[2019]88号)**各级消防救援机构应当结合日常消防监督检查工作，对消防技术服务机构的从业条件和服务质量实施监督抽查，在开展火灾事故调查时倒查消防技术服务机构责任，依法惩处不具备从业条件的机构，以及出具虚假或失实文件等违法行为，依据相关规定记入信用记录，协同相关部门实施联合惩处。

续表

第五十一条　消防技术服务机构有违反本规定的行为，给他人造成损失的，依法承担赔偿责任；经维修、保养的建筑消防设施不能正常运行，发生火灾时未发挥应有作用，导致伤亡、损失扩大的，从重处罚；构成犯罪的，依法追究形势责任。	**保留作为第三十二条**	
第五十二条　本规定设定的行政处罚除本规定另有规定的外，由违法行为地的县级以上公安机关消防机构决定。	**第三十三条**　本规定设定的行政处罚除本规定另有规定的外，由违法行为地的**市**、县级以上公安机关消防**救援**机构决定。	根据实践，明确行政处罚由市、县级消防救援机构决定。
第五十三条　消防技术服务机构及其从业人员对公安机关消防技术服务监督管理中作出的具体行政行为不服的，可以依法申请行政复议或者提起行政诉讼。	**第三十四条**　消防技术服务机构及其从业对公安机关消防**救援**机构在消防技术服务监督管理中作出的具体行政行为不服的，可以依法申请行政复议或者提起行政诉讼。	机构名称调整。
第五十四条　公安机关消防机构的工作人员指定或者变相指定消防技术服务机构，利用职务接受有关单位或者个人财物，或者有其他滥用职权、玩忽职守、徇私舞弊的行为，依照有关规定给予处分；构成犯罪的，依法追究刑事责任。	**第三十五条**　公安机关消防**救援**机构的工作人员**设立消防技术服务机构，或者参与消防技术服务机构的经营活动，或者**指定或者变相指定消防技术服务机构，**或者**利用职务接受有关单位或者个人财物，**或者滥用行政权力排除、限制竞争**，或者有其他滥用职权、玩忽职守、徇私舞弊的行为，依照有关规定给予处分；构成犯罪的，依法追究刑事责任。	将原第四十二条第二款的禁止性规定、原第五十四条的责任追究内容作了相互对应，修改形成本条。

续表

第七章　附　则	第六章　附　则	
第五十五条　保修期内的建筑消防设施由施工单位进行维护保养的，不适用本规定。	**保留作为第三十六条**	
第五十六条　本规定实施前已经从事社会消防技术服务活动的社会组织，应当自本规定实施之日起六个月内，按照本规定的条件和程序申请相应的资质。逾期不申请或者申请后经审核不符合资质条件的，依照本规定第四十六条的规定处罚，并向社会公告。	**删除**	取消消防技术服务机构的资质许可制度，删除本条。
	新增作为第三十七条　本规定所称“虚假文件”，是指消防技术服务机构未提供服务或者以篡改结果方式出具的消防技术文件，或者出具的与当时实际情况严重不符、结论定性严重偏离客观实际的消防技术文件。 **本规定所称“失实文件”，是指消防技术服务机构出具的与当时实际情况部分不符、结论定性部分偏离客观实际的消防技术文件。**	在对项技术服务机构出具虚假文件、失实文件界定上，实践中基层监督执法人员难以区分。参照《检验检测机构资质认定管理办法》《安全评价检测检验机构管理办法》作出区分。 ***《检验检测机构资质认定管理办法》***第四十三条　检验检测机构有下列情形之一的，由县级以上质量技术监督部门责令整改，处3万元以下罚款：（三）出具的检验检测数据，结果失实的； **第四十五条**　检验检测机构有下列情形之一的，资质认定部门应当撤销其资质认定证书；（一）未经检验检测或者以篡改数据、结果等方式，出具虚假检验检测数据、结果的； ***《安全评价检测检验机构管理办法》***第二十二条　安全评价检测检验机构及其从业人员不得有下列行为：本办法所称“虚假报告”，是指安全评价报告、安全生产检验报告内容与当时实际情况严重不符，报告结论定性严重偏离客观实际。

续表

第五十七条 本规定中的“日”是指工作日，不含法定节假日；“以上”“以下”均含本数。	**保留作为三十八条**	
第五十八条 执行本规定所需要的文书式样，以及消防技术服务机构应当配备的仪器、设备、设施目录，由公安部制定。	**第三十九条** 执行本规定所需要的文书式样，以及消防技术服务机构应当配备的仪器、设备、设施目录，由[公安部]**应急管理部**制定。	机构名称调整。
第五十九条 本规定自2014年5月1日起施行。	**第四十条** 本规定自　年　月　日起施行。	具体实施时间。

9.3　荣誉感与责任压力

2020 年 4 月 22 日,《人民日报》在第 11 版刊登了生态环境部发表的《贯彻总体国家安全观　开创生态环境领域国家安全工作新局面》,文中讲到:“党的十八大以来,习近平总书记围绕总体国家安全观作出了一系列重要论述,提出构建集政治、国土、军事、经济、文化、社会、科技、网络、生态、资源、核、海外利益等领域安全于一体的国家安全体系。”

目前,我国大陆地区的 47 台运行核电机组安全状况良好,15 台在建机组质量受控,19 座民用研究堆(临界装置)安全运行,14 多万枚放射源和 19 多万台(套)射线装置安全受控。

根据我国核电发展的相关规划,2020 年核电运行装机容量将达 5800 万千瓦、在建 3000 万千瓦。我国核电已经进入积极稳妥发展的新时期。

由于各央企集团所属的在役核电厂的技术来源不一、建造年份不同、技术理念迥异,所以造成很多工作的尺度和标准不统一,诸如:“机械设备、电气设备、仪控(包括火灾探测)设备运行状况,包括故障率、误报误喷率等”“动火证的管理及效果;发生火灾事件或事故情况,以及根本原因分析和后续采取措施”“日常管理以及维修方面”“经验反馈、教训总结和良好实践”“PSA 工作”“遇到的问题”等内容。

总体来看,各核电厂均按照国家有关法律法规,并结合各核电集团的具体情况,建立了相关的政策、组织、队伍、装备,也按照内部职责分工进行了具有针对性的管理活动。成效还是值得肯定的,但并不是所有的核电厂管理者都将防火工作作为特别紧迫的任务来抓。以南方某核电厂为例,已经运行了十年以上的寿期,但考虑到各种因素的制约,还是先推到 2015 年,后又要求把相关的经验反馈内容结合起来。在该公司前些年的“年度中长期工程改进规划项目报告”中,有将“安全防火分区改进”“人员疏散通道改进”“消防及探测系统设备升级”“电气厂房排烟系统改进”内容拖后至十年后才予以实施完成的计划。这也从一个侧面反映了该公司对防火工作的重视程度不够紧迫的实际、真实态度,即紧迫性不够,总体观念上还不太重视。

另外,关于核安全与防火安全孰重孰轻,还有一些人不是很清楚。下面,就以阳江核电厂停堆断路器设计为例进行阐述:曾有人咨询,阳江 1～6 号机组的停堆断路器 RPA001TB/RPB001TB 布置于同一房间是否不妥。

以阳江 1 号机组为例,停堆断路器 A 列、B 列(1RPA001TB、1RPB001TB)都位于 1W228 房间,在同一个安全防火小区 1ZFSW0282A 中。

当防火分区(1ZFSW0282A)发生火灾时,保守假设该防火分区内的所有设备均被火灾破坏,停堆断路器受到火灾破坏后,反应堆停堆,但没有导致其他安全功能的丧失,从火灾安全评价角度认为是偏安全的,火灾未影响核电厂安全功能的实现,因此,这一对 A/B 列停堆断路器仅作为潜在共模点,未采取防火保护是适当的。图 9-1 为停堆断路器连线,图 9-2 和图 9-3 为停堆断路器逻辑要求。

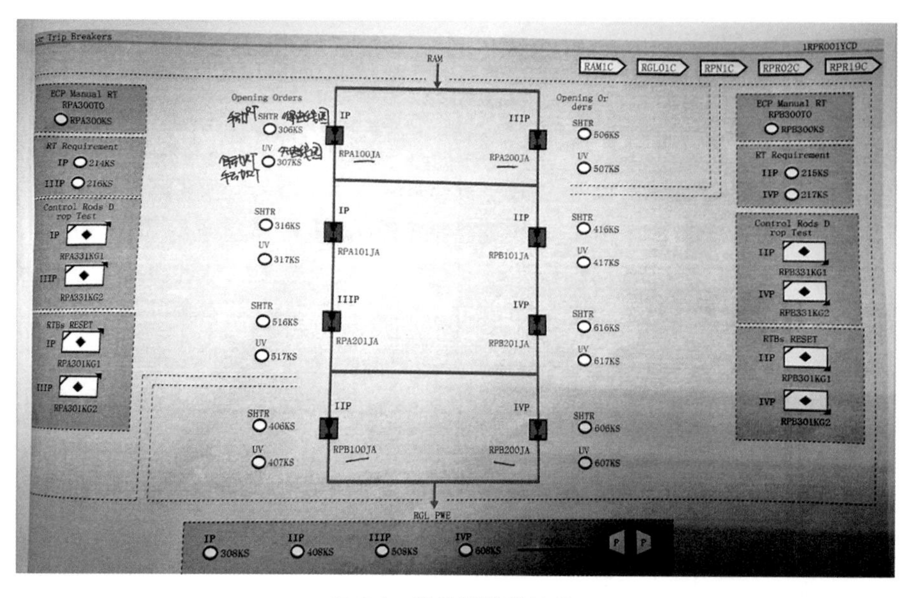

图 9-1　停堆断路器连线

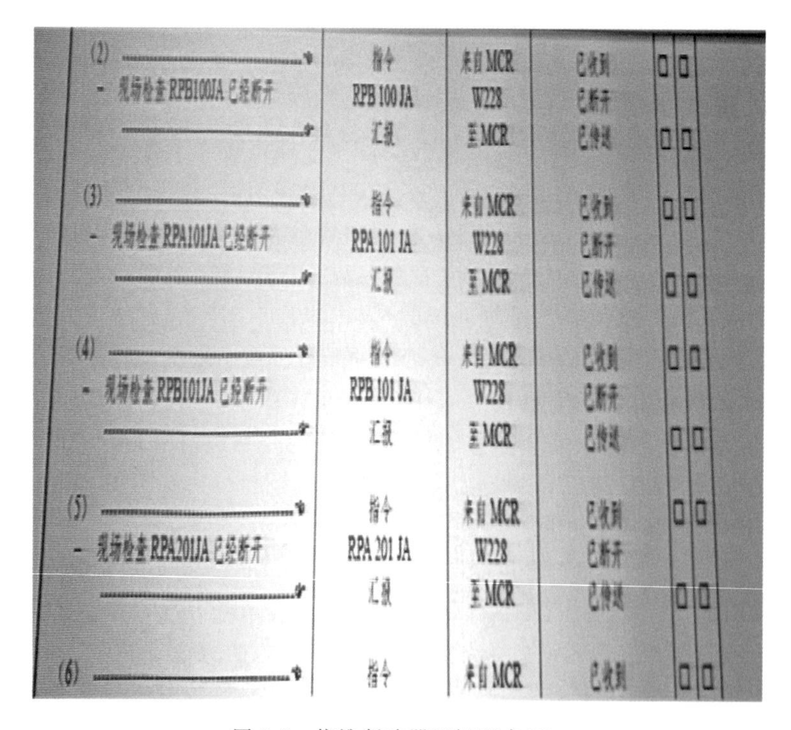

(2)	指令	来自 MCR	已收到	□□
- 现场检查 RPB100JA 已经断开	RPB 100 JA	W228	已断开	
	汇报	至 MCR	已传送	□□
(3)	指令	来自 MCR	已收到	□□
- 现场检查 RPA101JA 已经断开	RPA 101 JA	W228	已断开	
	汇报	至 MCR	已传送	□□
(4)	指令	来自 MCR	已收到	□□
- 现场检查 RPB101JA 已经断开	RPB 101 JA	W228	已断开	
	汇报	至 MCR	已传送	□□
(5)	指令	来自 MCR	已收到	□□
- 现场检查 RPA201JA 已经断开	RPA 201 JA	W228	已断开	
	汇报	至 MCR	已传送	□□
(6)	指令	来自 MCR	已收到	□□

图 9-2　停堆断路器逻辑要求(1)

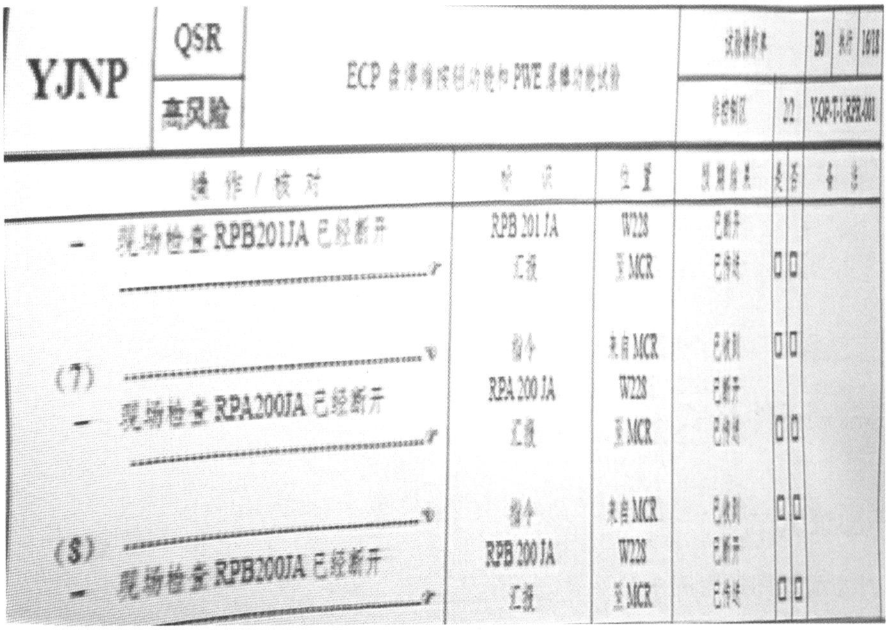

YJNP	QSR / 高风险	ECP [illegible] PWE [illegible]	[illegible] 30 [illegible] / [illegible] 22 Y-OP-[illegible]-001

操作/核对	标识	位置	预期结果	是	否	备注
— 现场检查RPB201JA已经断开	RPB 201 JA	W228	已断开			
	汇报	至MCR	[illegible]	□	□	
(7)	指令	来自MCR	已收到	□	□	
— 现场检查RPA200JA已经断开	RPA 200 JA	W228	已断开			
	汇报	至MCR	[illegible]	□	□	
(8)	指令	来自MCR	已收到	□	□	
— 现场检查RPB200JA已经断开	RPB 200 JA	W228	已断开			
	汇报	至MCR	[illegible]	□	□	

图9-3 停堆断路器逻辑要求(2)

综上我们可以体会出,在核电厂中,核安全是高于其他安全项的,而防火安全与核安全是相辅相成的。

高水平的核安全,要求防火安全也要达到高水平!

防火安全的高水平,可以促进核安全达到高水平!

另外,经世界核电运营者协会(WANO)评比,2019年我国大陆地区共有23台运行核电机组的得分为满分,即超过半数的运行机组达到满分。由此可见,我国目前处于世界领先地位。

为了增进防火工作的荣誉感,我们应采取多种形式,鼓励推进更多的从业者热爱、关心核电厂的防火工作。

9.4 庄严形式感

干一件事情,要有荣誉感。看到应急管理部针对消防员的一系列证件样式(见附录)后,作为国家整体安全观的主要构成部分——核电厂的消防管理人员,是不是也需要类似的制服及证件?

附　录

附录一　证件样式

一、《干部证》(式样)

1.内芯示意图如附图 1-1 所示。

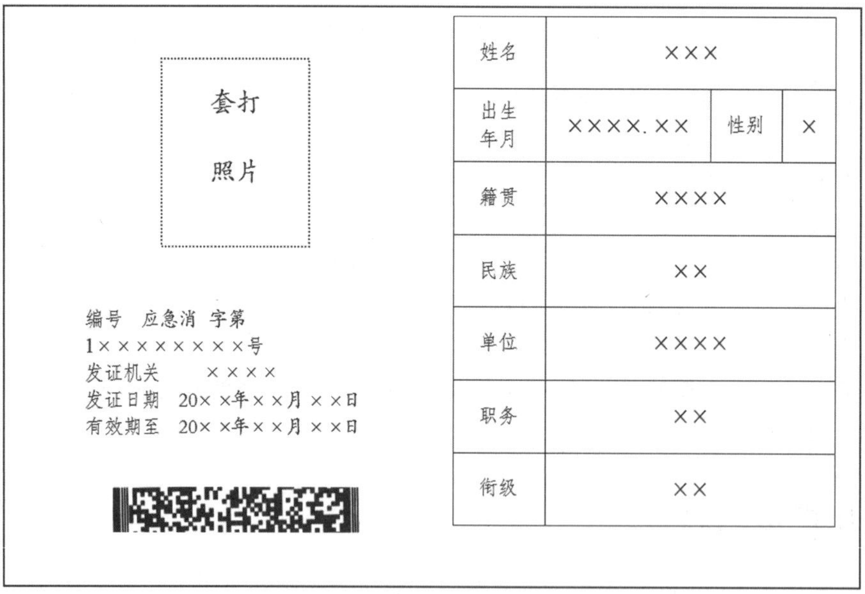

套打
照片

编号　应急消　字第
1××××××××号
发证机关　××××
发证日期　20××年××月××日
有效期至　20××年××月××日

姓名	×××		
出生年月	××××.××	性别	×
籍贯	××××		
民族	××		
单位	××××		
职务	××		
衔级	××		

附图 1-1　内芯示意图

2.塑封示意图如附图 1-2 所示。

附图 1-2 塑封示意图

二、《消防员证》(式样)

1.内芯示意图如附图 1-3 所示。

套打

照片

编号 应急消 字第

1××××××××号

发证机关 ××××

发证日期 20××年××月××日

有效期至 20××年××月××日

姓名	×××		
出生年月	××××.××	性别	×
籍贯	××××		
民族	××		
单位	××××		
职务	××		
衔级	××		

附图 1-3 内芯示意图

2.塑封示意图如附图 1-4 所示。

附图 1-4 塑封示意图

三、《学员证》(式样)

1.内芯示意图如附图 1-5 所示。

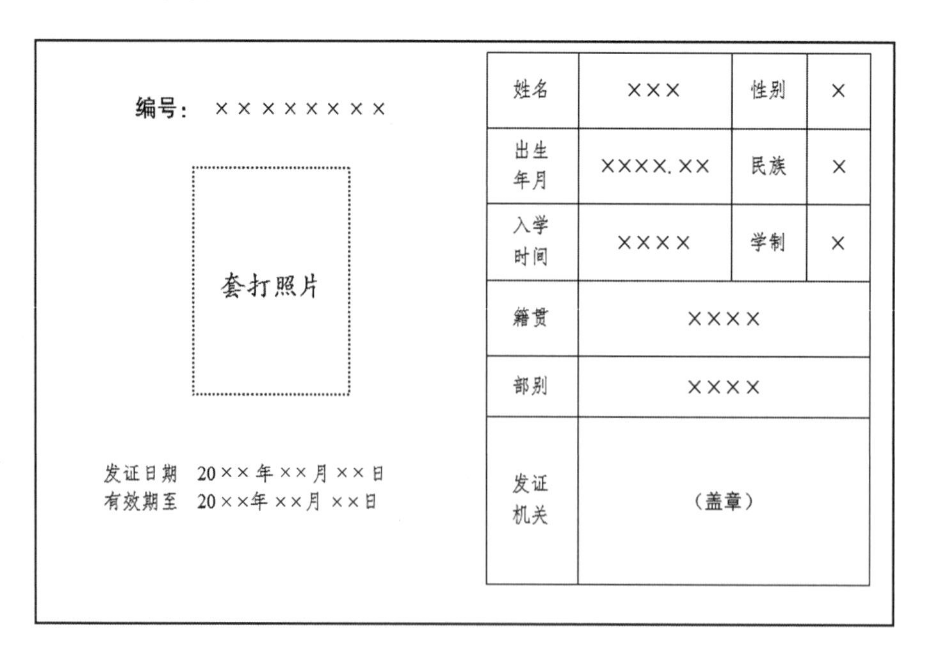

编号： ××××××××

套打照片

发证日期 20××年××月××日
有效期至 20××年××月××日

姓名	×××	性别	×
出生年月	××××.××	民族	×
入学时间	××××	学制	×
籍贯	××××		
部别	××××		
发证机关	（盖章）		

附图 1-5 内芯示意图

2.塑封示意图如附图 1-6 所示。

附图 1-6 塑封示意图

四、《退休证》(式样)

1.内芯示意图如附图 1-7 所示。

套打

照片

编号 应急消 字第

1×××××××××号

发证机关 ××××

发证日期 20××年××月××日

有效期至 20××年××月××日

姓名	×××		
出生年月	××××.××	性别	×
籍贯	××××		
民族	××		
单位	××××		
职务	××		
衔级	××		

附图 1-7 内芯示意图

2.塑封示意图如附图 1-8 所示。

附图 1-8　塑封示意图

附录二 容易遇到的结构和定期试验内容

附图 2-1 是在核电厂水自动灭火系统中应用最广泛的雨淋阀组。许多人对它不是很了解,笔者也曾给好多热心消防事业的朋友们讲过它的原理。

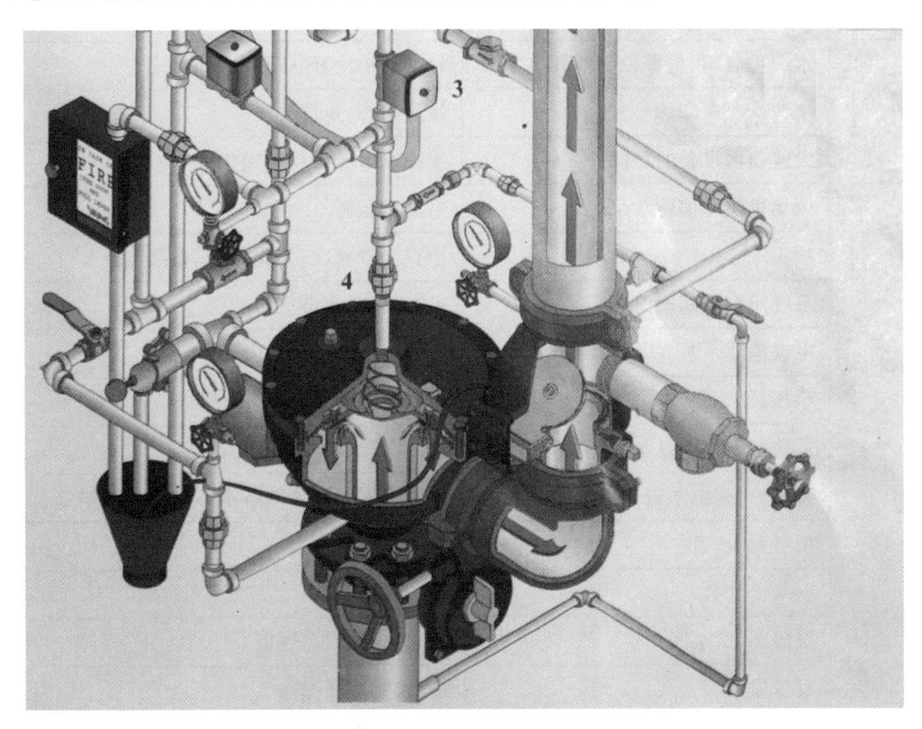

附图 2-1 应用广泛的雨淋阀结构

气体灭火系统气瓶实体如附图 2-2 所示。

附图 2-2 气体灭火系统气瓶实体

对于灭火系统，我国有一套成熟的行之有效的定期试验要求，只要按照规定执行，消防设施/设备的完好、有效、可用就能够得到保证！现对其进行总结，列于附表2-1至附表2-5中，也许这对于核电厂的消防系统是一个宝贵的借鉴！

附表 2-1　自动喷水灭火系统

周期	部位	工作内容
每日	水源控制阀、报警控制装置	目测巡检完好状况及开闭状态
	电源	接通状态、电压
	设置储水设备的房间	寒冷季节每天检查室温
每月	内燃机驱动消防水泵	启动试运转
	喷头	检查完好状况、清除异物、备用量
	系统所有控制阀门	检查铅封、锁链完好状况
	电动消防水泵	启动试运转
	稳压泵	启动试运转
	消防气压给水设备	检测气压、水位
	蓄水池、高位水箱	检测水位及消防储备水不被他用的措施
	信号阀	启闭状态
	水泵接合器	检查完好状况
	报警阀、试水阀	放水试验、启动性能
	过滤器	排渣、完好状况
	内燃机	油箱油位、驱动泵运行
每季度	电磁阀	启动试验
	水流指示器	试验报警
	室外阀门井中控制阀门	检查开启状况
每年	泵流量检测	启动、放水试验
	水源	测试供水能力
	水泵接合器	通水试验
	储水设备	检查完好状态
	系统联动试验	系统运行功能

附表 2-2　火灾自动报警系统

周期	检查内容
每日	火灾报警控制器的功能
每季度	采用专用检测仪器分期分批试验探测器的动作及确认灯显示
	试验火灾警报装置的声光显示
	试验水流指示器、压力开关等报警功能、信号显示
	对主电源和备用电源进行1～3次自动切换试验
	用自动或手动检查消防控制设备的控制显示功能
	检查消防电梯迫降功能
	应抽取不小于总数25%的消防电话和电话插孔 在消防控制室进行对讲通话试验
每年	应用专用检测仪器对所安装的全部探测器和手动报警装置试验至少1次
	自动或手动打开排烟阀，关闭电动防火阀和空调系统
	对全部电动防火门、防火卷帘的试验至少1次
	强制切断非消防电源功能试验
	对其他有关的消防控制装置进行功能试验

附表 2-3　建筑防烟和排烟系统

周期	部位	检查内容
每周	风管(道)及风口等部件	目测巡检完好状况，有无异物变形
	室外进风口、排烟口	巡检进风口、出风口是否通畅
	系统电源	巡查电源状态、电压
每季度	防烟、排烟风机	手动或自动启动试运转，检查有无锈蚀、螺丝松动
	挡烟垂臂	手动或自动启动、复位试验，有无升降阻碍
	排烟窗	
	供电线路	检查供电线路有无老化，双回路自动切换电源功能等
半年	排烟防火阀	手动或自动启动、复位试验检查，有无变形、锈蚀及弹簧功能，确认性能可靠
	送风阀或送风口	
	排烟阀或排烟口	
一年	系统联动试验	检查系统的联动功能及主要技术性能参数

附表 2-4　气体灭火系统

周期	检查内容
每日	低压二氧化碳储存装置的运行情况、储存装置间的设备状态进行检查并记录
每月	低压二氧化碳灭火系统储存装置的液位计检查，灭火剂损失 10%时应及时补充
	高压二氧化碳灭火系统、七氟丙烷管网灭火系统及 IG541 灭火系统等系统的检查
	预制灭火系统的设备状态和运行状况应正常
每季度（全面检查）	可燃物的种类、分布情况，防护区的开口情况，应符合设计规定
	储存装置间的设备、灭火剂输送管道和支架、吊架的固定情况，应无松动
	连接管应无变形、裂纹及老化。必要时，送法定质量检验机构进行检测或更换
	各喷嘴孔口应无堵塞
	对高压二氧化碳储存容器逐个进行称重检，灭火剂净重不得小于设计储存量的 90%
	灭火剂输送管道有损伤与堵塞现象时，应按规定进行严密性试验和吹扫
每年	对每个防护区进行 1 次模拟启动试验，并按规定进行 1 次模拟喷气试验

附表 2-5　泡沫灭火系统

周期	检查内容
每周	对消防泵和备用动力进行 1 次启动试验
每月	外观检查，操作机构达到标准要求，组件启闭自如，泡沫混合液立管清除锈渣，动力源和电气设备状态良好，水源和水位指示装置正常
每半年	除储罐上泡沫混合液立管和特殊部位的控制阀后管道外，其余管道应冲洗，清除锈渣
每两年	对于低倍数泡沫灭火系统中的液上、液下及半液下喷射、泡沫喷淋、固定式泡沫炮和中倍数泡沫灭火系统进行喷泡沫实验，并对系统所有的组件、设施、管道及管件进行全面检查
	对于高倍数泡沫灭火系统，可在防护区内进行喷泡沫试验，并对系统所有组件、设施、管道及附件进行全面检查
每两年	系统检查和试验完毕，应对泡沫液泵或泡沫混合液泵、泡沫液管道、泡沫混合液管道、泡沫管道、泡沫比例混合器（装置）、泡沫消火栓、管道过滤器或喷过泡沫的泡沫产生装置等用清水冲洗后放空，复原系统

另外，最广泛的灭火器和其他部位也有对应的检查要求（见附表 2-6）。

附表 2-6　灭火器系统

周期	检查内容
日常巡检	发现灭火器被挪动，缺少零部件，或灭火器配置场所的使用性质发生变化等情况时，应及时处置
每半月	候车（机、船）室、歌舞娱乐放映游艺等人员密集的公共场所；堆场、罐区、石油化工装置区、加油站、锅炉房、地下室等场所
每月	配置及外观

对于其他部位的检查工作要求如附表 2-7 所示。

附表 2-7　其他部位的检查内容

周期	部位	检查内容
每日	室外消防水池	温度（冬季）
	电源	接通状态，电压
	稳压泵	启停泵压力、启停次数
	柴油机消防水泵	启动电池、储油量
	消防水泵房、水箱间、报警阀间、减压阀间等供水设备间	检查室温（冬季）
	水源控制阀、报警阀组	外观检查
每周	消防水泵	自动巡检记录
每月	消防水泵	手动启动试运转
	消防水池（箱）、高位消防水箱	水位
	气压水罐	检测气压、水位、有效容积
	减压阀	放水
	雨淋阀的附属电磁阀	每月检查开启
	系统所有控制阀门	检查铅封、锁链完好状态
	倒流防止器	压差检测
	喷头	检查完好状况、清除异物、查备用量
	水泵接合器	检查完好状况
每季度	市政给水管网	压力和流量
	消防水泵	流量和压力
	室外阀门井中控制阀门	检查开启状况
	末端试水阀、报警阀的试水阀	放水试验，启动性能
	消火栓	外观和漏水试验

续表

周期	部位	检查内容
每年	河湖等地表水源	枯水位、洪水位、枯水位流量和蓄水量
	水井	常水位、最低水位、出流量
	减压阀	测试流量和压力
	水泵接合器	通水试验
	过滤器	排渣、完好状态
	储水设备	检查结构材料
	系统联锁试验	消火栓和其他灭火系统等运行功能

作为核电厂，也需要借鉴工业及民用界的一些成熟的做法，不能一味认为国外的就是最好的。只有适合的，才是更好的！

附录三　主要符号对照表

EPR	欧洲先进压水堆
VVER-1000	水—水反应压水堆
BN-600	60 万千瓦快中子反应堆
AP1000	由美国西屋公司开发的一种革新型压水堆技术
D-RAP	设计可靠性保证大纲
ACP1000	中核集团开发的第三代自主化压水堆机组
ACPR1000	广核集团开发的第三代自主化压水堆机组
CAP1000	消化吸收 AP1000 技术后开发的一种新型压水堆
CAP1400	一种自主开发的电功率为 140 万千瓦的压水堆
RCC-I	法国发布的压水堆核电厂防火设计和建造规则
ETC-F	EPR 机型压水堆机组防火导则
NFPA	美国消防协会
EDF	法国电力公司
NRC	美国核管会
BSA/BSB	安全厂房 A/B
ASG	根据电厂编码系统规定要求，辅助给水系统英文代号
SFS	安全防火区(耐火极限时间要求为 2 h)
SFI	干预防火区(耐火极限时间要求为 1 h)
ISMP	安注泵
VNS	非功能性防火区
ZFS	安全防火小区

附录四 外文摘要

Abstract

The self-designed and constructed Qinshan Nuclear Power Plant and the introduced Daya Bay Nuclear Power Plant have opened the history of nuclear power generation in China's mainland. Afterwards, China successively introduced Qinshan Third Nuclear Power Plant, Tianwan Nuclear Power Plant, Sanmen Nuclear Power Plant, Haiyang Nuclear Power Plant, and Taishan Nuclear Power Plant from Canada, Russia, the United States, and France. At present, the project of high temperature gas-cooled reactor with independent intellectual property rights and the demonstration project of sodium cooled fast reactor with Russian technology are being implemented. According to the development of the international situation and combined with the initiative of the Generation IX International Forum (GIF), a series of research and development work of small reactors is being carried out in China, involving the problem that what standards should be implemented.

With the continuous application of a variety of advanced nuclear power technologies, since 2010, China's three major nuclear power groups have concentrated their efforts to digest, absorb and re-innovate, and successively developed different types of third-generation nuclear power technologies. What is gratifying is that as Hualong No. 1, the 5th set of Fuqing Nuclear Power Plant has now completed the hot test phase, and it is not far from the first charge.

From various channels, we can always get some news about frequent fires in nuclear power plants at home and abroad. This is the direct threat facing nuclear power plants. The shocking scenes with heavy losses remind us from time to time to pay attention to fire prevention work.

Each nuclear power plant is divided into three parts: nuclear islands, conventional islands (CI) and BOP. As the CI and BOP can follow domestic standards, their fire risks are concentrated in the oil of turbo-generator set, transformer and circuit breaker, hydrogen and liquid ammonia of hydrogen-cooled generator set, etc. Therefore, diesel oil storage tank area, hydrogen production station and liquid ammonia storage tank area become the major fire and explosion hazard sources of nuclear power plants.

Based on the differences in nuclear island fire protection technologies in nuclear power plants introduced from the United States, France, Canada, Russia and other countries, it is necessary to trace the source of the foreign standards adopted by China mainland's nuclear power plants.

This book aims to focus on the nuclear island area of nuclear power plants to sort out some weak points of its fire prevention through analyzing its fire prevention technology standards combined with the analysis and comparison of the reflection content.

The method used in this book is a two-step method. The first step is to scan its safety analysis report item by item against HAD 102/11 to find out the existing problems and the content that needs supplementing; the second step is to find out the weak points in accordance with the fire compartment drawings of the relevant nuclear power plants, combined with"Code for Fire Protection of Building Design" (new requirements of GB 50016-2014) implemented on May 1, 2015 in China [the currently used GB 50016-2014 (2018 edition) only adds items about the care facilities for the elderly, living rooms and public activity rooms, and the regulations of industrial plants remain the same between the two editions]. The mature experience and practices of the finished projects can also be referred to at the same time. All these have only one purpose, that is, to improve the fire prevention level of our country's nuclear power plants.

Key words: Nuclear Power; Fire Zone; Fire compartment; Vulnerability

Résumé

Lacentrale nucléaire de Qinshan, construite de manière autonome, et la centrale nucléaire de Taïwan qui a été introduite ont inauguré l'histoire de l'utilisation de l'énergie nucléaire sur notre continent.À l'heure actuelle, des travaux sont en cours dans le cadre du projet de réfrigération à haute température à l'aide d'un droit de propriété intellectuelle autonome et du projet de démonstration de réacteurs à froid au sodium, qui vise à introduire la technologie russe.Compte tenu de l'évolution de la situation internationale et dans le cadre de l'initiative du Forum international sur les systèmes d'énergie nucléaire de la quatrième génération (Generation IX, Forum international, GIF), une série de petits travaux de recherche-développement sont en cours dans le pays. Il s'agit de déterminer les critères d'application.

Avec l 'accumulation d'une variété de technologies nucléaires de pointe dans notre pays, après 2010, les trois principaux groupes d'énergie nucléaire de notre pays se sont concentrés sur l'absorption digestive de réinventer l'innovation et ont développé différents types de technologie nucléaire de troisième génération.Il est encourageant de constater que l'unité 5 de la centrale nucléaire Fuqing Hualong 1 a maintenant achevé sa phase d'essai thermique, et qu'elle n'est pas loin du premier chargement.

Detoutes les sources, nous avons toujours eu des informations sur les incendies fréquents dans les centrales nucléaires nationales et internationales, qui constituent une menace directe pour les centrales nucléaires.Des scènes choquantes et lourdes de pertes nous rappellent de temps en temps que nous devons nous concentrer sur la prévention des incendies.

Chaque centrale nucléaire est divisée en trois parties: l'île nucléaire, l'île normale et la Bob.Étant donné que les îles classiques et la BOP peuvent suivre les normes nationales, les risques d'incendie sont concentrés sur les hydrocarbures des turbines à vapeur, des transformateurs, des disjoncteurs, etc., de l'hydrogène, de l'ammoniac liquide, etc.En conséquence, les réservoirs de carburant diesel, les stations de production d'hydrogène et les réservoirs d'ammoniac liquide sont devenus une source importante de risques d'incendie et d'explosion pour les centrales nucléaires.

Compte tenu de la diversité des technologies de lutte contre les incendies dans les îles nucléaires des centrales nucléaires des États-Unis, de la France, du Canada, de la Russie et d'autres pays, la traçabilité s'avère nécessaire pour tenir compte de la réalité de l'application de normes étrangères dans nos centrales nucléaires continentales.

Ce livre vise à mettre l'accent sur la région de l'île nucléaire de la centrale nucléaire et à recenser les lacunes en matière de protection contre l'incendie en analysant la conformité de ses techniques de protection contre l'incendie avec des analyses de contenu et des comparaisons.

Laméthode utilisée dans ce livre est en deux étapes.La première étape consiste à passer en revue le contenu de son rapport d'analyse de la sécurité au cas par cas, par rapport à had 102 / 11, afin d'identifier les problèmes et les éléments nécessitant des travaux complémentaires; la deuxième étape consiste à intégrer les normes relatives à la protection contre les incendies pour la conception des bâtiments (nouvelles exigences GB 50016-2014), qui sont appliquées dans notre pays le 1er mai 2015.50016-2014 (édition 2018) ne fait que compléter le contenu des établissements de soins pour personnes âgées et des logements destinés à la vie et aux activités publiques, sans préjudice des dispositions relatives au contenu des usines industrielles], et identifie les points faibles par rapport aux plans de zonage des usines associées aux centrales nucléaires.L'expérience de maturité des travaux déjà réalisés peut également servir de référence.Un seul de ces objectifs est d'améliorer la sécurité incendie de nos centrales nucléaires.

Keywords: Nuclear Power;Fire Zone; Fire-prevention Division; Vulnerability

Резюме

Самостоятельно спроектированная АЭС Циньшань и импортированная АЭС Дайя-Бей открыли историю использования ядерной энергии для производства электроэнергии в материковом Китае. После этого Китай представил АЭС Циньшань № 3, Тяньваньскую АЭС, АЭС Саньмен, АЭС Хайян и АЭС Тайшань из Канады, России, США и Франции. Кроме того, также ведется работа над проектом высокотемпературного газоохлаждаемого реактора с независимыми правами интеллектуальной собственности и демонстрационным проектом быстрого реактора с натриевым теплоносителем с внедрением российской технологии.

В то же время, в соответствии с развитием международной ситуации и в сочетании с инициативой Международного форума по ядерно-энергетическим системам четвертого поколения (Международный форум поколения IX, именуемый GIF), в Китае в настоящее время ведется серия исследований и разработок небольших реакторов. Это также включает вопрос о том, какие стандарты применяются.

С накоплением множества передовых ядерно-энергетических технологий в Китае после 2010 года три основные атомные энергетические группы Китая сконцентрировали свои усилия на пищеварении, абсорбции и инновациях и разработали различные типы технологий для атомных электростанций третьего поколения. Что радует, так это то, что блок № 5 атомной электростанции Фуцин, который в настоящее время является Хуалонгом № 1, завершил этап термических испытаний, и он находится недалеко от первой зарядки.

От различных средств массовой информации или каналов мы всегда можем услышать, что частые пожары на атомных электростанциях в стране и за рубежом - это прямая угроза, с которой сталкиваются атомные электростанции. Это шокирующий и тяжелый сценарий потери.

Каждая атомная электростанция делится на три части: ядерный остров, обычный остров и BOP. Поскольку обычные островки и BOP могут следовать внутренним стандартам, их пожароопасность сконцентрирована на масле паротурбинных генераторных установок, трансформаторов, автоматических выключателей и т. Д., Водороде в генераторных установках с водородным охлаждением и жидком аммиаке. В результате, область хранения дизельного топлива, станция производства водорода и область хранения жидкого аммиака стали основными источниками опасности пожара и взрыва для атомных электростанций.

Исходя из отличий в технологии противопожарной защиты ядерных островов от атомных электростанций в США, Франции, Канаде, России и других странах, необходимо проследить источник атомных электростанций в материковом Китае с использованием иностранных стандартов.

Цель этой книги - сфокусировать внимание на области ядерного острова АЭС, анализируя и сравнивая содержание ее технологии противопожарной защиты, она будет проверять наличие утечек, заполнять пробелы и выявлять некоторые недостатки противопожарной защиты.

Следует надеяться, что это привлечет внимание всех сторон к постоянному улучшению и повышению уровня противопожарной защиты атомных электростанций.

Используемый метод представляет собой двухэтапный метод. Первый шаг состоит в том, чтобы отсканировать содержимое отчета об анализе безопасности по пунктам в соответствии с HAD 102/11, чтобы выяснить проблемы и содержание, которое необходимо дополнить. Вторым шагом является интеграция нашей страны в 2015 году. Новые требования 《Кодекса по противопожарной защите архитектурного проекта》 (GB 50016-2014), введенные 1 мая (поскольку используемый в настоящее время GB 50016-2014 (версия 2018) только дополняет содержание учреждений по уходу за пожилыми людьми и жилья для проживания и общественных мероприятий.), Не влияет на регламент на содержание промышленных предприятий.), согласно чертежам зоны противопожарной защиты соответствующих заводов атомных электростанций, выяснить слабое содержание. В то же время зрелый опыт и практика созданных проектов также могут быть использованы для справки. Есть только одна цель-повысить уровень пожарной безопасности китайских атомных электростанций.

Ключевые слова: атомная электростанция; пожарная зона; пожарная безопасность; слабость

主要参考文献

[1]公安部政治部:《消防燃烧学》,北京:中国人民公安大学出版社,1997 年。

[2]公安部消防局:《中国消防手册(第一卷)》,上海:上海科学技术出版社,2010 年。

[3]中国消防协会:《灭火救援员》,北京:中国科学技术出版社,2013 年。

[4]韩占先,徐宝林,霍然:《降服火魔之术:火灾科学与消防工程》,济南:山东科学技术出版社,2001 年。

[5]《消防基本术语第一部分》(GB 5907—1986)。

[6]《火灾统计管理规定》[公通字(1996)82 号]。

[7]《生产安全事故报告和调查处理条例》(国务院令 493 号)。

[8]秦山核电公司:《秦山核电厂最终安全分析报告》(内部资料),2011 年。

[9]核电秦山联营有限公司:《秦山核电二期工程最终安全分析报告》(内部资料),2001 年。

[10]秦山第三核电公司:《秦山三期核电工程最终安全分析报告》(内部资料),2001 年。

[11]秦山核电公司:《方家山核电工程最终安全分析报告》(内部资料),2011 年。

[12]辽宁红沿河核电有限公司:《红沿河核电工程 1、2 号机组最终安全分析报告》(内部资料),2013 年。

[13]三门核电有限公司:《 三门核电一期工程 1、2 号机组最终安全分析报告》(内部资料),2012 年。

[14]国核示范电站有限公司:《国核示范工程初步安全分析报告》(内部资料),2014 年。

[15]江苏核电有限公司:《田湾核电 3、4 号机组初步安全分析报告》(内部资料),2012 年。

[16]福建宁德核电有限公司:《宁德核电一期工程最终安全分析报告》(内部资料),2013 年。

[17]福建福清核电有限公司:《福清核电 3、4 号机组最终安全分析报告》(内部资料),2015 年。

[18]大亚湾核电运营管理有限责任公司:《岭澳核电厂扩建工程最终安全分析报告》(内部资料),2009 年。

[19]台山核电合营有限公司:《台山核电一期工程最终安全分析报告》(内部资料),

2015 年。

[20]阳江核电有限公司:《阳江核电一期工程最终安全分析报告》(内部资料),2013 年。

[21]广西防城港核电有限公司:《防城港核电厂 3、4 号机组工程初步安全分析报告》(内部资料),2015 年。

[22]林诚格,郁祖盛:《非能动安全先进压水堆核电技术(上、中、下册)》,北京:原子能出版社,2010 年。

[23]阚强生,黄灿华:《核电厂辅助给水系统设计》,《核动力工程》,1998,19(3):208-210。

[24]《建筑设计防火规范》(GB 50016—2014)。